D1750806

Gürtler/Dorschner, Das Sonnensystem

Wissenschaftliche Schriften zur Astronomie

Herausgeber der Reihe:
Siegfried Marx

Das Sonnensystem

Joachim Gürtler
Johann Dorschner

Mit 178 Bildern, 28 Tabellen und einer Zeittafel

Johann Ambrosius Barth
Leipzig · Berlin · Heidelberg

Anschrift des Herausgebers der Reihe:

Prof. Dr. sc. nat. Siegfried Marx
Landessternwarte Tautenburg
Karl-Schwarzschild-Observatorium
O-6901 Tautenburg

Anschrift der Autoren:

Dr. rer. nat. Joachim Gürtler
Astrophysikalisches Institut
und Universitätssternwarte
Friedrich-Schiller-Universität Jena
Schillergäßchen 2
O-6900 Jena

Dr. rer. nat. Johann Dorschner
Max-Planck-Gesellschaft
AG „Staub in Sternentstehungsgebieten"
Schillergäßchen 2
O-6900 Jena

Einbandbild: Falschfarbenaufnahme von Neptun
mit „Großem Dunklem Fleck" (Great Dark Spot)

Die Deutsche Bibliothek – CIP-Einheitsaufnahme

Gürtler, Joachim:
Das Sonnensystem / Joachim Gürtler ; Johann Dorschner. –
Leipzig ; Berlin ; Heidelberg : Barth, 1993
(Wissenschaftliche Schriften zur Astronomie)
ISBN 3-335-00281-4
NE: Dorschner, Johann:

© 1993 Barth Verlagsgesellschaft mbH
Leipzig · Berlin · Heidelberg
Satz: Mitterweger Werksatz GmbH, Plankstadt bei Heidelberg
Druck und Verarbeitung: Druck- und Verlagshaus Jena GmbH
Printed in Germany
ISBN 3–335–00281–4

Inhaltsverzeichnis

Vorwort 9

1   Einführung 11
1.1   Überblick über das Sonnensystem 11
1.2   Bedeutung der Erforschung des Sonnensystems 14
1.3   Zur Geschichte der Erforschung des Sonnensystems 18
1.3.1 Die Sonnenforschung 18
1.3.2 Die Planetenforschung 23
1.3.3 Die Kleinkörperforschung 31

2   Die Sonne 40
2.1   Die Strahlung der Sonne 40
2.2   Der innere Aufbau der Sonne 43
2.2.1 Die Grundgleichungen des inneren Aufbaus 43
2.2.2 Energieerzeugungsprozesse in der Sonne 45
2.2.3 Das Standardmodell der Sonne 47
2.2.4 Das Sonnenneutrinoproblem 47
2.3   Die Photosphäre der Sonne 51
2.3.1 Der Aufbau der Photosphäre 51
2.3.2 Das Spektrum der Photosphäre 57
2.3.3 Granulation und Supergranulation 61
2.3.4 Die Sonnenoszillationen 62
2.3.5 Die Rotation der Sonne 64
2.4   Die Sonnenflecken 65
2.4.1 Statistische Eigenschaften 65
2.4.2 Phänomenologie des Einzelflecks 68
2.4.3 Eigenschaften von Fleckengruppen 70
2.4.4 Das Magnetfeld außerhalb der Sonnenflecken 72
2.4.5 Die Entstehung des 11jährigen Fleckenzyklus 74
2.5   Die Sonnenchromosphäre 75
2.6   Die Sonnenkorona 77
2.6.1 Der Aufbau der Sonnenkorona 77
2.6.2 Die Protuberanzen 82
2.7   Der Sonnenwind 84
2.8   Sonneneruptionen und damit zusammenhängende Erscheinungen 86
2.9   Solar-terrestrische Erscheinungen 88

3 Die Planeten und großen Satelliten ... 92
3.1 Physikalische Eigenschaften der Planeten und großen Satelliten ... 92
3.1.1 Die Zustandsgrößen der planetarischen Himmelskörper ... 92
3.1.2 Typen planetarischer Himmelskörper ... 94
3.1.3 Grundbegriffe der Planeten- und Satellitenphotometrie ... 95
3.2 Der innere Aufbau der Planeten und Satelliten ... 96
3.2.1 Potential, Figur und Trägheitsmoment eines planetarischen Himmelskörpers ... 96
3.2.2 Hydrostatisches Gleichgewicht und die Berechnung von Planetenmodellen ... 99
3.2.3 Zustandsgleichungen für Material im Planeteninnern ... 102
3.2.4 Grundlagen der Seismologie ... 106
3.2.5 Modelle erdartiger Himmelskörper ... 108
3.2.6 Modelle jupiterartiger Planeten ... 113
3.2.7 Modelle eisartiger Himmelskörper ... 117
3.3 Die Oberflächen planetarischer Himmelskörper ... 118
3.3.1 Geologische Faktoren ... 118
3.3.2 Die IAU-Nomenklatur topographischer Strukturen ... 124
3.3.3 Großräumige geologische Einheiten und die Evolution der Oberflächen der erdartigen Himmelskörper ... 124
3.3.4 Oberflächen und Evolution eisartiger Himmelskörper ... 140
3.4 Die Planetenatmosphären ... 146
3.4.1 Typen von Atmosphären ... 146
3.4.2 Stockwerkaufbau und thermische Verhältnisse ... 147
3.4.3 Photochemische Reaktionen ... 151
3.4.4 Gasverlust in den Weltraum und Lebensdauer ... 151
3.4.5 Dynamische Prozesse ... 152
3.4.6 Besonderheiten der Atmosphären der erdartigen Planeten ... 154
3.4.7 Besonderheiten der Atmosphären von Jupiter und Saturn ... 158
3.5 Die Planetenmagnetosphären ... 162
3.5.1 Planetarer Magnetismus ... 162
3.5.2 Phänomene und Prozesse in Planetenmagnetosphären ... 163
3.5.3 Die Magnetosphären der Erde und des Jupiters ... 165

4 Satelliten und Satellitensysteme ... 168
4.1 Allgemeine Eigenschaften der Satelliten und ihrer Systeme ... 168
4.2 Besonderheiten der Satelliten der erdartigen Planeten ... 172
4.2.1 Dynamische Eigenschaften des Erde-Mond-Systems ... 172
4.2.2 Die Marssatelliten ... 174
4.3 Die Satellitensysteme der jupiterartigen Planeten ... 175
4.3.1 Das Jupitersystem ... 175
4.3.2 Das Saturnsystem ... 176
4.3.3 Das Uranussystem ... 184
4.3.4 Das Neptunsystem ... 185
4.4 Das Pluto-Charon-System ... 188

5	**Die Kleinkörpersysteme**	190
5.1	Arten und Zusammenhänge von interplanetaren Kleinkörpern	190
5.2	Die Meteorite	193
5.3	Die Planetoiden	199
5.3.1	Benennung, Statistik, Helligkeitssystem	199
5.3.2	Die Bahnverhältnisse	200
5.3.3	Physikalische und chemische Eigenschaften	204
5.4	Die Kometen	207
5.4.1	Allgemeines und Benennung	207
5.4.2	Die Bahnverhältnisse	209
5.4.3	Koma- und Schweifentwicklung	210
5.4.4	Kern und Kernauflösung; Ergebnisse des Kometen Halley	215
5.5	Interplanetarer Staub	219
6	**Heutige Vorstellungen über die Entstehung des Sonnensystems**	221
6.1	Die Problemstellung	221
6.2	Sternentstehung und Theorie der Scheiben	222
6.3	Spezielle Probleme der Planetenentstehung	228
6.4	Hypothesen zur Mondentstehung	232

Zeittafel . . . 235

Literaturverzeichnis . . . 239

Sachwortverzeichnis . . . 243

Personenverzeichnis . . . 251

Vorwort

Als im Jahre 1978 an der Friedrich-Schiller-Universität Jena das Direktstudium für Lehrer der Fachkombination Physik/Astronomie eingeführt wurde, ergab sich die Notwendigkeit, eine Vorlesung über das Sonnensystem zu halten. Die Wahl fiel auf uns beide. Mittlerweile können wir auf fast anderthalb Jahrzehnte Vorlesungspraxis zu diesem Gegenstand zurückblicken.

Nach den ersten 10 Jahren der Vorlesung „Sonnensystem" kam die Idee auf, den Vorlesungsstoff und die bei seiner Vermittlung gewonnenen Erfahrungen in einem Buch niederzulegen. Entsprechend der Aufteilung des Vorlesungsstoffes übernahm der eine von uns (J.G.) das Stoffgebiet Sonne, während der andere (J.D.) die restlichen Himmelskörper des Sonnensystems einschließlich der Kleinkörpersysteme und der Kosmogonie bearbeitete.

Das Buch soll gleichermaßen eine Art Bestandsaufnahme (und Dokumentation) des in den letzten 20 Jahren durch die enormen Fortschritte der Raumfahrt gewonnenen Erkenntniszuwachses als auch eine systematische Einführung für jeden sein, der in dieses faszinierende Gebiet ernsthaft einsteigen will. Als Astronomen, für die Physik und Mathematik die unumgänglichen Hilfswissenschaften sind, haben wir den Zugang zur Behandlung des Sonnensystems natürlich von der physikalisch-mathematischen Seite her gewählt. Formelmäßigen Zusammenhängen bis hin zu Differentialgleichungen wird also in diesem Buch nicht grundsätzlich aus dem Wege gegangen – wenn auch ihre Zahl auf ein Minimum beschränkt bleibt. An vielen Stellen wird auf physikalische Grundgesetze Bezug genommen, in den meisten Fällen allerdings nur qualitativ erläuternd, gleichsam bekanntes Schulwissen in die Erinnerung rufend. So hoffen wir, daß jeder, der über Grundkenntnisse in Physik und Mathematik verfügt und sich über das Sonnensystem bilden möchte, auf seine Kosten kommt: Wer rechnend etwas nachvollziehen will, der nutze Gleichungen und Tabellen mit Zahlenwerten. Wer den modernen Wissensstand mehr beschaulich erleben will, der lese an den Gleichungen vorbei die verbalen Vergleiche und betrachte die Bilder und Grafiken.

Wir haben versucht, auch dem potentiellen Leserkreis Rechnung zu tragen, der von den Erdwissenschaften her kommt. Wir meinen, daß in diesem Buch auch beispielsweise der geologisch-petrologisch oder der an Vorgängen in Atmosphären und Magnetosphären Interessierte über die Evolution von Planeten- und Satellitenoberflächen, über Meteorite, Mond- oder Marsgestein, über Klima und Wetter auf bestimmten Planeten nicht nur mit Gemeinplätzen abgefertigt wird, sondern ein gewisses Grundlagenwissen in den z.T. noch sehr jungen Planetenwissenschaften vermittelt bekommt, auf dem sich manches aufbauen läßt.

So ganz nebenbei erfährt der Leser auch, wie die Mariners, Apollos, Weneras, Pioneers, Voyagers u.a. in den letzten zwei Jahrzehnten das Bild von nahezu allen Himmelskörpern des Sonnensystems grundlegend verändert haben. Die Autoren machen aus ihrer Begeisterung für die Erforschung von Sonne, Planeten, Monden und Kleinkörpern durch die Raumfahrt keinen Hehl, denn sie begannen ihr Studium in jenem Herbst, in dem der Sputnik startete, und sie promovierten, als der Mondflug auf der Tagesordnung stand.

Der Verlag Johann Ambrosius Barth hat sich von Anfang an voll hinter dieses Projekt gestellt und die Verfasser immer wieder ermutigt, den diversen Schwierigkeiten – die vor und nach der „Wende" so völlig verschiedener Natur waren – zum Trotz, das Buch zu vollenden. Dafür möchten wir ihm herzlich danken.

Möge das Buch dem Geiste dienlich sein, in dem es geschrieben wurde.

Jena, im Oktober 1992

Joachim Gürtler
Johann Dorschner

1 Einführung

1.1 Überblick über das Sonnensystem

Das Sonnensystem besteht aus dem Stern Sonne und den in seiner Einflußsphäre befindlichen Systemen von Körpern und Teilchen aus kondensierter Materie, die dynamisch an die Sonne gebunden und durch genetische Beziehungen mit ihr und untereinander verknüpft sind. Als Einflußsphäre im weitesten Sinne wird der Bereich um die Sonne verstanden, in dem die Schwerkraft dieses Sterns der dominierende dynamische Faktor ist. Im engeren Sinne ist damit die sog. Heliosphäre gemeint, der Bereich, in dem die Sonne auch substantiell, nämlich durch den Sonnenwind, präsent ist. Die Heliosphärengrenze befindet sich dort, wo der kinetische Druck des Sonnenwindes den Druck des in der weiteren Sonnenumgebung vorhandenen interstellaren Gases erreicht, das wegen dieses von der Sonne wegströmenden Plasmas nicht in die Heliosphäre eindringen kann.

Die Masse der Sonne ist rund 750mal so groß wie die aller sie umlaufenden Körper zusammengenommen (Bild 1.1). Das massereichste zirkumsolare System besteht aus den neun Planeten Merkur, Venus, Erde, Mars, Jupiter, Saturn (alle seit prähistorischer Zeit bekannt), Uranus (entdeckt 1781), Neptun (entdeckt 1846) und Pluto (entdeckt 1930). Obwohl im Vergleich zur Sonne winzig, sind die Massen der Planeten aber immerhin so groß, daß sie unter der Wirkung der eigenen Schwerkraft Kugelform angenommen und eine thermische Entwicklung durchlaufen haben.

Diese Himmelskörper bewegen sich auf fast komplanaren (in nahezu einer Ebene liegenden) und – mit Ausnahme des innersten Planeten Merkur und des äußersten Planeten Pluto – auch kreisnahen Ellipsenbahnen im gleichen Sinne um die Sonne, wie diese rotiert. Das Planetensystem ist damit extrem flach und definiert eine ausgezeichnete Ebene des Sonnensystems, die aber nicht identisch mit der Äquatorebene der

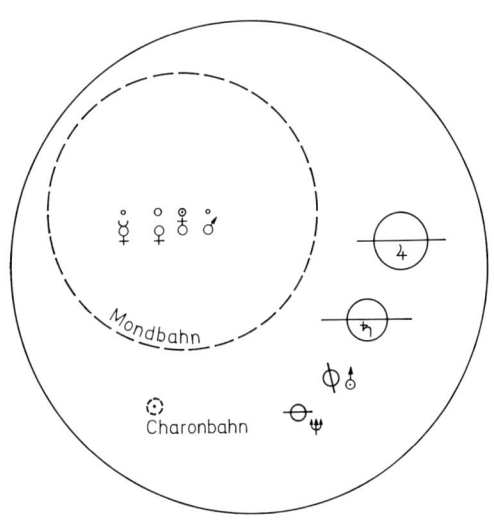

Bild 1.1 Die Größen der Körper des Sonnensystems relativ zur Sonne. Auf der Sonnenscheibe sind maßstäblich die Mondbahn, die Scheiben aller Planeten (bei den jupiterartigen sind die Ringsysteme in der Projektion angedeutet) und die Bahn des Mondes Charon um den Planeten Pluto eingezeichnet.

Sonne ist (Bild 1.2). Die Abstände der Planeten, die in Einheiten des mittleren Abstandes der Erde von der Sonne (sog. astronomische Einheit, abgekürzt AE; 1 AE = 149 600 000 km) gemessen werden, befolgen eine Regel (Titius-Bodesche Reihe); sie nehmen nach außen hin in einer Art geometrischer Reihe zu. Der Abstand des innersten Planeten von der Sonne beträgt 0,4 AE, der des äußersten 40 AE. Auch die chemische Zusammensetzung der Planeten verändert sich, indem mit wachsendem Abstand von der Sonne flüchtige Stoffkomponenten eine immer größere Rolle spielen.

Die größten Planeten, Jupiter, Saturn und Uranus, sind wiederum von flachen, dem Planetensystem ähnlichen Satelliten- oder Mondsystemen umgeben. Mit Einschränkungen gilt das auch für den Neptun. Von den kleineren Planeten besitzen die Erde und der Pluto je einen, der Mars zwei, der Merkur und die Venus dagegen keinen Mond. Insgesamt wurden bisher 61 Monde oder Satelliten entdeckt, von denen 19 kugelförmige, planetenähnliche Himmelskörper sind. Die größten von ihnen übertreffen die Planeten Merkur und Pluto an Größe. Die restlichen 42 Monde sind von unregelmäßiger Gestalt.

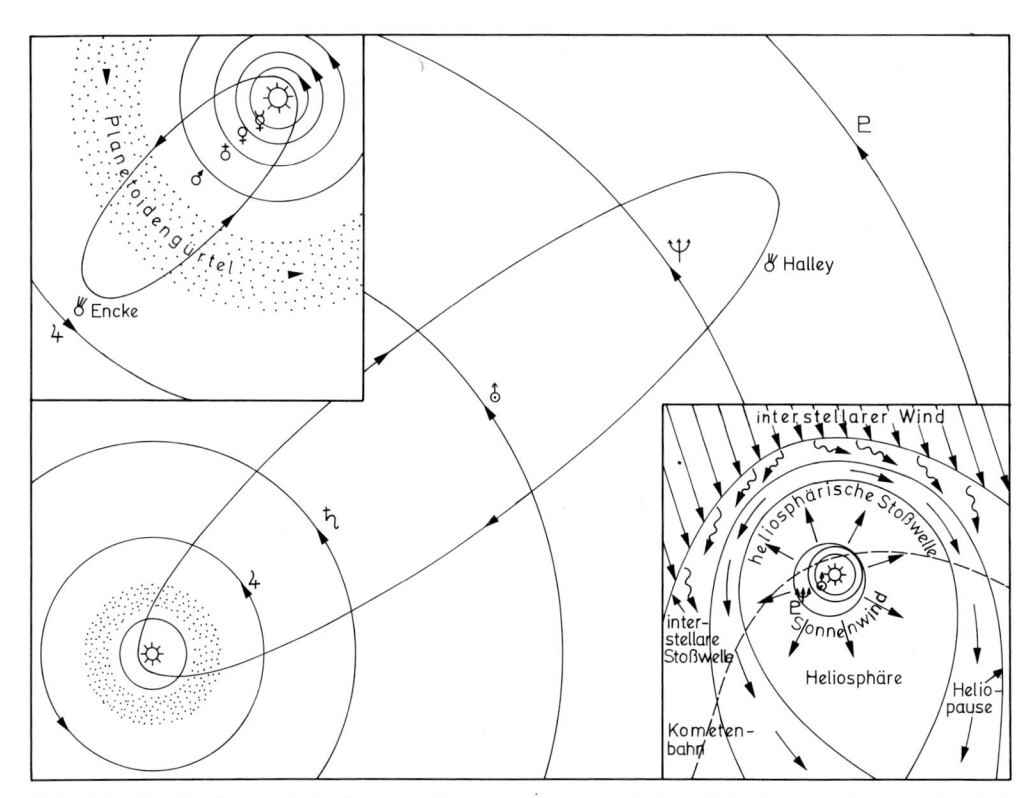

Bild 1.2 Die Größenverhältnisse des Sonnensystems. Maßstäblich dargestellt sind die Bahnen der Planeten von Mars bis Pluto und die Bahn des kurzperiodischen Kometen Halley, die Sonne ist übertrieben groß gezeichnet. Links oben wurde das innere Planetensystem mit den Bahnen der Planeten von Merkur bis Jupiter, dem Planetoidengürtel und der Bahn des Kometen Encke (kurzperiodischer Kometen mit der kleinsten Umlaufbahn) vergrößert herausgezeichnet. Rechts unten ist die Heliosphäre im Vergleich zu den Bahnen der äußersten Planeten sowie ein Stück der Bahn eines aus der Oortschen Kometenwolke in das Planetensystem hinabtauchenden Kometen schematisch dargestellt.

1.1 Überblick über das Sonnensystem

Zwischen Mars und Jupiter läßt die Abstandsfolge der Planeten eine Lücke erkennen. In ihr wurden seit Beginn des vorigen Jahrhunderts Tausende kleiner Planeten (Planetoiden, auch Asteroiden genannt) entdeckt, die dort eine Art Gürtel bilden (s. Bild 1.2). Nur die größten von ihnen haben Kugelgestalt und damit ähnliche Eigenschaften wie die Planeten und großen Satelliten; die überwiegende Mehrheit sind kantige Bruchstücke. Bisher konnten über 5000 Planetoiden bahnmäßig sicher erfaßt, mit Namen versehen und katalogisiert werden.

Auch außerhalb des Gürtels wurden Planetoiden gefunden, sowohl innerhalb der Mars- als auch jenseits der Jupiterbahn. Man schätzt die Gesamtzahl aller kleinen Planeten auf einige 10^5 Objekte. Sie bewegen sich im gleichen Umlaufsinn um die Sonne wie die großen Planeten, ihre Bahnen weichen aber weit stärker von der Kreisform ab als die der letzteren und weisen darüber hinaus größere Neigungswinkel gegen die Hauptebene der Planetenbahnen auf. Zwischen den Planetoiden und den Kleinstkörpern des Sonnensystems, die beim Eindringen in die Erdatmosphäre als Meteore verglühen, gelegentlich sogar als Meteorite auf die Erde niedergehen, scheint es einen stetigen Übergang in der Größe zu geben. Wahrscheinlich sind fast alle Meteorite Bruchstücke, die aus Zusammenstößen von Planetoiden auf erdnahen Bahnen stammen. Vor dem Raumflugzeitalter waren die Meteorite das einzige direkt erforschbare außerirdische Material.

Planeten- und Planetoidensystem bilden den inneren Teil des Sonnensystems. Auch jenseits der Plutobahn gibt es große Mengen sehr kleiner Himmelskörper, die Kometenkerne. Sie bewegen sich auf sehr exzentrischen Bahnen mit beliebig großen Neigungen ihrer Bahnebenen zur Hauptebene der Planetenbahnen, können sich also auch entgegen dem Umlaufsinn der großen und kleinen Planeten um die Sonne bewegen (s. Bild 1.2). Die Kometenkerne bevölkern ein sphärisches Volumen um die Sonne, dessen Radius wahrscheinlich größer als 100 000 AE ist.

In Sonnenferne werden diese Himmelskörper z. T. von den Nachbarsternen der Sonne im Milchstraßensystem und von interstellaren Wolken in ihrer Bewegung beeinflußt. Durch die daraus resultierenden Veränderungen ihrer Bahnen können sie das Sonnensystem sogar verlassen. Besonders interessant ist jedoch der andere Extremfall, wenn sie durch diese Störungen in die Richtung zur Sonne gelenkt werden und damit in den Bereich des Planetensystems gelangen. Wenn sie dabei der Sonne näher als 3...5 AE kommen, werden diese nur wenige Kilometer großen Körper auf höchst spektakuläre Weise, als Kometen, beobachtbar. Unter der Wirkung der wärmenden Sonnenstrahlung sublimieren flüchtige Bestandteile, werden von der Sonnenstrahlung zum Leuchten angeregt und bilden unter der dynamischen Wirkung des Sonnenwindes und dem Druck des Sonnenlichts einen Schweif aus, der die Länge von 1...2 AE erreichen kann. Neben Gas setzen Kometen im inneren Planetensystem auch Staub und gröbere Fragmente frei.

Durch mannigfache dynamische Wechselwirkungen mit den massereichsten Planeten konnten einzelne Kometen auf Bahnen gelangen, die gänzlich im Bereich des Planetensystems verlaufen. Sie kehren darum in relativ kurzen Zeiträumen wieder, d. h. entwickeln in Sonnennähe die auffälligen Attribute des Kometenphänomens wiederholt.

Das die äußeren Bereiche des Sonnensystems darstellende Kometenkernreservoir umfaßt schätzungsweise $10^{10}...10^{12}$ Objekte. Wegen der kleinen Massen dieser Körper steckt jedoch in dieser riesig ausgedehnten, noch nicht direkt erforschbaren Kometenwolke nicht wesentlich mehr Masse als in der Erde. Kometen, die wiederholt in die Nähe der Sonne kommen, lösen sich durch die Materialverluste, die sie dabei erleiden, allmählich auf. In manchen Fällen legt nur noch der in der Bahn eines kurzperiodischen Kometen verbliebene Schutt von der einstigen Existenz eines solchen Himmelskörpers Zeugnis ab. Wenn die Erde auf ihrer Bahn um die Sonne die Bahn der Auflösungsprodukte schneidet, kommt es zu intensiver Meteortätigkeit. Bisher wurde eine ganze Reihe solcher Meteorströme nachgewiesen.

Die Kometen verkörpern das urtümlichste, seit der Entstehung des Sonnensystems kaum veränderte Material. Sie stellen wahrscheinlich die erste Generation von Himmelskörpern im Sonnensystem dar. Durch ihre Staubfreisetzung sind die in Sonnennähe gelangenden Kometen die Hauptnachlieferungsquelle für den interplanetaren Staub, der sich durch seine lichtstreuende Wirkung als schwache Aufhellung des Himmels in der Nähe der scheinbaren Sonnenbahn am Himmel, der Ekliptik, bemerkbar macht (Zodiakal- oder Tierkreislicht). Interplanetare Partikeln werden heute mit Hilfe von Raumfahrzeugen direkt im Weltraum untersucht. Da sie unterhalb einer bestimmten Größe den Durchflug durch die Erdatmosphäre überstehen können, sammelt man sie auch mit Flugzeugen in der Atmosphäre, um sie im Laboratorium studieren zu können. Neben dem interplanetaren Staub kometaren Ursprungs scheint es jedoch auch eine Staubkomponente zu geben, die sich vom Gestein der Planetoiden (durch Zusammenstöße und Einschläge) ableitet.

In Tabelle 1.1 sind die verschiedenen Sorten von Himmelskörpern im Sonnensystem mit den Bereichen ihrer charakteristischen geometrischen, dynamischen und chemischen Parameter gegeben.

1.2 Bedeutung der Erforschung des Sonnensystems

Die Bedeutung des Sonnensystems liegt vor allem darin, daß einer seiner Planeten, die Erde, Ursprungsort und Heimat des Menschen ist (Bild 1.3). Aus diesem Grunde haben wir ein natürliches Interesse daran, diesen Planeten, das ihn umgebende System, dessen Bestandteil er ist und aus dem er hervorging, sowie seine Entwicklungsgeschichte genauer kennenzulernen. In die Ent-

Tabelle 1.1 Die Körper des Sonnensystems. Die Massen, Größen und Dichten sind in Einheiten der jeweiligen Werte der Erde gegeben.

Körper	Anzahl	Gesamt-masse	Massen-bereich	Durchmesser-bereich	Dichte-bereich
Sonne	1	333000	333000	109,1	0,26
Planeten	9	446,6	0,002…318	0,18…11,2	0,12…1,0
Satelliten	> 61	0,1	$3 \cdot 10^{-10}$…0,02	0,001…0,4	0,22…0,65
Ringpartikeln		$\approx 10^{-5}$	10^{-42}…10^{-12}	10^{-13}…10^{-5}	$\approx 0,3$
Planetoiden	$\approx 10^5$	$5 \cdot 10^{-4}$	10^{-14}…0,0002	10^{-5}…0,08	0,36…1,41
Meteorite	> $10^{4\,a)}$	> $6 \cdot 10^{-20}$	10^{-25}…10^{-20}	10^{-10}…10^{-7}	0,5…1,41
Kometenkerne	$\approx 10^{11}$	≈ 1	10^{-14}…10^{-10}	10^{-4}…10^{-2}	$\approx 0,05$
Interplanetare Partikeln		$\approx 10^{-8}$	10^{-43}…10^{-34}	10^{-13}…10^{-10}	0,36…1,41

[a] Anzahl der auf der Erde gefundenen Meteorite

1.2 Bedeutung der Erforschung des Sonnensystems

Bild 1.3 Planet Erde. Bei den bemannten amerikanischen Mondmissionen (Apollo) und bei den Vorbereitungsflügen (Sond) für das (abgebrochene) sowjetische Mondlandeprogramm sowie mit Hilfe kamerabestückter Satelliten auf 24-h-Bahnen (z. B. Wettersatelliten) wurden zahlreiche eindrucksvolle Bilder, die die Erde aus kosmischer Perspektive zeigen, gewonnen (Foto: Presseagentur Nowosti).

wicklungsgeschichte der Erde ist die Evolution des Lebens auf ihr und damit auch unsere eigene Entwicklungsgeschichte eingebettet. Darüber hinaus bildet die Evolution dieses Planeten den Hintergrund für die Entstehung aller für den Menschen wichtigen Stoffe, auf deren Ausbeutung und Nutzung wir angewiesen sind.

Da die Menschheit in ihrer Entwicklung auf diesem Planeten immer mehr an die Grenzen der Belastbarkeit der Natur stößt, sie z. T. sogar schon erheblich überschritten hat, ist die genaue Kenntnis der Erde nicht nur ein akademisches oder ein ökonomisches Problem, sondern eine Lebensfrage, wenn die Erde auch für zukünftige Generationen noch bewohnbar sein soll.

Um die Erde, speziell ihre geologisch nicht rekonstruierbare Frühgeschichte, aber auch ihre zukünftige Entwicklung als Planet unter massiven anthropogenen Belastungen, verstehen zu können, muß man die Entwicklungsgesetze eines Planeten möglichst umfassend kennen, von der Entwicklung seines tiefsten Innern bis zur Entwicklung in den höchsten Stockwerken seiner Atmosphäre und Magnetosphäre. Solches detailliertes planetologisches Wissen läßt sich aber nur aus dem Vergleich der Entwicklung möglichst vieler planetarischer Körper einschließlich ihrer Atmosphären und Magnetosphären gewinnen. So hat also speziell die Planetenforschung große Bedeutung für ein besseres Verständnis der Erde.

Um den Ursprung unseres Planeten aufklären zu können, reicht aber die Planetenforschung noch nicht aus, weil das Material dieser großen Körper mannigfache Umwandlungen im Rahmen der Planetenentwicklung hinter sich hat. Für diesen Zweck ist das Studium der Kleinkörper des Systems unerläßlich.

Sollte die Menschheit in Zukunft das Sonnensystem über die Grenzen unseres Planeten hinaus erschließen und praktisch nutzen, dann ist die heutige Erforschung dieses Bereiches des Kosmos natürlich die Voraussetzung dazu.

Das Sonnensystem wird auf lange Sicht der einzige Ausschnitt aus dem Kosmos sein, den der Mensch direkt an Ort und Stelle untersuchen kann. Damit liefert das Sonnensystem grundlegendes Datenmaterial für die Astronomie. Die Materie, aus der Sonne und Sonnensystem bestehen, versetzt uns in die Lage, ein realistisches Bild über die Häufigkeitsverteilung der chemischen Elemente im Kosmos zu gewinnen. Die Ermittlung der sog. „mittleren" kosmischen

Elementenhäufigkeit basiert im wesentlichen auf den spektralanalytischen Bestimmungen an der Sonnenatmosphäre und auf Laboratoriumsanalysen von Meteoriten (Bild 1.4). Nur aus den am Material interplanetarer Kleinkörper vorgenommenen Altersbestimmungen läßt sich das Alter der Sonne absolut und zuverlässig folgern. Darüber hinaus finden wir im Material des Sonnensystems sogar Informationen gespeichert, die Anhaltspunkte über Geschehnisse in präsolarer Zeit, z. B. die Explosion einer Supernova in der Nähe des Entstehungsortes der Sonne, enthalten.

Die Sonne ist die überragende Energiequelle im Sonnensystem. Ihre Strahlung bestimmt im wesentlichen die Temperaturen an den Oberflächen der Planeten, sie ist die unersetzbare Voraussetzung des Lebens auf der Erde. Im Zeitalter der immer knapper werdenden Energieressourcen und Umweltprobleme tritt die unmittelbare Nutzung der Sonnenenergie als ein Ausweg immer stärker in den Vordergrund. Gelänge es uns, die Energie freisetzenden Prozesse auf der Erde nachzuvollziehen und praktisch auszunutzen, so wären wir wohl aller Energiesorgen ledig. Auf

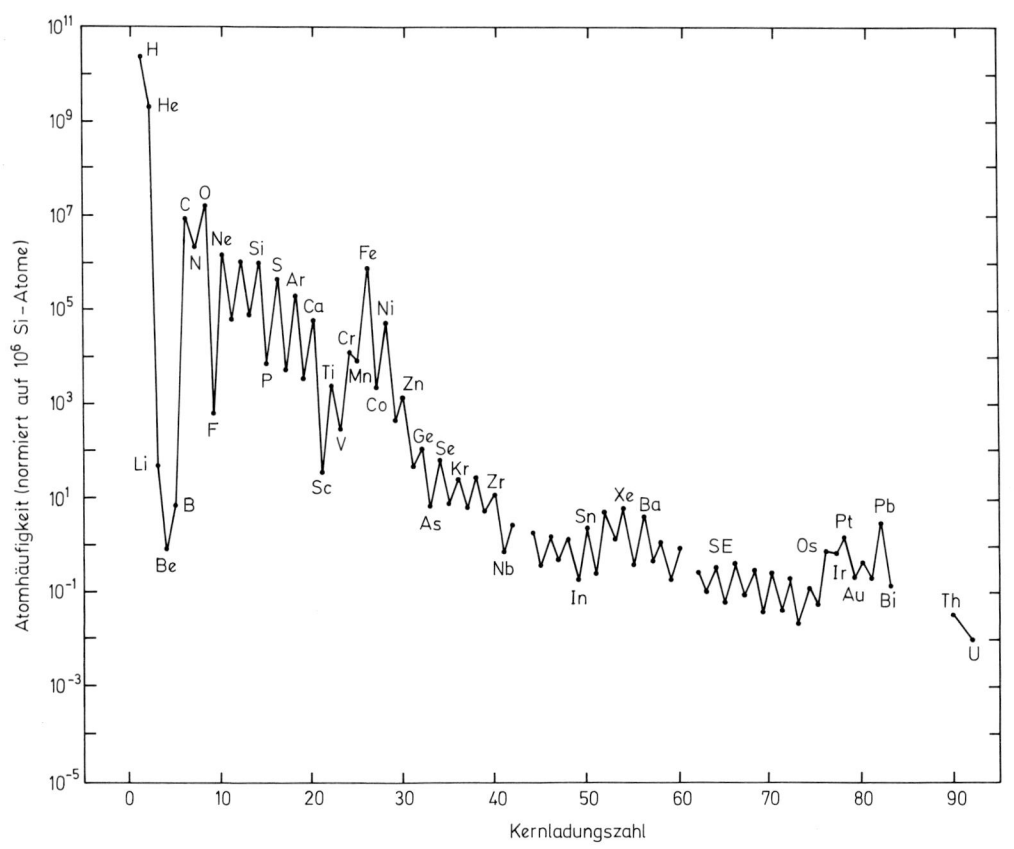

Bild 1.4 Die Häufigkeit der chemischen Elemente im Ausgangsmaterial des Sonnensystems (bestimmt an C1-Meteoriten und Sonnenphotosphäre). Die aufgetragenen Atomanzahlen sind auf 10^6 Siliciumatome normiert. Zur Orientierung wurden an einzelnen Punkten die Elementsymbole eingetragen (SE steht für die Gruppe der seltenen Erden). Die Häufigkeitsverteilung spiegelt kosmologische Sachverhalte (H, He), die Effektivität der Kernsyntheseprozesse im Sterninnern und die Eigenschaften (Reaktionsquerschnitte, Stabilität) der Kerne wider.

1.2 Bedeutung der Erforschung des Sonnensystems

der Sonne existieren physikalische Bedingungen, wie wir sie im Laboratorium niemals werden simulieren können. Plasmaphysik und Magnetohydrodynamik verdanken der Sonnenphysik wichtige Aufgabenstellungen und Prüfmöglichkeiten.

Die Sonne ist darüber hinaus kein einzigartiges Objekt, sondern ein typischer Stern, den wir dank seiner großen Nähe mit größerer räumlicher, zeitlicher und spektraler Auflösung untersuchen können als jeden anderen. Deshalb wird unsere Sonne letztendlich immer den entscheidenden Prüfstein für unsere Theorien über den Aufbau der Sterne, insbesondere ihrer Atmosphären, bilden. Am Beispiel der Sonne können wir einen Zwergstern hinsichtlich Größe, Masse und Leuchtkraft genau vermessen und mit Hilfe dieser Werte auch für andere Sterne entsprechende absolute Daten ableiten (Bild 1.5). Wir können viele Phänomene beobachten und mes-

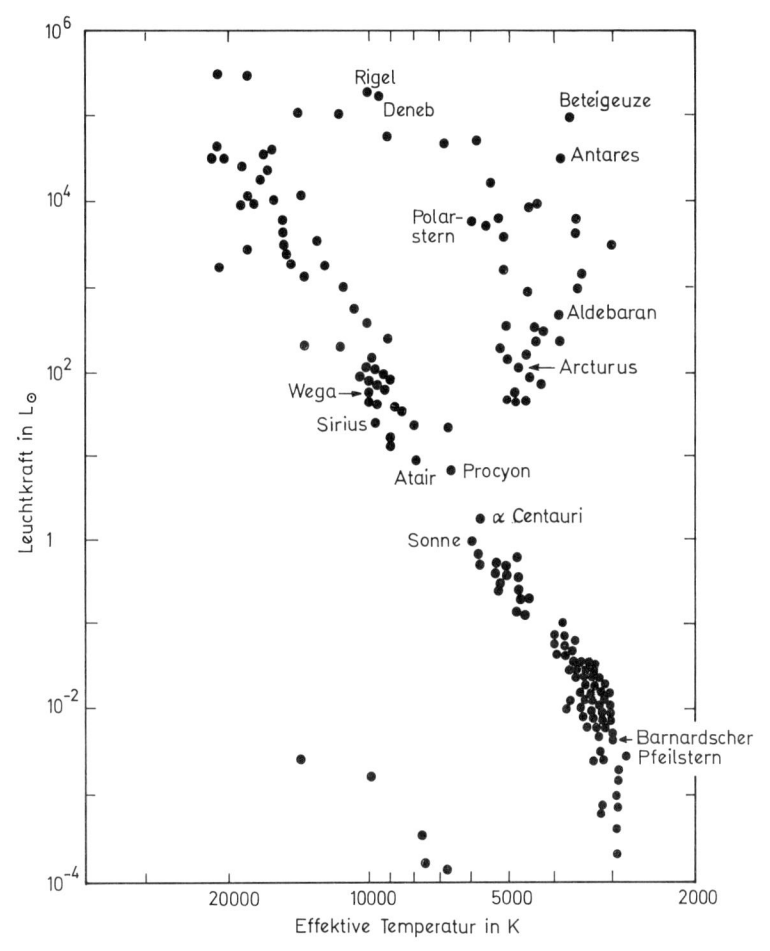

Bild 1.5 Hertzsprung-Russell-Diagramm, das die 100 hellsten und die 90 nächsten Sterne enthält. Die meisten Sterne ordnen sich in einem diagonal von links oben nach rechts unten verlaufenden Band an, der Hauptreihe. Diese Sterne decken ihre Ausstrahlung durch Kernreaktionen, bei denen im Endeffekt vier Wasserstoffkerne zu einem Heliumkern verschmelzen. Die Sonne erweist sich als durchschnittlicher Zwergstern, wie die Hauptreihensterne im Gegensatz zu den viel helleren, weil größeren Riesensternen auch genannt werden.

sen, die bei vergleichbaren Sternen ebenfalls auftreten müssen, aber wegen ihrer großen Entfernung schwierig oder gar nicht zu untersuchen sind. Durch die Beobachtung der bei den Kernfusionsprozessen im Sonneninnern freigesetzten Neutrinos haben wir sogar die prinzipielle Möglichkeit, bestimmte Vorgänge im tiefen Sonneninnern mit experimentellen Methoden zu studieren.

So hat denn die Erforschung der Körper des Sonnensystems immer zwei Seiten. Einmal geht es um das immer bessere Verständnis unserer engeren kosmischen Heimat als der Lebensgrundlage des Menschen, zum anderen aber um die Untersuchung eines Sterns einschließlich seiner unmittelbaren Umgebung, die dank der großen Nähe mit spezifischen Mitteln besonders gründlich ausgeführt werden kann und dadurch Erkenntnisse vermittelt, die an anderen vergleichbaren Himmelskörpern (noch) nicht gewonnen werden können.

1.3 Zur Geschichte der Erforschung des Sonnensystems

1.3.1 Die Sonnenforschung

Die ersten Beobachtungen der Sonne mit dem soeben erfundenen Fernrohr durch Johann Fabricius (1587 bis etwa 1617), Galileo Galilei (1564 bis 1642), Thomas Harriot (1560 bis 1621) und Christoph Scheiner (1575 bis 1650) um 1610/11 bezeichnen den Beginn der Sonnenforschung. Obwohl gelegentliche Wahrnehmungen von Sonnenflecken mit dem bloßen Auge aus der Zeit davor bekannt sind, konnten sie erst jetzt regelmäßiger Gegenstand der Beobachtung werden. Ihre Bewegung über die Sonnenscheibe deutete bereits Galilei richtig als Auswirkung einer Rotation der Sonne. Die systematische Überwachung der Sonnenfleckentätigkeit setzte Mitte des 19. Jahrhunderts ein, nachdem Heinrich Schwabe (1789 bis 1875) 1843 die mögliche Existenz eines Sonnenfleckenzyklus von 10 Jahren Länge bekanntgab. Rudolf Wolf (1816 bis 1893) führte daraufhin 1848 die Sonnenfleckenrelativzahl ein, die seitdem für jeden Tag in internationaler Zusammenarbeit bestimmt wird. Durch Aufarbeitung älterer Beobachtungen konnte er die Existenz des Fleckenzyklus bestätigen und seine mittlere Länge zu 11,1 Jahren bestimmen. Systematische Beobachtungsreihen führten Richard C. Carrington (1826–1875) und Gustav Spörer (1822 bis 1895) zur Entdeckung der differentiellen Rotation der Sonne und der Zonenwanderung der Flecke. Etwa gleichzeitig wurde der Zusammenhang zwischen Fleckentätigkeit auf der Sonne und geomagnetischer Aktivität durch Edward Sabine (1788 bis 1883), Alfrède Gautier (1793 bis 1881) und Rudolf Wolf gefunden und dadurch das Forschungsgebiet der solar-terrestrischen Erscheinungen begründet. Die Beobachtung der ersten Sonneneruption durch Carrington und R. Hogson und das zeitgleiche Auftreten starker magnetischer Stürme und Polarlichter untermauerten die Existenz von Zusammenhängen zwischen Erscheinungen auf Sonne und Erde.

Die in Frankreich und Italien sichtbare Sonnenfinsternis vom 8. Juli 1842 stieß erstmals auf breites Interesse bei den Astronomen, die in größerer Anzahl die Korona und die Protuberanzen zur Kenntnis nahmen. Die folgenden Finsternisse wurden nun regelmäßig Ziel wissenschaftlicher Expeditionen, bei denen weitere wichtige Phänomene der Sonnenatmosphäre entdeckt (z. B. 1851 Chromosphäre) und erforscht wurden. Vor allem der Einsatz der Photographie und Spektroskopie erwies sich

1.3 Zur Geschichte der Erforschung des Sonnensystems

Bild 1.6 Daguerreotypie der totalen Sonnenfinsternis vom 28. Juli 1851. Es handelt sich um die älteste erhaltene Aufnahme dieser Art (Foto: Universitäts-Sternwarte Jena).

als entscheidend (1868 Heliumlinie, 1869 grüne Koronalinie, 1870 Flash-Spektrum, 1878 Formveränderungen der Korona im Verlaufe des Fleckenzyklus). Die Erfindung des Protuberanzenspektroskops 1868 durch Joseph Norman Lockyer (1836 bis 1920) und Pierre Jules César Janssen (1824 bis 1907) beschränkte die Beobachtung dieser auffälligen Erscheinungen nicht länger auf die kurze Zeit während totaler Finsternisse, und die Erfindung des Spektroheliographen durch Henri Alexandre Deslandres (1853 bis 1948) und George Ellery Hale (1868 bis 1938) eröffnete der Erforschung der Chromosphäre gänzlich neue Horizonte.

Der Begründer der Sonnenspektroskopie ist Joseph von Fraunhofer (1787 bis 1826). Zwar hatte schon 1802 William Hyde Wollaston (1766 bis 1828) 7 dunkle Linien im Sonnenspektrum entdeckt, die er als Trennlinien zwischen den Farben deutete, doch Fraunhofer stellte fest, daß das Sonnenspektrum Tausende von dunklen Linien enthält. Er vermaß und katalogisierte mehrere Hundert von ihnen genauer und versah sie mit Buchstabenbezeichnungen, die z. T. noch heute gebräuchlich sind, z. B. D für das gelbe Natriumdublett oder H und K für die starken Linien des Ca^+ im violetten Spektralbereich. Mit der Entdeckung, daß die Wellenlängen der Linien charakteristisch für die chemischen Elemente sind, legten 1859 Gustav Kirchhoff (1824 bis 1887) und Robert Bunsen (1811 bis 1899) den Grundstein für die Spektralanalyse und die Astrophysik überhaupt. In enger Wechselwirkung mit der Aufklärung des Atombaus und der Schaffung der Quantentheorie wurden die Fraunhofer-Linien zur wichtigsten Informationsquelle über die Sonne und die Sterne. Einen ersten Höhepunkt erreichte die spektroskopische Bestandsaufnahme der Sonne mit H. A. Rowlands (1848 bis 1901) photographischem Atlas des Sonnenspektrums (1887/8) und seiner „Preliminary Table of Solar Spectrum Wavelengths", die in 18 Teilen 1895–97 im „Astrophysical Journal" erschien.

In der 2. Hälfte des 19. Jahrhunderts wurde auch die Frage nach der Natur des Sonnenkörpers beantwortet. Genährt durch die Beobachtung Alexander Wilsons (1714 bis 1786), daß die Sonnenflecke offenbar Einsenkungen in der Photosphäre sind, herrschte im 18. Jahrhundert die von Friedrich Wilhelm Herschels (1739 bis 1822) Autorität gestützte Vorstellung, daß die Sonne eine kalte feste, durchaus erdähnliche und bewohnbare Kugel sei, die von einer leuchtenden Wolkenschicht umgeben und vor deren Strahlen durch eine besondere Hülle geschützt ist. Aus dem kontinuierlichen Spektrum der Sonne

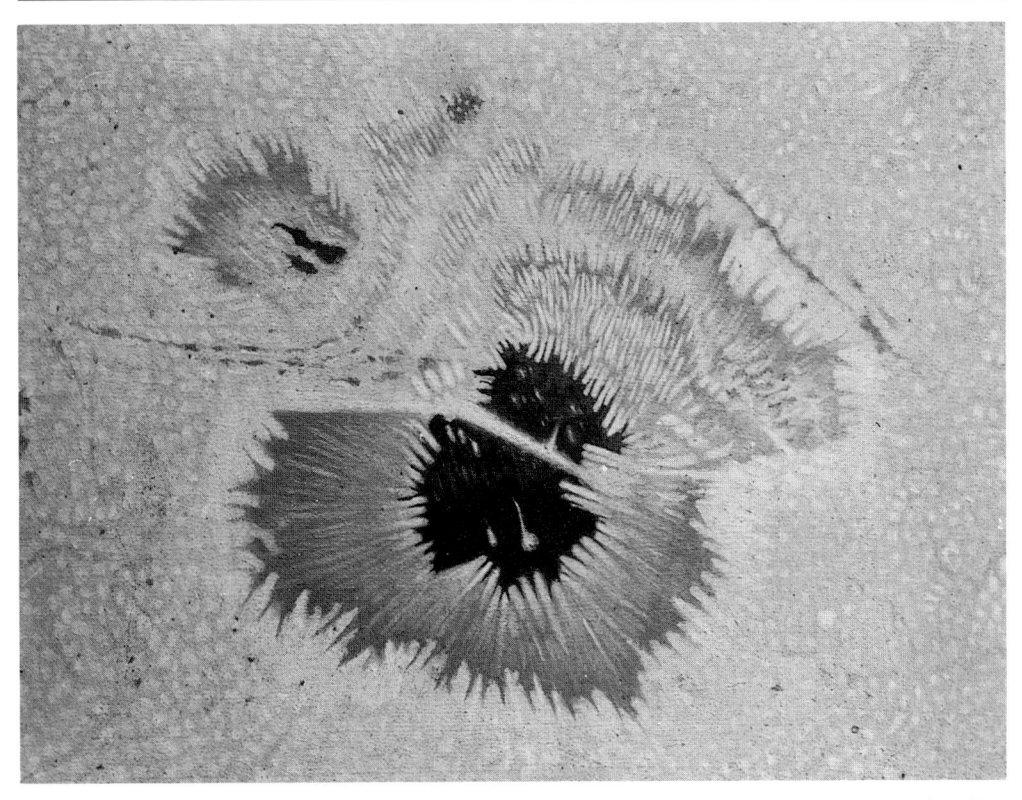

Bild 1.7 Zeichnung der Feinstruktur eines Sonnenflecks von O. Lohse nach einer visuellen Beobachtung am 2. September 1872.

und der Laborerfahrung mit den Spektren flüssiger und fester Körper zog 1861 Kirchhoff den Schluß, daß die Photosphäre die glühende Oberfläche eines festen oder bestenfalls flüssigen Sonnenkerns sei, der von einer etwas kühleren Atmosphäre aus Metalldämpfen umgeben ist, in der die Absorptionslinien entstehen. Anderen Astronomen, z. B. Angelo Secchi (1818 bis 1878), John Herschel (1792 bis 1871) und Hervé Faye (1814 bis 1902) dienten 1864/65 die Eigenbewegung der Sonnenflecke und die differentielle Rotation als Argument für den durchweg gasförmigen Zustand der Sonnenmaterie, und ihre Ansicht setzte sich rasch durch.

Die Frage nach der Herkunft der von der Sonne ausgestrahlten Energie stellte mit Nachdruck als erster Julius Robert Mayer (1814 bis 1878), der Entdecker des Energieerhaltungssatzes. Er versuchte auch eine Antwort und vermutete, daß einstürzende Meteorite die notwendige Energie liefern könnten. Der resultierende Massenzuwachs wurde bald als viel zu groß erkannt, und Hermann von Helmholtz (1821 bis 1894) und Lord Kelvin of Largs (1824 bis 1907) zogen 1854 bzw. 1861 die Kontraktion des ganzen Sonnenkörpers als Energiequelle in Betracht.

Konvektion wurde allgemein als Mechanismus des Energietransports angenommen und das Sonnengas durch eine polytrope Zustandsgleichung (Gasdruck proportional einer Potenz der Dichte und unabhängig von der Temperatur) angenähert. Jonathan Homer Lane (1819 bis 1880) und G. A. D. Ritter (1826 bis 1908) fanden unabhängig voneinander, daß Gaskugeln die durch

1.3 Zur Geschichte der Erforschung des Sonnensystems

Kontraktion gewonnene Energie nur teilweise ausstrahlen und den verbleibenden Teil zur Aufheizung des Innern verwenden. Ritter zog daraus den kühnen Schluß, daß die Sonne durch Kondensation aus diffuser Materie entstanden ist und sich im Lauf ihrer Entwicklung bis zu ihrer heutigen Temperatur aufgeheizt hat. 1906 zeigte Karl Schwarzschild (1873 bis 1916) durch die erfolgreiche Deutung der Randverdunklung der Sonne, daß zumindest in der Sonnenatmosphäre die Energie durch Strahlung transportiert wird.

Um die Jahrhundertwende tauchten im Zusammenhang mit der Entdeckung der Radioaktivität die ersten Vermutungen auf, daß die Energiequelle der Sonne in subatomaren Prozessen zu suchen sein könnte. Arthur Stanley Eddington (1882 bis 1944) und J. Perrin (1870 bis 1942) zogen als erste die Umwandlung von Wasserstoff in Helium in Betracht, aber Robert d'E. Atkinson (1898 bis 1982) und Fritz G. Houtermans konnten erst unter Ausnutzung des 1928 von George Gamow (1904 bis 1968) entdeckten Tunneleffekts zeigen, daß unter den Bedingungen im Sonneninnern einer kleiner, jedoch zur Deckung des Energiebedarfs ausreichender Teil der Wasserstoffkerne genügend kinetische Energie besitzt, um die gegenseitige elektrische Abstoßung zu überwinden und tatsächlich zu verschmelzen. 1937–39 formulierten dann Hans Albrecht Bethe und Carl Friedrich von Weizsäcker die wesentlichsten Kernreaktionen, die an der Heliumsynthese beteiligt sind. Die Entscheidung zwischen der Proton-Proton-Kette und dem Kohlenstoff-Stickstoff-Sauerstoff-Zyklus brachten die Modellrechnungen Anfang der fünfziger Jahre, als realistische Werte für die Reaktionsraten und die Opazität der Sonnenmaterie verfügbar wurden. Durch die Messung des solaren Neutrinostroms können die Vorstellungen über die Energieerzeugung im Sonneninnern direkt überprüft werden. Die zutage getretenen Diskrepanzen scheinen ihren Grund eher in bisher ungenügend bekannten Eigenschaften der Neutrinos zu haben als in fehlerhaften Vorstellungen über den Bau des Sonneninnern. Auch die Helioseismologie, der Forschungszweig, der die Eigenschwingungen der Sonne untersucht, beginnt Beobachtungsmaterial über den inneren Aufbau der Sonne beizutragen.

Bei der Identifikation der Emissionslinien im Spektrum der Korona wurde 1939 von Walter Grotrian (1890 bis 1954) ein Durchbruch erzielt, als es ihm gelang, zwei Linien mit verbotenen Übergängen von neun- bzw. zehnfach ionisiertem Eisen zu identifizieren. Unmittelbar danach identifizierte B. Edlén praktisch alle weiteren bekannten Koronalinien ebenfalls mit verbotenen Linien hochionisierter Elemente. Damit war klar, daß die Gastemperatur in der Korona außergewöhnlich hoch sein mußte. Während dies einerseits eine plausible Begründung für den bis dahin unbegreiflich langsamen Dichteabfall in der Korona lieferte, blieb die Ursache der hohen Temperatur rätselhaft.

Dank der Erfindung des Koronographen durch Bernhard Lyot (1897 bis 1952) war es seit 1930 möglich, die innersten Teile der Korona auch außerhalb von Sonnenfinsternissen zu beobachten. Obwohl dadurch das Vorhandensein bogenförmiger Strukturen und größerer Bereiche verminderter Helligkeit, die M. Waldmeier Koronalöcher nannte, festgestellt wurde, gelang der Durchbruch im Verständnis der Struktur der Korona erst anhand der ersten Aufnahmen mit einem abbildenden Röntgenteleskop an Bord der Raumstation Skylab, auf denen die bestimmende Rolle des Magnetfeldes für Aufbau und Aufheizung unübersehbar war.

Auf eine wichtige Konsequenz der hohen Koronatemperatur wies Sidney Chapman 1953 hin: Die Korona kann sich nicht im hydrostatischen Gleichgewicht befinden. Die allgemeine Expansion des Koronagases wurde später von Eugene N. Parker „Sonnenwind" genannt und von den ersten sowjetischen und amerikanischen Raumsonden entdeckt.

Mit der Entdeckung der Radiostrahlung der Sonne öffnete James Stanley Hey 1942 ein neues Fenster der Sonnenbeobachtung, woraus sehr rasch eine Spezialdisziplin wurde, da die Sonne mit einer Fülle von zum Teil sehr schnell veränderlichen Erscheinungen aufwartete. Insbesondere für die mit Eruptionen zusammenhängenden Prozesse wurden Radiobeobachtungen unerläßlich. Mit dem Bau spezieller Interferometer wurde der Nachteil der geringen Winkelauflösung überwunden.

Durch den Einsatz von erbeuteten V2-Raketen wurde 1946 erstmals der störende Einfluß der Erdatmosphäre zurückgedrängt und das Ultraviolettspektrum der Sonne bis 200 nm Wellenlänge erkundet. Kurze Zeit danach wurde auch die Röntgenstrahlung von der Sonne nachgewiesen, 1956 die erste Eruption im Röntgenbereich registriert. In der Folgezeit waren viele Satelliten und Raumsonden an der Überwachung und weiteren Erforschung der kurzwelligen Sonnenstrahlung beteiligt.

Die moderne Sonnenbeobachtung drängt auf immer höhere sowohl räumliche als auch spektrale Auflösung, da die entscheidenden Prozesse in der Sonnenatmosphäre offenbar auf Skalen ablaufen, die an oder unter der Grenze der gegenwärtigen Beobachtungskunst liegen. Erwähnt seien die Flußröhren als wesentliche Elemente des Magnetfeldes oder die verschiedenen Arten von Wellen, die für die Aufheizung von Chromosphäre und Korona in Erwägung gezogen werden.

Die Sonnenflecke und das rhythmische Auf und Ab in der Häufigkeit ihres Auftretens lassen nach wie vor viele Fragen offen. Seit Hale 1908 die starken Magnetfelder der Flecke entdeckte und später die globalen Polaritätsgesetze

Bild 1.8 Der Einsteinturm auf dem Potsdamer Telegrafenberg. Erste Aufgabe dieses 1924 eröffneten Sonnenobservatoriums sollte es sein, die von der Relativitätstheorie Einsteins vorhergesagte Rotverschiebung der Spektrallinien im Sonnenspektrum nachzuweisen.

formulierte, ist die entscheidende Rolle des Magnetfeldes beim Zustandekommen der Sonnenaktivität deutlich. Die Dynamotheorie, von Parker 1956 erstmals in Erwägung gezogen und danach von vielen anderen weiter entwickelt, vermag zwar wichtige Aspekte des Sonnenzyklus plausibel zu erklären, aber im Detail bleiben viele Fragen. Insbesondere für die Erscheinungen der Sonnenaktivität, aber nicht nur für sie, gilt in zunehmendem Maße, daß man sie nicht länger nur allein bei der Sonne studieren muß, sondern vergleichbare Phänomene auch bei anderen Sternen beobachten kann. Die Möglichkeit, zu vergleichen und Beziehungen zu globalen Eigenschaften und Parametern der Sterne herzustellen, wird gewiß helfen, unseren Stern besser zu verstehen.

1.3.2 Die Planetenforschung

Das Problem der Planetenbewegung

Neben Sonne und Mond bildeten die fünf mit dem bloßen Auge sichtbaren Planeten Merkur, Venus, Mars, Jupiter und Saturn wegen ihrer auffälligen Bewegungen relativ zu den Sternen den ältesten Forschungsgegenstand der Astronomie. Das griechische Wort πλανήτης (der Umherschweifende), von dem sich unser Wort Planet ableitet, nimmt auf dieses Verhalten ausdrücklich Bezug. So unterscheidet man seit dem Beginn astronomischen Denkens zwischen zwei Arten von Gestirnen: den an der Himmelskugel befestigten Sternen (Fixsterne) und den Wandelsternen (Planeten), wobei zu den letzteren auch Sonne und Mond gerechnet wurden. Mit Ausnahme von Sonne und Mond wurden die Planeten im Altertum aber nicht als Himmelskörper empfunden. Viele Kulturvölker, vor allem Babylonier und Griechen, beobachteten jedoch die Planetenbewegungen aufmerksam, erkannten darin enthaltene Periodizitäten und lernten, den Lauf der Planeten rechnerisch zu verfolgen. Da die Planeten für Manifestationen von Göttern gehalten wurden, waren astronomische Messungen und Berechnungen astrologisch motiviert und mit Deutungen verknüpft. Astronomie und Astrologie bildeten bis in die Neuzeit eine untrennbare Einheit.

Das vor allem von der Philosophenschule der Pythagoreer geförderte Nachdenken über das Weltganze und seine in Zahlenwerten und geometrischen Figuren ausdrückbaren Harmonien führte im antiken Griechenland zur geometrischen Modellierung der Plantenbewegung. Von wenigen heliozentrischen Ansätzen (z. B. Aristarch von Samos, um 265 v. Chr.) abgesehen, waren diese Modelle geozentrisch orientiert: Die (kugelförmige) Erde bildete das ruhende Zentrum des Weltganzen. Die sieben Planeten waren in der Reihenfolge ihrer scheinbaren Geschwindigkeit am Himmel (Mond, Merkur, Venus, Sonne, Mars, Jupiter, Saturn) in einander umhüllende kristalline Sphären eingebettet, die sich ewig und gleichförmig um die Erde drehten. Nach außen abgeschlossen wurde dieser homozentrische Sphärenkosmos durch die Sphäre, an der sich die Fixsterne befanden. Durch die Einbettung in sich gleichförmig drehende Sphären war das aus philosophischen Gründen erhobene Postulat, daß die Gestirne Kreise beschreiben, automatisch erfüllt.

In der Kosmologie des Aristoteles (384 bis 322 v. Chr.) wurde der sublunare Bereich (das unterhalb der Sphäre des Mondes befindliche Reich der vier Elemente Erde, Wasser, Luft und Feuer) durch Wandelbarkeit und Vergänglichkeit sowie die natürliche Bewegung aller schweren Dinge nach unten und aller leichten nach oben gekennzeichnet. Wissenschaftlich gehörte er in die Zuständigkeit der Meteorologie. Den darüber befindlichen supralunaren Bereich, für dessen Erforschung die Astronomie zuständig war, zeichneten dagegen Unwandelbarkeit und ewige Kreisbewegungen aus. So war in dieser Kosmologie Irdisches und Kosmisches durch grundsätzliche Unterschiede gekennzeichnet.

Die ungleichförmige Bewegung der Planeten am Himmel konnte Aristoteles durch das Sphärenmodell des Eudoxos von Knidos (408 bis 355 v. Chr.) erklären, nach dem zu jedem Planeten mehrere homozentrische, ineinander um verschiedene Achsen drehbar aufgehängte Sphären gehörten, so daß die scheinbare Ungleichförmigkeit der Planetenbewegung durch die Überlagerung mehrerer in Wahrheit gleichförmiger Kreisbewegungen dargestellt wurde (Bild 1.9). Diese für die antike Astronomie typische Zurückführung einer ungleichförmigen Bewegung auf die gleichförmige Kreisbewegung wurde „Rettung der Phänomene" genannt und war aus philosophischen Gründen (Kreis als vollkommene, in sich zurückfließende Figur ohne Anfang und Ende) unerläßlich.

Zur Erreichung einer höheren Genauigkeit in der Beschreibung der scheinbaren Planetenbewegung ging Hipparchos von Nikaia (190 bis 125 v. Chr.) zu einer anderen Art der Rettung der Phänomene über. Er führte die von Apollonios von Perge studierte epizyklische Kreisbewegung für die Planeten ein, die am Himmel gelegentlich ihre Bewegung umkehren, indem sie Pendelbewegungen um die Sonne (Merkur und Venus) oder Schleifenbewegungen ausführen (Mars, Jupiter und Saturn). Der Planet bewegt sich danach gleichförmig auf einem Kreis, dem Epizykel, dessen Mittelpunkt gleichförmig auf einem Kreis, dem Deferenten, um die Erde läuft. Später rückte man im Interesse einer genaueren Beschreibung der Bewegung sogar den Deferentenmittelpunkt aus dem Erdzentrum heraus und postulierte ihre Gleichförmigkeit relativ zu einem exzentrischen Punkt (punctum aequans, s. Bild 1.9). Diese exzentrische Kreisbewegung lieferte in der geozentrischen Beschreibung die Ungleichförmigkeit der Bahnbewegung, die im 2. Keplerschen Gesetz verankert ist.

Diese exzentrische epizyklische Bewegung wurde für lange Zeit zum entscheidenden theoretischen Werkzeug zur (geometrischen) Ermittlung von Planetenpositionen, während die Sphären nur noch als Strukturprinzip des

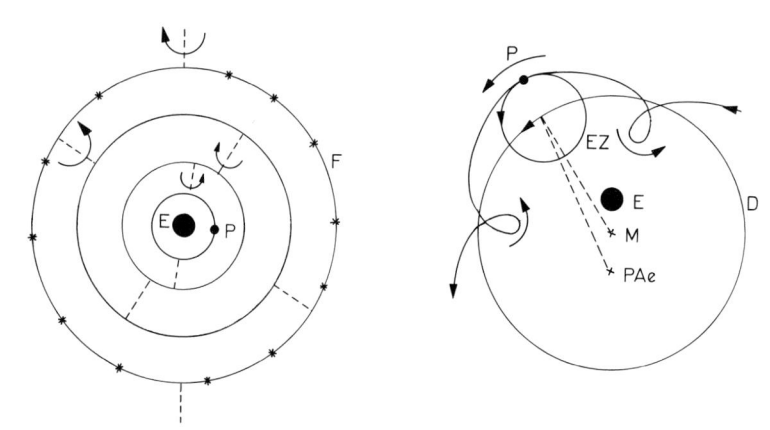

Bild 1.9 Schematische Darstellung der „Rettung der Phänomene" nach den Planetentheorien des Eudoxos (links) und des Ptolemaios (rechts). Die Symbole bedeuten: D Deferent, E Erde, EZ Epizykel, F Fixsternsphäre, M Mittelpunkt, P Planet, PAe Punctum aequans.

1.3 Zur Geschichte der Erforschung des Sonnensystems

Kosmos und als Mittel zum kausalen Verständnis der Planetenbewegung erhalten blieben. Das die Errungenschaften der antiken Astronomie zusammenfassende Werk „Μαθηματικῆς συντάξεως βιβλία ιγ" des Klaudios Ptolemaios (um 140 n. Chr.) bildete für ca. 1400 Jahre die Grundlage für die Ermittlung von Planetenörtern am Himmel. Den im ausgehenden Mittelalter immer stärker zutage tretenden Diskrepanzen zwischen beobachteten und berechneten Planetenörtern wurde durch Modifikationen (z. B. Epi-Epizykeln) begegnet, so daß das „Räderwerk des Himmels" immer unübersichtlicher wurde.

Zur Wiedergewinnung der Einfachheit des Modells brach Nikolaus Kopernikus (1473 bis 1543) in seinem Werk „De revolutionibus orbium coelestium libri VI" mit dem geozentrischen Grundpostulat. Die Einfachheit war für Kopernikus ein Kriterium für die Richtigkeit der Theorie (Bild 1.10). Ergebnis dieser „kopernikanischen Revolution" war das heliozentrische Weltbild, das trotz seiner anfänglichen Unzulänglichkeit hinsichtlich der genauen Beschreibung der Planetenbewegung (bedingt durch die Beibehaltung der Kreisbahnen und Benutzung von Epizykeln zur Darstellung der ungleichförmigen Bewegung) den Weg frei machte für die endgültige Lösung des Problems der mathematischen Beschreibung der Planetenbewegung und das physikalische Verständnis ihrer Ursache. Weiterhin führte es zu der Erkenntnis, daß die die Sonne umlaufenden Planeten Körper von der Art der Erde sind, daß also Irdisches und Kosmisches nicht grundsätzlich verschieden sind.

Auf der Grundlage der sehr genauen Positionsmessungen von Tycho Brahe (1546 bis 1601) am Planeten Mars konnte schließlich der überzeugte Kopernikaner Johannes Kepler (1571 bis 1630) 1609 in seinem Hauptwerk „Astronomia nova" zeigen, daß sich die Planeten auf Ellipsenbahnen derart um die Sonne bewegen, daß die pro Zeiteinheit vom Strahl Sonne-Planet überstrichene Fläche konstant bleibt (1. und 2. Keplersches Gesetz). Es waren dies die ersten mathematisch exakt formulierten Naturgesetze, die in der Geschichte der Naturwissenschaften gefunden wurden. 1618 fand Kepler den quantitativen Zusammenhang zwischen Bahngröße und Umlaufzeit (3. Keplersches Gesetz). Den krönenden Abschluß dieser Periode erreichte schließlich Isaac Newton (1643 bis 1727), der mit Hilfe der von ihm mathematisch formulierten Prinzipien der mechanischen Bewegung aus dem 3. Keplerschen Gesetz 1687 das allgemeine Gesetz der Massenanziehung, das Gravitationsgesetz, ableitete und die Himmelsmechanik begründete. Das geometrische Problem der Planetenbewegung wurde nun zu einem dynami-

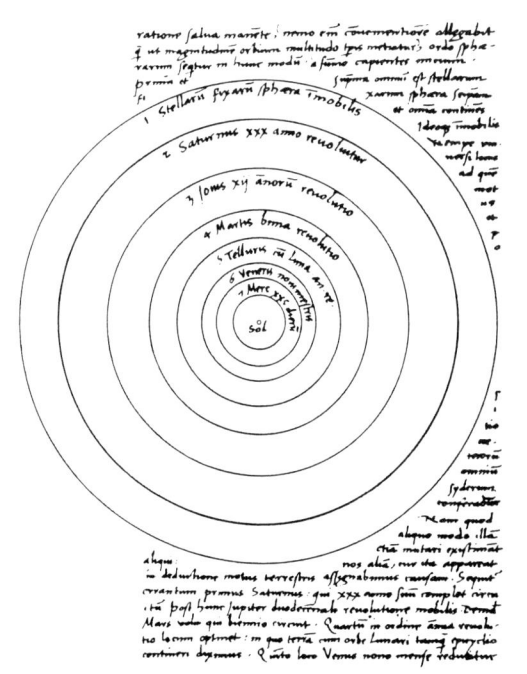

Bild 1.10 Darstellung des heliozentrischen Weltbildes aus der Handschrift von Kopernikus' „De revolutionibus orbium coelestium libri VI".

schen, das im Rahmen der sich rasch entwickelnden Differential- und Integralrechnung numerisch gelöst werden konnte. Durch die Einbeziehung der störenden Kräfte der anderen Planeten wurde die Präzision der Bahnbestimmung der Planeten weiter gesteigert.

Die Voraussage der Wiederkehr des Kometen von 1682 für das Jahr 1758 durch Edmond Halley (1656 bis 1742) war die erste Bewährungsprobe, die die Himmelsmechanik glänzend bestand. Der augenfälligste Beweis für ihre Leistungsfähigkeit wurde 1846 mit der Entdeckung des Planeten Neptun erbracht, dessen Position aus Störungen der Bahnbewegung des 1781 entdeckten Planeten Uranus von Urbain Jean Joseph Leverrier (1811 bis 1877) und John Couch Adams (1819 bis 1892) berechnet wurde.

Mit der Präzisierung des Gravitationsgesetzes im Rahmen der Allgemeinen Relativitätstheorie konnte die Himmelsmechanik auch die Bewegung in unmittelbarer Sonnennähe, wo sich die

Die Ausrechnung ergibt

$$(74) \qquad B = \frac{2\alpha}{\Delta} = \frac{\varkappa M}{2\pi\Delta}.$$

Ein an der Sonne vorbeigehender Lichtstrahl erfährt demnach eine Biegung von 1,7″, ein am Planeten Jupiter vorbeigehender eine solche von etwa 0,02″.

Berechnet man das Gravitationsfeld um eine Größenordnung genauer, und ebenso mit entsprechender Genauigkeit die Bahnbewegung eines materiellen Punktes von relativ unendlich kleiner Masse, so erhält man gegenüber den Kepler-Newtonschen Gesetzen der Planetenbewegung eine Abweichung von folgender Art. Die Bahnellipse eines Planeten erfährt in Richtung der Bahnbewegung eine langsame Drehung vom Betrage

$$(75) \qquad \varepsilon = 24\pi^3 \frac{a^2}{T^2 c^2 (1-e^2)}$$

pro Umlauf. In dieser Formel bedeutet a die große Halbachse, c die Lichtgeschwindigkeit in üblichem Maße, e die Exzentrizität, T die Umlaufszeit in Sekunden.[1)]

Die Rechnung ergibt für den Planeten Merkur eine Drehung der Bahn um 43″ pro Jahrhundert, genau entsprechend der Konstatierung der Astronomen (Leverrier); diese fanden nämlich einen durch Störungen der übrigen Planeten nicht erklärbaren Rest der Perihelbewegung dieses Planeten von der angegebenen Größe.

[1)] Bezüglich der Rechnung verweise ich auf die Originalabhandlungen A. Einstein, Sitzungsber. d. Preuß. Akad. d. Wiss. 47. p. 831. 1915. — K. Schwarzschild, Sitzungsber. d. Preuß. Akad. d. Wiss. 7. p. 189. 1916.

Bild 1.11 Die Berechnung der Periheldrehung des Planeten Merkur durch A. Einstein. Entnommen aus A. Einstein „Die Grundlagen der Allgemeinen Relativitätstheorie", Johann Ambrosius Barth, Leipzig 1916 (als Sonderdruck der „Annalen der Physik", Bd. 49, 1916).

Krümmung der Raumzeit am stärksten bemerkbar macht, mit hoher Genauigkeit beschreiben. Dadurch gelang es Einstein, auch das bis dahin bestehende Problem der unerklärten Periheldrehung des Planeten Merkur lösen (Bild 1.11).

Das Zeitalter der Planetographie

Die Geburtsstunde der physischen Planetenforschung war die Einführung des Fernrohrs in die Astronomie durch Galileo Galilei im Jahre 1609. Durch spektakuläre Entdeckungen (Mondkrater, Jupitermonde, Venusphasen) hatte Galilei selbst die Bedeutung dieses neuen Instruments für die Erforschung des Planetensystems demonstriert. Als erster Gegenstand systematischer Fernrohrbeobachtungen bot sich die Mondoberfläche an, und bereits in der ersten Hälfte des 17. Jahrhunderts entstanden Mondkarten, z. B. die von Thomas Harriot und Christoph Scheiner. Johann Hevels (1611 bis 1687) „Selenographia" von 1647 verkörperte bereits einen ersten Höhepunkt der Mondbeschreibung oder Selenographie (Bild 1.12). Da sich Giovanni Battista Ricciolis (1598 bis 1671) Vorschlag, Mondkrater nach Gelehrten zu benennen, durchsetzte, war Mitte des 17. Jahrhunderts auch der erste entscheidende Schritt in Richtung einer allgemein akzeptierten Mondnomenklatur getan. Endgültig gelöst wurde dieses Problem aber erst durch die Internationle Astronomische Union (IAU) in unserem Jahrhundert. Bedeutende Selenographen des 18. und 19. Jahrhunderts, auf die wichtige Mondkarten und viele Bezeichnungen zurückgehen, waren Johann Hieronymus Schröter (1745 bis 1816) und Johann Heinrich Mädler (1794 bis 1874).

Im Gegensatz zu den echten topographischen Formationen auf dem Mond ließen sich auf den Scheibchen der viel weiter entfernten Planeten nur schemenhafte Flecken (Albedostrukturen) und farbliche Nuancen ausmachen. Die bereits im 17. Jahrhundert entdeckten Streifen und der Große Rote Fleck auf dem Jupiter stellten sich als Bestandteile einer fremdartigen gigantischen Wolkenlandschaft unbekannter Tiefe heraus. Dagegen wurden beim Planeten Mars im 18. Jahrhundert von den Beobachtern immer mehr Parallelen zur Erde gefunden: fast übereinstimmende Rotationsperiode und Achsenneigung, jahreszeitlich veränderliche Albedostrukturen (helle Polkappen, dunkle Flecken in niederen Breiten), meteorologische Erscheinungen. Neben der Jupiterbeschreibung (Zenographie) wurde vor allem die Marsbeschreibung (Areographie) zu einer Herausforderung für die Beobachter. Auch für die anderen Planeten bildeten sich analog benannte Spezialdisziplinen. Wir fassen sie unter dem Gesamtbegriff „Planetographie" zusammen. Allerdings förderte die Beobachtung des Merkurs und vor allem der Venus, auf deren Scheibchen Albedostrukturen kaum zu erkennen waren, wenig Aufregendes zutage. Nicht einmal sichere Rotationsperioden konnten für diese beiden Planeten abgeleitet werden. Dagegen avancierte der Mars

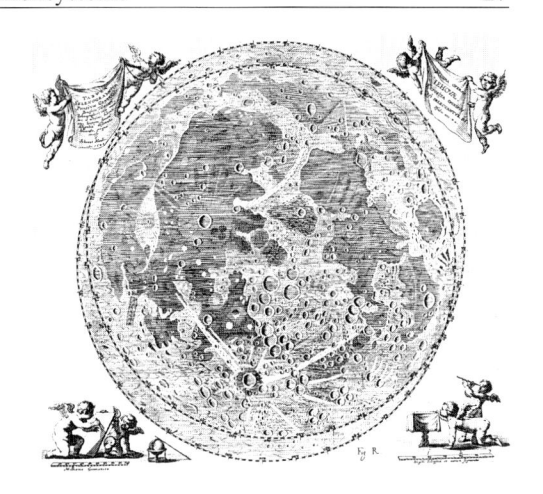

Bild 1.12 Kupferstich aus der „Selenographia" von Johann Hevel (1647).

durch die von Giovanni Virginio Schiaparelli 1877 entdeckten Marskanäle zum faszinierendsten Planeten des Sonnensystems, den sich auch seriöse Forscher als von Lebewesen bewohnt vorstellten (Bild 1.13).

Ergebnis der planetographischen Bemühungen vieler Beobachter waren die Ermittlung von integralen Zustandsgrößen der einzelnen Planeten (Durchmesser, Abplattung, Rotationsparameter), detaillierte Beschreibungen von Veränderungen in den Wolkendecken (Jupiter, Saturn) und an den Oberflächen (Mars) und die kartographische Erfassung und Benennung der beobachteten Strukturen. Echte topographische Formationen, über deren Bildung geologisch nachgedacht werden konnte, enthielten allerdings nur die Mondkarten. Aus diesem Grunde war die Selenographie die einzige planetographische Disziplin, zu deren Weiterentwicklung bereits im 19. Jahrhundert Geologen beitragen konnten, indem sie, ausgehend von den Erkenntnissen bei der Erforschung der Erdoberfläche, die auf dem Mond beobachteten Formen hinsichtlich ihres Zustandekommens deuteten. Für die anderen Planeten- und Mondoberflächen wurden geologisch interpretierbare Karten bzw. Atlanten erst in den letzten beiden Jahrzehnten durch die mit Hilfe von Raumflugkörpern gewonnenen Bilder geschaffen.

Physikalische Theorie und astrophysikalische Messungen in der Planetenforschung

Mit der zuverlässigen Bestimmung integraler physikalischer Größen von Planeten, vor allem Masse und Radius, im 18. Jahrhundert konnten erstmals direkte Vergleiche von Planeten mit der Erde angestellt und verschiedene Planetentypen (Größe, mittlere Dichte) definiert werden. Die Anwendung der Erkenntnisse der newtonschen Mechanik auf das Planeteninnere zeigte, daß es sich in erster Näherung wie eine Flüssigkeit verhält, die ihrer eigenen Schwere und der von der Rotation herrührenden

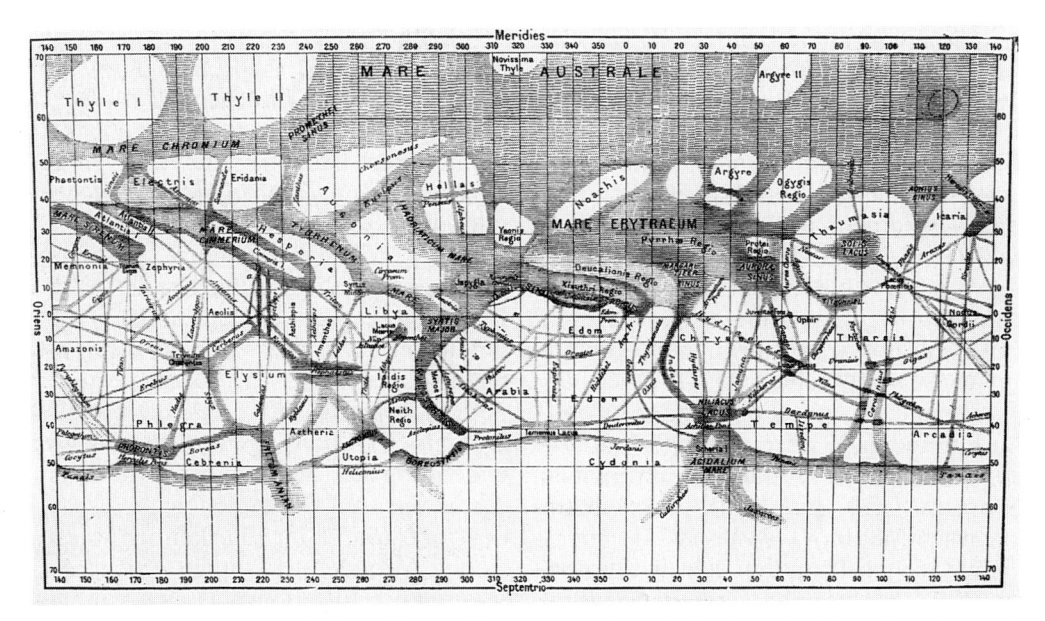

Bild 1.13 Marskarte von G. V. Schiaparelli aus dem Jahre 1886 mit zahlreichen Kanälen und Doppelkanälen.

1.3 Zur Geschichte der Erforschung des Sonnensystems

Fliehkraft unterliegt. Im Planeteninnern herrscht hydrostatisches Gleichgewicht; damit war man auf ein astrophysikalisches Grundprinzip gestoßen, das für alle stabilen Himmelskörper gilt. Die klassische Figurentheorie leitete Relationen zwischen den Parametern des Schwerefeldes (Gravitationsmomente), Abplattungsparametern (geometrische, gravimetrische, dynamische Abplattung) und Rotationsparametern ab. Da diese Ergebnisse zuerst auf die Erde angewandt wurden, haben Geophysik und allgemeine Planetentheorie eine gemeinsame Wurzel.

Mit dem Aufkommen der Astrophysik (2. Hälfte des 19. Jahrhunderts) fanden auch physikalische Meßmethoden Eingang in die Planetenforschung: Photographie, Photometrie, Spektraluntersuchungen, Polarimetrie. Dadurch konnten allzu subjektiv gefärbte planetographische Befunde objektiviert werden (Marskanäle als optisch induzierte Illusion, „grüne" Gebiete auf dem Mars als Kontrastphänomen erkannt). Die sich entwickelnde Planetenphotometrie führte zur Gewinnung absoluter Helligkeiten, von Farbenindizes, Albedowerten und Phasenfunktionen der Planeten. Die Ermittlung des Reflexionsvermögens von Oberflächengestein oder Wolken gestattete Vergleiche mit irdischen Materialien. Absorptions- und Streueigenschaften der Atmosphären wurden bestimmt und einzelne atmosphärische Komponenten (1932 CH_4 und NH_3 auf dem Jupiter, 1932 CO_2 auf der Venus) nachgewiesen.

Mit dem Erschließen neuer Wellenlängenbereiche in den letzten Jahrzehnten (Infrarot-, Radio- und Mikrowellengebiet, UV) konnten Temperaturen von Planetenoberflächen und Wolken bestimmt werden (erstmalig 1924), gelang mit Hilfe von Radarwellen die Bestimmung der Rotationsperiode von Merkur und Venus (1964) und danach sogar das Studium der Venustopographie durch die Wolkendecke hindurch, wurden Planetenmagnetosphären nachweisbar (bereits 1955 die des Jupiters) und Prozesse in den Hochatmosphären verfolgbar (Entdeckung von Wasserstoffkoronen an Hand der Lyman-α-Strahlung). Generell muß jedoch festgestellt werden, daß durch Beobachtungen von der Erde aus – selbst mit den heutigen Großteleskopen und modernen Detektoren – und mit Hilfe astronomischer Beobachtungssatelliten viele Rätsel der Planetenforschung nicht lösbar sind. Dazu sind Beobachtungen und Messungen vor Ort (In-situ-Untersuchungen) notwendig.

Raumfahrt und Planetenwissenschaften

Nach der erfolgreichen Entsendung von künstlichen Erdsatelliten wandte sich

Bild 1.14 Das Radioteleskop von Arecibo, Puerto Rico. Der in einem Talkessel fest eingebaute 300-m-Spiegel wird u. a. für Radaruntersuchungen der Körper des Sonnensystems, speziell der Venus, benutzt (Foto: National Astronomy and Ionosphere Center, Cornell University, Ithaca, N. Y.).

die Raumfahrt bereits 1959 dem Mond und zu Beginn der 60er Jahre den Nachbarplaneten Venus und Mars zu. Da beim Mond der bemannte Flug angestrebt wurde, stand die Lösung des Problems der weichen Landung und die intensive Erkundung aus der Umlaufbahn und an der Oberfläche im Vordergrund. Von 1969 bis 1972 besuchten im Rahmen des Apollo-Programms sechs Expeditionen den Erdtrabanten und führten an seiner Oberfläche geologische Felduntersuchungen (Gewinnung von etwa 380 kg Gesteins- und Bodenproben) und geophysikalische Messungen aller Art durch. Dabei wurden auch automatische Meßstationen installiert, die bis 1977 in Betrieb waren (Bild 1.15).

Seit 1967 drangen Wenera-Sonden erfolgreich unter die Wolkendecke der Venus vor, beim Mars begnügte man sich vorerst mit nahen Vorbeiflügen und ab 1971 mit Marssatelliten. In den siebziger Jahren wurden Venus- und Marserkundung durch den kombinierten Einsatz schwerer vielseitiger Lander und Orbiter intensiviert. 1990/93 wurde die gesamte Venusoberfläche von dem Satelliten Magellan mehrfach radarkartiert. Der Planet Mars wird in den 1990er Jahren wieder bevorzugtes Ziel von Raumflugmissionen werden, die u. a. auch zur Vorbereitung des bemannten Fluges zu

Bild 1.15 Mensch und Automat im Dienst der Mondforschung. Bei der Mission Apollo 10 inspizierte der Astronaut Ch. Conrad 1969 die 3 Jahre vorher auf dem Mond abgesetzte Sonde Surveyor 3 (Foto: NASA).

Beginn des nächsten Jahrhunderts dienen werden. Fortgesetzt werden wird in den nächsten Jahrzehnten auch die bemannte Erforschung des Mondes.

In den 1970er Jahren wurden erste Aufklärungsflüge zum Merkur und in die Systeme von Jupiter und Saturn unternommen. Mit den Voyager-Flügen (Bild 1.16), die in den 80er Jahren alle jupiterartigen Planeten und ihre Monde erkundeten, wurde eine erste Abrundung der direkten Planetenforschung mit Hilfe speziell dafür entwickelter Sonden erreicht. Mit dem Jupiterorbiter Galileo (Start 1989) beginnt ein neues Zeitalter der Erforschung der Riesenplaneten.

Bild 1.16 Das erfolgreichste Raumfahrzeug in der bisherigen Planetenforschung war Voyager 2. Die immer noch aktive Sonde ging 1977 auf ihre zunächst interplanetare Reise, passierte nacheinander die Planeten Jupiter (1979), Saturn (1981), Uranus (1986) und Neptun (1989) und soll nun zusammen mit ihrer Schwestersonde V. 1 auf dem Weg in den interstellaren Raum die physikalischen Bedingungen im äußeren Bereich der Heliosphäre erkunden. Als Träger eines Informationsprogramms über das Sonnensystem, die Erde und die Menschheit werden die Voyager-Sonden nach dem Verstummen ihrer Sender in der Galaxis noch Zeugnis von unserer Existenz ablegen, wenn die Menschheit längst ausgestorben ist. Das abgebildete Gerät ist ein Ausstellungsmodell dieser Sonden (Foto: JPL).

Durch den Einsatz von Meßgeräten und Kameras auf Plattformen in unmittelbarer Nähe der zu untersuchenden Himmelskörper und vor allem durch den Einsatz der direkten experimentellen Forschungsmethoden der Erdwissenschaften – auf dem Mond sogar unter unmittelbarer Beteiligung des Menschen selbst – wurde die Planetenforschung auf eine neue empirische Basis gestellt. Die Fülle der nunmehr anfallenden Informationen, die Komplexität dieser Art von Forschung und die Spezifik der einzelnen Himmelskörper gaben bald Anlaß zur Konstituierung spezieller Planetenwissenschaften, die sich nicht mehr nur von der traditionellen teleskopischen Planetenforschung der Astronomen, sondern vor allem von den entsprechenden Zweigen der Erdwissenschaften ableiten. Sprachlich gesehen sind die Namen dieser neuen Disziplinen mitunter recht widersprüchlich (und die Bezeichnungsweise ist auch noch nicht völlig einheitlich!), wenn es z. B. Fachgebiete wie „Mondgeologie" oder „Marsgeologie" gibt. Die früher einmal dafür vorgesehenen Bezeichnungen, z. B. Selenologie und Areologie, haben sich nicht durchgesetzt.

Wir bezeichnen im folgenden die mit geologischen Methoden Planetenoberflächen studierenden Zweige zusammenfassend als „Planetengeologie" und die mit geophysikalischen Mitteln forschenden als „Planetengeophysik". Auch von einer „Planetenmeteorologie" und „-aeronomie" wird bereits gesprochen. Als Zusammenfassung für alle Planetenwissenschaften benutzen wir den Terminus Planetologie.

1.3.3 Die Kleinkörperforschung

Die Kometen

Zu den Himmelserscheinungen, die der prähistorische Mensch neben dem

Mond und den hellsten Planeten am nächtlichen Himmel nachhaltig registriert haben dürfte, gehören sicher die Kometen. Ihr im Gegensatz zu den Planeten unvermitteltes Auftreten und Verschwinden, ihr ungewöhnliches und noch dazu veränderliches Aussehen und die Möglichkeit der figürlichen Interpretation des Kometenschweifes, z. B. als Feuerflammen, mögen den Boden für die Deutung der Kometen als Unheilsboten bereitet haben, die wir bei fast allen Kulturen in historischer Zeit antreffen.

Die Bezeichnung Komet stammt aus dem Griechischen (κομήτης – der langes Haar Tragende) und nimmt auf das Aussehen der Erscheinung Bezug. In der Antike galten die Haarsterne aber nicht als astronomische Gebilde, seit Aristoteles sie aufgrund ihrer Veränderlichkeit in den sublunaren Bereich und damit in die Zuständigkeit der Meteorologie einordnete. Er hielt die Kometen für Ausdünstungen der Erde, die sich beim Übergang von der Luft- zur Feuersphäre entzündeten und sah folgerichtig Zusammenhänge zwischen dem Auftreten von Kometen und Dürreperioden und Feuersbrünsten infolge großer Trockenheit.

Die astronomische Kometenforschung begann mit dem empirischen Nachweis des „Schweifgesetzes", das besagt, daß Kometenschweife grundsätzlich von der Sonne weg weisen. Es ist möglich, daß bereits der römische Philosoph Lucius Aennaeus Seneca (4 v. Chr. bis 65 n. Chr.), der zu den wenigen Gelehrten des Altertums gehörte, die Kometen für Himmelskörper hielten, diesen Sachverhalt kannte. In der Neuzeit haben ihn Geronimo Fracastoro (1483 bis 1553) und Peter Bienewitz (Apianus, 1495 bis 1552) unabhängig voneinander um 1531 gefunden (Bild 1.17). Am Kometen von 1577 konnte Tycho Brahe beweisen, daß sich Kometen durchaus jenseits der Mond-

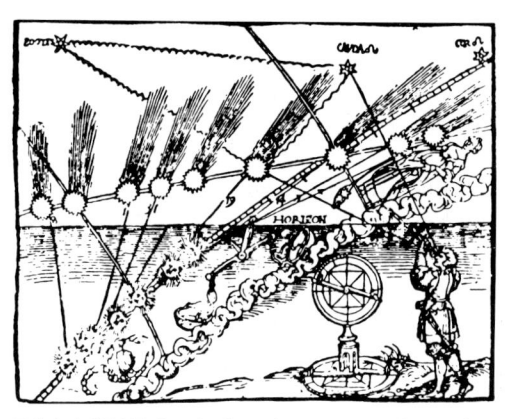

Bild 1.17 Holzschnitt, der Peter Bienewitz' (Apianus) Beobachtungen des Kometen Halley von 1531 zeigt und dabei das „Schweifgesetz" demonstriert.

bahn befinden, daß sie sich sogar durch die undurchdringlich gedachten Sphären hindurch bewegen können. Damit lieferte die Kometenforschung eine Schlüsselerkenntnis für die Überwindung des abgeschlossenen Sphärenkosmos und der aristotelischen Kosmologie.

Zentrales Anliegen der Kometenuntersuchungen des 17. Jahrhunderts war das Ermitteln der geometrischen Beschaffenheit der Kometenbahnen. Selbst Kepler scheiterte an diesem Problem, denn er hielt die Bahnen der Kometen relativ zur Sonne für gerade Linien. Die erste in heutiger Sicht richtige Schlußfolgerung zog Georg Samuel Dörffel (1643 bis 1688) aus seinen Beobachtungen des großen Kometen von 1680, dessen heliozentrische Bahn er als Parabel erkannte, in deren Brennpunkt die Sonne stand. Da Dörffels Werk wenig bekannt war, wurde in der Folgezeit die Lösung des Rätsels der Kometenbahnen meist Newton und Halley zugeschrieben. Tatsächlich führte Newton in den „Principia" von 1687 eine Bestimmungsmethode für Parabelbahnen vor und wandte sie auch auf den Kometen von 1680 an. Halley berechnete 1695 nach Newtons Methode die Bahnen zahlreicher Kometen, die nach 1337 erschienen waren, und bemerkte eine auffällige Überstimmung der Bahnelemente bei den Kometen von 1531, 1607 und 1682. Hieraus schloß er, daß diesen Kometenerscheinungen ein und derselbe Himmelskörper zugrunde gelegen haben muß, der sich demzufolge statt auf einer Parabelbahn auf einer langgestreckten Ellipse mit einer Periode von rund 76 Jahren um die Sonne bewegen mußte, und er sagte die Wiederkehr dieses Kometen für das Jahr 1758 voraus. Damit war auch die in heutiger Sicht richtige Erkenntnis gewonnen worden, daß sich viele Kometen auf elliptischen Bahnen bewegen, deren Exzentrizität so nahe bei dem Wert 1 liegt, daß die Beobachtungsungenauigkeit nur die Möglichkeit der Bestimmung als Parabelbahn zuläßt. Mit dem nach Halley benannten Kometen wurde die Gruppe der später „kurzperiodisch" genannten Kometen gefunden, die sich fast gänzlich innerhalb des eigentlichen Planetensystems bewegen.

Neben den langperiodischen und den parabolischen fand man auch Kometen mit schwach hyperbolischen Bahnen. Daß es sich bei ihnen nicht um aus dem interstellaren Raum in das Sonnensystem eindringende Himmelskörper zu handeln braucht, demonstrierte erstmalig Anton Thraen (1843 bis 1902) am Kometen Barnard von 1886, indem er rechnerisch nachwies, daß die Bahnexzentrizität erst durch die Störungen des Jupiters den Wert 1 überschritt.

Im 18. und 19. Jahrhundert wurde ein großes Beobachtungsmaterial über Kometen angehäuft, und unter den Astronomen kam die Bezeichnung „Kometenjäger" auf. Der erfolgreichste unter ihnen war Jean Louis Pons (1761 bis 1831), der zwischen 1801 und 1827 37 Kometen entdeckte. Bei den Bahnberechnern sind besonders Wilhelm Olbers (1758 bis 1840), der eine neue und sehr praktische Berechnungsmethode entwickelte, und Johann Franz Encke (1791 bis 1865), der die unglaubliche Anzahl von 56 Kometenbahnen berechnete – darunter die des nach ihm benannten Kometen –, zu erwähnen.

Der große Anteil parabelnaher und parabolischer Kometen machte deutlich, daß die meisten aus Bereichen weit außerhalb des Planetensystems herkommen. 1930 schätzte Ernst Julius Öpik (1893 bis 1986) den Radius des die Sonne umgebenden Kometenschwarms zu 60 000 AE ab. Dabei blieb offen, ob die Kometen ursprüngliche Mitglieder des Sonnensystems waren oder nicht. 1950 rundete dann Jan Hendrik Oort (1900 bis 1992) die fragmentarischen Überlegungen Öpiks ab und gelangte zur Konzeption der Oortschen (oder auch Öpik-Oortschen) Kometenwolke von etwa 100 000 AE Radius, zu der größenordnungsmäßig 10^{11} gravitativ an die Sonne gebundene Kometen gehören.

Erste Ansätze einer realistischen Deutung der Natur der Kometen finden sich bei Friedrich Wilhelm Bessel (1784 bis 1846). Im Kometenkopf gibt es nach seiner Vorstellung Quellen, aus denen Ströme von Partikeln austreten, deren Bahnen unter der Wirkung einer elektrischen Repulsionskraft der Sonne und der Gravitation Bessel berechnete. Er konnte auf diese Weise erklären, warum der Kometenkopf auf der Sonnenseite eine charakteristische parabolische Form zeigt und wie der strahlige, von der Sonne weggerichtete Schweif entsteht. Diese Quellentheorie wurde von Theodor Bredichin (1831 bis 1904) weiterentwickelt, von dem auch die heute noch gebräuchliche Typeneinteilung der Kometenschweife stammt (Bild 1.18).

Erste Aufschlüsse über die stoffliche Natur der Kometen lieferte die Astrophysik über die Spektralanalyse. Giambattista Donati (1826 bis 1873) sah als erster 1864 markante Emissionslinien in einem Kometenspektrum. Wenig später wurde auch das Kontinuum, das vom

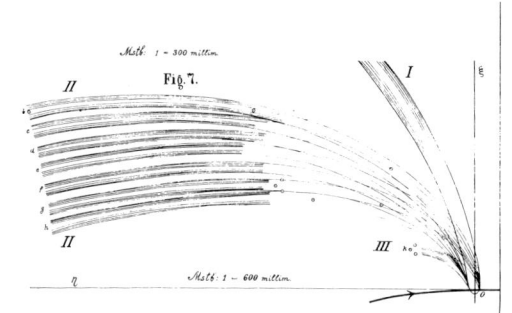

Bild 1.18 Die heute noch benutzte Typeneinteilung der Kometenschweife nach Th. Bredichin (1903).

reflektierten Sonnenlicht herrührt, gefunden. Für das Studium der Kometenspektren erwies sich die Anwendung der Photographie als besonders nützlich.

Große Aufmerksamkeit zollte man im 19. Jahrhundert den Meteorschauern, deren Zusammenhang mit den Kometen 1866 durch die Entdeckung Schiaparellis offensichtlich wurde, daß die Bahn des Meteorstromes der Perseiden mit der des Kometen Swift-Tuttle zusammenfiel. Weitere derartige Koinzidenzen zeigten, daß es sich bei den Partikeln der Meteorströme um Auflösungsprodukte von Kometen handeln muß. In diese Vorstellung paßte auch die Beobachtung, daß sich Kometen in mehrere Teile aufspalteten und schließlich verlöschten. Beides wurde am kurzperiodischen Kometen Biela beobachtet, der sich vor seiner Wiederkehr im Jahre 1846 in zwei Teile aufgespalten hatte, die bei den nächsten Wiederkehren noch zu sehen waren, nach 1866 aber nicht mehr aufgefunden werden konnten. Aufspaltungen wurden auch bei den sog. Sonnenstreifern gefunden, die 1888 von Heinrich Kreutz (1854 bis 1907) als eine Gruppe aufgefaßt wurden.

Trotz dieser aufschlußreichen Erkenntnisse wurde erst in der Mitte des 20. Jahrhunderts das Kometenmodell vorgeschlagen, das am besten zum heutigen Erkenntnisstand paßt. Fred Lawrence Whipple stellte sich in seinem Eiskonglomeratmodell von 1950 den Kometenkern als eine Art schmutzigen Schneeball vor, der aus gefrorenen Gasen (hauptsächlich H_2O) mit eingebetteten Staubteilchen bestehen sollte. Die Ausgasung des Kerns in Sonnennähe führt zu den beobachteten Phänomenen einschließlich der Auflösungserscheinungen. Den endgültigen Schlüssel zur physikalischen Begründung des Schweifgesetzes fand 1952 Ludwig Biermann (1907 bis 1986) durch das Postulat einer von der Sonne ausgehenden Korpuskularstrahlung, deren Wechselwirkung mit dem Kometengas den geraden Schweif erzeugen sollte (Typ I). Als Bessels Repulsionskraft, die die Staubteilchen gegen die Wirkung der Gravitation wegtreibt, wurde der Strahlungsdruck der Sonne erkannt. Er ist für den gekrümmten Staubschweif (Typ II) der Kometen verantwortlich.

Die erste international koordinierte Beobachtungskampagne in der Geschichte der Kometenforschung kam 1909/10 bei der Wiederkehr des Kometen Halley zustande (Bild 1.19). Das damals systematisch angesammelte Beobachtungsmaterial spielte eine hervorragende Rolle bei der Erforschung dieses Kometen während seiner nächsten Wiederkehr 1985/86. In einem beispiellosen international koordinierten Raumsondeneinsatz (WEGA 1 und 2, Giotto, Susei, Sakigake, ICE) wurden dabei zum erstenmal In-situ-Messungen im Schweif, in der Koma und in unmittelbarer Kernnähe vorgenommen. Mit einer Fülle von Erkenntnissen wurden viele Vorstellungen über Kometen präzisiert und die Grundlagen für die zukünftige Kometenforschung gelegt, die die In-situ-Forschung vor allem am Kometenkern verstärken und zu Beginn des nächsten Jahrhunderts in der Rückführung von Kometenmaterial in irdische Laboratorien gipfeln wird (Projekt Rosetta).

1.3 Zur Geschichte der Erforschung des Sonnensystems

Bild 1.19 Der populärste Komet aller Zeiten, der Komet Halley, z. Zt. der größten Schweifentwicklung bei seiner Wiederkehr im Jahre 1910. Seit dem Jahre 240 v. Chr. sind alle 30 Erscheinungen dieses periodischen Kometen (Periode 75–79 a) historisch bezeugt. Sie wurden oft mit geschichtlichen Ereignissen in Verbindung gebracht (Foto: Lowell Observatory, Flagstaff, Ariz.).

Die Planetoiden und Meteorite

Die Planetoiden, ursprünglich „kleine Planeten" genannt, traten als eigenständige Gruppe von interplanetaren Kleinkörpern erst zu Beginn des 19. Jahrhunderts in Erscheinung. Giuseppe Piazzi (1746 bis 1826) entdeckte 1801 das erste derartige Objekt. Es verhielt sich seiner scheinbaren Bewegung nach wie der Planet, der in der Abstandsfolge der Planeten zwischen Mars und Jupiter zu fehlen schien und den bereits Kepler hypothetisch dort eingefügt hatte. Johann Daniel Titius (1729 bis 1796), von dem die Abstandsformel r_n (in AE) $= 0{,}4 + 0{,}3 \cdot 2^n$ stammt (die meist als Titius-Bodesche Reihe oder im englischen Sprachbereich als Bodesches Gesetz [Bode's law] bezeichnet wird), hatte für den fehlenden Planeten einen Sonnenabstand von 2,8 AE berechnet. Franz Xaver von Zach (1754 bis 1832) gründete 1800 eine astronomische Gesellschaft

Bild 1.20 Das Siegel der „Vereinigten Astronomischen Gesellschaft" (gegründet am 20. September 1800 in Lilienthal bei Bremen) aus dem Jahre 1805. Es zeigt die Göttinnen Ceres, Pallas Athene und Juno, nach denen die ersten Planetoiden benannt worden waren (Foto: Dieter Gerdes, Lilienthal).

(Bild 1.20), die sich der Suche nach dem fehlenden Planeten widmen sollte. Piazzi, der zu den 24 designierten Astronomen gehörte, die die Ekliptikzone systematisch absuchen sollten, entdeckte zufällig einen kleinen Himmelskörper im entsprechenden Sonnenabstand, bevor v. Zachs Aktivitäten zur Wirkung kamen. Daß der kleine Planet, den Piazzi Ceres nannte, nach dem Durchlaufen der Opposition nicht wieder verloren ging, war dem Umstand zu danken, daß Carl Friedrich Gauß (1777 bis 1855) eine neue Bahnbestimmungsmethode entwickelte und damit sehr gute Ephemeriden berechnen konnte, mit denen Olbers die Ceres wiederfand.

Nachdem W. Olbers 1802 den zweiten kleinen Planeten (Pallas) im selben Abstandsbereich von der Sonne gefunden hatte, kam er auf die Idee, daß den fehlenden Planeten eine Katastrophe ereilt habe, so daß noch zahlreiche weitere Trümmerstücke zu erwarten wären. In der Tat wurde 1804 die Juno und 1807 die Vesta gefunden. Nach längerer Pause begann dann mit dem 5. Planetoiden (Astraea) 1845 eine Kette von Entdeckungen, die bis heute angehalten hat.

Die Einführung der Photographie in die Planetoidensuche durch Max Wolf (1863 bis 1932) vergrößerte dann gegen Ende des Jahrhunderts die Entdeckungswahrscheinlichkeit beträchtlich. Das Astronomische Recheninstitut in Berlin wurde zum internationalen Zentrum für die Datensammlung und die Bahnberechnung, die Zeitschrift „Astronomische Nachrichten" (heute die älteste noch existierende astronomische Zeitschrift der Welt; sie wurde 1821 gegründet) zum entscheidenden Organ für die Mitteilung der Entdeckungen und die Vermittlung zwischen Beobachtern und Bahnberechnern. Die Planetoiden, für die eine brauchbare Bahnbestimmung vorgenommen werden konnte, erhielten eine Nummer; der Entdecker hatte das Recht, einen Namen vorzuschlagen.

Bis 1960 waren knapp 1700 Planetoiden hinsichtlich ihrer Bahn sicher erfaßt und numeriert worden. Um 1970 begann durch die neuen Möglichkeiten der Datenverarbeitung eine unglaubliche Welle von Planetoidenentdeckungen bzw. Wiederentdeckungen verlorengegangener Planetoiden. Gleichzeitig sorgten neue astrophysikalische Beobachtungsmethoden dafür, daß wesentliche Fortschritte bei der Präzisierung der physikalischen Daten und beim Verständnis der Natur dieser Himmelskörper erzielt wurden. Die Zahl der numerierten Objekte geht heute gegen 6000, d. h., in den letzten 20 Jahren wurden dreimal soviel Planetoiden entdeckt wie in den ersten 160 Jahren der Planetoidenforschung.

Fast alle im 19. Jahrhundert entdeckten Planetoiden gehören dem Planetoidenring oder -gürtel zwischen den Bahnen von Mars und Jupiter an. 1867 fand Daniel Kirkwood (1814 bis 1895) die nach ihm benannten Resonanzlücken im Gürtel, die auf die Bahnstörungen durch den Jupiter zurückgeführt werden. 1898 wurde mit (433) Eros ein Planetoid gefunden, dessen Bahn fast an die Erdbahn heranreicht und der sich durch seinen auffälligen Lichtwechsel als rotierendes, irregulär geformtes Objekt erwies. 1906 entdeckte man den ersten Planetoiden, der sich im Lagrange-Punkt L_4 der Jupiterbahn bewegte, d. h. dem Jupiter um 60° vorauslief. Er erhielt den Namen (588) Achilles. Als man später weitere in den Lagrange-Punkten L_4 und L_5 befindliche Objekte fand, benannte man sie in Anlehnung an den Prototyp ebenfalls nach Helden des Trojanischen Krieges in der Ilias von Homer und bezeichnete künftig derartige Objekte als Trojaner. Weitere Entdeckungen von Planetoiden mit ungewöhnlichen Bahnen demonstrierten, daß das Planetoidensystem außer den

1.3 Zur Geschichte der Erforschung des Sonnensystems

Gürtelplanetoiden weitere charakteristische Gruppen umfaßte. So wurde 1920 (944) Hidalgo entdeckt, der sich auf einer Bahn, wie sie für kurzperiodische Kometen typisch ist, bewegte, und 1932 stieß man auf den ersten „Erdbahnkreuzer", (1862) Apollo. (Seine große Nummer zeigt, daß die Bahn erst sehr viel später endgültig gesichert wurde.)

K. Hirayama (1867 bis 1945) stellte 1918 fest, daß es im Gürtel Planetoiden mit fast genau übereinstimmenden Bahnelementen gibt und definierte damit die Planetoidenfamilien. Die Familien und die irreguläre Form der meisten kleineren Planetoiden (Lichtwechsel) legten nahe, daß es im Gürtel zertrümmernde Kollisionen von Planetoiden gegeben haben muß. Systematisch angelegte Beobachtungsprogramme in den 1950er und 1960er Jahren (Yerkes-McDonald Survey, Palomar-Leiden Survey) ergaben, daß die Größenverteilung der lichtschwachen Planetoiden statistisch durch Potenzgesetze beschrieben werden kann, wie sie für mechanische Zerkleinerungsprozesse typisch sind. Die Theorie, die die Zertrümmerungsprozesse im Planetoidengürtel statistisch (als eine Art „Gesteinsmühle") beschrieb, wurde 1953 von S. Piotrowski begründet.

Die Ende der 1960er Jahre aufkommende Spektralphotometrie der Planetoiden (Thomas McCord) ließ erste stoffliche Klassifikationen des Planetoidenmaterials zu. 1970 gelang es, durch Kombination von Daten der optischen Photometrie mit radiometrischen Daten im Infraroten relativ genaue Durchmesserwerte (radiometrische Durchmesser) zu bestimmen. Auch auf dem Wege über polarimetrische Messungen konnte die Durchmesserbestimmung wesentlich präzisiert werden. Damit wurden nicht nur Durchmesserwerte bereitgestellt, sondern auch auf unabhängigem Wege Albedowerte bestimmt. Aus den neuen spektralphotometrischen und den Albedodaten definierten C. R. Chapman, D. Morrison und B. Zellner 1975 das heute gebräuchliche taxonomische System der Planetoiden. In diesem System spiegeln sich auch Zusammenhänge zwischen den Planetoiden und den Meteoriten wider.

Große Aufmerksamkeit widmete man in den 1970er Jahren den Erdbahnkreuzern. In diesem Zusammenhang wurde 1976 der erste Vertreter der sonnennächsten Planetoidengruppe, der Aten-Planetoiden, entdeckt. Mit (3200) Phaëthon wurde erstmals ein Objekt in einem Meteorstrom (Geminiden) gefunden. Diese Entdeckung und Andeutungen von Ausgasungsprozessen bei verschiedenen Planetoiden sowie die Ausbildung einer Koma bei (2060) Chiron, einem der sonnenfernsten der bisher entdeckten Planetoiden, erhärten eine schon vor Jahrzehnten geäußerte Vermutung Öpiks, daß ein Teil der Planetoiden erloschene Kerne kurzperiodischer Kometen sein könnten.

Seit der Entdeckung der Planetoiden wird vermutet, daß die Meteorite mit ihnen zusammenhängen. Olbers stellte sich vor, daß die Meteorite bei der Explosion eines großen Planeten, der einstmals in der erwähnten Planetenlücke kreiste, ebenso wie die kleinen Planeten entstanden sein sollten.

Meteorite, insbesondere Eisenmeteorite, waren bereits in der Antike bekannt. Wahrscheinlich stammte das erste Eisen, das Menschen zur Werkzeugherstellung benutzten, von Meteoriten. In manchen Sprachen lassen sich interessante Zusammenhänge zwischen dem Wort für Eisen und dem für Himmel oder Sterne nachweisen. Im lateinischen Wort für Sterne (sidera) steckt der Stamm, der im Griechischen Eisen (σίδηρος) bedeutet. Der größte, in prähistorischer Zeit gefallene Eisenmeteorit, der heute noch erhalten ist, wiegt ungefähr 60 t.

Der älteste bezeugte Meteoritenfall, von dem noch Material existiert, ist der von Ensisheim im Elsaß im Jahre 1492 (Bild 1.21). In der Zeit der Aufklärung galt die außerirdische Herkunft der Meteorite als Aberglaube, und viele Meteorite wurden aus den Naturalienkabinetten und Sammlungen entfernt.

Als Begründer der Meteoritenkunde gilt der Physiker Ernst Florens Friedrich Chladni (1756 bis 1827), der 1794 in seiner Schrift „Über den Ursprung der von Pallas gefundenen und anderer ihr ähnlichen Eisenmassen und über einige damit in Verbindung stehende Naturerscheinungen" die außerirdische Herkunft der Meteorite zu beweisen versuchte und damit gegen namhafte Gelehrte des 18. Jahrhunderts Stellung bezog. Der von vielen zuverlässigen Zeugen beglaubigte Steinmeteoritenregen von L'Aigle in Frankreich im Jahre 1803 entkräftete die Vorbehalte vor allem der Pariser Akademie gegen Chladnis Vorstellungen.

Im 19. Jahrhundert stellten zahlreiche Chemiker und Mineralogen ein umfangreiches Datenmaterial über den Stoffbestand und die mineralogisch-petrologische Beschaffenheit der Meteorite zusammen, und viele der heute noch gebräuchlichen Bezeichnungen (Chondrite, Achondrite, Oktaedrite, Hexaedrite u. a.) wurden geprägt. Das heutige Klassifikationsschema geht auf Arbeiten von Rose, Tschermak und Brezina im 19. Jh. und Prior, Craig, Urey, Mason, Wood und Van Schmus im 20 Jh. zurück. Der erste umfangreiche Meteoritenkatalog wurde 1923 von G. T. Prior herausgebracht, der auch die nach ihm benannten Regeln in der Zusammensetzung der Chondrite entdeckte. Die ersten Bildungsalter von Meteoriten wurden 1951 nach der K-Ar-Methode bestimmt. Von ihnen leitete sich dann auch der heutige Wert für das Alter des Sonnensystems ab. Der direkte Beweis, daß Meteorite Bruchstücke größerer Himmelskörper sind, wurde 1957 durch die Bestimmung von Bestrahlungsaltern erbracht.

Sehr nachhaltig wurde die Meteoritenforschung 1969 durch den Fall des Meteoriten Allende gefördert, bei dem mehr als 1 t Einzelstücke geborgen wurden. Dieser Meteorit gehörte nicht nur zu der kosmogonisch aussagekräftigsten Klasse der kohligen Chondrite, sondern er wurde zum bisher bestuntersuchten Meteoriten überhaupt. Auf ihn wurde nämlich sofort das gesamte Spektrum der für das von den Apollo-Missionen erwartete Mondgestein bereitgestellten Untersuchungsmethoden angewandt.

Eine neue Ära der Meteoritenfor-

Bild 1.21 Zeitgenössischer Holzschnitt vom ältesten bezeugten Meteoritenfall in Deutschland (Ensisheim, 1492), von dem heute noch Material verfügbar ist.

schung begann Ende der 1970er Jahre durch eine Meteoritenentdeckungswelle im antarktischen Inlandeis. Sie hat bisher über 8000 neue Meteorite eingebracht. Darunter befanden sich auch einige Meteorite, die sich inzwischen eindeutig als Mondgestein herausstellten.

Große Bedeutung erlangte in unserem Jahrhundert das Studium geologischer Zeugnisse für die Einschläge von Riesenmeteoriten auf der Erde. Den Auftakt dazu lieferte das Ereignis an der Steinigen Tunguska in Sibirien am 30. Juni 1908. Die Besonderheit dieses Ereignisses bestand darin, daß das Projektil (wahrscheinlich ein kleiner Kometenkern) vor dem Einschlag explodierte und dadurch keinen Krater, wohl aber großflächige Verwüstungen erzeugte (Bild 1.22). Bis heute wurden auf der Erde etwa 100 Strukturen gefunden, die im Verdacht stehen, Impaktkrater zu sein. Bei etwa 20 von ihnen steht zweifelsfrei fest, daß sie durch Einschlag entstanden sein müssen. Die bekanntesten sind der Barringer-Krater am Canyon Diablo in Arizona und das Nördlinger Ries in Süddeutschland. Seit 1980 existiert sogar die Vorstellung, daß die rätselhaften großen Umbrüche in der irdischen Fauna und Flora durch die Folgen großer Einschläge bedingt sein könnten. Den Ausgangspunkt dazu bildete die Entdeckung einer Häufigkeitsanomalie des Iridiums in den Schichten am Übergang von der Kreidezeit zum Tertiär. Es ist dies die folgenschwerste (wenn auch noch nicht endgültig bewiesene) Rolle, die man Meteoriten bisher zugedacht hat.

Bild 1.22 Spuren des Ereignisses an der Steinigen Tunguska von 1908. Auf dieser Aufnahme vom Winter 1929 (3. Expedition von L. A. Kulik) ist das Ausmaß der Zerstörungen im Niedergangsgebiet noch deutlich zu sehen: vollständig umgelegter Wald im Hintergrund, der sog. Telegraphenstangenwald und entwurzelte Bäume im Vordergrund.

2 Die Sonne

2.1 Die Strahlung der Sonne

Die Sonne ist eine Gaskugel, denn aus Menge und Art der von ihr ausgesandten Strahlung folgen Temperaturen, bei denen kein bekannter Stoff fest oder flüssig wäre. Sie besitzt daher keine scharf begrenzte Oberfläche – auch wenn der Augenschein etwas anderes nahelegen mag – und keine klare Trennfläche zwischen Atmosphäre und Innerem. Der Eindruck der leuchtenden Oberfläche entsteht dadurch, daß praktisch die gesamte sichtbare Strahlung der Sonne aus einer verglichen mit ihrem Radius verschwindend dünnen Schicht kommt, die man Photosphäre nennt. Nur wenn bei Sonnenfinsternissen der Mond die Sonnenscheibe verdeckt (durch eine Laune der Natur sind scheinbarer Mond- und Sonnendurchmesser zufällig nahezu gleich), treten die wesentlich schwächer leuchtenden Außenbezirke der Sonne, die man nach ihrem Aussehen in Chromosphäre und Korona gliedert, in Erscheinung. Photosphäre, Chromosphäre und Korona bilden zusammen die Sonnenatmosphäre als denjenigen Teil des Sonnenkörpers, aus dem wir Strahlung unmittelbar empfangen, den wir folglich direkt beobachten können; das übrige bildet das Sonneninnere. Die Sonne sendet elektromagnetische Strahlung aller Wellenlängenbereiche (Gamma- bis Radiostrahlung) aus. Das grundlegende Maß für die von der Sonne ausgestrahlte Energiemenge ist die Solarkonstante S. Sie gibt die Energiemenge an, die je Zeiteinheit auf eine Einheitsfläche in Erdentfernung, aber außerhalb der Erdatmosphäre, bei senkrechtem Strahlen-

Tabelle 2.1 Grundlegende Angaben über die Sonne

Parameter	Wert
Entfernung von Erde	$r_\odot = 149{,}6 \cdot 10^6$ km
Masse	$M_\odot = 1{,}989 \cdot 10^{30}$ kg
Radius	$R_\odot = 6{,}960 \cdot 10^5$ km
mittlere Dichte	$\bar{\varrho}_\odot = 1410$ kg m^{-3}
Drehimpuls	$D = 1{,}63 \cdot 10^{41}$ kg m^2 s^{-1}
Trägheitsmoment	$C_\odot = 5{,}7 \cdot 10^{46}$ kg m^2
Rotationsdauer[a]	$T_\odot = 25{,}38$ d
scheinbare visuelle Helligkeit	$V = -26^{\mathrm{m}}70$
Farbenindex	$B - V = 0{,}67$ mag
Farbenindex	$U - B = 0{,}18$ mag
absolute visuelle Helligkeit	$M_V = 4^{\mathrm{m}}87$
Leuchtkraft	$L_\odot = 3{,}846 \cdot 10^{26}$ W
Spektraltyp u. Leuchtkraftklasse	G2 V
effektive Temperatur	$T_{\mathrm{eff}} = 5780$ K
Pekuliargeschwindigkeit[b]	$v_{\mathrm{pec}} = 16{,}6$ km s^{-1}
Apex[c]	$\alpha = 17^{\mathrm{h}}48^{\mathrm{min}}$
	$\delta = +28°\ 06'$
Abstand vom galaktischen Zentrum	$R_0 = 8{,}7$ kpc
Umlaufzeit um das galakt. Zentrum	$T_c = 2{,}37 \cdot 10^8$ a
Umlaufgeschwindigkeit	$v_c(R_0) = 225$ km s^{-1}

[a] Rotationsdauer des Carringtonschen Koordinatensystems
[b] Geschwindigkeit relativ zu den Sternen der Sonnenumgebung
[c] Zielpunkt der Pekuliarbewegung an der Sphäre

2.1 Die Strahlung der Sonne

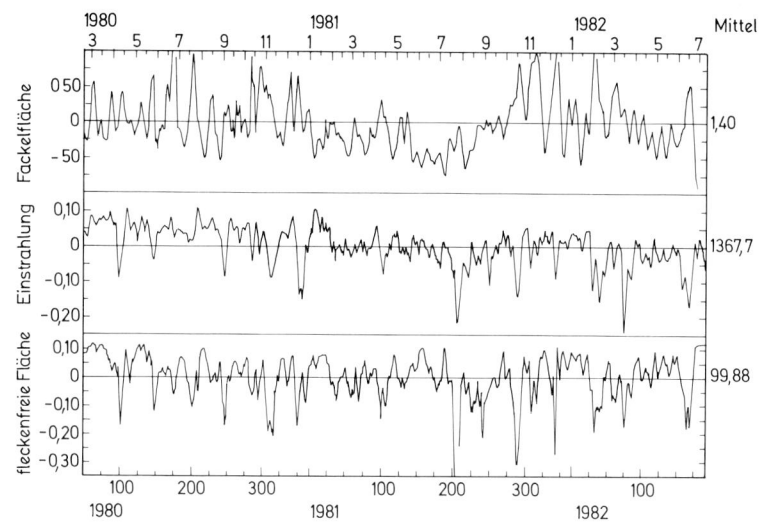

Bild 2.1 Variation des Gesamtstrahlungsstroms der Sonne in 1 AE Entfernung, d. h. der Solarkonstanten, in den Jahren 1980–82 (mittlere Kurve) und Vergleich mit der Fackel- (obere Kurve) bzw. Fleckentätigkeit (untere Kurve). Die Abweichungen vom Mittelwert (Zahlenangaben rechts) sind jeweils in Prozent angegeben. Als Maß der Fleckentätigkeit dient die *nicht* von Sonnenflecken eingenommene Fläche der Sonnenscheibe. Sie und die Fackelfläche ist jeweils in Prozent der Sonnenscheibe gemessen (nach R. C. Willson).

einfall auftrifft. Die Solarkonstante ist gemäß astrophysikalischer Sprechweise der Strahlungsstrom der Sonne am Ort der Erde.

Die genauesten Methoden zur Messung der Solarkonstanten bilden einen besonderen Zweig der Radiometrie, der als Pyrheliometrie bezeichnet wird. Das Meßprinzip besteht darin, die Erwärmung, die die Absorption der Sonnenstrahlung hevorruft, mit der Erwärmung zu vergleichen, die im gleichen Detektor durch die Dissipation einer bekannten Menge elektrischer Energie erzeugt wird. Bei den Messungen vom Erdboden aus erweist es sich als außerordentlich schwierig, den Einfluß der Erdatmosphäre zu berücksichtigen, da deren Extinktion wellenlängenabhängig ist und sie die Sonnenstrahlung bestimmter Wellenlängenbereiche (z. B. im Ultraviolett) vollständig absorbiert. Daher brachten erst Messungen von Raketen und Satelliten aus einen entscheidenden Fortschritt in der Meßgenauigkeit. Sie zeigten auch, daß die Solarkonstante keine echte „Konstante" ist, sondern im Verlaufe von Tagen bis Wochen unregelmäßig bis zu 0,1 % um den Mittelwert schwankt. Minima der Ausstrahlung stehen im engen Zusammenhang mit der Wanderung von Sonnenflecken über die Sonnenscheibe (Bild 2.1). Außerdem scheint sich die Solarkonstante systematisch mit dem elfjährigen Sonnenfleckenzyklus in dem Sinne zu verändern, daß sie während Sonnenfleckenminima knapp 0,1 % kleiner als während Sonnenfleckenmaxima ist. Allerdings ist gegenwärtig die Meßbasis für diese Aussage noch sehr klein. Aus den Messungen mit dem Satelliten Solar Maximum Mission aus den Jahren 1980 bis 1987 ergibt sich als Mittelwert für die Solarkonstante $S = 1367{,}7\,\text{W}\,\text{m}^{-2}$.

Aus der Solarkonstanten läßt sich einfach die gesamte von der Sonne je Zeiteinheit ausgestrahlte Energie, ihre Leuchtkraft $L_\odot$, berechnen, indem S

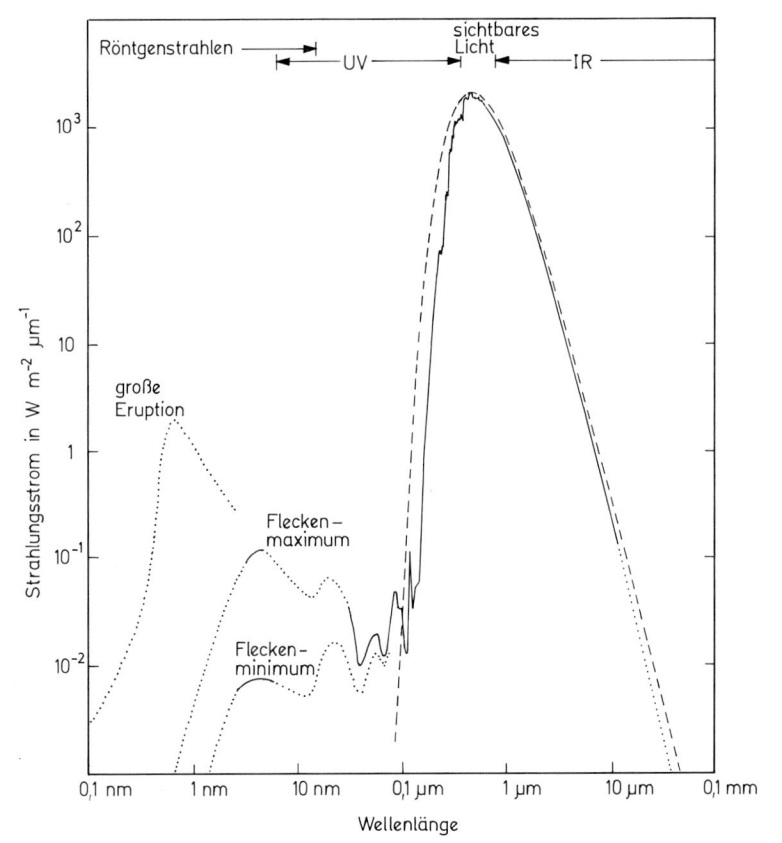

Bild 2.2 Die spektrale Energieverteilung der Sonnenstrahlung. Zum Vergleich ist gestrichelt das Spektrum eines schwarzen Körpers mit einer Temperatur von 6000 K eingezeichnet. Im Ultraviolett- und Röntgenbereich ist die Ausstrahlung der Sonne stark veränderlich und nichtthermischer Natur.

mit einer Kugelfläche vom Radius $r_\odot$ multipliziert wird: $L_\odot = 4\pi r_\odot^2 S = 3{,}846 \cdot 10^{26}$ W.

Vergleicht man die Ausstrahlung der Sonne mit der eines gleich großen schwarzen Körpers, so kann man ihr mit Hilfe des Stefan-Boltzmannschen Gesetzes eine effektive Temperatur T_{eff} zuschreiben. Aus

$$L_\odot = 4\pi R_\odot^2 \sigma T_{\text{eff}}^4 \qquad (2.1)$$

ergibt sich $T_{\text{eff}} = 5780$ K.

Die Sonne strahlt nicht auf allen Wellenlängen gleich stark. Die Energieverteilung des Sonnenlichts über die Wellenlänge (Bild 2.2) läßt sich trotz größerer Abweichungen insbesondere im ul-

travioletten Spektralbereich recht gut durch das Plancksche Strahlungsgesetz annähern. Die sich ergebenden Farbtemperaturen für sichtbares und infrarotes Licht sind nicht sehr von der effektiven Temperatur verschieden. Diese ungefähre Übereinstimmung gibt uns das Recht, die effektive Temperatur der Sonne in erster Näherung als charakteristische Temperatur der strahlenden „Oberfläche" der Sonne zu interpretieren.

Die Dicke der „Oberfläche" läßt sich jetzt ebenfalls abschätzen. Der Dichteabfall, der sich in einer isothermen Atmosphäre in einem Gravitationsfeld mit konstanter Schwerebeschleunigung einstellt, wird durch

$n/n_0 = \exp(-h/H)$ \hfill (2.2)

n Anzahl der Teilchen je Volumeneinheit in der Höhe h
n_0 Teilchendichte in der Höhe $h = 0$

gegeben. Die sogenannte Äquivalent- oder Skalenhöhe H hängt von der Schwerebeschleunigung g und der Temperatur T ab:

$$H = \frac{k\,T}{\bar{\mu}\,g\,m_H} \quad (2.3)$$

k Boltzmannsche Konstante
$\bar{\mu}$ mittlere relative molare Masse eines Teilchens
m_H Masse eines Wasserstoffatoms

Für die Photosphäre finden wir mit $T = T_{eff}$ $H = 140$ km.

Aus der plausiblen Annahme, daß die Ausstrahlung der Sonnenatmosphäre in erster Näherung proportional der Dichte ist, folgt somit, daß die Helligkeit über eine Strecke von 320 km auf ein Zehntel sinken muß. In Wirklichkeit erfolgt der Helligkeitsabfall sogar noch rascher. Da dieser Strecke in der Sonnenentfernung ein Winkel von 0,4″ entspricht, was unterhalb des Auflösungsvermögen der Teleskope liegt, findet der scharfe Sonnenrand eine zwanglose Erklärung. Wir werden zwar im Abschnitt 2.3 sehen, daß in der Photosphäre ein Temperaturgradient herrscht; dies ändert aber nichts an der Schlußfolgerung.

Die großen Abweichungen vom Planckschen Strahlungsgesetz im ultravioletten, im Röntgen- und im Radiobereich einerseits sowie die teilweise beträchtlichen zeitlichen Schwankungen der Helligkeit dort andererseits weisen darauf hin, daß sich die Quelle dieser Strahlung in anderen Teilen der Sonnenatmosphäre befinden muß und die Bedingungen in ihnen, vor allem die Temperaturen, von denen in der Photosphäre stark verschieden sind.

2.2 Der innere Aufbau der Sonne

2.2.1 Die Grundgleichungen des inneren Aufbaus

Auch wenn das Sonneninnere der Beobachtung nicht unmittelbar zugänglich ist, können wir auf der Grundlage unseres Wissens über die physikalischen Vorgänge in Gasen bei sehr hohen Temperaturen und sehr hohen Drücken Modelle des inneren Aufbaus des Sonnenkörpers aufstellen. Diese Modelle sind immer nur so gut, wie es gelingt, die wesentlichen Prozesse richtig zu erfassen. Als modellbestimmende Größen haben sich die Masse und die chemische Zusammensetzung erwiesen. Die Masse bestimmt die Stärke der die Sonnenmaterie zusammenhaltenden Schwerkraft, während die chemische Zusammensetzung insbesondere für die Durchlässigkeit der Materie für Strahlung verantwortlich ist. Da sich letztere wegen der in der Umgebung des Sonnenmittelpunktes ablaufenden Kernreaktionen allmählich ändert, macht die Sonne eine Entwicklung durch, und ihr Alter tritt als dritter Parameter hinzu. Die richtige Wiedergabe der übrigen Beobachtungsgrößen (Leuchtkraft, Radius) entscheidet über die Zuverlässigkeit des aufgestellten Modells.

Das sogenannte Standardmodell der Sonne beruht auf folgenden Annahmen:
– Der Aufbau ist sphärisch symmetrisch.
– Die Sonne befindet sich im hydrostatischen Gleichgewicht.
– Die abgestrahlte Energie wird durch die Verschmelzung von je 4 Wasserstoffatomkernen zu einem Heliumkern erzeugt.
– Die freigesetzte Energie wird im Sonneninnern entweder durch Strahlung oder durch Konvektion transportiert.
– Zum Zeitpunkt der Entstehung war der Sonnenkörper chemisch homogen

und wies diejenige Zusammensetzung auf, die wir heute noch für die Sonnenatmosphäre beobachten.
- Rotation und Magnetfeld üben keinen wesentlichen Einfluß auf Aufbau und Entwicklung aus.
- Die Gravitationskonstante hat ihren Wert nicht verändert.
- Die Masse der Sonne hat sich nicht verändert.

Die Annahme des hydrostatischen Gleichgewichts bedeutet, daß an jedem Punkt im Sonneninnern das Gewicht der darüberliegenden Schichten durch den Gasdruck ausgeglichen wird. Deshalb muß der Gasdruck $p(r)$ beim Fortschreiten vom Abstand r vom Sonnenzentrum zum Abstand $r + dr$ um einen Betrag dp abnehmen, der gerade dem Gewicht der dabei durchquerten Gassäule entspricht:

$$dp = -g(r)\varrho(r)\,dr. \qquad (2.4)$$

$g(r)$ Schwerebeschleunigung
$\varrho(r)$ Dichte

Bezeichnet M_r die Masse der Sonne innerhalb einer Kugel mit dem Radius r um den Mittelpunkt, so ist

$$\frac{dM_r}{dr} = 4\pi r^2 \varrho(r) \qquad (2.5)$$

und

$$g(r) = G\,\frac{M_r}{r^2}. \qquad (2.6)$$

G Gravitationskonstante

Mit Hilfe von (2.6) kann man die Bedingung des hydrostatischen Gleichgewichts auch schreiben:

$$\frac{dp}{dr} = -G\,\frac{M_r \varrho(r)}{r^2}. \qquad (2.7)$$

Bezeichnen wir mit $\varepsilon(r)$ die je Masseneinheit durch Kernprozesse freigesetzte Energie (die Energieerzeugungsrate) und mit L_r die von einer Kugel mit dem Radius r um den Sonnenmittelpunkt abgegebene Energie, so gilt

$$\frac{dL_r}{dr} = 4\pi r^2\,\varepsilon(r)\cdot\varrho(r) \qquad (2.8)$$

In den Bereichen des Sonneninnern, wo die Energie allein durch Strahlung transportiert wird, ist der Temperaturgradient durch

$$\frac{dT}{dr} = -\frac{3}{4}\,\frac{\bar{\varkappa}\varrho(r)}{a\,c\,T^3}\,\frac{L_r}{4\pi r^2} \qquad (2.9)$$

a Strahlungskonstante
$\bar{\varkappa}$ über alle Wellenlängen gemittelter Absorptionskoeffizient je Masseneinheit (Opazitätskoeffizient)

gegeben. Die Temperaturschichtung wird instabil und Konvektion setzt ein, wenn der aus Gleichung (2.9) folgende Temperaturgradient größer ist als der, den ein sich beim Aufstieg adiabatisch verhaltendes Gasvolumenelement besitzen würde. Wo der Energietransport überwiegend durch Konvektion erfolgt, stellt sich in guter Näherung dieser sogenannte adiabatische Temperaturgradient ein, d. h.

$$\frac{dT}{dr} = G\,\frac{\gamma-1}{\gamma}\,\frac{T}{p}\,\frac{dp}{dr}. \qquad (2.10)$$

γ der Adiabatenexponent oder das Verhältnis der spezifischen Wärmen bei konstantem Druck und konstantem Volumen

Die Gleichungen (2.5), (2.7), (2.8) und (2.9) bzw. (2.10) bilden das System der Grundgleichungen des inneren Aufbaus der Sterne, durch dessen Lösung mit Hilfe numerischer Methoden Modelle des inneren Aufbaus der Sonne gewonnen werden können, wobei man als Randbedingungen im einfachsten Fall im Sonnenzentrum ($r = 0$) $M_0 = 0$, $L_0 = 0$ und am Sonnenrand ($r = R_\odot$) $p(R_\odot) = 0$, $T(R_\odot) = 0$ setzt.

Für die Lösung des Systems der Grundgleichungen braucht man noch die Energieerzeugungsrate $\varepsilon(r)$ und den Massenabsorptionskoeffizienten $\bar{\varkappa}$, die beide Funktionen der Temperatur, der Dichte und der chemischen Zusammensetzung des Gases sind, sowie eine Zu-

2.2 Der innere Aufbau der Sonne

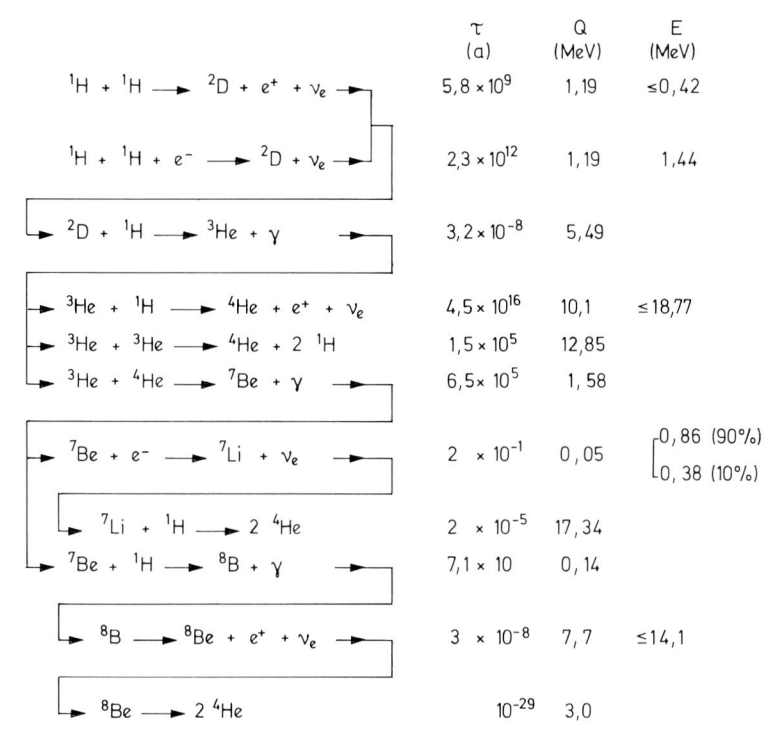

Reaktion	τ (a)	Q (MeV)	E (MeV)
$^1H + {}^1H \longrightarrow {}^2D + e^+ + \nu_e$	$5{,}8 \times 10^9$	1,19	≤ 0,42
$^1H + {}^1H + e^- \longrightarrow {}^2D + \nu_e$	$2{,}3 \times 10^{12}$	1,19	1,44
$^2D + {}^1H \longrightarrow {}^3He + \gamma$	$3{,}2 \times 10^{-8}$	5,49	
$^3He + {}^1H \longrightarrow {}^4He + e^+ + \nu_e$	$4{,}5 \times 10^{16}$	10,1	≤ 18,77
$^3He + {}^3He \longrightarrow {}^4He + 2\,{}^1H$	$1{,}5 \times 10^5$	12,85	
$^3He + {}^4He \longrightarrow {}^7Be + \gamma$	$6{,}5 \times 10^5$	1,58	
$^7Be + e^- \longrightarrow {}^7Li + \nu_e$	2×10^{-1}	0,05	0,86 (90 %) / 0,38 (10 %)
$^7Li + {}^1H \longrightarrow 2\,{}^4He$	2×10^{-5}	17,34	
$^7Be + {}^1H \longrightarrow {}^8B + \gamma$	$7{,}1 \times 10$	0,14	
$^8B \longrightarrow {}^8Be + e^+ + \nu_e$	3×10^{-8}	7,7	≤ 14,1
$^8Be \longrightarrow 2\,{}^4He$	10^{-29}	3,0	

Bild 2.3 Die Proton-Proton-Kette mit ihren vier Zweigen. Die Energie Q der einzelnen Kernreaktionen berücksichtigt die Annihilation von e^- und e^+, die Energie E der Neutrinos ist nicht in Rechnung gestellt. Die Lebensdauer τ des jeweils ersten Teilchens in der Kernreaktion gilt für die Bedingungen im Sonnenmittelpunkt.

standsgleichung der Materie. Bei der Sonne kann man überall die Zustandsgleichung des idealen Gases

$$p = \frac{k \varrho}{\bar{\mu}\, m_H}\, T \qquad (2.11)$$

benutzen: Wegen der hohen Temperatur im Innern sind die Atome vollständig ionisiert, so daß trotz der hohen Dichte das Eigenvolumen der Teilchen klein gegenüber dem ihnen zur Verfügung stehenden Raum ist.

2.2.2 Energieerzeugungsprozesse in der Sonne

Die Sonnenenergie wird zu über 99 % durch eine Reihe von Reaktionen freigesetzt, bei der nacheinander im Endergebnis vier Protonen zu einem Heliumkern verschmelzen (Proton-Proton-Kette, pp-Kette) und zwei Neutrinos sowie Gammastrahlung abgegeben werden (Bild 2.3). Die einleitende Verschmelzung von zwei Protonen zu einem Deuteron bestimmt die Effektivität der ganzen Kette, da sie einen Betazerfall einschließt und daher die längste Zeitskala hat. Die Rolle der relativ selten durchlaufenen Seitenzweige hängt empfindlich von der Temperatur ab, denn die Reaktionen mit schwereren Kernen können nur mit den schnellsten Protonen ablaufen.

Die gesamte erzeugte Energie (einschließlich der, die bei der Zerstrahlung der Positronen freigesetzt wird) beträgt 26,8 MeV je aufgebauten Heliumkern. Einen je nach der Reaktion unterschiedlichen Anteil an dieser Energie besitzen die erzeugten Neutrinos, die

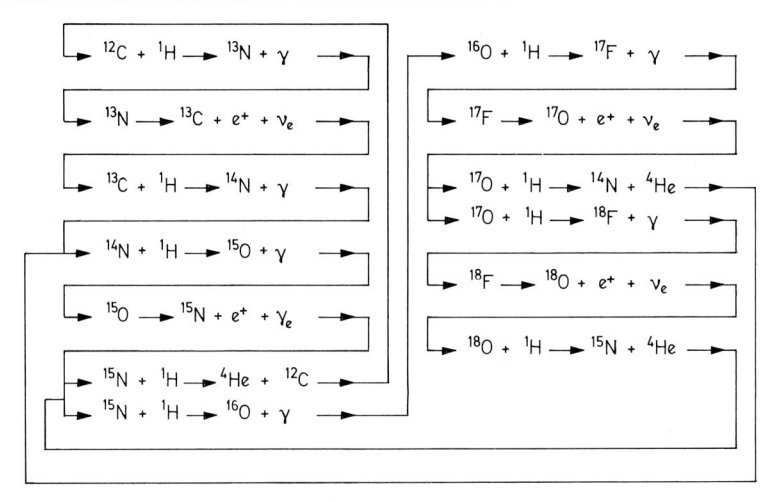

```
┌→ ¹²C + ¹H ──→ ¹³N + γ ─────┐     ┌→ ¹⁶O + ¹H ──→ ¹⁷F + γ ─────┐
│                            │     │                            │
│  ┌→ ¹³N ──→ ¹³C + e⁺ + νₑ ─┘     │  ┌→ ¹⁷F ──→ ¹⁷O + e⁺ + νₑ ─┘
│  │                               │  │
│  │  ┌→ ¹³C + ¹H ──→ ¹⁴N + γ ─┐   │  │  ┌→ ¹⁷O + ¹H ──→ ¹⁴N + ⁴He ─┐
│  │  │                        │   │  │  │                          │
│  │  │  ┌→ ¹⁴N + ¹H ──→ ¹⁵O + γ ──┤  │  │  └→ ¹⁷O + ¹H ──→ ¹⁸F + γ ─┤
│  │  │  │                         │  │  │                          │
│  │  │  │  ┌→ ¹⁵O ──→ ¹⁵N + e⁺ + νₑ │  │  │  ┌→ ¹⁸F ──→ ¹⁸O + e⁺ + νₑ
│  │  │  │  │                          │  │  │  │
│  │  │  │  │  ┌→ ¹⁵N + ¹H ──→ ⁴He + ¹²C  │  │  └→ ¹⁸O + ¹H ──→ ¹⁵N + ⁴He
│  │  │  │  │  └→ ¹⁵N + ¹H ──→ ¹⁶O + γ
```

Bild 2.4 Schematische Darstellung des CNO-Zyklus

die Sonne praktisch ungehindert verlassen. Daher stehen der Sonne im Durchschnitt je aufgebauten Heliumkern nur 26,2 MeV zur Ausstrahlung zur Verfügung.

Während man ursprünglich glaubte, daß der CNO-Zyklus (Bild 2.4) der entscheidende Energiefreisetzungsmechanismus in der Sonne sei, schreiben ihm heutige Modelle nur eine untergeordnete Rolle zu. Im Unterschied zur pp-Kette werden bei diesem Zyklus die Protonen nacheinander einem ¹²C-Kern angelagert, bis schließlich bei der Reaktion mit dem vierten Proton ein ⁴He-Kern ausgestoßen wird und wieder ein ¹²C-Kern entsteht. Die ¹²C-Kerne werden also nicht verbraucht, sondern erleichtern nur als eine Art Katalysator das Zusammenfügen der Heliumkerne. Die im CNO-Zyklus entstehenden Neutrinos sind im Mittel energiereicher als die in der pp-Kette entstehenden, so daß nur 25,0 MeV pro gebildeten ⁴He-Kern zur Ausstrahlung zur Verfügung stehen.

Die Häufigkeit der Kernreaktionen ist in erster Linie eine Funktion der Temperatur, weil sich die Atomkerne, bevor sie verschmelzen können, trotz der zwischen ihnen wirkenden elektrostatischen Abstoßung soweit nähern müssen, daß sie in den Anziehungsbereich der extrem kurzreichweitigen Kernkräfte geraten. Selbst bei den Temperaturen im Sonneninnern gelingt die Verschmelzung nur den energiereichsten und auch ihnen nur dank des quantenmechanischen Tunneleffekts.

In guter Näherung gilt für die Energieerzeugungsrate der pp-Kette:

$$\varepsilon_{pp} = \frac{2{,}36 \; 10^3 \; X^2 \; \varrho}{T^{2/3} \exp(3381/T^{1/3})} \; \text{W kg}^{-1}. \quad (2.12)$$

X relativer Anteil des Wasserstoffs an der Masse

Die Energieerzeugungsrate des CNO-Zyklus hängt noch empfindlicher von der Temperatur und darüber hinaus auch von der relativen Häufigkeit der Katalysatorkerne, etwa des ¹⁴N, ab und ist gegeben durch

$$\varepsilon_{CNO} = \frac{7{,}21 \; 10^{24} \; X Z_N \; \varrho}{T^{2/3} \exp(15231/T^{1/3})} \text{W kg}^{-1}. \quad (2.13)$$

Wegen der unterschiedlichen Temperaturabhängigkeit ist der relative Anteil des CNO-Zyklus an der Freisetzung der Sonnenenergie in unmittelbarer Nähe des Sonnenmittelpunkts am größten und nimmt nach außen rasch ab.

2.2.3 Das Standardmodell der Sonne

Die Modellrechnungen auf der Grundlage der skizzierten Annahmen und Energieerzeugungsprozesse ergaben, daß man das Sonneninnere grob in drei Bereiche einteilen kann.

Im zentrumsnahen Bereich, dem Sonnenkern, laufen die Kernreaktionen zur Energieerzeugung ab. Er erstreckt sich ungefähr bis zu 0,25 $R_\odot$ und umfaßt 50 % der Sonnenmasse. Im Verlaufe von 4,5 Milliarden Jahren ist hier der Anteil des Wasserstoffs an der Masse von ursprünglich 72 % auf 36 % gesunken, während sich gleichzeitig der Massenanteil des Heliums von 26 % auf 62 % erhöhte.

In der anschließenden Zone des Strahlungsgleichgewichts wird die im Sonnenkern freigesetzte Energie in Form von Strahlung in einer ununterbrochenen Kette von Absorptions- und Emissionsprozessen nach außen befördert. Weiter außen, wenn die Temperatur so weit abgenommen hat, daß ein merklicher Teil des Gases nicht mehr ionisiert ist, wird die Gasschichtung instabil, und an die Stelle des Energietransports durch Strahlung tritt der durch Konvektion. Ursache der Instabilität ist die Erniedrigung des Adiabatenexponenten für ein teilweise ionisiertes Gas. Für ein ideales Gas (gleichgültig ob vollständig ionisiert oder vollständig neutral) ist $\gamma = 4/3$. Im Temperaturbereich der teilweisen Ionisation erhöht (erniedrigt) adiabatische Kompression (Expansion) nicht einfach die Temperatur des Gases, sondern sogar vorwiegend nur den Ionisationsgrad. Wenn ein Gasballen am Boden der Konvektionszone aus irgendwelchen Gründen ein wenig aus seiner Gleichgewichtslage gerät und aufsteigt, so hat die Temperaturerniedrigung infolge der Expansion (der Druck nimmt nach außen ab) sofort eine Erniedrigung des Ionisationsgrades zur Folge. Die dabei freigesetzte Energie gleicht die Temperaturerniedrigung infolge der Expansion weitgehend aus, also bleibt der Gasballen heißer als seine Umgebung und steigt weiter. Umgekehrt sinkt ein kühler Gasballen, einmal in Bewegung gekommen, immer tiefer, da die Energie, die ihm bei der Kompression zugeführt wird, zur Ionisation des Gases verbraucht wird und die Temperatur dadurch niedriger als in der Umgebung bleibt. Der Adiabatenexponent beträgt unter diesen Verhältnissen nur noch $\gamma \approx 1,1$, und die Bedingung für konvektive Instabilität lautet (vgl. Gleichung (2.10))

$$\frac{d \lg T}{d \lg p} \gtreqqless 0,1. \qquad (2.14)$$

Die Konvektionszone der Sonne reicht von etwa 0,75 $R_\odot$ bis dicht unter die Oberfläche. Ihre obere Grenze liegt dort, wo direkte Ausstrahlung von Energie merklich zu werden beginnt, also die Gasbewegungen nicht länger (nahezu) adiabatisch erfolgen. Es gibt bisher keine Theorie der Konvektion, die die Dicke der Konvektionszone aus dem Verlauf der physikalischen Parameter abzuleiten gestattet. Vielmehr ist man auf Näherungen angewiesen. Am häufigsten wird die sog. Mischungswegtheorie verwendet, in der die Ausdehnung der Konvektionszone über den Parameter der Mischungsweglänge gesteuert werden kann.

Bild 2.5 zeigt den Verlauf von Temperatur, Druck, Dichte und chemischer Zusammensetzung im Sonneninnern.

2.2.4 Das Sonnenneutrinoproblem

Je gebildeten Heliumkern entstehen zwei Neutrinos. Sie verlassen wegen ihrer geringen Wechselwirkung mit anderen Elementarteilchen (die Neutrinos unterliegen nur der sog. schwachen Wechselwirkung) das Sonneninnere ungehindert. Ihre Beobachtung kann da-

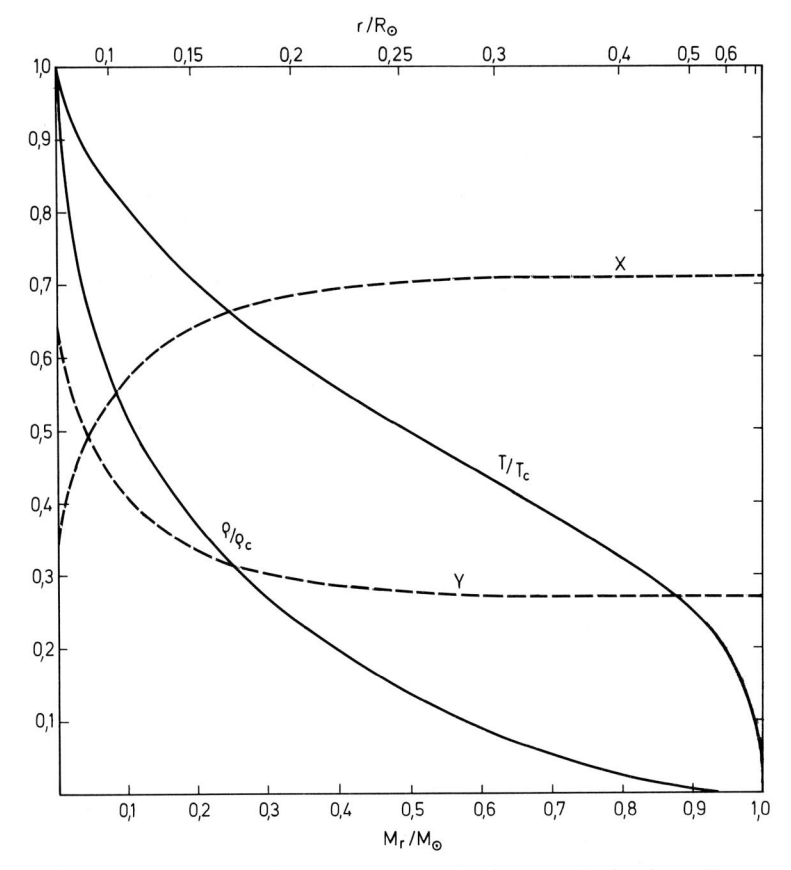

Bild 2.5 Das Standardmodell der Sonne. Dargestellt sind der Verlauf von Temperatur T und Dichte ϱ (in Einheiten der entsprechenden Werte im Sonnenmittelpunkt $T_c = 1{,}56 \cdot 10^7$ K und $\varrho_c = 1{,}48 \cdot 10^5$ kg m^{-3}) sowie der relativen Häufigkeit des Wasserstoffs X und des Heliums-4 Y.

her direkte Informationen über die Bedingungen im Sonnenkern liefern.

Seit 1967 läuft ein Experiment zum Nachweis der Sonnenneutrinos, das auf der Reaktion

$$\nu_e + {}^{37}\mathrm{Cl} \rightarrow {}^{37}\mathrm{Ar} + e^- \qquad (2.15)$$

beruht. Der Neutrinoempfänger ist im wesentlichen ein mit 380 000 l C$_2$Cl$_4$ gefüllter Tank, der zur Abschirmung der kosmischen Strahlung in 1480 m Tiefe in einem ehemaligen Goldbergwerk (Homestake Mine) bei Lead, South Dakota (USA) aufgestellt ist. Das Standardmodell der Sonne sagt für dieses Experiment eine Einfangrate von 7,9 SNU bei einer vermutlichen Unsicherheit von ±2,6 SNU voraus. Hierbei bedeuten 1 SNU [engl. ‚solar neutrino unit' Sonnenneutrinoeinheit] 10^{-36} Einfänge pro Sekunde und Targetatom. Die Unsicherheit der theoretischen Vorhersage beruht im wesentlichen auf Ungenauigkeiten der experimentell bestimmten Reaktionsraten der Kernprozesse in der Sonne und der chemischen Zusammensetzung des Sonnengases. Das Experiment liefert als langjährigen Mittelwert (2,3 ±0,75) SNU, was der Bildung von durchschnittlich 0,54 ^{37}Ar-Atomen pro Tag entspricht.

Bis jetzt gibt es noch keine befriedigende Erklärung für diese Diskrepanz. Da Fehler in der Meßanordnung mit großer Wahrscheinlichkeit auszuschließen sind, konzentrieren sich die Deu-

2.2 Der innere Aufbau der Sonne

Tabelle 2.2 Standardmodell des Sonneninnern nach J.N. Bahcall und R.K. Ulrich

$M_r/M_\odot$	$r/R_\odot$	T (in K)	ϱ (in kg m^{-3})	p (in Pa)	$L_r/L_\odot$	X	Y
0,00000	0,0000	1,56 10^7	1,48 10^5	2,29 10^{16}	0,000	0,34111	0,63867
0,00017	0,0120	1,56	1,46	2,27	0,001	0,34546	0,63432
0,00214	0,0277	1,54	1,40	2,18	0,018	0,36499	0,61476
0,00832	0,0442	1,50	1,29	2,03	0,067	0,39833	0,58140
0,02109	0,0616	1,45	1,16	1,83	0,157	0,44176	0,53794
0,04287	0,0804	1,38	1,01	1,60	0,287	0,49233	0,48735
0,07308	0,0992	1,31	8,68 10^4	1,36	0,434	0,54066	0,43900
0,10385	0,1147	1,25	7,64	1,18	0,553	0,57659	0,40304
0,13462	0,1283	1,20	6,81	1,03	0,648	0,60409	0,37552
0,16200	0,1393	1,15	6,20	9,12 10^{15}	0,716	0,62349	0,35610
0,18600	0,1485	1,12	5,72	8,25	0,766	0,63747	0,34211
0,21000	0,1572	1,08	5,30	7,47	0,807	0,64922	0,33041
0,23400	0,1657	1,05	4,91	6,77	0,842	0,65913	0,32058
0,25800	0,1740	1,02	4,55	6,14	0,872	0,66746	0,31235
0,28200	0,1821	9,95 10^6	4,22	5,56	0,896	0,67450	0,30536
0,31000	0,1914	9,63	3,86	4,95	0,919	0,68129	0,29856
0,35000	0,2047	9,20	3,40	4,18	0,945	0,68885	0,29088
0,39000	0,2179	8,80	2,98	3,52	0,963	0,69447	0,28504
0,43000	0,2313	8,41	2,60	2,94	0,976	0,69862	0,28056
0,47000	0,2450	8,04	2,25	2,44	0,985	0,70161	0,27705
0,51000	0,2591	7,67	1,94	2,00	0,992	0,70368	0,27423
0,55000	0,2739	7,32	1,65	1,62	0,996	0,70512	0,27204
0,69000	0,3344	6,08	8,34 10^3	6,82 10^{14}	1,000	0,70866	0,27058
0,79500	0,4255	4,73	2,96	1,88	1,001	0,70962	0,27058
0,94183	0,5818	3,20	5,72 10^2	2,45 10^{13}	1,001	0,70970	0,27058
0,98032	0,7230	2,11	1,54	4,37 10^{12}	1,000	0,70970	0,27059
0,99334	0,8221	1,19	6,42 10^1	1,01	1,000	0,70970	0,27059
0,99775	0,8858	6,92 10^5	2,84	2,60 10^{11}	1,000	0,70970	0,27059
1,00000	1,0000	5,77 10^3	0,00 10^0	0,00 10^0	1,000	0,70970	0,27059

tungsversuche auf gewisse Abänderungen des Standardmodells oder auf neue Eigenschaften des Neutrinos.

Das Experiment registriert nur Neutrinos mit einer Mindestenergie von 0,814 MeV. Ein Vergleich mit dem Neutrinospektrum des Standardmodells (Bild 2.6) zeigt, daß solche energiereichen Neutrinos überwiegend auf einem relativ selten durchlaufenen sehr temperaturempfindlichen Seitenzweig der pp - Kette ausgesandt werden. Eine Erniedrigung der Zentraltemperatur der Sonne um etwa 10 % würde daher die Diskrepanz beseitigen. Als mögliche Ursachen einer niedrigeren Zentraltemperatur der Sonne als im Standardmodell wurden u. a. in Betracht gezogen:

– Die Häufigkeit der Elemente schwerer als Helium ist im Sonnenkern geringer als in der Sonnenatmosphäre beobachtet. Da die schweren Elemente eine wichtige Opazitätsquelle darstellen, wäre die Opazität geringer als im Standardmodell angenommen. Dies hätte einen flacheren Temperaturgradienten im Sonnenkern mit einer weniger ausgeprägten Spitze im Sonnenmittelpunkt zur Folge.

– Es findet eine kontinuierliche oder episodische Durchmischung der Materie im Sonnenkern statt. Dadurch

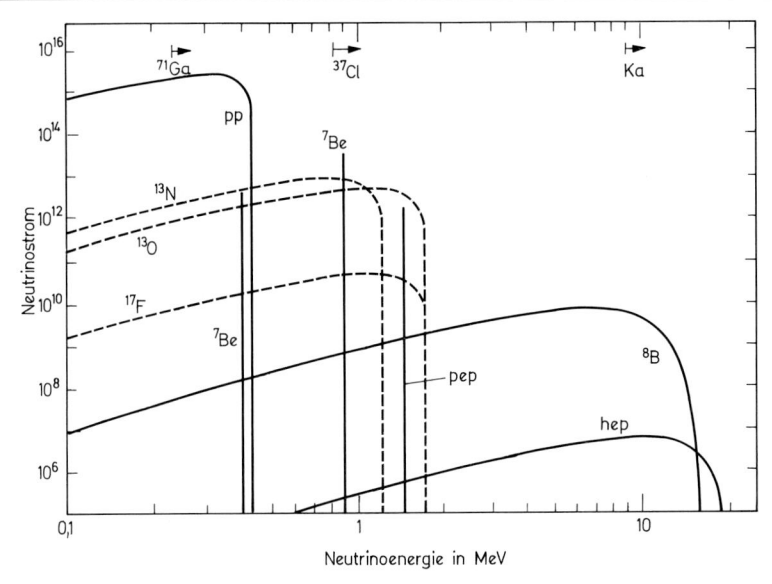

Bild 2.6 Das Neutrinospektrum der Sonne. Die Neutrinoströme sind in der Einheit $m^{-2}\,s^{-1}\,MeV^{-1}$ (Kontinuumsquellen) bzw. $m^{-2}\,s^{-1}$ (Linien) angegeben. Die ausgezogenen Kurven stellen die Emission der pp-Kette, die gestrichelten Kurven die des CNO-Zyklus dar. Die verantwortlichen Kernreaktionen sind durch die Symbole der Ausgangskerne bzw. durch Kürzel (pp für die Reaktion $^1H + {}^1H - \ldots$, pep für $^1H + e^- + {}^1H - \ldots$, hep für $^3He + {}^1H - \ldots$) näher bezeichnet. Im oberen Teil sind die Schwellenwerte der Neutrinoenergien für das ^{37}Cl- und ^{71}Ga-Experiment sowie den Kamioka-Detektor (Ka) markiert.

wäre die Häufigkeit des Wasserstoffs höher als im Standardmodell; eine niedrigere Temperatur würde für die erforderliche Energiefreisetzung genügen.
- Die Sonne ist ein langperiodischer Stern. Gegenwärtig erleben wir eine Phase minimaler Energiefreisetzung. Der Neutrinostrom zeigt uns diese geringe Energiefreisetzung unmittelbar an, die Leuchtkraft der Sonne reagiert jedoch erst mit langer Verzögerung, da die Photonen mehrere Millionen Jahre benötigen, um vom Sonnenkern bis in die Sonnenatmosphäre zu gelangen.
- Unter den Bedingungen im Sonnenkern sind möglicherweise Wasserstoff und schwere Elemente (z. B. Eisen) nicht mehr vollständig miteinander mischbar. Das Ergebnis wäre wiederum eine verringerte Opazität.
- Der Sonnenkern rotiert sehr rasch. Wegen der damit verbundenen Zentrifugalkraft kann der Druck und folglich die Temperatur geringer sein als im nichtrotierenden Fall.

Es gibt auch noch eine ganze Reihe weiterer, teilweise exotisch anmutender oder die gegenwärtige Physik in Frage stellender Hypothesen, die von der Annahme neuer Teilchen, sog. WIMPs [engl. ‚weakly interacting particles' schwach wechselwirkende Teilchen], die sich am Transport der Energie im Sonneninnern beteiligen und folglich den Temperaturgradienten abflachen, bis zur Annahme eines Schwarzen Lochs im Sonnenzentrum reichen. Es erscheint jedoch heute als unwahrscheinlich, daß an unseren Vorstellungen über das Sonneninnere etwas grundsätzlich falsch ist. So liegen sie etwa auch den Untersuchungen über den Aufbau und die Entwicklung der Sterne zugrunde und haben beispielsweise die Interpretation des Hertzsprung-Russell-Diagramms ermöglicht.

Die Ursache des beobachteten Neutrinodefizits könnte auch in bisher unbekannten Eigenschaften des Neutrinos zu suchen sein. In der Standardtheorie der elektroschwachen Wechselwirkung von Steven Weinberg, Abdus Salam und Sheldon Glashow ist die Ruhmasse der drei Arten von Neutrinos (Elektron-, Myon- und Tauonneutrinos) exakt null. Moderne Theorien der „großen Vereinheitlichung" (von elektromagnetischer, schwacher und starker Wechselwirkung) sagen dagegen eine – bisher experimentell nicht bestätigte – Neutrinoruhmasse voraus. Die verschiedenen Neutrinoarten wären dann als quantenmechanische „Mischung" dreier Masseneigenzustände aufzufassen und Übergänge von einer Neutrinoart nach ihrer Erzeugung in eine andere wären möglich (sog. Vakuumoszillation). Das Experiment spricht nur auf Elektronneutrinos an. Die beobachtete Reduktion des Sonnenneutrinostroms ist im Rahmen des Bildes der Vakuumoszillationen schwer erklärbar, da sie eine unerwartet hohe Mischung der Masseneigenzustände verlangt. Eine attraktive Lösung bietet der Michejew-Smirnow-Wolfenstein-Effekt. Er sagt die Umwandlung der Elektronneutrinos in Myon- oder Tauonneutrinos voraus, wenn sie das Sonneninnere durchqueren, weil die Neutrinooszillationen in Anwesenheit von Materie modifiziert werden.

Das japanische Neutrinoexperiment Kamiokande II, bei dem die Streuung der Neutrinos an Elektronen (in einem wassergefüllten Tank) als Nachweisreaktion dient, hat in jüngster Zeit die Ergebnisse des ^{37}Cl-Experiments weitgehend bestätigt und – weil es die Flugrichtung der Neutrinos zu bestimmen erlaubt – auch die Sonne als Quelle der beobachteten Neutrinos zweifelsfrei identifiziert. Es spricht ebenfalls nur auf sehr energiereiche Neutrinos an.

Erste, noch vorläufige Ergebnisse liegen von Experimenten vor, die die Reaktion

$$\nu_e + {}^{71}Ga \rightarrow {}^{71}Ge + e^- \qquad (2.16)$$

ausnutzen. Ihre Energieschwelle liegt bei 0,233 MeV. Daher tragen die Neutrinos, die bei der Bildung der Deuteronen in der Anfangsreaktion der pp-Kette frei werden, 60 % zur vorhergesagten Einfangrate von 132 SNU bei. Die ersten Messungen des in internationaler Zusammenarbeit in einem Untergrundlaboratorium im Gran-Sasso-Massiv durchgeführten Gallium-Experiments GALLEX, das 30,3 t Gallium in Form von $GaCl_4$ benutzt, ergaben 83 ± 21 SNU. Dagegen registrierte das Experiment SAGE [engl. „Soviet American Gallium Experiment"], das mit 60 t metallischem Gallium arbeitet, wesentlich weniger Neutrinos als vom Standardmodell vorhergesagt.

Gegenwärtig scheinen die noch widersprüchlichen Ergebnisse der verschiedenen Neutrinoexperimente am besten mit der Hypothese des Michejew-Smirnow-Wolfenstein-Effektes vereinbar.

2.3 Die Photosphäre der Sonne

2.3.1 Der Aufbau der Photosphäre

Alle die Bereiche des Sonnenkörpers, aus denen Strahlung direkt in den Weltraum entweichen kann, die wir also unmittelbar beobachten können, bezeichnet man zusammenfassend als Atmosphäre. Der weitaus überwiegende Teil des Sonnenlichts stammt aus einer verglichen mit dem Sonnenradius sehr dünnen Schicht, wodurch der Eindruck einer leuchtenden Oberfläche entsteht. Diese Schicht heißt Photosphäre.

Photographische Aufnahmen zeigen, daß die Sonne in Randnähe weniger

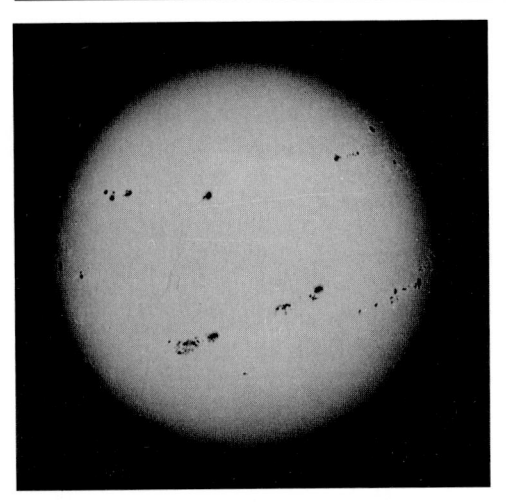

Bild 2.7 Aufnahme der Sonne vom 10. November 1979. Die Zürcher Sonnenfleckenrelativzahl betrug an diesem Tag 302. Man sieht deutlich, wie sich die Fleckengruppen in zwei äquatorparallelen Zonen anordnen (Foto: K. Kaila).

Licht aussendet als in der Scheibenmitte (Bild 2.7). Diese Erscheinung nennt man Randverdunklung. Sie ist für kürzerwelliges (blaues) Licht stärker als für längerwelliges (rotes). Daraus ergibt sich zusätzlich eine „Randverrötung" (Bild 2.8). Ursache der Randverdunklung ist neben der endlichen Ausdehnung der Photosphäre das in ihr herrschende Temperaturgefälle von innen nach außen. Die Strahlung, die eine bestimmte Schicht aussendet, wird von dem darüber befindlichen Gas teilweise absorbiert. Am Rande der Sonnenscheibe blickt man schräg in die Photosphäre hinein (Bild 2.9). Das Licht hat dort einen längeren Weg durch die über der emittierenden Schicht liegende Photosphäre zurückzulegen als in der Scheibenmitte: daher erfährt es eine stärkere Absorption. Um den beobachteten Ver-

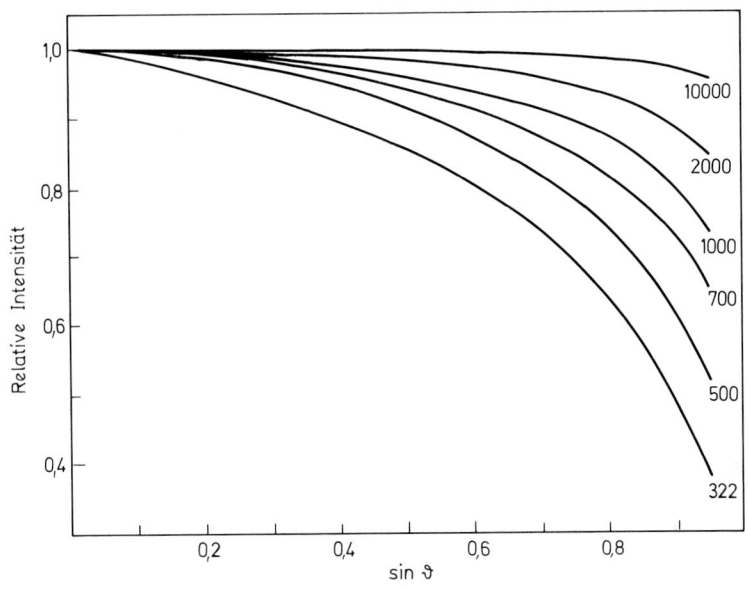

Bild 2.8 Die Randverdunklung der Sonne. Aufgetragen ist die Intensität der Sonnenstrahlung, bezogen auf den Wert in der Scheibenmitte, über ϑ, dem Winkel zwischen der Richtung zum Beobachter und der Senkrechten auf der Sonnenoberfläche. Die Zahlen an den Kurven geben die Wellenlänge der Strahlung in Nanometer an. Der relative Helligkeitsabfall ist für kurzwelliges Licht viel stärker als für langwelliges, so daß die Randverdunklung gleichzeitig eine Randverrötung darstellt.

2.3 Die Photosphäre der Sonne

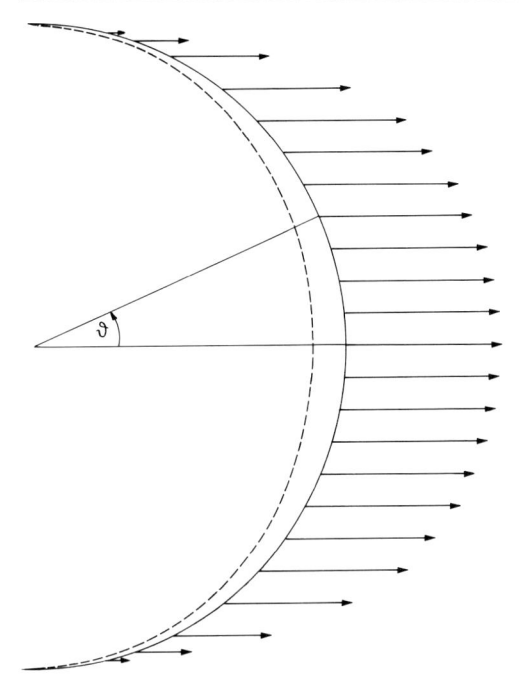

Bild 2.9 Die Randverdunklung der Sonne kommt u. a. dadurch zustande, daß die Ausstrahlung der tieferen Schichten durch die darüber liegenden teilweise absorbiert wird. Die Länge der Pfeile gibt den Bruchteil der Strahlung aus einer in der optischen Tiefe $\tau = 1$ liegenden Schicht an, der die Photosphäre verläßt. Die gestrichelte Kurve veranschaulicht die Beziehung $\tau = \cos \vartheta$.

lauf der Randverdunklung zu erhalten, muß man die Beiträge aller Schichten zur Gesamtstrahlung summieren. Die tieferen heißeren Schichten senden im Mittel kürzerwelliges Licht aus als die höheren kühleren. Dieses Licht hat andererseits den längeren Weg durch die absorbierenden Schichten zurückzulegen. Da die Absorption exponentiell mit der durchlaufenen Wegstrecke wächst, sinkt der relative Anteil der Strahlung aus den tieferen Schichten an der Gesamtstrahlung zum Rand zu rasch ab (Bild 2.10). Die Auswertung der Wellenlängenabhängigkeit der Randverdunklung ist eine direkte Informationsquelle über die physikalischen Bedingungen in der Sonnenphotosphäre, also über den Verlauf der Temperatur und der Dichte mit zunehmender Tiefe. Dazu ist die quantitative Beschreibung des Durchgangs der Strahlung durch die Photosphäre erforderlich. Die Strahlungsenergie, die in einer Schicht der Dicke dt in der Tiefe t in der Photosphäre in eine Richtung, die um den Winkel ϑ gegen die Normale geneigt ist, im Frequenzintervall zwischen ν und $\nu + d\nu$ pro Zeit- und Raumwinkeleinheit ausgesandt wird, sei durch

$$d I_\nu = j_\nu \varrho \, dt / \cos \vartheta \qquad (2.17)$$

j_ν Emissionskoeffizient

gegeben. Beim Durchgang durch die darüberliegenden Schichten wird die Strahlung auf den Betrag

$$d I'_\nu = dI_\nu \exp(-\tau_\nu \cos \vartheta) \qquad (2.18)$$

geschwächt, wobei über die Beziehung

$$\tau_\nu = \int_0^t \varkappa_\nu \varrho \, dt \qquad (2.19)$$

$\varkappa_\nu$ Absorptionskoeffizient je Masseneinheit

die optische Tiefe τ_ν eingeführt wurde. Die Gesamtemission der Photosphäre erhalten wir durch Integration über alle Schichten zu

$$I_\nu(0,\vartheta) = \int_0^\infty dI'_\nu =$$
$$\int_0^\infty S_\nu(\tau_\nu) \exp\left(-\frac{\tau_\nu}{\cos \vartheta}\right) \frac{d\tau_\nu}{\cos \vartheta}. \qquad (2.20)$$

$S_\nu = j_\nu / \varkappa_\nu$ Ergiebigkeit

Da die optische Tiefe als Argument in der Exponentialfunktion steht, erwarten wir, daß die Beiträge der Schichten mit wachsender optischer Tiefe rasch kleiner werden. Es erscheint daher gerechtfertigt, die Ergiebigkeit an einer noch festzulegenden Stelle τ_ν^* nach τ_ν in eine Reihe zu entwickeln und nach dem linearen Glied abzubrechen:

$$S_\nu(\tau_\nu) = S_\nu(\tau_\nu^*)$$
$$+ \left.\frac{dS_\nu}{d\tau_\nu}\right|_{\tau_\nu^*} (\tau_\nu - \tau_\nu^*). \qquad (2.21)$$

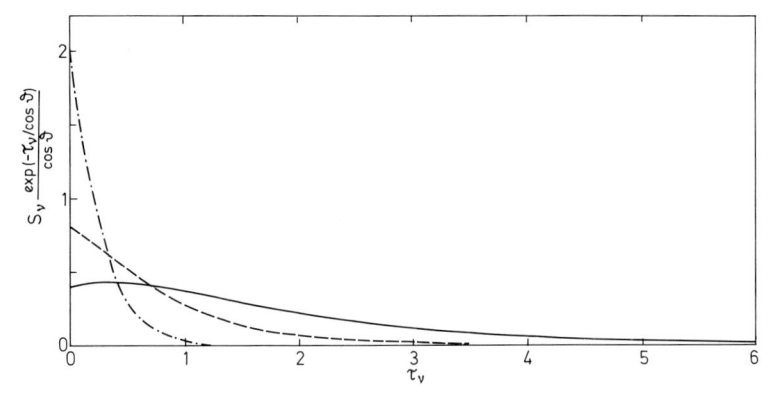

Bild 2.10 Je nach dem Winkel, unter dem man in die Photosphäre hineinblickt, tragen die Schichten unterschiedlich zur beobachteten Ausstrahlung bei. Auf der Ordinate ist die Funktion $S = \exp(-\tau/\cos\vartheta)/\cos\vartheta$ aufgetragen. Die Einheit ist so gewählt, daß die in der Sonnenscheibenmitte austretende Intensität $I(0,0) = 1$ ist. Die auf der Abszisse abgetragene optische Tiefe gilt für senkrechten Einblick. In der Sonnenscheibenmitte (ausgezogene Kurve) sind die Beiträge der tieferen Schichten relativ groß: Die Hälfte der Ausstrahlung stammt aus Schichten $\tau < 1{,}2$, 90% aus denen mit $\tau < 3{,}2$. Bei einem Blickwinkel von 60° (gestrichelte Kurve) lauten die entsprechenden Werte der optischen Tiefe 0,49 bzw. 1,3, bei einem Blickwinkel von 78,5° (strichpunktierte Kurve) 0,17 bzw. 0,52.

Einsetzen in Gleichung *(2.20)* ergibt

$$I_\nu(0,\vartheta) = S_\nu(\tau_\nu^*)$$
$$+ \left.\frac{dS_\nu}{d\tau_\nu}\right|_{\tau_\nu^*} (\cos\vartheta - \tau_\nu^*). \quad (2.22)$$

Wir sehen, daß das zweite Glied genau dann verschwindet, wenn wir $\tau_\nu^* = \cos\vartheta$ wählen:

$$I_\nu(0,\vartheta) = S_\nu(\tau_\nu^* = \cos\vartheta). \quad (2.23)$$

Die Intensität der aus der Photosphäre austretenden Strahlung ist gleich der Ergiebigkeit in der optischen Tiefe $\tau_\nu = \cos\vartheta$. Die Intensität ist eine Meßgröße; wir erhalten unmittelbar aus den Beobachtungen der Randverdunklung den Verlauf der Ergiebigkeit zwischen $\tau_\nu = 1$ (Scheibenmitte) bis $\tau_\nu \approx 0{,}05$, weil Messungen für $\cos\vartheta < 0{,}15$ praktisch nicht möglich sind. Es soll aber ausdrücklich hervorgehoben werden, daß Gleichung *(2.23)* keinesfalls besagt, die Sonnenstrahlung stamme aus einer bestimmten optischen Tiefe. Zur beobachteten Strahlung tragen selbstverständlich alle Schichten der Photosphäre bei.

Zur Temperaturschichtung der Atmosphäre gelangen wir über die Temperaturabhängigkeit der Ergiebigkeit. Wenn wir thermodynamisches Gleichgewicht voraussetzen dürfen (was in der Photosphäre eine brauchbare Näherung ist), so gilt der Kirchhoffsche Satz

$$S_\nu = B_\nu(T), \quad (2.24)$$

wobei

$$B_\nu(T) = \frac{2h\nu^3}{c^2} \frac{1}{\exp\left(\dfrac{h\nu}{kT}\right) - 1} \quad (2.25)$$

h Plancksches Wirkungsquantum
c Lichtgeschwindigkeit

die Plancksche Funktion (Plancksches Strahlungsgesetz) ist, und wir können aus der Variation der Ergiebigkeit mit der optischen Tiefe sofort die Variation der Temperatur mit der optischen Tiefe angeben. Um zur geometrischen Tiefe übergehen zu können, müssen wir den Absorptionskoeffizienten (eine Funktion der Dichte und der Temperatur) und den Verlauf der Dichte mit der opti-

2.3 Die Photosphäre der Sonne

schen Tiefe kennen. Den Dichteverlauf können wir uns aus der Annahme hydrostatischen Gleichgewichts verschaffen. Dann muß gelten

$$\frac{dp}{dt} = g\varrho(t) \qquad (2.26)$$

oder, wenn wir zur optischen Tiefe übergehen,

$$\frac{dp}{d\tau_v} = g/\varkappa_v. \qquad (2.27)$$

Die Berechnung des Absorptionskoeffizienten setzt die Kenntnis der Absorptions- und Emissionsprozesse voraus. Den entscheidenden Beitrag zur Temperaturstruktur der Sonnenatmosphäre liefert die Wechselwirkung mit dem kontinuierlichen Spektrum. Hierbei handelt es sich einmal um die sog. gebunden-freien Übergänge, bei denen das von dem betreffenden Atom absorbierte Photon genügend Energie besitzt, um das Atom zu ionisieren und ein freies Elektron zu erzeugen. Die Photonenenergie muß in diesem Fall größer sein als die Ionisationsenergie des Atoms in dem betreffenden Zustand, wobei der Energieüberschuß dem Elektron als kinetische Energie mitgegeben wird. Umgekehrt führt die Rekombination eines freien Elektrons mit einem Ion zur Emission eines Photons, dessen Energie größer als die Ionisationsenergie ist. Die Gesamtheit der Rekombinationsprozesse ergibt ein kontinuierliches Spektrum. Ein weiterer Beitrag zum Kontinuum stammt von den frei-freien Übergängen, das sind Energieänderungen eines freien Elektrons durch Absorption und Emission von Photonen.

In der Photosphäre ist der Wasserstoff neutral und befindet sich überwiegend im Grundzustand. Die Photonen benötigen deshalb eine Energie von mindestens 13,6 eV (dem entspricht eine Wellenlänge von höchstens 91,2 nm), um ihn zu ionisieren. Die Ionisationsenergie für Wasserstoff im ersten angeregten Zustand beträgt 3,6 eV. Im Sonnenspektrum ist bei der entsprechenden Wellenlänge von 346 nm nur eine relativ schwach ausgeprägte Kante im Verlauf des kontinuierlichen Spektrums erkennbar (Balmer-Sprung), so daß der neutrale Wasserstoff nicht die entscheidenden Beiträge zum Absorptionskoeffizienten leisten kann. Die wichtigste Quelle der kontinuierlichen Absorption und Emission im sichtbaren und infraroten Spektralbereich in der Photosphäre der Sonne sind gebunden-freie und frei-freie Übergänge des H^--Ions, also eines Wasserstoffatoms, das ein zweites Elektron eingefangen hat. Dieses zweite Elektron ist sehr locker gebunden, es genügt eine Energie von nur 0,754 eV, um es abzulösen. Daher sind Photonen mit Wellenlängen kürzer als 1,64 µm dazu in der Lage, also auch sichtbares Licht. Photonen mit größerer Wellen-

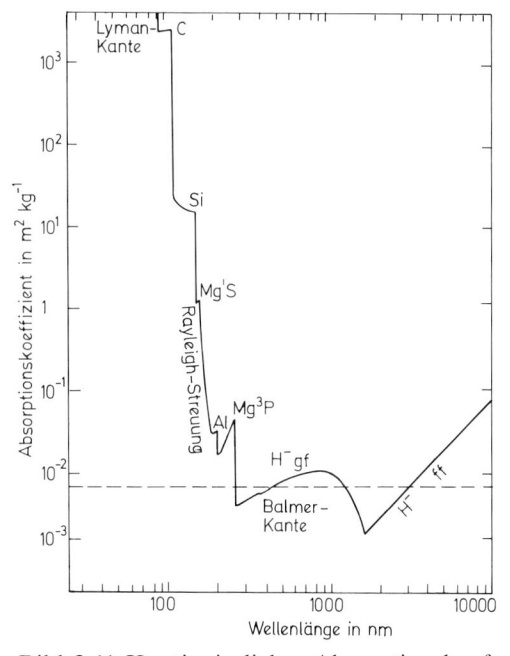

Bild 2.11 Kontinuierlicher Absorptionskoeffizient des Gases in der Sonnenphotosphäre für die Temperatur $T = 5040$ K, den Elektronendruck $P_e = 0{,}32$ Pa und den Gasdruck $P_g = 4{,}8$ kPa. Die gestrichelte Linie gibt den Rosselandschen Mittelwert an.

länge können in frei-freien Übergängen des ungebundenen Elektrons absorbiert bzw. emittiert werden. Die Konzentration der H^--Ionen ist vergleichsweise gering ($N(H^-)/N(H) \approx 10^{-8}$). Im ultravioletten Spektralbereich reicht die Energie der Photonen aus, um eine ganze Reihe von Atomen zu ionisieren, insbesondere Magnesium und Silicium (Bild 2.11).

Die Anzahl der H^--Ionen ist in erster Näherung proportional zur Anzahl der freien Elektronen, die zum Einfang zur Verfügung stehen, und zur Anzahl der einfangenden Wasserstoffatome, d. h. annähernd proportional dem Quadrat der Dichte. Das Absorptionsvermögen des Photosphärengases fällt also viel rascher als die Dichte, was den Eindruck des scharfen Sonnenrandes verstärkt.

Bild 2.12 zeigt den Temperaturverlauf der Sonnenatmosphäre, wie er aus der Analyse des kontinuierlichen und Linienspektrums abgeleitet wurde. Er bezieht sich nicht allein auf die Photosphäre, sondern berücksichtigt auch die darüberliegenden Schichten. Besonders bemerkenswert ist dabei, daß sich der Temperaturabfall nach außen nach einem Minimum in der unteren Chromosphäre umkehrt in einen steilen Temperaturanstieg. Tabelle 2.3 faßt das Modell der Sonnenatmosphäre zusammen.

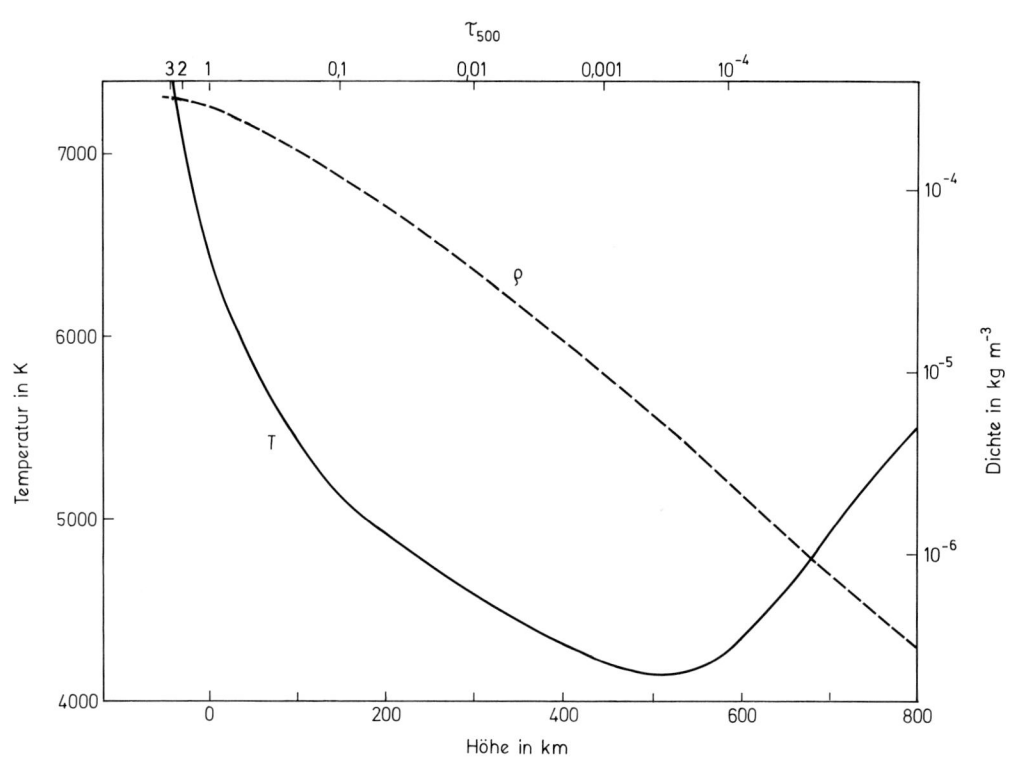

Bild 2.12 Verlauf von Temperatur T und Dichte ϱ in der Photosphäre und unteren Chromosphäre nach dem empirischen Atmosphärenmodell von Vernazza, Avrett und Loeser (1976). Auf der Abszisse ist unten die Höhe und oben die optische Tiefe bei 500 nm Wellenlänge aufgetragen. Als Nullpunkt der Höhenzählung ist willkürlich $\tau_{500} = 1$ gewählt. Man beachte, daß die Skala für die Dichte (rechte Skala) logarithmisch geteilt ist. Während sich die Temperatur im betrachteten Höhenbereich um weniger als einen Faktor 2 verändert, fällt die Dichte näherungsweise exponentiell um 3,5 Größenordnungen.

2.3 Die Photosphäre der Sonne

Tabelle 2.3 Modell der Sonnenatmosphäre nach Vernazza, Avrett und Loeser (1976)

h (in km)	τ_{500}	T (in K)	n_H (in m^{-3})	n_e (in m^{-3})	p (in Pa)	ϱ (in kg m^{-3})
2290	3,969 10^{-8}	89100	5,041 10^{15}	5,961 10^{15}	1,472 10^{-2}	1,179 10^{-11}
2274	4,952	37000	1,201 10^{16}	1,318 10^{16}	1,481	2,808
2267	5,657	28000	1,567	1,677	1,487	3,665
2255	7,110	24500	1,797	1,881	1,500	4,203
2200	1,426 10^{-7}	24000	1,932	2,009	1,566	4,517
2129	2,427	23000	2,163	2,219	1,659	5,058
2115	2,640	21000	2,403	2,402	1,679	5,619
2109	2,754	12300	4,092	3,306	1,691	9,569
2104	2,877	9500	5,239	3,705	1,706	1,225 10^{-10}
2080	3,507	8180	6,541	3,780	1,798	1,530
2050	4,299	7660	7,705	3,792	1,936	1,802
1990	5,903	7160	1,033 10^{17}	3,858	2,280	2,417
1785	1,212 10^{-6}	6630	2,601	4,771	4,511	6,082
1515	2,420	6370	1,048 10^{18}	6,456	1,409 10^{-1}	2,450 10^{-9}
1280	4,084	6220	4,200	7,486	4,786	9,822
1065	6,861	6040	1,711 10^{19}	9,349	1,726 10^{0}	4,000 10^{-8}
905	1,239 10^{-5}	5755	5,546	1,049 10^{17}	5,043	1,297 10^{-7}
755	2,537	5280	1,864 10^{20}	8,838 10^{16}	1,528 10^{1}	4,358
655	4,452	4730	4,794	8,085	3,495	1,121 10^{-6}
555	1,456 10^{-4}	4230	1,382 10^{21}	1,733 10^{17}	8,958	3,232
515	3,014	4170	2,096	2,495	1,336 10^{2}	4,902
450	1,017 10^{-3}	4220	3,989	4,516	2,569	9,327
350	5,626	4465	9,979	1,110 10^{18}	6,798	2,334 10^{-5}
250	2,670 10^{-2}	4780	2,315 10^{22}	2,674	1,691 10^{3}	5,413
150	1,117 10^{-1}	5180	4,917	6,476	3,926	1,150 10^{-4}
100	2,201	5455	6,866	1,066 10^{19}	5,804	1,606
50	4,398	5840	9,203	2,122	8,274	2,152
0	9,953	6420	1,166 10^{23}	6,433	1,172 10^{4}	2,727
−25	1,683 10^{0}	6910	1,261	1,547 10^{20}	1,368	2,949
−50	3,338	7610	1,317	4,645	1,575	3,080
−75	7,445	8320	1,365	1,204 10^{21}	1,790	3,192

2.3.2 Das Spektrum der Photosphäre

Zerlegt man das sichtbare Licht der Sonne mit Hilfe eines Spektralapparates, so erhält man ein kontinuierliches Spektrum, dem dunkle Absorptionslinien überlagert sind (Bild 2.13). Man nennt sie Fraunhofer-Linien und spricht kurz vom Fraunhofer-Spektrum, wenn man das Absorptionslinienspektrum der Sonne oder eines Sterns meint. In modernen Tabellenwerken für das Sonnenspektrum sind mehr als 20 000 Linien im Bereich zwischen 300 und 900 nm Wellenlänge aufgeführt. Von ihnen werden allerdings rund 6500 von der Erdatmosphäre verursacht (sog. tellurische Linien). Etwa 70 % der solaren Linien sind identifiziert. Bisher sind 67 Elemente sowie eine Reihe zweiatomiger Verbindungen (z. B. C$_2$, CN, NH, CH, CO und OH) nachgewiesen. Die fehlenden Elemente sind entweder nach irdischen Maßstäben sehr selten (z.B. Bi, U), oder die Bedingungen auf der Sonne lassen die Entstehung von Fraunhofer-Linien im angegebenen Spektralbe-

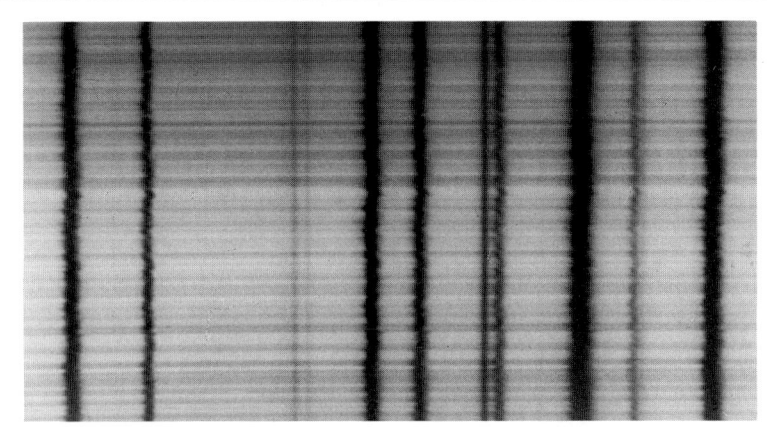

Bild 2.13 Ausschnitt aus dem Absorptionslinienspektrum der Sonne. Das „verwackelte" Aussehen der Linien ist eine Folge des mit der Granulation verbundenen Geschwindigkeitsfeldes (Foto: W. Mattig).

reich nicht zu (z. B. He, Ar, Ne, Hg). Vom Helium existiert allerdings eine einzige Absorptionslinie außerhalb des genannten Bereiches, bei 1083 nm Wellenlänge.

Die Absorptionslinien sind nicht völlig schwarz, sie erscheinen nur im Kontrast zum hellen Kontinuum dunkel. Die Helligkeit des kontinuierlichen Spektrums der Sonne sinkt im Ultraviolett stark ab. Bei etwa 200 nm Wellenlänge beginnt sich der Charakter des Spektrums zu wandeln: Es treten zu den Absorptionslinien zusätzlich Emissionslinien auf. Bei Wellenlängen kürzer als 150 nm liegt praktisch ein reines Emissionslinienspektrum vor.

Das Bild von der endlich dicken, teilweise durchsichtigen und nach außen kühler werdenden Photosphäre, wie es zur Deutung der Randverdunklung entwickelt wurde, erklärt auch zwanglos das Auftreten von Absorptionslinien. Im Bereich einer Absorptionslinie ist die Durchsichtigkeit des Photosphärengases um ein Vielfaches kleiner als in den angrenzenden Spektralbereichen. Selbst in der Sonnenscheibenmitte empfangen wir in dem Bereich der Linie nur Strahlung aus viel höheren und damit kühleren Schichten als im benachbarten Kontinuum. Die geringere Emission läßt die Linien im Kontrast zum hellen Kontinuum dunkel erscheinen. Die Absorption ist im Linienzentrum am größten. Die hier empfangene Strahlung entstammt also den höchsten Schichten. Je weiter man sich vom Linienzentrum entfernt, desto geringer wird die Absorption und aus desto tieferen Schichten kommt die Strahlung. Entsprechend stammt die Strahlung in den Zentren schwacher Linien aus tieferen Schichten als in den Zentren starker. Da die Linienentstehung demnach hauptsächlich in den obersten Schichten der Photosphäre (oder im Falle der stärksten Linien sogar in Gebieten oberhalb des sichtbaren Sonnenrandes, also in der Chromosphäre) stattfindet, die einen nur noch geringen Beitrag zum Kontinuum leisten, spaltet man das Linienentstehungsgebiet in erster Näherung gern als eigene Schicht von der Photosphäre ab und bezeichnet sie aus historischen Gründen als umkehrende Schicht. Es muß aber ausdrücklich darauf hingewiesen werden, daß sich Entstehung von Absorptionslinien und Kontinuum nur gemeinsam verstehen lassen.

Das Wechselverhältnis von kontinuierlichem und Linienspektrum wird besonders deutlich, wenn man den Weg typischer Photonen durch die Photosphäre hindurch verfolgt. Betrachten wir zunächst ein Photon, dessen Wellenlänge außerhalb einer Linie liegt. Die wichtigste Quelle der kontinuierlichen Absorption im sichtbaren Spektralbereich ist das H$^-$-Ion. Nach einer bestimmten Wegstrecke (der mittleren freien Weglänge) wird das Photon von einem H$^-$-Ion absorbiert, das dadurch „ionisiert" (d. h. in ein Wasserstoffatom und ein freies Elektron zerlegt) wird. Die Differenz zwischen der Ionisationsenergie $I(\text{H}^-) = 0{,}754$ eV und der Photonenenergie bekommt das Elektron als kinetische Energie mit. Nach einer gewissen Zeit bildet sich das H$^-$-Ion neu. Das dabei ausgesandte Photon hat eine völlig andere Wellenlänge als das absorbierte, denn die kinetische Energie des rekombinierenden Elektrons ist mit großer Wahrscheinlichkeit von der des bei der Ionisation freigesetzten verschieden. Stoßprozesse sorgen nämlich dafür, daß die freien Elektronen sehr rasch ihre Energie untereinander austauschen und ihre Geschwindigkeiten dem Maxwellschen Verteilungsgesetz folgen. Das emittierte Photon wird, nachdem es eine mittlere freie Weglänge geflogen ist, erneut von einem H$^-$-Ion absorbiert werden usw. Da die Richtung des absorbierten und die des emittierten Photons völlig unabhängig voneinander sind, führt die Kette aus Absorptions- und Emissionsakten zu einem Zickzackweg des Photons durch die Photosphäre, bis es schließlich in den Weltraum entkommt. Bei jedem Absorptions-Emissions-Akt verändert sich die Frequenz ν des Photons weitgehend beliebig und unterliegt nur der Bedingung $h\nu > I(\text{H}^-)$.

Betrachten wir nun ein Photon, dessen Frequenz mit der einer Spektrallinie übereinstimmt. (Wir sehen in dieser prinzipiellen Diskussion von der endlichen Breite der Linien ab.) Die oben erwähnte größere Undurchsichtigkeit des Gases in den Spektrallinien bedeutet eine größere Wahrscheinlichkeit für das Photon, absorbiert zu werden: seine mittlere freie Weglänge ist demzufolge erheblich kürzer. Das Atom geht durch die Absorption des Photons in einen wohldefinierten Anregungszustand über, dessen Energie genau um den Betrag $E = h\nu$ über diesem Ausgangszustand liegt. Nach kurzer Verweildauer kehrt das Atom unter Emission eines Photons, das praktisch die gleiche Frequenz hat wie das absorbierte, in den Ausgangszustand zurück. Nachdem es eine weitere mittlere freie Weglänge zurückgelegt hat, wird es erneut absorbiert usw. (Wir lassen des Prinzips halber Übergänge in weitere Anregungszustände außer Betracht. Infolge der Energieunschärfe der Atomzustände und insbesondere durch die Wärmebewegung der Atome findet außerdem eine gewisse Umverteilung im Bereich der Linie statt.) Wegen des großen Absorptionsquerschnittes erreicht die Länge des Zickzackweges der Linienphotonen in der Photosphäre den Wert der mittleren freien Weglänge der Kontinuumsphotonen. Infolgedessen wird das Linienphoton mit Sicherheit in den kontinuierlichen Absorptionsprozeß verwickelt, bei dem sich seine Frequenz so stark ändert, daß sie nicht länger im Bereich der Linie liegt. Natürlich wird in seltenen Fällen durch den kontinuierlichen Absorptionsprozeß umgekehrt auch ein Linienphoton erzeugt. Jedoch nur wenn sich dies nahe der Obergrenze der Photosphäre ereignet, kann das Photon entweichen. Im Ergebnis werden die Photonen aus dem Bereich der Linie auf das gesamte Kontinuum verteilt, so daß im Linienbereich ein Defizit entsteht, das als Absorptionslinie beobachtet wird.

Nach dem Gesagten ist klar, daß die Stärke einer Absorptionslinie von den Absorptionseigenschaften des Atoms für die der Linie entsprechende Strahlung (dem Absorptionsquerschnitt) und der Anzahl der Atome längs der Sichtlinie, die die betreffende Strahlung absorbieren können, sich also im entsprechenden Anregungszustand befinden, abhängt. Der Anregungszustand der Atome (wozu auch ggf. noch der Ionisa-

Tabelle 2.4   Häufigkeit der chemischen Elemente in der Photosphäre und in C1-Meteoriten ($\lg n/n_H + 12$)

Element	Photosphäre	C1-Meteorite	Element	Photosphäre	C1-Meteorite
1 H	12,00	–	44 Ru	1,84	1,82
2 He	[10,99]	–	45 Rh	1,12	1,09
3 Li	1,16	3,31	46 Pd	1,69	1,70
4 Be	1,15	1,42	47 Ag	0,94:	1,24
5 B	2,6:	2,88	48 Cd	1,86	1,76
6 C	8,56	–	49 In	1,66:	0,82
7 N	8,05	–	50 Sn	2,0	2,14
8 O	8,93	–	51 Sb	1,0	1,04
9 F	4,56	4,48	52 Te	–	2,24
10 Ne	[8,09]	–	53 I	–	1,51
11 Na	6,33	6,31	54 Xe	–	2,23
12 Mg	7,58	7,58	55 Cs	–	1,12
13 Al	6,47	6,48	56 Ba	2,13	2,21
14 Si	7,55	7,55	57 La	1,22	1,20
15 P	5,45	5,57	58 Ce	1,55	1,61
16 S	7,21	7,27	59 Pr	0,71	0,78
17 Cl	5,5	5,27	60 Nd	1,50	1,47
18 Ar	[6,56]	–	62 Sm	1,00	0,97
19 K	5,12	5,13	63 Eu	0,51	0,54
20 Ca	6,36	6,34	64 Gd	1,12	1,07
21 Sc	3,10	3,09	65 Tb	–0,1:	0,33
22 Ti	4,99	4,93	66 Dy	1,1	1,15
23 V	4,00	4,02	67 Ho	0,26:	0,50
24 Cr	5,67	5,68	68 Er	0,93	0,95
25 Mn	5,39	5,53	69 Tm	0,00:	0,13
26 Fe	7,67	7,51	70 Yb	1,08	0,95
27 Co	4,92	4,91	71 Lu	0,76:	0,12
28 Ni	6,25	6,25	72 Hf	0,88	0,73
29 Cu	4,21	4,27	73 Ta	–	0,13
30 Zn	4,60	4,65	74 W	1,11:	0,68
31 Ga	2,88	3,13	75 Re	–	0,27
32 Ge	3,41	3,63	76 Os	1,45	1,38
33 As	–	2,37	77 Ir	1,35	1,37
34 Se	–	3,35	78 Pt	1,8	1,68
35 Br	–	2,63	79 Au	1,01:	0,83
36 Kr	–	3,23	80 Hg	–	1,09
37 Rb	2,60	2,40	81 Tl	0,9:	0,82
38 Sr	2,90	2,93	82 Pb	1,85	2,05
39 Y	2,24	2,22	83 Bi	–	0,71
40 Zr	2,60	2,61	90 Th	0,12	0,08
41 Nb	1,42	1,40	92 U	<–0,47:	–0,49
42 Mo	1,92	1,96			

Durch Doppelpunkt gekennzeichnete Werte sind unsicher.
Eingeklammerte Werte beziehen sich nicht auf die Photosphäre.

tionszustand hinzukommt) ist durch die physikalischen Bedingungen in der Sonnenatmosphäre bestimmt. Kennt man sie, so kann man aus den Linienstärken die Häufigkeit der verschiedenen Atome und damit die chemische Zusammensetzung der Sonnenatmosphäre ermitteln. Da umgekehrt die physikalischen Bedingungen, insbesondere die Temperatur, durch die Absorptions- und Emissionseigenschaften des Gases bestimmt sind, müssen die physikalischen Bedingungen und die chemische Zusammensetzung letztendlich gemeinsam in einem iterativen Prozeß ermittelt werden. In Tabelle 2.4 sind die Ergebnisse der quantitativen Spektralanalyse der Sonne zusammengestellt.

2.3.3 Granulation und Supergranulation

Bei genauer Betrachtung zeigt die Sonnenscheibe eine zeitlich veränderliche körnige Struktur (Granulation) aus kleinen hellen Gebieten, die durch schmale dunkle Zwischenräume voneinander getrennt sind (Bild 2.14). Die hellen Körner (Granula) haben bei meist polygonaler Form Durchmesser zwischen $1''$ und $2''$ (750...1500 km) und lösen sich nach einer mittleren Lebensdauer von 8...12 min durch Teilung auf. Aus dem Helligkeitskontrast zwischen den Granula und dem im Durchschnitt etwa $0,4''$ breiten intergranularen Bereich ergibt sich ein Temperaturunterschied von etwa 200 K, der mit der Höhe in der Photosphäre rasch kleiner wird. Spektren der Sonnenscheibenmitte mit hoher spektraler und Winkelauflösung zeigen, daß in den Granula Aufwärtsbewegungen von rund $0,4$ km s^{-1}, in den intergranularen Bereichen dagegen Abwärtsbewegungen vorherrschen. Die Spektrallinien der Sonne erhalten dadurch ein „verwackeltes" Aussehen. Horizontale Strömungen von den Zentren der Granula zu ihren Rändern sind mit $\approx 0,25$ km s^{-1} deutlich kleiner.

Untersucht man die Verteilung der über die Granulationsbewegung gemittelten Bewegungen des Photosphärengases, so bemerkt man im Feld der Horizontalgeschwindigkeiten eine zellenartige Struktur, die die gesamte Sonnenscheibe umspannt (Supergranulation). Die mittlere Größe der Supergranula beträgt etwa 34 000 km, ihre mittlere Lebensdauer etwa 36 h. Die von den Zentren der Supergranula zu ihren Rän-

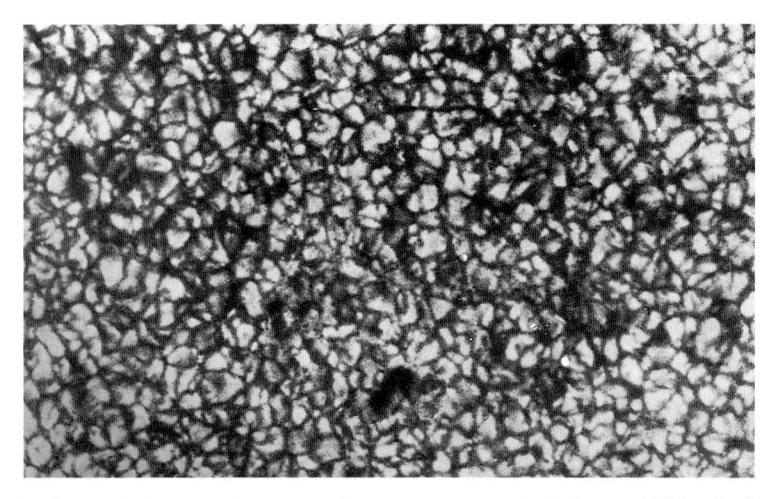

Bild 2.14 Die Granulation der Sonne, aufgenommen am 1. Februar 1986 mit dem schwedischen Sonnenteleskop auf den Kanarischen Inseln (Foto: Stockholms Observatorium).

dern gerichteten horizontalen Geschwindigkeiten betragen 0,3...0,4 km s^{-1}. Die vertikale Geschwindigkeitskomponente ist nur ungenau bekannt; an den Rändern wurden Abwärtsbewegungen mit bis zu 0,2 km s^{-1} beobachtet. Die Supergranulation hinterläßt keine nachweisbaren Spuren in der Helligkeitsverteilung der Photosphäre, jedoch wird sie auf monochromatischen Aufnahmen der Sonne im Licht bestimmter Spektrallinien sichtbar.

Granulation und Supergranulation stellen beobachtbare Auswirkungen der Konvektionszone dar. Sie zeigen, daß die Konvektion zellularen Charakter hat und mindestens zwei unterschiedliche Zellentypen auftreten. Man vermutet, daß noch ein dritter Zellentyp, die sogenannten Riesenzellen, vorhanden ist. Ihre Größe soll etwa der Tiefe der Konvektionszone ($\approx$ 200 000 km) entsprechen. Theoretische und experimentelle Studien sprechen – bei aller Unvollkommenheit und Unsicherheit – dafür, daß beide Abmessungen vergleichbar sein sollten. Die Aufspaltung in mehrere Zellentypen ist eine Folge des Dichteabfalls in der Konvektionszone, der eine Art Stockwerksaufbau der Konvektionszellen bewirkt.

2.3.4 Die Sonnenoszillationen

Die zeitliche Änderung der Radialgeschwindigkeit eines Punktes in der Sonnenscheibenmitte unterliegt (nach Ab-

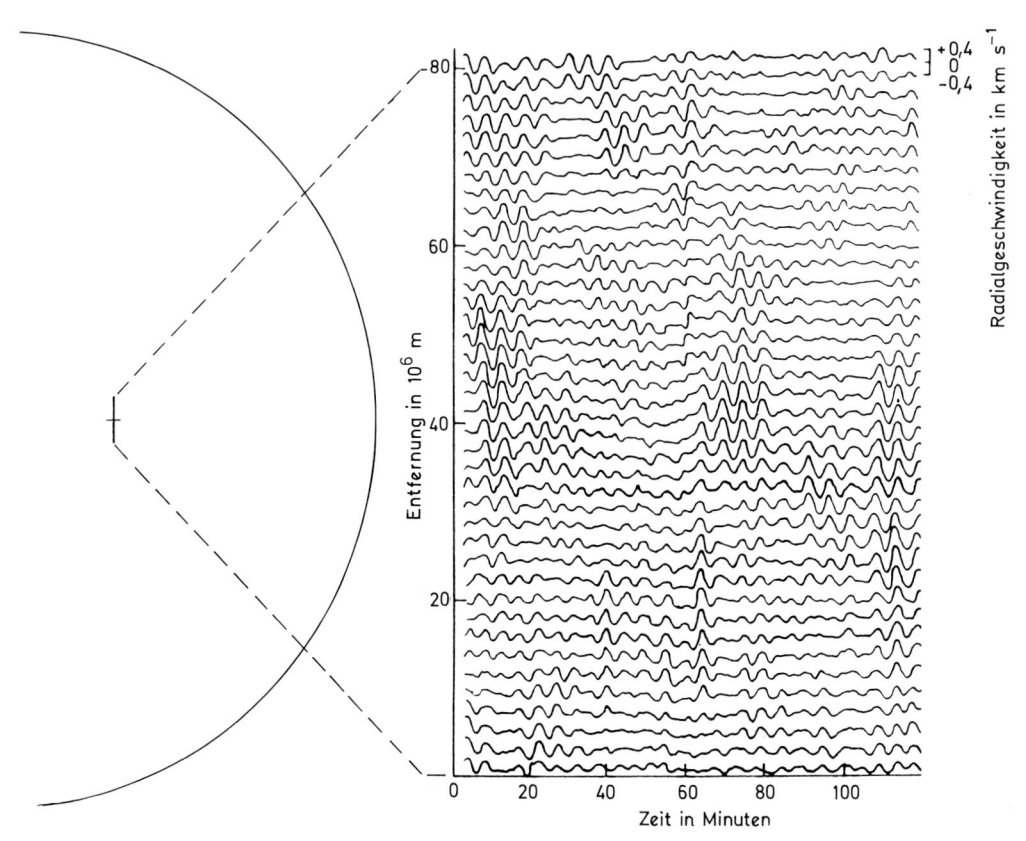

Bild 2.15 Die Fünfminutenoszillation in der Aufzeichnung der zeitlichen Änderung der Radialgeschwindigkeit des Sonnengases entlang eines 80 000 km langen Streifens auf der Sonnenoberfläche.

2.3 Die Photosphäre der Sonne

zug der systematischen Bewegungen der Granula) keinen rein statistischen Schwankungen. Im Jahre 1960 entdeckten Leighton, Noyes und Simon, daß üblicherweise etwa die Hälfte der Sonnenoberfläche von Gebieten eingenommen wird, die mit Unterbrechungen mit Perioden um 5 min und mit Amplituden von etwa 1 km s^{-1} oszillieren. Diese Oszillationen dauern etwa 6....7 Perioden an, und die Abmessungen der kohärent schwingenden Gebiete betragen rund 30 000 km (Bild 2.15). Sie entstehen durch die Überlagerung einer großen Anzahl von akustischen Wellen.

In der Sonne kann sich eine Vielzahl unterschiedlicher Wellen ausbreiten. Die wichtigsten Rückstellkräfte sind der Gasdruck und der Auftrieb. Dementsprechend unterscheidet man akustische (Schall-, Druck-) und Schwerewellen. Unter geeigneten Bedingungen können diese sich in der Sonne ausbreitenden Wellen reflektiert werden, und durch Interferenz werden aus dem Wellenspektrum diejenigen herausgefiltert, deren Frequenzen mit den Eigenfrequenzen der Sonne übereinstimmen. Die akustischen Wellen (stehende Wellen) nennt man p-Moden. Im Falle der Sonne liegen ihre Perioden zwischen 3 min und 1 h. Die stehenden Schwerewellen heißen g-Moden. Ihre Perioden sind länger als 40 min. Da sie vom Auftrieb als Rückstellkraft abhängen, können sie sich nur im stabil geschichteten Sonneninnern unterhalb der Konvektionszone oder in der Sonnenatmosphäre ausbreiten.

Zwei typische Ausbreitungswege von akustischen Wellen zeigt Bild 2.16. Die Oberflächenschichten der Sonne wirken als Folge des steilen Dichteabfalls als reflektierende Grenze. Wellen, die sich nicht genau radial nach innen ausbreiten, werden gebrochen und dadurch zurück nach außen gelenkt. Ursache dafür ist der mit der zunehmenden Temperatur verbundene Anstieg der Schallge-

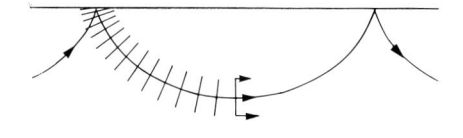

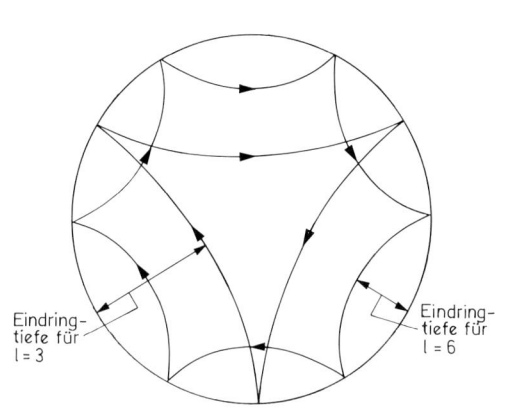

Bild 2.16 Ausbreitung von Druckwellen (p-Moden) in der Sonne. – Oben: Eine Druckwelle, die schräg in die Sonne hineinläuft, gelangt in immer heißere Gebiete. Da die Schallgeschwindigkeit mit steigender Temperatur wächst, bewegen sich die weiter innen liegenden Bereiche der Wellenfront schneller als die weiter außenliegenden, und die Welle wird zur Sonnenoberfläche zurückgelenkt. Am steilen Dichteabfall der Photosphäre wird sie ins Innere zurückgeworfen. – Unten: Die Wellen, die einer Eigenschwingung entsprechen, umlaufen die Sonne auf geschlossenen Wegen. Je höher der Grad einer Eigenschwingung ist, desto geringer ist ihre Eindringtiefe.

schwindigkeit, wodurch sich tiefer liegende Bereiche der Wellenfronten schneller bewegen als weiter außen liegende. Die Ausbreitung der Wellen bleibt also auf einen bestimmten Teil des Sonnenkörpers beschränkt. Dabei ist die Eindringtiefe umso geringer, je kürzer die Wellenlänge an der Oberfläche ist. Damit Resonanz auftritt, muß der Weg eine ganzzahlige Anzahl von Wellenlängen lang sein.

Für jede Wellenlänge λ existiert eine Grundschwingung und eine Folge von

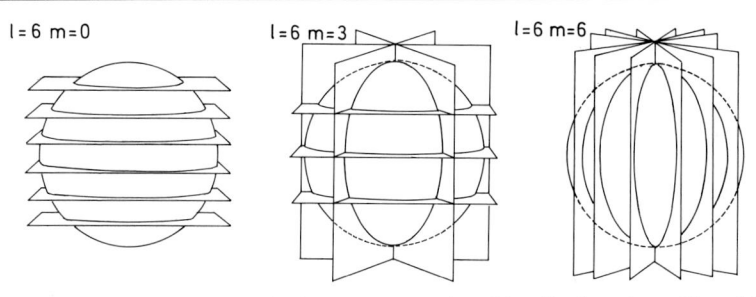

Bild 2.17 Das Bild, das die Eigenschwingungen an der Oberfläche einer Kugel hervorbringen, läßt sich durch zwei ganze Zahlen l und m beschreiben. Der Parameter l gibt die Gesamtzahl der Knotenflächen an, m die Anzahl der Knotenflächen, die senkrecht auf dem Äquator stehen. Das Bild zeigt drei mögliche Fälle für Eigenschwingungen mit $l = 6$.

Oberschwingungen, die durch den ganzzahligen Laufindex n gekennzeichnet werden. Die Frequenz einer Schwingung hängt sowohl von n als auch von λ ab. Statt der Wellenlänge benutzt man auch einen zweiten Laufindex l, der das Verhältnis des Kreisumfangs zur Wellenlänge angibt ($l = 2\pi/\lambda$). Die Frequenzen der Schwingungen hängen von den physikalischen Bedingungen im Ausbreitungsmedium ab, also von Temperatur, Dichte und chemischer Zusammensetzung. Aus der Anpassung der beobachteten Beziehungen zwischen Frequenz und Wellenlänge können daher Schlüsse auf den inneren Aufbau der Sonne gezogen werden. Zum Beispiel konnte so eindeutig die Heliumhäufigkeit in der Sonne auf 25 % bestimmt werden.

2.3.5 Die Rotation der Sonne

Die Sonne rotiert in dem gleichen Sinne, in dem sie von den Planeten umlaufen wird. Ein Punkt wandert demzufolge auf der Sonnenoberfläche von Ost nach West. Die Rotation ermöglicht die Einführung eines Koordinatensystems analog zu dem auf der Erde. Die heliographische Breite wird vom Sonnenäquator von 0° bis ± 90° nach Nord bzw. Süd gezählt. Die heliographische Länge zählt man von 0° bis 360° von Ost nach West. Der traditionelle Wert für die Neigung der Äquatorebene der Sonne gegenüber der Ebene der Ekliptik beträgt $i = 7°15'$. Der Nullpunkt der Längenzählung ging per definitionem am 1. Januar 1854, 12^h Weltzeit durch den Mittelpunkt der Sonnenscheibe. Die siderische Rotationsperiode des Koordinatensystems beträgt 25,380 d. Dieser Wert geht auf R. C. Carrington zurück. Die Rotationen werden fortlaufend numeriert. Sonnenrotation Nr. 1 begann am 9. November 1853, die Rotation Nr. 1800 am 15. März 1988.

Messungen an unterschiedlichen Erscheinungen auf der Sonnenscheibe (Flecke, Protuberanzen) und die Beobachtung von Doppler-Verschiebungen zeigen, daß die Sonne nicht wie ein starrer Körper rotiert, sondern die gemessenen Rotationsgeschwindigkeiten von der heliographischen Breite, von der benutzten Erscheinung und vom Zeitpunkt abhängen. Man spricht daher von einer differentiellen Rotation und meint damit vor allem die Abhängigkeit der Rotationsgeschwindigkeit von der heliographischen Breite. Das Phänomen der differentiellen Rotation beweist, daß in der Atmosphäre der Sonne, insbesondere aber in der Photosphäre, ein großräumiges Strömungsmuster existiert. Für die Äquatorzone leitet man die größte Rotationsgeschwindigkeit ab. Die Abhängigkeit der Rotationsgeschwindigkeit Ω (ausgedrückt in Grad pro Tag) von der heliographischen Breite φ wird üblicherweise mit dem empirischen Gesetz

$$\Omega = a - b \sin^2 \phi - c \sin^4 \phi \qquad (2.27)$$

beschrieben. Aus Sonnenfleckenbeobachtungen wurde als mittleres Gesetz

$$\Omega = 14{,}4 - 2{,}8 \sin^2 \phi \qquad (2.28)$$

gefunden, während aus Doppler-Verschiebungen der Spektrallinien

$$\Omega = 13{,}9 - 1{,}76 \sin^2 \phi - 2{,}21 \sin^4 \phi \qquad (2.29)$$

abgeleitet wurde. Die Differenz wird manchmal bezweifelt, von anderen als Hinweis betrachtet, daß die Rotationsgeschwindigkeit im Sonneninnern größer ist als in der Photosphäre und infolge dessen die tiefer verankerten Magnetfelder in den Sonnenflecken eine schnellere Rotation aufweisen als das unmagnetische Gas der Photosphäre.

Die Rotationsgeschwindigkeit eines bestimmten Punktes auf der Sonnenscheibe variiert mit einer elfjährigen Periode, wobei die positive Abweichung der aktuellen Rotationsgeschwindigkeit vom mittleren Gesetz von den Polen ausgehend im Laufe von 22 Jahren zum Äquator wandert. Diese Torsionsschwingung genannte Erscheinung wird als Rückwirkung des sich im Laufe des Fleckenzyklus verstärkenden und dann zum Äquator wandernden toroidalen Magnetfeldes auf die Gasströmungen in der Photosphäre gedeutet.

Es gibt bisher keine abschließende Theorie der differentiellen Rotation der Sonne. Ursache sind letzten Endes die Gasströmungen in der Konvektionszone, die Drehimpuls transportieren und umverteilen. Die meisten Modelle gehen von einem relativ rasch rotierenden Sonnenkern aus. Die beobachteten Eigenschaften der Sonnenoszillationen scheinen grundsätzlich diese Vorstellung zu unterstützen, wenn auch endgültige quantitative Aussagen noch ausstehen.

2.4 Die Sonnenflecken

2.4.1 Statistische Eigenschaften

Die Sonnenflecken stellen die auffälligste Erscheinung der Sonnenaktivität dar, da sie in der Photosphäre auftreten und im Gesamtlicht beobachtet werden können. Sie treten mit wechselnder Häufigkeit einzeln oder in Gruppen auf. Als Maß für ihre Häufigkeit führte R. Wolf 1848 die Sonnenfleckenrelativzahl R ein. Sie wird heute vom International Sunspot Index Data Centre in Brüssel aus den Beobachtungen zahlreicher Institute für jeden Tag abgeleitet. Die Definition der Fleckenrelativzahl lautet:

$$R = k \, (10 \, g + f). \qquad (2.30)$$

g Anzahl der sichtbaren Fleckengruppen
f Anzahl aller sichtbaren Flecken

Der Faktor k dient zur Vereinheitlichung der Beobachtungen, also zur Berücksichtigung der unterschiedlichen Auffassung der Beobachter, der unterschiedlichen Instrumente u. ä. Wie man sieht, gehen die Fleckengruppen mit zehnfach höherem Gewicht ein als ein Einzelfleck. Dies spiegelt die Überlegung wider, daß Fleckengruppen ein höheres Maß an Aktivität repräsentieren als Flecken allgemein. Jeder einzelne, nicht einer Gruppe angehörende Fleck wird als Gruppe betrachtet. Wenn ein einziger Fleck auf der Sonnenscheibe sichtbar ist, entspricht dies demzufolge $R = 11$. Zu Zeiten maximaler Aktivität werden Werte um $R = 300$ erreicht. Die Bedeutung der Sonnenfleckenrelativzahl liegt vor allem in ihrer statistischen Aussagekraft und der gleichzeitig einfachen Bestimmungsmöglichkeit. Andere Aktivitätsanzeiger, z. B. die gesamte von den Flecken eingenommene Fläche, führen zu keinen signifikant abweichenden Ergebnissen.

Die Tageswerte für R und die Monatsmittel schwanken weitgehend unregel-

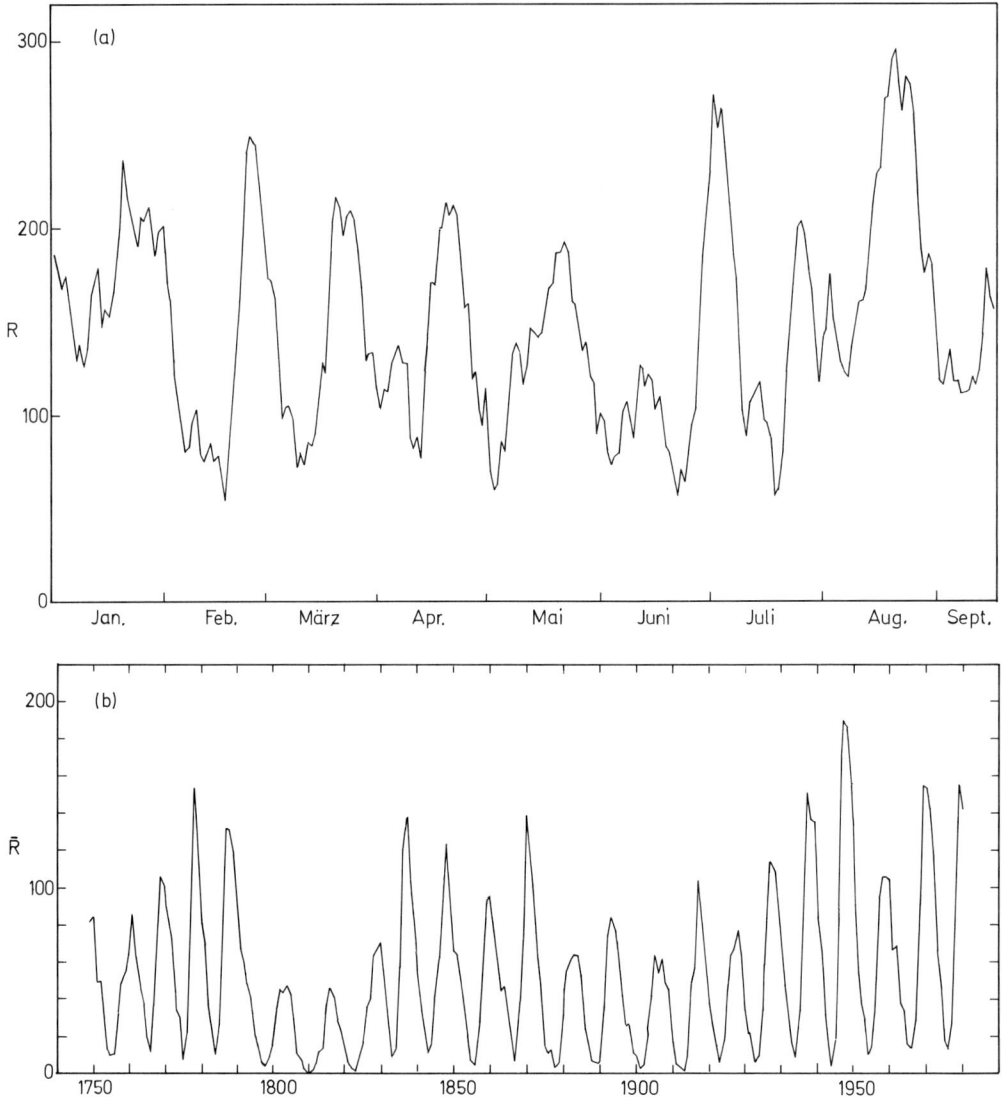

Bild 2.18 (a) Die Häufigkeit der Sonnenflecken in den ersten neun Monaten des Jahres 1990. Die Sonnenfleckenrelativzahl R kann von Tag zu Tag stark schwanken. Die ausgeprägte 27tägige Periode spiegelt die synodische Rotationsdauer der Sonne wider. Das Jahresmittel beträgt 142,6. – (b) Verlauf der Jahresmittel $\bar{R}$ der Sonnenfleckenrelativzahl von 1749 bis 1990. Neben dem das Aussehen der Kurve prägenden elfjährigen Fleckenzyklus deutet sich in der Höhe der Maxima ein etwa 80jähriger Zyklus an.

mäßig. Die Jahresmittel (oft werden auch gleitende Mittel in den statistischen Analysen verwendet) zeigen ausgeprägte Maxima und Minima mit einer mittleren Periode von 11,2 Jahren; die Extremwerte sind 7 und 17 Jahre (Bild 2.18). Ein Zyklus beginnt vereinbarungsgemäß im Fleckenminimum. Der Anstieg zum Maximum ist im allgemeinen steiler als der Abstieg und zwar im Mittel umso steiler, je höher das folgende Maximum ist. Die Höhe der Maxima schwankt mit einer etwa 80jährigen Periode.

2.4 Die Sonnenflecken

Möglicherweise kommt die Sonnenfleckentätigkeit über längere Zeiträume (fast) völlig zum Erliegen. Ein solches „ausgedehntes Minimum" umfaßt die Jahre 1665 bis 1715 und ist allgemein unter dem Namen „Maunder-Minimum" bekannt, weil E. W. Maunder als einer der ersten darauf hinwies. Es gibt indirekte Hinweise auf weitere ausgedehnte Minima in früheren Zeiten.

Aus Fleckenbeobachtungen konnten monatliche Relativzahlen bis 1749 zurück rekonstruiert werden. Jahresmittel wurden noch für die Jahre davor abgeleitet, werden aber zunehmend lückenhafter. Mitteilungen über Fleckenbeobachtungen mit bloßem Auge und über Nordlichter – insbesondere in chinesischen Annalen – gestatten es, die Sonnenaktivität bis etwa 650 v. u. Z. zurückzuverfolgen. Messungen an Bohrkernen vom Mond zeigen, daß die Sonnenaktivität über die letzten 1000 Jahre unverändert geblieben ist.

Die Flecken sind nicht gleichmäßig über die Sonnenscheibe verteilt. Die Äquatorzone und die Gebiete mit heliographischen Breiten größer als etwa 40° sind praktisch immer fleckenfrei. Die Flecken treten in zwei zum Äquator parallelen Zonen auf, die sich im Laufe des Fleckenzyklus zum Äquator hin verschieben (Zonenwanderung). Die mittlere heliographische Breite der Flecken beträgt zu Beginn des Fleckenzyklus ± 35°, am Ende ± 8°. Eine besonders anschauliche Darstellung der Zonenwanderung ist das auf E. W. Maunder zurückgehende Schmetterlingsdiagramm (Bild 2.19). Man sieht an ihm, daß sich aufeinanderfolgende Zyklen bis zu 2 Jahre überlappen: Während in Äquatornähe die letzten Flecken des auslaufenden Zyklus entstehen, zeigen sich in hohen heliographischen Breiten bereits die ersten Flecken des neuen.

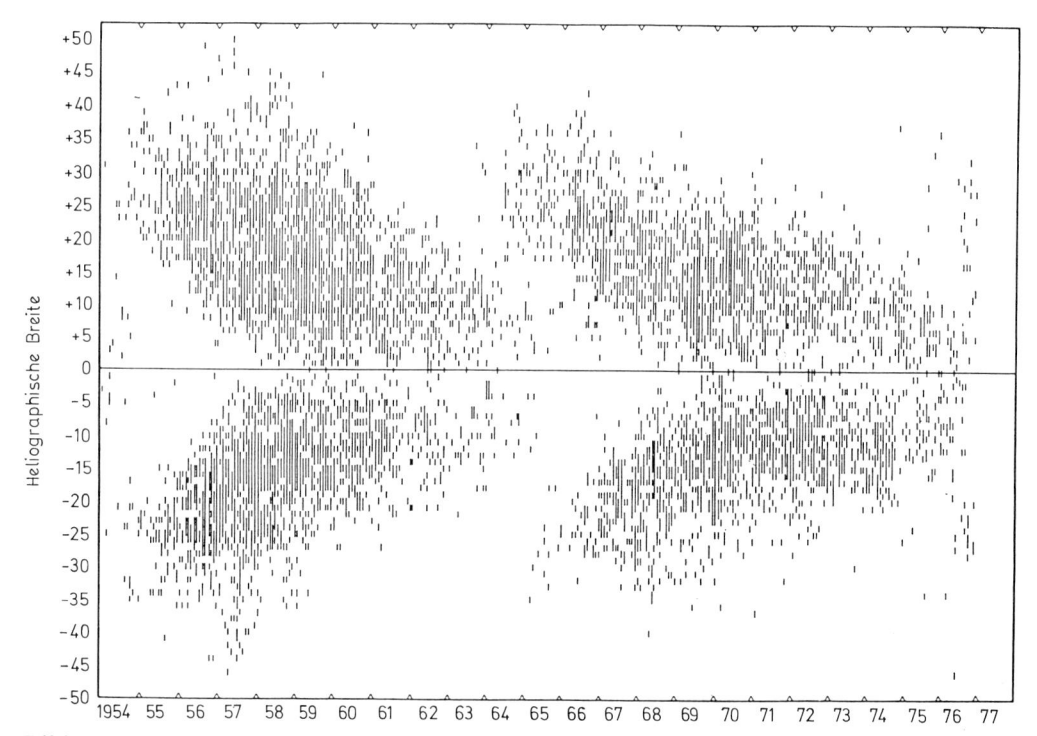

Bild 2.19 Schmetterlingsdiagramm der Sonnenflecken für den Zeitraum 1954–77.

2.4.2 Phänomenologie des Einzelflecks

Sonnenflecken treten in einem breiten Bereich von Größen auf. Flecken mit Durchmessern unter 5000 km erscheinen als kleine runde dunkle Gebilde und heißen Poren. Die Sonnenflecken im engeren Sinne bestehen aus einem dunklen Kern, der Umbra, der von der weniger dunklen Penumbra umgeben ist. Die Umbra nimmt durchschnittlich 17 % der gesamten Fleckenfläche ein. Ihr Durchmesser kann zwischen 5000 und 20 000 km betragen. Die Grenzen zwischen Umbra, Penumbra und ungestörter Photosphäre sind scharf ausgeprägt, aber keineswegs glatt, sondern vielmehr gezackt oder ausgefranst. Während insgesamt eine rundliche Form vorherrscht, treten doch insbesondere in Gruppen beträchtliche Verformungen auf.

Die Lebensdauer der meisten Poren beträgt weniger als ein Tag. Es scheint, als ob für eine längere Stabilität die Ausbildung der Penumbra notwendig ist. Die mittlere Lebensdauer der Flecken liegt bei vier Tagen, die maximale bei etwa 100 Tagen. 60 % aller Flecken leben kürzer als zwei Tage, 95 % kürzer als 11 Tage. Die kurze Lebensdauer der meisten Flecken erklärt die starke Schwankung der täglichen Relativzahlen.

Statt der Granulation beobachtet man in den Umbren kleine helle rundliche Gebilde, Umbrapunkte genannt. Ihre Lebensdauer beträgt rund 30 Minuten, die Durchmesser liegen bei 150...200 km. Die Umbren weisen zusätzlich zur 5-min-Oszillation ein breites Spektrum von weiteren Oszillationen und Wellen auf. Die mittlere Periode beträgt in der Fleckenmitte etwa 180 s und nimmt zum Rand hin zu. Die Amplituden liegen bei 0,5 km s^{-1}. Schwingungsphänomene treten auch in den Penumbren auf, insbesondere horizon-

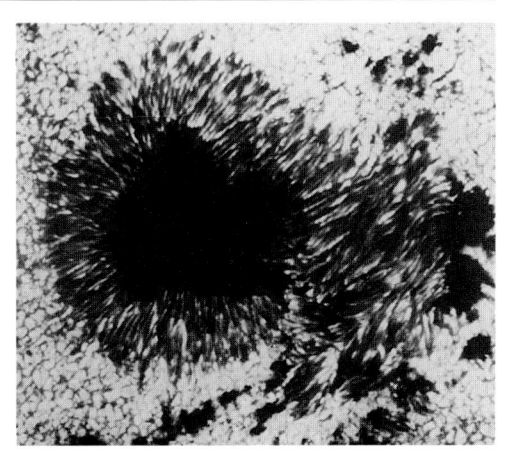

Bild 2.20 Einzelner Sonnenfleck.

tal fortschreitende Wellen mit Perioden um 250 s und Geschwindigkeiten von 40...90 km s^{-1}.

Bei nicht allzu großer Auflösung scheint die Penumbra aus radial gerichteten hellen und dunklen Filamenten zu bestehen. Auf Aufnahmen mit hoher Auflösung sind helle längliche Körner zu sehen. Diese Körner sind fast so hell wie die Photosphäre und haben Lebensdauern von 40 min bis zu mehreren Stunden. Sie bewegen sich langsam (0,5 km s^{-1}) auf die Umbra zu, während in den dunklen Filamenten das Gas mit einer Geschwindigkeit von bis zu 6 km s^{-1} zu strömen scheint. Die Struktur der Penumbra ist gegenwärtig noch nicht gut verstanden.

Bei Flecken in der Nähe des Sonnenrandes ist die Penumbra auf der der Sonnenscheibenmitte zugewandten Seite des Flecks schmaler als auf der randnahen Seite. Bereits der Entdecker A. Wilson hat diesen nach ihm benannten Effekt als geometrisches Phänomen dahingehend gedeutet, daß das sichtbare Niveau der Umbra unter dem entsprechenden Niveau der Photosphäre liegt. Moderne Bestimmungen liefern eine Wilson-Depression von etwa 1000 km. Da andererseits die Beobachtungen nahelegen, daß die äußere Penumbra einige hundert Kilometer über die

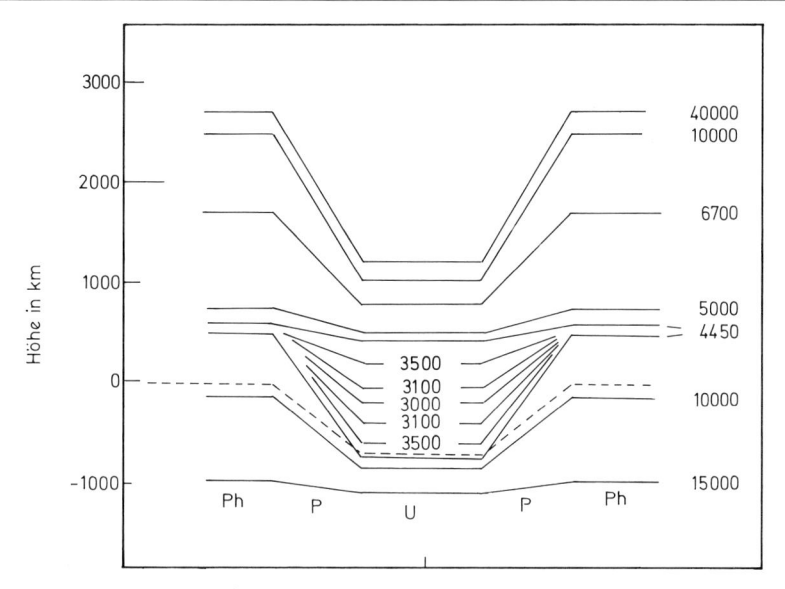

Bild 2.21 Temperaturstruktur eines Sonnenflecks, dargestellt durch Linien gleicher Temperatur. Die Zahlen rechts geben die jeweilige Temperatur in Kelvin an. Die gestrichelte Linie markiert die Schicht mit der optischen Tiefe $\tau = 1$. Als Nullpunkt der Höhenskala ist willkürlich $\tau = 1$ in der ungestörten Photosphäre gewählt. Die Wilson-Depression ist zu 700 km angenommen.

Photosphäre hinausragt, dürfte der Höhenunterschied zwischen ungestörter Photosphäre und Umbra 600...700 km betragen.

Die Sonnenflecken erscheinen gegenüber der ungestörten Photosphäre dunkel, weil sie weniger Licht ausstrahlen. Der Kontrast Fleck/Photosphäre nimmt mit wachsender Wellenlänge ab. Unabhängig von der Fleckengröße beträgt die Flächenhelligkeit der Umbra im sichtbaren Spektralbereich 5...15 % der Photosphärenhelligkeit und die effektive Temperatur der Umbra etwa 4000 K. Die niedrigere Temperatur spiegelt sich im Spektrum wider, das dem eines frühen K-Sterns entspricht. In ihm treten Linien einfacher Moleküle auf, z. B. von MgH, CaH und TiO.

Spektrum und Randverdunklungsbeobachtungen ermöglichen wie im Falle der ungestörten Photosphäre die Ableitung der Temperatur- und Dichtestruktur im Sonnenfleck. Im Bild 2.21 ist die mittlere Temperaturschichtung in einem Fleck dargestellt und mit der entsprechenden Schichtung in der ungestörten Photosphäre verglichen. Dabei wurde die Wilson-Depression zu 700 km angenommen.

Die Sonnenflecken sind der Sitz starker Magnetfelder. Die magnetische Flußdichte beträgt in den Poren etwa 0,2 T, in den größeren Flecken 0,2...0,4 T ohne enge Beziehung zur Größe. Die Feldlinien treten in der Fleckenmitte annähernd senkrecht aus der Photosphäre aus. Nach dem Rande zu sind sie zunehmend nach außen geneigt und verlaufen am Außenrand der Penumbra fast waagerecht. Die scharfe Begrenzung der Penumbra ist ein Zeichen dafür, daß die Feldlinien stark gebündelt sind und es keinen allmählichen Übergang in die Umgebung gibt. Allerdings deutet die in den Flecken beobachtete veränderliche Feinstruktur darauf hin, daß wir es weniger mit einem homogenen magnetischen Schlauch zu tun haben, sondern eher mit einem Bündel dünner Flußröhren, die durch eine äußere Kraft zeitweise zusammengehalten werden. Der Druck, den dieses Magnetfeld in Richtung senkrecht zu den Feldlinien ausübt, kompensiert den wegen der niedrigeren Temperatur und geringeren Dichte im Vergleich zur umgebenden Photosphäre niedrigeren Gasdruck und sorgt für ein weitgehendes Druckgleichgewicht zwischen Fleck und ungestörter Photosphäre.

2.4.3 Eigenschaften von Fleckengruppen

Die Sonnenflecken sind meist zu Gruppen vereinigt. Gewöhnlich ragen zwei Flecken durch ihre Größe hervor. Der in Rotationsrichtung vorangehende, also westliche Hauptfleck, der P-Fleck [engl. ‚preceding' vorausgehend], ist dem Äquator meist etwas näher als der östliche, der F-Fleck [engl. ‚following' folgend].

Das Erscheinungsbild einer Sonnenfleckengruppe kann nach der Züricher Klassifikation näher beschrieben werden (Bild 2.22). Die neun Klassen A...J stellen gleichzeitig die möglichen Stufen der Entwicklung der Gruppe dar, wobei nicht alle Gruppen alle neun Klassen durchlaufen müssen. Die Entwicklung einer Gruppe beginnt mit einer Anhäufung von Poren (Klassen A und B), aus der binnen 2...4 Tagen durch Verschmelzung von immer neu auftauchenden Poren eine längliche Fleckengruppe mit zwei Hauptflecken entsteht (Klassen C und D). Nach weiteren 3...6 Tagen ist die maximale Ausdehnung erreicht (Längenerstreckung

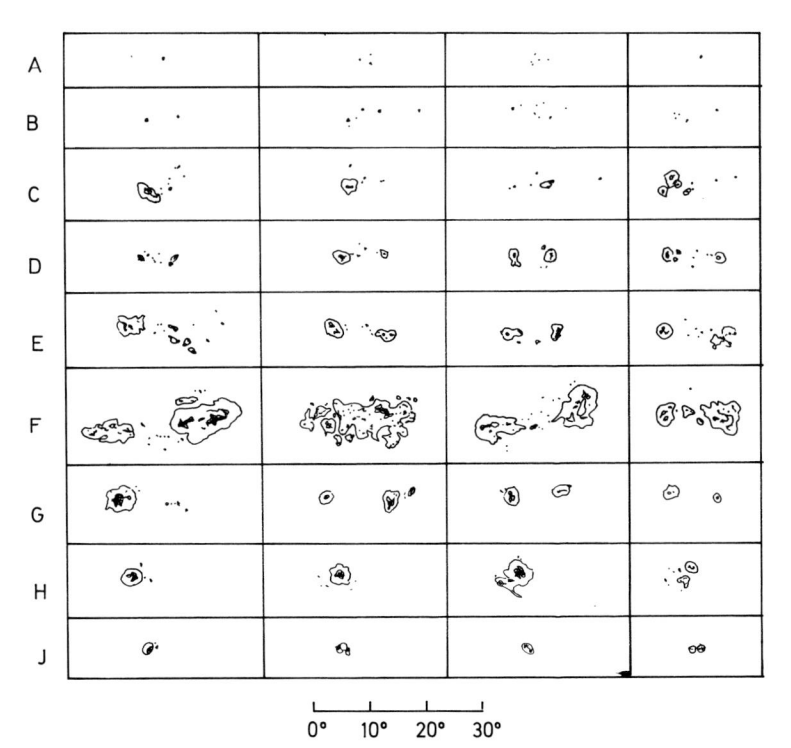

Bild 2.22 Züricher Klassifikation der Sonnenfleckengruppen. Jede Klasse ist durch vier Beispiele illustriert. Die Reihenfolge der Klassen stellt gleichzeitig eine Entwicklungssequenz dar. Allerdings müssen nicht immer alle Stufen durchlaufen werden, sondern der Abstieg kann bereits früher als bei Klasse F beginnen.

2.4 Die Sonnenflecken

15...20°, Klassen E und F). Beim Zerfall der Gruppe bleibt der P-Fleck zunächst unbeeinflußt (Klasse G), so daß nach 4...10 Tagen dieser Fleck mit wenigen Poren oder ganz allein übrig ist (Klassen H und J), der schließlich im Verlauf von Wochen langsam kleiner wird und verschwindet.

Fleckengruppen klassifiziert man nach der magnetischen Struktur als unipolar, wenn alle Flecken von gleicher Polarität sind, als bipolar, wenn die Hauptflecken entgegengesetzte Polarität haben, oder als komplex. Zur ersten Gruppe gehören knapp 10 %, zur zweiten 90 % und zur dritten weniger als 1 % aller Gruppen. Bei bipolaren Gruppen ist die Polarität auf einer Halbkugel der Sonne während eines Zyklus gleich (der P-Fleck ist z. B. stets ein magnetischer Nordpol), jedoch entgegengesetzt zu der auf der anderen Halbkugel. Die Fleckenaktivität ist folglich kein lokales, sondern ein die gesamte Sonne umspannendes Phänomen. Die Polaritätsverhältnisse kehren sich im folgenden Fleckenzyklus um, so daß der eigentliche Sonnenzyklus 22 Jahre dauert, also doppelt so lang ist wie der Fleckenzyklus.

Die Entstehung einer bipolaren Flekkengruppe läßt sich als Auftauchen eines magnetischen Schlauches verstehen, der durch den Auftrieb aus dem Sonneninnern emporgehoben wird. Der magnetische Schlauch ist leichter als seine Umgebung, weil infolge des zusätzlichen magnetischen Drucks die Gasdichte im Schlauch geringer als in der Umgebung ist. Die Durchstoßpunkte des Schlauches durch die Photosphäre werden als Flecken sichtbar. Die Verschmelzung von mehreren Poren zu einem Fleck geschieht nicht durch die Bildung eines größeren Schlauches aus mehreren dünnen, vielmehr stellen die Poren ein „aufgedröseltes" Stück des allmählich auftauchenden Schlauches dar (Bild 2.23). Beim Zerfall der Flecken spielen die turbulenten Bewegungen der Supergranulation die Hauptrolle. Durch sie werden von dem Schlauch

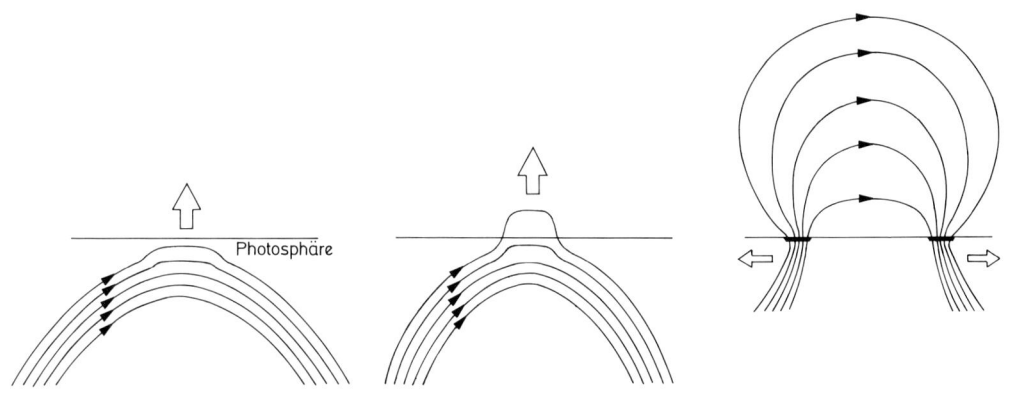

Bild 2.23 Entstehung eines bipolaren aktiven Gebietes durch das Auftauchen eines dicken Bündels magnetischer Feldlinien. Beim Aufsteigen infolge des Auftriebs gelangt das Bündel in Gebiete mit immer geringerem Gasdruck und dröselt bis zu einem gewissen Grade in dünnere Flußröhren auf (links). Diese Flußröhren erzeugen nach dem Auftauchen in der Sonnenatmosphäre ein bipolares Fackelgebiet und sind als Bogenfilamente auf Hα-Aufnahmen direkt sichtbar (Mitte). Da die Flußröhren tiefer in der Konvektionszone zusammengehalten werden, streben sie beim weiteren Auftauchen zusammen und verursachen ab einer bestimmten Größe Poren, die sich durch Vereinigung schließlich zu Sonnenflecken entwickeln (rechts). Die turbulente Bewegung auf der Skala der Supergranulation wirkt dem Zusammenhalt des Feldlinienbündels entgegen und löst es allmählich auf, wodurch zuerst die Flecken und später das ganze aktive Gebiet verschwindet.

nach und nach Teile abgelöst und hinweggeführt.

Über die Ursache der niedrigen Temperatur in den Sonnenflecken besteht noch keine vollständige Klarheit. Am häufigsten wird die auf L. Biermann (1947) zurückgehende Vorstellung vertreten, wonach das Magnetfeld die Konvektion unterdrückt und dadurch die Energiezufuhr drosselt. Die sehr genauen Messungen der Solarkonstanten von Satelliten aus haben gezeigt, daß die Ausstrahlung der Sonne bei Anwesenheit von mehreren großen Flecken bis um 0,1 % erniedrigt sein kann (s. Bild 2.1). Demnach wird die verringerte Energieausstrahlung in den Flecken nicht unmittelbar durch eine erhöhte Ausstrahlung in der Umgebung (z. B. in den Fackelgebieten) ausgeglichen, sondern mindestens für einen Zeitraum, der länger als die typische Lebensdauer großer Flecken ist, gespeichert. Für wie lange, ist nicht genau bekannt. Die bisher vorliegenden Messungen lassen eine Zunahme der Sonnenleuchtkraft parallel zur Aktivität im Zyklus erkennen. Das könnte bedeuten, daß die Speicherung und Umverteilung auf der Zeitskala von Jahren stattfindet.

2.4.4 Das Magnetfeld außerhalb der Sonnenflecken

Das solare Magnetfeld ist nicht nur auf die Flecken und deren unmittelbare Umgebung beschränkt, sondern überall vorhanden. Beobachtungen hoher Auflösung haben gezeigt, daß es wahrscheinlich aus diskreten Elementen mit Durchmessern von etwa 200 km und Flußdichten um 0,15 T besteht, die an den Rändern der Supergranula konzentriert sind. Während des Fleckenminimums sind die magnetischen Polaritäten weitgehend zufällig über die Sonnenoberfläche verteilt. Nur die beiden Polkalotten ($|\phi| > 60°$) zeigen im wesentlichen eine einheitliche, aber entgegengesetzte Polarität. Zur Zeit des Maximums oder kurz danach beobachtet man eine Umpolung.

Sonnenfleckengruppen sind von ausgedehnten bipolaren magnetischen Gebieten umgeben, deren Polarität mit der des Feldes der eingeschlossenen Flecken übereinstimmt. Die magnetischen Elemente sind hier nicht auf die Ränder der Supergranula beschränkt, sondern dichter gepackt. In ihren Außenbezirken lösen sich die magnetischen Gebiete in ein magnetisches Netzwerk auf. Die bipolaren magnetischen Gebiete gestatten eine recht gute Abgrenzung verschiedener aktiver Gebiete auf der Sonne.

Außerhalb der aktiven Gebiete existieren ausgedehnte unipolare Regionen, die sich in charakteristischer Weise an den im Rotationssinn nachfolgenden Teil eines magnetischen Gebietes und polwärts anschließen. Sie sind das Ergebnis der allmählichen Auflösung des aktiven Gebietes. Die turbulente Bewegung der Supergranulation verbreitet das magnetische Feld über eine immer größere Fläche, die durch die kombinierte Wirkung der differentiellen Rotation und einer polwärts gerichteten Strömung verformt wird. An der Grenze von zwei unipolaren Gebieten unterschiedlicher Polarität wird magnetischer Fluß „vernichtet". Auf einen solchen Prozeß kann geschlossen werden, weil der aus Beobachtungen abgeleitete magnetische Fluß einer Polkalotte mit dem eines mittelgroßen aktiven Gebietes vergleichbar ist ($\Phi \approx 10^{13}$ Wb).

Beim Zusammenspiel von Gasströmungen und Magnetfeld auf der Sonne verhalten sich die Feldlinien, als ob sie im Gas „eingefroren" seien. Diese Erscheinung ist eine unmittelbare Konsequenz der hohen Leitfähigkeit des Gases und der großen Abmessungen. Für die zeitliche Änderung der magnetischen Induktion **B** folgt aus den Max-

2.4 Die Sonnenflecken

wellschen Gleichungen unter Zuhilfenahme des Ohmschen Gesetzes

$$\frac{\delta \mathbf{B}}{\delta t} = \text{rot}\,(\mathbf{v} \times \mathbf{B}) + \eta\,\Delta \mathbf{B} \qquad (2.31)$$

σ elektrische Leitfähigkeit
μ magnetische Permeabilität
v Strömungsgeschwindigkeit des Gases
mit

$$\eta = \frac{1}{\mu\,\sigma} \qquad (2.32)$$

als magnetischen Diffusionskoeffizienten. Die beiden Terme auf der rechten Seite der Induktionsgleichung *(2.31)* betragen größenordnungsmäßig $v\,B/L$ und $\eta\,B/L^2$, wobei v, B und L charakteristische Werte für die Strömungsgeschwindigkeit, die magnetische Induktion und die Abmessungen darstellen. Auf der Sonne ist – wie in den meisten astrophysikalischen Anwendungsbereichen – L so groß, daß die magnetische Reynolds-Zahl

$$R_\mathrm{m} = \frac{v\,L}{\eta} \qquad (2.33)$$

selbst für ein η, das den Wert für Kupfer um ein Mehrfaches übertrifft, groß gegen eins ist und folglich der erste Term in Gleichung *(2.31)* bei weitem überwiegt. Zum Beispiel findet man für die erwähnten magnetischen Elemente ($L = 100$ km) in der Photosphäre ($\eta = 200$ m^{2}s^{-1}) selbst bei langsamer Strömung ($v = 1$ m s^{-1}) $R_\mathrm{m} = 500$. Unter diesen Umständen ist der magnetische Fluß durch eine sich mit der Materieströmung mitbewegende geschlossene Kurve konstant. Es gibt also praktisch keine Relativbewegung zwischen Feld und Gas in Richtung senkrecht zu den Feldlinien; daher spricht man von „eingefrorenem" Feld. Eine Bewegung entlang der Feldlinien ist dagegen möglich. Überwiegt die Bewegungsenergie des Gases, so schleppt dieses die Feldlinien mit und verformt sie. Im anderen Falle bestimmt die Ausrichtung des Magnetfeldes die Strömungsrichtung des Gases.

In der Photosphäre ist die Bewegung des Gases der bestimmende Faktor. Die turbulenten Strömungen verschieben und verformen die Feldlinien. Dabei kommen auch Feldlinien entgegengesetzter Richtung in engen Kontakt. Ist die Annäherung stark genug oder erfolgt sie unter bestimmten Winkeln, so können sich die Feldlinien innerhalb kurzer Zeit „neu verknüpfen". Aus zwei die Photosphäre durchstoßenden Linien entstehen zwei neue, V-förmige Linien. Beide Enden der einen Linie liegen oberhalb der Photosphäre, während die beiden Enden der anderen unter der Photosphäre verankert sind (Bild 2.24).

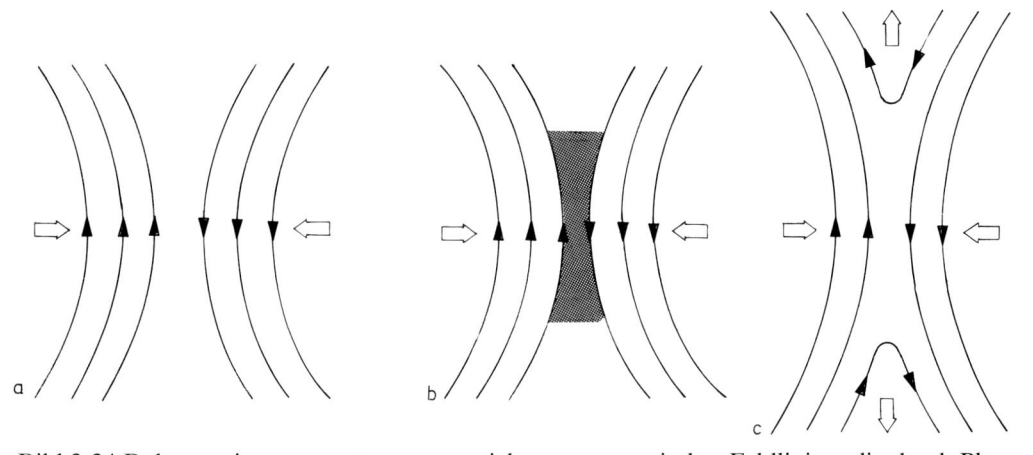

Bild 2.24 Rekonnexion entgegengesetzt gerichteter magnetischer Feldlinien, die durch Plasmabewegungen gegeneinandergepreßt werden.

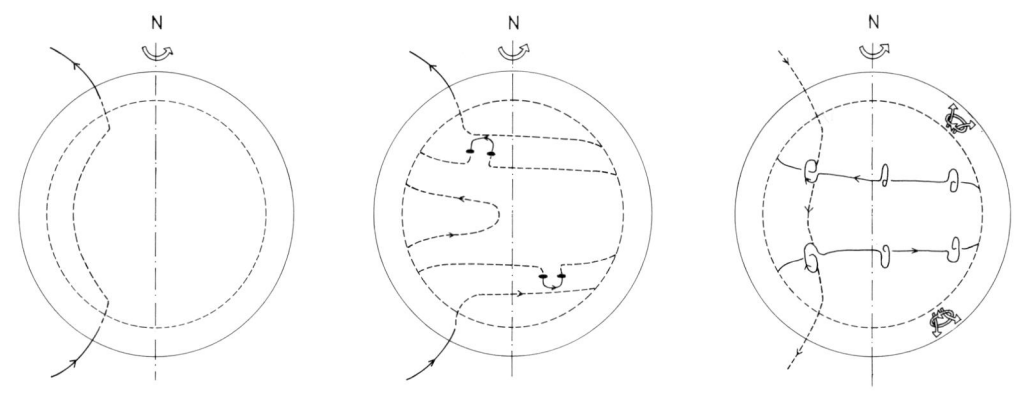

Bild 2.25 Schema des Sonnendynamos. Ursprünglich längs der Meridiane angeordnete Feldlinien (sog. poloidales Feld; links) werden durch die differentielle Rotation in Ost-West-Richtung gedehnt und um die Achse gewickelt (Mitte). Es entsteht so ein starkes toroidales Feld. Wo ein Feldlinienbündel durch Auftriebskräfte durch die Photosphäre bricht, beobachtet man eine bipolare Fleckengruppe. Da die in der Konvektionszone aufsteigenden Gasballen expandieren, also eine horizontale Geschwindigkeitskomponente haben, verleiht ihnen die Corioliskraft einen Drehsinn (rechts). Kraftlinien des toroidalen Feldes werden spiralförmig verformt. Jeder dieser Bögen hat eine Komponente in meridionaler Richtung. Die Polung dieses neuen poloidalen Feldes (gestrichelt) ist der des ursprünglichen poloidalen Feldes entgegengesetzt.

Diese Neuverknüpfung (Rekonnexion) ist vermutlich der entscheidende Mechanismus, um magnetischen Fluß aus der Photosphäre zu entfernen.

2.4.5 Die Entstehung des 11jährigen Fleckenzyklus

Eine geschlossene Theorie des Sonnenzyklus fehlt heute noch. Die meisten Modelle gehen von einem magnetohydrodynamischen Dynamo aus, bei dem durch die Wechselwirkung von Gasströmung und Magnetfeld eine (quasi-)periodische Verstärkung und Umpolung des Magnetfeldes erzeugt wird. Die allgemeinen Prinzipien lassen sich durch folgendes, von H. W. Babcock (1961) stammendes qualitatives Modell verdeutlichen (Bild 2.25): Die Sonne möge ein schwaches Feld besitzen, dessen Feldlinien unter der Photosphäre in meridionaler Richtung von Polkalotte zu Polkalotte verlaufen und dort austreten, so daß oberflächlich der Eindruck eines Dipolfeldes entsteht (sog. poloidales Feld). Da die Feldlinien eingefroren sind, werden sie infolge der differentiellen Rotation zunehmend parallel zum Äquator ausgezogen und aufgewickelt. Aus einem schwachen poloidalen Feld entsteht so ein starkes toroidales. Nachdem eine kritische Stärke überschritten ist, steigt ein Bündel Feldlinien an die Oberfläche (z. B. durch die Auftriebskräfte), und es entsteht an dieser Stelle eine bipolare Fleckengruppe. Dabei ist der Polaritätssinn notwendig auf einer Halbkugel einheitlich, aber entgegengesetzt zu dem auf der anderen. Die konvektiven Aufstiegsbewegungen werden von einer Expansion des Gases begleitet und haben somit auch eine horizontale Komponente. Die Corioliskraft prägt ihr einen Drehsinn auf, der auf der Nordhalbkugel mit der Uhrzeigerrichtung übereinstimmt und auf der Südhalbkugel entgegengesetzt gerichtet ist. Die aufsteigenden Kraftlinienschleifen werden folglich in meridionale Richtung gedreht. Das toroidale Feld erhält auf

Bild 2.26 Aufnahme der Chromosphäre am Sonnenrand mit Spicula im Hα-Licht.

diese Weise eine poloidale Komponente, die dem ursprünglichen poloidalen Feld entgegengesetzt gerichtet ist, und es letztlich ersetzt. Der zweite, völlig analoge Teil des Sonnenzyklus kann beginnen.

2.5 Die Sonnenchromosphäre

Die Chromosphäre ist zu Beginn und am Ende einer totalen Sonnenfinsternis und im Koronographen am Sonnenrand als relativ homogene, rötlich leuchtende Schicht von 1500 bis 2000 km Dicke sichtbar. Sie fasert nach oben in zahlreiche Lichtzungen (Spicula) mit einer Länge von etwa 10^4 km und einer Dicke von rund 10^3 km (Lebensdauer $\approx$ 10 min) auf (Bild 2.26). In ihnen werden Aufwärtsströmungen von im Mittel 25 km s^{-1} beobachtet.

In den stärksten Fraunhofer-Linien ist die Undurchsichtigkeit der Sonnenatmosphäre so groß (vgl. Abschnitt 2.3.1), daß das nahe der Linienmitte empfangene Licht nicht aus der Photosphäre, sondern aus der Chromosphäre stammt. Blendet man das übrige Sonnenlicht z. B. durch schmalbandige Filter aus, so erhält man ein monochromatisches Bild der Chromosphäre vor der Sonnenscheibe, ein Spektroheliogramm oder Filtergramm. Am häufigsten werden die Hα-Linie des Wasserstoffs und die H- oder K-Linie des einfach ionisierten Calciums verwendet. Das Aussehen der

Bild 2.27 Aufnahme der Sonne im Hα-Licht vom 18. Mai 1970. Neben der Struktur der ungestörten Chromosphäre sind zahlreiche helle Fackelgebiete und dunkle Filamente zu erkennen.

Chromosphäre variiert mit der benutzten Linie und auch innerhalb einer Linie, da jeweils unterschiedliche Schichten abgebildet werden. Die Bilder besitzen jedoch eine grundsätzliche Ähnlichkeit.

Die Chromosphäre hat eine zellenartige Struktur. Besonders deutlich tritt diese im Licht der H- oder K-Linie hervor; die Sonnenscheibe erscheint wie mit einem hellen Netzwerk überzogen (Bild 2.27). Die Zellen, die Durchmesser von rund 30 000 km und Lebensdauern von etwa 1 d haben, erwiesen sich als identisch mit den Supergranula. Die Feinstruktur des Netzwerkes ist am besten im Licht der Hα-Linie untersucht. Bei Beobachtungen im Linienzentrum treten helle und dunkle Elemente, sog. Mottles, nebeneinander auf. Beobachtet man jedoch etwa 0,05 nm außerhalb des Linienzentrums, so beherrschen die dunklen Elemente das Bild. Sie sind länglich (1″ × 10″) und haben eine Lebensdauer von der Größenordnung 10 min. In der Sonnenscheibenmitte bilden bis zu 40 dunkle Mottles sog. Rosetten von ungefähr 10 000 km Durchmesser. In der Nähe des Sonnenrandes weisen die dunklen Mottles zum Rand hin. Aus Aussehen, Größe und Lebensdauer ist zu schließen, daß sie und die Spicula identische Gebilde sind.

Die Umgebung von Sonnenflecken hebt sich als helles Gebiet von der ungestörten Chromosphäre ab. Diese sog. chromosphärischen Fackeln sind besonders deutlich im Licht der Hα-Linie, der H- oder K-Linie des CaII und im Ultraviolettbereich (z. B. der Lα-Linie) sichtbar. Im weißen Licht (allerdings nur in der Nähe des Sonnenrandes) sind an gleicher Stelle photosphärische Fackeln beobachtbar. Die Ausdehnung eines Fackelgebietes ist identisch mit dem Bereich erhöhter magnetischer Feldstärke in der Photosphäre. Auf Hα-Spektroheliogrammen hoher Auflösung bestehen die Fackeln aus Elementen mit Durchmessern um $1''$, den Fackelgranula. Benachbarte Fackeln eines aktiven Gebietes sind durch Fibrillen verbunden, das sind lange dünne dunkle Streifen von 725 bis 2200 km Breite und im Mittel 11 000 km Länge. Individuelle Fibrillen haben eine Lebensdauer von 10...20 min.

Fackeln und Sonnenflecken stehen miteinander in engem Zusammenhang. Grundsätzlich beginnt die Entwicklung einer Fleckengruppe mit dem Auftauchen eines kleinen Fackelgebietes mit einem System paralleler Fibrillen zwischen Fackeln unterschiedlicher Polarität. Das Fackelgebiet breitet sich mit etwa 20 000 km d^{-1} längs des Netzwerkes aus und nimmt eine in Ost-West-Richtung längliche Gestalt an. Nach ein bis drei Tagen tauchen Poren und erste Flecken auf. Nachdem die Fleckentätigkeit erloschen ist, dehnt sich das Fackelgebiet weiter aus. Es zerfällt schließlich in zwei Bereiche unterschiedlicher Polarität und löst sich allmählich auf. Die Lebensdauer eines Fackelgebietes ist durchschnittlich dreimal länger als die der Fleckengruppe.

Das Spektrum der Chromosphäre, wegen der kurzen Beobachtungsdauer bei Sonnenfinsternissen Flash-Spektrum genannt [engl. ‚flash' Blitz], ist ein Emissionslinienspektrum. Die Hα-Linie gehört zu den stärksten Linien im sichtbaren Spektralbereich. Sie verursacht die rötliche Färbung. Wegen der fehlenden photosphärischen Strahlung kann man im ultravioletten Spektralbereich für Wellenlängen $\lambda < 200$ nm das Chromosphärenspektrum auch außerhalb der Finsternisse untersuchen. Das Flash-Spektrum ist keine einfache Umkehrung des Fraunhofer-Spektrums, wie man anfänglich glaubte und deshalb für die Linienentstehung eine besondere, die „umkehrende" Schicht verantwortlich machte. Die Linien höherer Anregung sind verstärkt; außerdem treten zusätzliche Linien, z. B. vom neutralen und ionisierten Helium und von ionisierten Metallen, auf. Ursache für die Unterschiede ist eine im Mittel höhere Temperatur als in der Photosphäre.

Ein detailliertes Chromosphärenmodell zeigt, daß die Temperatur in 500 km Höhe auf einen minimalen Wert von 4200 K absinkt, bevor sie wieder ansteigt und in etwa 2000 km Höhe 9000 K erreicht. (Manche Autoren betrachten statt des Niveaus des sichtbaren Sonnenrandes dieses Temperaturminimum als Grenze zwischen Photosphäre und Chromosphäre.) Es schließt sich ein schmales Übergangsgebiet zur Korona an, in dem die Temperatur steil auf über 100 000 K ansteigt (s. Bild 2.12).

Die Chromosphäre emittiert mehr Energie, als sie absorbiert. Dieser Energieverlust muß kontinuierlich durch irgendeine Art von mechanischer Aufheizung ausgeglichen werden. Der beobachtete Energieverlust nimmt mit wachsender Höhe etwas langsamer ab als die

Dichte. Aus der allgemeinen Abnahme kann man eine Aufheizung von unten vermuten.

Die Energieabstrahlung durch die Chromosphäre erfolgt im wesentlichen in den optisch dicken Emissionslinien des Wasserstoffs und ist damit proportional dem Produkt aus Wasserstoff- und Elektronendichte. Bei niedrigen Chromosphärentemperaturen reagiert das Gas auf eine größere Aufheizung mit steigender Ionisation des Wasserstoffs. Die höhere Elektronendichte läßt die Emission steigen. Die Wasserstoffionisation wirkt daher wie ein Thermostat und ist dafür verantwortlich, daß die Temperatur in der Chromosphäre zunächst nur langsam steigt. Wenn der Wasserstoff überwiegend ionisiert ist, kann er seine Rolle als Thermostat nicht länger spielen. Die Temperatur steigt steil an, das Sonnenplasma muß unter veränderten Bedingungen ein neues Gleichgewicht suchen, es findet der Übergang von der Chromosphäre zur Korona statt.

Die Zuführung von Energie erfolgt in der unteren Chromosphäre nach dem gegenwärtigen Kenntnisstand durch Schallwellen. Sie werden durch die turbulente Gasströmung in der Konvektionszone ausgelöst. Bei ihrer Ausbreitung in die Chromosphäre steilen sie sich zu Stoßwellen auf, weil infolge der sinkenden Gasdichte die Geschwindigkeit der schwingenden Atome vergleichbar mit der Schallgeschwindigkeit wird. Die Energie der Wellen wird an das Gas in Form von Wärme abgegeben und von ihm ausgestrahlt.

Das Koronaplasma vermag aufgrund der niedrigen Dichte und des hohen Ionisationsgrades nur ineffektiv Energie abzustrahlen. Es hat jedoch entlang der magnetischen Feldlinien ein hohes Wärmeleitvermögen (20mal besser als Kupfer!). Deshalb wird auch Energie aus der Korona in die tiefer liegende kühlere Chromosphäre geleitet. Mit sinkender Temperatur geht einereits das Wärmeleitvermögen rasch zurück, so daß ein größerer Temperaturgradient für einen gleichbleibenden Wärmetransport erforderlich wird, andererseits steigt aber die Ausstrahlung. Beide Ursachen zusammen ergeben den extrem steilen Temperaturanstieg im Übergangsgebiet zwischen Chromosphäre und Korona.

Für die Entstehung der Spicula und Fibrillen gibt es noch keine abschließende Theorie. Denkbar wäre, daß entlang der magnetischen Flußröhren aus der Photosphäre magnetohydrodynamische Wellen in die untere Korona laufen, sich dort in Stoßwellen verwandeln und das Gas aufheizen. Diese lokale Energiezufuhr hebt die Temperatur in der Flußröhre an, die dadurch als Spiculum bzw. Fibrille sichtbar wird (Bild 2.28).

2.6 Die Sonnenkorona

2.6.1 Der Aufbau der Sonnenkorona

Das Aussehen der Korona verändert sich im Laufe des Fleckenzyklus: Während des Maximums ist ihr Umriß im wesentlichen kreisförmig; lange Strahlen, die sich auf Finsternisaufnahmen bei Bildbearbeitung bis in 10 Sonnenradien Abstand verfolgen lassen, ziehen in alle Richtungen. Während des Minimums ist die Korona an den Polen stark abgeflacht; dort sind dann kurze feine Polarstrahlen sichtbar.

Das Koronalicht läßt sich hinsichtlich spektraler Eigenschaften, Polarisation und Helligkeitsabfall mit wachsendem Abstand vom Sonnenrand in drei Anteile zerlegen (Bild 2.30): die L-Korona, die K-Korona und die F-Korona.

Die Bezeichnung der L-Korona leitet sich davon ab, daß das Licht dieser Koronakomponente im sichtbaren Spektralbereich aus etwa 50 relativ breiten

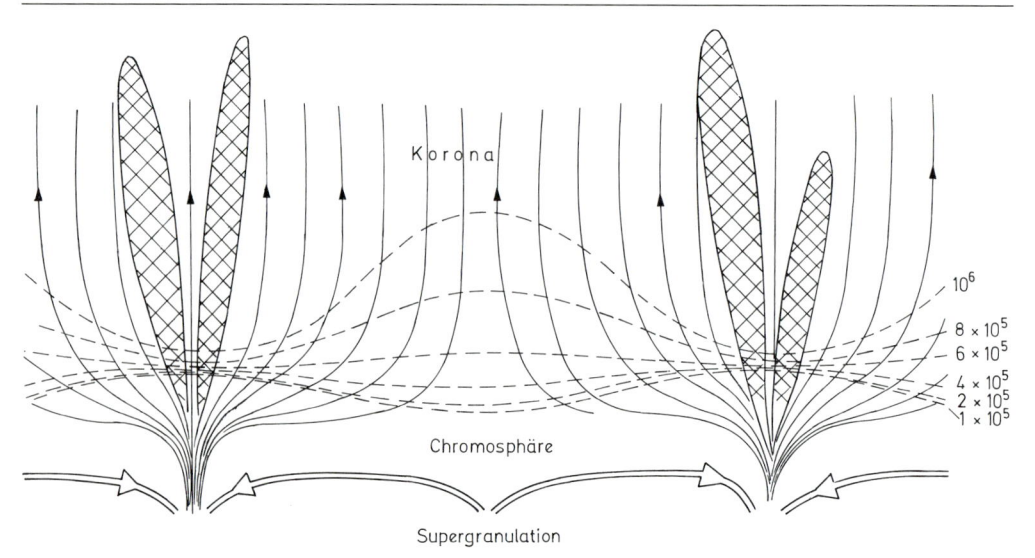

Bild 2.28 Schematischer Querschnitt durch die obere Chromosphäre und untere Korona. Die Gasströmungen drängen die magnetischen Feldlinien (dünne Kurven) auf Photosphären- und Chromosphärenniveau zwischen den Supergranula zusammen. An diesen Stellen befinden sich auch die Spicula. Mit wachsender Höhe überwiegt zunehmend der magnetische Druck gegenüber dem Gasdruck und das Magnetfeld fächert auf, bis es in der Korona den Raum vollständig ausfüllt. Die gestrichelten Kurven sind Linien gleicher Temperatur (rechts in Kelvin angegeben).

Bild 2.29 Die Korona während der totalen Sonnenfinsternis vom 11. Juli 1991, aufgenommen in La Paz, Mexiko (Foto: F. Diego, Optical Science Laboratory, University College London and Sociedad Astronómico de Mexico).

2.6 Die Sonnenkorona

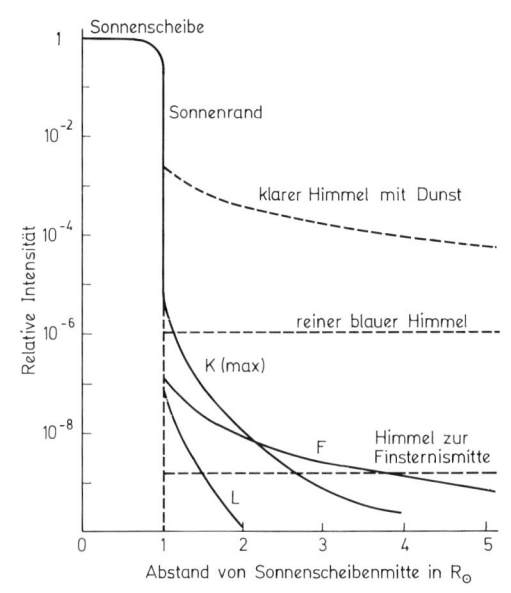

Bild 2.30 Radialer Helligkeitsverlauf der verschiedenen Anteile des Koronalichts bezogen auf die Helligkeit der Sonnenscheibenmitte (ausgezogene Kurven). Zum Vergleich ist die Himmelshelligkeit außerhalb und während einer Finsternis eingetragen.

Emissionslinien besteht. Es handelt sich bei ihnen allen um sog. verbotene Linien sehr hochionisierter Atome häufiger Elemente. Verbotene Linien werden bei Übergängen mit relativ kleiner Übergangswahrscheinlichkeit ausgesandt, so daß die betreffenden Atome nicht allzu häufig durch Stöße mit anderen Teilchen gestört werden dürfen. Die Gasdichte muß also entsprechend niedrig sein. Das Auftreten der hohen Ionisationsstufen zeigt, daß dort kinetische Temperaturen von etwa $(1...2)\,10^6$ K herrschen. Die stärksten Koronalinien sind in Tabelle 2.5 aufgeführt.

Die K-Korona besteht aus einem Kontinuum, dessen spektrale Energieverteilung mit der des Photosphärenlichts identisch ist. Das Licht ist teilweise linear polarisiert (Polarisationsgrad im Abstand $h \approx 4R_\odot$ etwa 60 %), wobei der elektrische Vektor in einer Ebene tangential zum Sonnenrand schwingt. Das kontinuierliche Spektrum entsteht durch Streuung des photosphärischen Lichts an freien Elektronen, sog. Thomson-Streuung. Das Fehlen der Fraunhofer-Linien ist durch die schnelle Bewegung der Elektronen bedingt: Bei jedem Streuprozeß treten große Doppler-Verschiebungen auf, so daß im Endefekt die Linien bis zur Unkenntlichkeit verwaschen sind. Der Verlauf der Elektronendichte n_e – sie ist praktisch gleich der Protonendichte, da der Wasserstoff als weitaus häufigstes Element vollständig ionisiert ist – kann bis zum Abstand $h \approx 10R_\odot$ aus dem Intensitätsabfall des gestreuten Photosphärenlichts bestimmt werden, für größere Abstände aus Absorptionsmessungen an der von diskreten Radioquellen ausgesandten Radiofrequenzstrahlung, wenn die Quellen infolge der scheinbaren jährlichen Bewegung der Sonne durch die Korona bedeckt werden. Dabei ergeben sich die in Tabelle 2.6 aufgeführten Mittelwerte der Elektronendichte in der Äquatorebene.

In Abständen von $h \gtrsim 1R_\odot$ vom Sonnenrand dominiert zunehmend eine Komponente, deren Spektrum identisch mit dem der Photosphäre ist. Diese Strahlung besteht aus einem Kontinuum mit Fraunhofer-Linien. Es handelt sich dabei um an interplanetaren Staubteilchen, die sich weitab von der Sonne befinden, gestreutes Sonnenlicht. Im strengen Sinne stellt die F-Korona keine Komponente der Sonnenkorona dar, sondern repräsentiert den innersten Teil des Zodiakallichts.

Aufgrund der hohen Temperatur sendet die Korona Röntgenstrahlung aus. Sie besteht überwiegend aus Emissionslinien, die von hochionisierten Atomen stammen, z. B. von FeXVII, OVIII und MgXI. Sonnenaufnahmen im weichen Röntgenlicht ($\lambda \approx 0,2...5$ nm) zeigen die innere Korona vor der Sonnenscheibe als außerordentlich inhomogenes Gebilde (Bild 2.31). Die Röntgenemission erfolgt hauptsächlich in über akti-

Tabelle 2.5 Wichtige verbotene Linien im sichtbaren Teil des Koronaspektrums
A Übergangswahrscheinlichkeit; I Ionisationspotential des vorangehenden Ionisationszustandes

λ (in nm)	Ion	Übergang	A (in s^{-1})	I (in eV)	Intensität
332,8	Ca XII	$2p^5\ ^2P_{1/2}-\ ^2P_{3/2}$	488	589	(17)
338,8	Fe XIII	$3p^5\ ^1D_2-\ ^3P_2$	87	325	37
360,1	Ni XVI	$3p\ ^2P_{3/2}-\ ^2P_{1/2}$	193	455	(18)
364,3	Ni XIII	$3p^4\ ^1D_2-\ ^3P_1$	18	350	1,5
398,7	Fe XI	$3p^4\ ^1D_2-\ ^3P_1$	9,5	261	
408,6	Ca XIII	$2p^4\ ^3P_1-\ ^3P_2$	319	655	(22)
423,1	Ni XII	$3p^5\ ^2P_{1/2}-\ ^2P_{3/2}$	23	318	8
441,2	Ar XIV	$2p\ ^2\ ^2P_{3/2}-\ ^2P_{1/2}$	112	682	16
511,6	Ni XIII	$3p^4\ ^3P_1-\ ^3P_2$	157	350	2
530,3 [a]	Fe XIV	$3p\ ^2P_{3/2}-\ ^2P_{1/2}$	60	355	190
544,5	Ca XV	$2p^2\ ^3P_2-\ ^3P_1$	83	814	(15)
553,9	Ar X	$2p^5\ ^2P_{1/2}-\ ^2P_{3/2}$	106	421	5
569,4 [b]	Ca XV	$2p^2\ ^3P_1-\ ^3P_0$	95	814	(28)
637,5 [c]	Fe X	$3p^5\ ^2P_{1/2}-\ ^2P_{3/2}$	69	233	40
670,2	Ni XV	$3p^2\ ^3P_1-\ ^3P_0$	57	422	(27)
706,0	Fe XV	$3s3p\ ^3P_2-\ ^3P_1$	38	390	5
789,2	Fe XI	$3p^4\ ^3P_1-\ ^3P_1$	44	261	50
802,4	Ni XV	$3p^2\ ^3P_2-\ ^3P_1$	22	422	
1074,7	Fe XIII	$3p^2\ ^3P_1-\ ^3P_0$	14	324	100
1079,8	Fe XIII	$3p^2\ ^3P_2-\ ^3P_1$	9,7	325	50

[a] Grüne Koronalinie
[b] Gelbe Koronalinie
[c] Rote Koronalinie

Tabelle 2.6 Mittlerer Verlauf von Dichte und mittlerer freier Weglänge der Elektronen in der ungestörten Sonnenkorona und in einem Koronaloch

	ungestörte Korona		Koronaloch	
$r/R_\odot$	n_e (in m^{-3})	L_e (in km)	n_e (in m^{-3})	L_e (in km)
1,1	1,6 10^{14}	2,22 10^3	5,4 10^{13}	3,75 10^3
1,2	7,1 10^{13}	5,01 10^3	1,6 10^{13}	1,25 10^4
1,4	2,3 10^{13}	1,56 10^4	2,8 10^{12}	7,21 10^4
2,0	2,8 10^{12}	1,25 10^5	2,0 10^{11}	1,02 10^6
4,0	8,9 10^{10}	4,04 10^6	4,0 10^9	5,04 10^7
10,0	8,0 10^9	4,48 10^7		

ven Gebieten der Chromosphäre gelegenen Bereichen, wobei die hellen Gebiete oftmals durch schwächer leuchtende Bögen miteinander verbunden sind. Daneben gibt es größere, scharf begrenzte und relativ langlebige Gebilde, die praktisch keine Röntgenstrahlung aussenden, sog. „Koronalöcher". Helle Punkte mit einem Durchmesser von 30" und einer Lebensdauer von etwa 8 h sind gleichmäßig über die gesamte Sonnenscheibe verteilt. Diese Struktur der Korona wird entscheidend vom Magnetfeld geprägt. Das Röntgenstrahlung aussendende Gas ist offenbar weitgehend in magnetischen Schläuchen konzentriert, deren beide Fußpunkte in der Photosphäre verankert sind. Dagegen besitzen die Koronalöcher eine „offene" Feldstruktur: Die Feldlinien laufen in den interplanetaren Raum hinaus (Bild 2.32).

Die Radiostrahlung der Sonne besteht aus mehreren Anteilen, die z. T. extrem rasch veränderlich sind. Die Emission der „ruhigen" Sonne, die man

2.6 Die Sonnenkorona

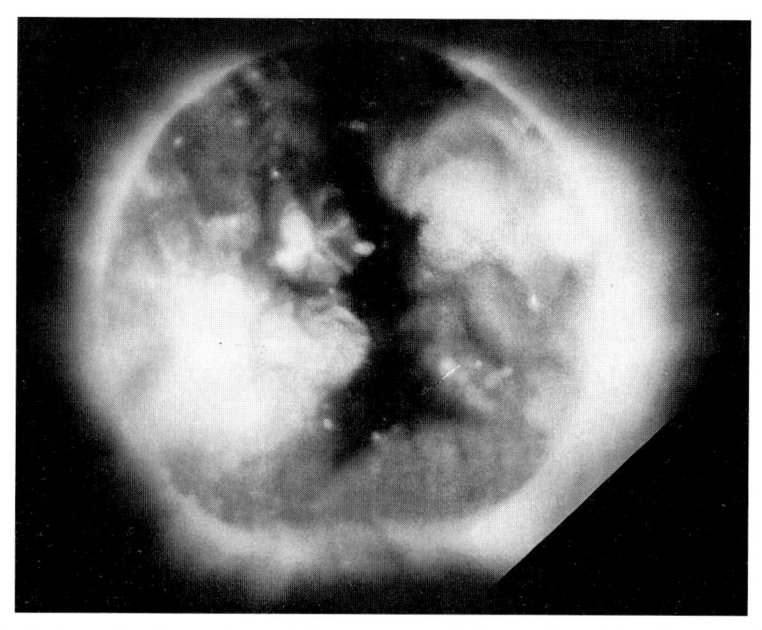

Bild 2.31 Aufnahme der Sonne im weichen Röntgenlicht von Bord der Raumstation Skylab. Die Konzentration der Emission in leuchtende Bögen unterschiedlicher Ausmaße sowie die Existenz großräumiger schwach leuchtender Gebiete (Koronalöcher) ist deutlich zu erkennen (Foto: NASA).

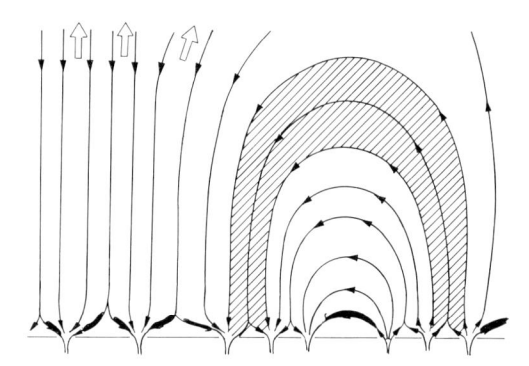

Bild 2.32 Die beiden unterschiedlichen Konfigurationen des Magnetfeldes in der Korona. Links ist ein unipolares Gebiet mit offenen, in den interplanetaren Raum verlaufenden Feldlinien dargestellt. Solche Gebiete sind typisch für Koronalöcher und die Hauptquellen des Sonnenwindes, da das Koronagas leicht entweichen kann. Rechts ist ein Koronabogen über einem bipolaren Gebiet gezeigt. Die Feldlinien sind geschlossen. Solche Bögen können auch unterschiedliche aktive Gebiete miteinander verbinden.

an fleckenfreien Tagen am ungestörtesten empfangen kann, ist thermischer Natur. Sie entsteht durch frei-freie Übergänge der Elektronen im elektrischen Feld der Ionen. Die Durchlässigkeit eines Gases für Radiostrahlung nimmt mit dem Quadrat der Wellenlänge ab. Längerwellige Strahlung stammt daher zunehmend aus höheren Schichten der Sonnenatmosphäre. Während die Millimeterwellenstrahlung der Sonne aus der unteren Chromosphäre kommt, werden die cm-Wellen von der oberen Chromosphäre und dem Übergangsgebiet emittiert. Die Meterwellen stammen aus der Korona. Zur Zeit des Sonnenfleckenmaximums ist die Emission der ruhigen Sonne 25...60% höher als im Minimum.

Besonders im cm-Bereich beobachtet man eine zusätzliche thermische Komponente, deren Stärke direkt mit der Fleckenzahl korreliert ist, die S-Komponente [engl. ‚slow' langsam]. Sie wird von begrenzten Gebieten über Sonnenfleckengruppen, den sog. Radiofackeln, ausgesandt, die weitgehend mit den auf Röntgenbildern sichtbaren hellen Bereichen übereinstimmen. Die erhöhte Emission ist hauptsächlich auf eine höhere Dichte des Koronagases zurückzuführen. Kurzzeitige Erhöhung der solaren Radiostrahlung durch nichtthermische Prozesse (Rauschstürme, Strahlungsausbrüche) treten im Zusammenhang mit Eruptionen auf (vgl. Abschnitt 2.8.).

Als Ursache der hohen Temperatur in der Korona hatte man ursprünglich wie bei der Chromosphäre an die Umwandlung mechanischer Energie in Form akustischer Wellen in thermische Energie vermittelst Stoßwellen gedacht. Dagegen spricht der offensichtliche Einfluß des Magnetfeldes, wie er im Nebeneinander der Koronalöcher und der leuchtenden Bögen zum Ausdruck kommt. Gegenwärtig diskutiert man folgende Mechanismen:

- Dissipation magnetohydrodynamischer Wellen, die in der Konvektionszone erzeugt werden. Während sie in den Koronabögen eingefangen sind und dort das Gas aufheizen, beschleunigen sie in den Koronalöchern den Sonnenwind.
- Magnetische Neuverknüpfungen. Die turbulente Bewegung der Granulation und Supergranulation an den Fußpunkten der magnetischen Feldröhren bewirkt eine ständige Verformung und Verdrillung der Feldlinien und damit eine Umwandlung von mechanischer in magnetische Energie. Beim Überschreiten eines kritischen Verformungsgrades kommt es unter Energiefreisetzung zur Vereinfachung des Feldverlaufes. Eine ursprüngliche Verdrillung der Feldlinien, die bereits vor dem Auftauchen der Röhre in der Photosphäre vorhanden war, könnte für die erhöhte Aufheizung des Gases in jungen aktiven Gebieten verantwortlich sein. In offenen Flußröhren können hingegen alle Verformungen von den Fußpunkten in Form von Wellen abtransportiert werden. Hier kommt es folglich zu keiner Aufheizung, sondern nur zur Beschleunigung des Sonnenwindes.

Die Temperaturerhöhung in den Flußröhren hat eine Dichteerhöhung zur Folge, da wegen des höheren Gasdruckes von den Fußpunkten der Röhren chromosphärisches Gas in der Röhre aufsteigt. Diese höhere Dichte ergibt die höhere Ausstrahlung.

2.6.2 Die Protuberanzen

Protuberanzen sind Verdichtungen in der inneren Korona, die am Sonnenrand im Licht der Wasserstoff- bzw. der H- und K-Linien als leuchtende Gaswolken von großer Formenvielfalt sichtbar sind. Spektroheliogramme zeigen sie auf die Sonnenscheibe projiziert als dunkle Fäden, sog. Filamente. Nach Form, Lebensdauer und Vorkommen auf der Sonne unterscheidet man mehrere Klassen. Die wichtigste Einteilung ist die Unterscheidung von ruhenden und Fleckenprotuberanzen. Ruhende Protuberanzen sind langlebige (Lebensdauer 2 bis 3 Monate) lamellenartige, mit der Chromosphäre über Pfeiler in Verbindung stehende Gebilde von im Mittel 200 000 km Länge, 7000 km und 40 000 km Höhe (Bild 2.33). Sie entstehen bevorzugt in wenig aktiven, ausschließlich fleckenfreien Fackelgebieten entlang der Grenze zwischen Gebieten entgegengesetzter Polarität. Häufig befinden sie sich am Fußpunkt von Koronastrahlen. Ihr Spektrum ähnelt dem der Chromosphäre. Ihre Temperatur liegt bei etwa 20 000 K. Nimmt man Druckgleichgewicht mit der Korona an, was wegen der langen Lebensdauer sehr wahrscheinlich ist, so ergibt sich eine rund 100fach höhere Dichte als in der umgebenden Korona.

2.6 Die Sonnenkorona

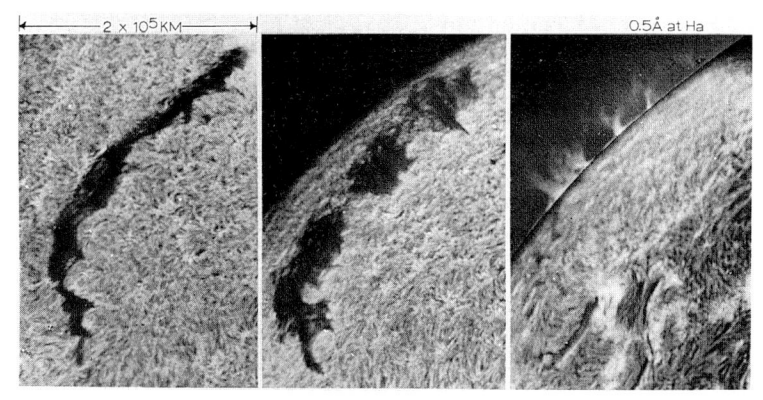

Bild 2.33 Filamente und Protuberanzen sind identische Phänomene, wie diese Wanderung einer ruhenden Protuberanz infolge der Sonnenrotation belegt.

Struktur, Stabilität und Entstehung der Protuberanzen werden vermutlich entscheidend durch Magnetfelder beeinflußt. Sie entstehen in einer neutralen Schicht, die durch antiparallel laufende Feldlinien gebildet wird (Bild 2.34), vermutlich dadurch, daß sich das Koronagas dort verdichtet und infolge der damit verbundenen verstärkten Abstrahlung abkühlt. Die Wärmeisolation zwischen der kühlen Protuberanz und der heißen Korona wird an den senkrechten Seiten durch das Magnetfeld bewirkt, da die Wärmeleitfähigkeit des Plasmas quer zu den magnetischen Feldlinien stark herabgesetzt ist, und an der schmalen Ober- und Unterseite hingegen durch das Gas selbst, indem sich dort eine zur Übergangszone zwischen Chromosphäre und Korona analoge Schicht ausbildet, in der die Wärmeleitfähigkeit wegen der sinkenden Temperatur stark abnimmt.

Ruhende Protuberanzen können zeitweilig in aktive Stadien übergehen: Es erfolgt ein Abströmen der Materie längs wahrscheinlich durch Magnetfelder vorbestimmter Bahnen in ein „Attraktionszentrum" der Chromosphäre hinein bis zur völligen Auflösung oder ein Aufstieg mit ungleichmäßig wachsender Geschwindigkeit bis in 10^6 km Höhe und mehr, was meist mit Abströmvorgängen verbunden ist. Oft beobachtet man die Neubildung von ruhenden Protuberanzen an gleicher Stelle.

Über der neutralen Linie an den Rändern von Fleckengebieten treten mit den ruhenden Protuberanzen i. e. S. verwandte, ihrer Entstehung oft vorausge-

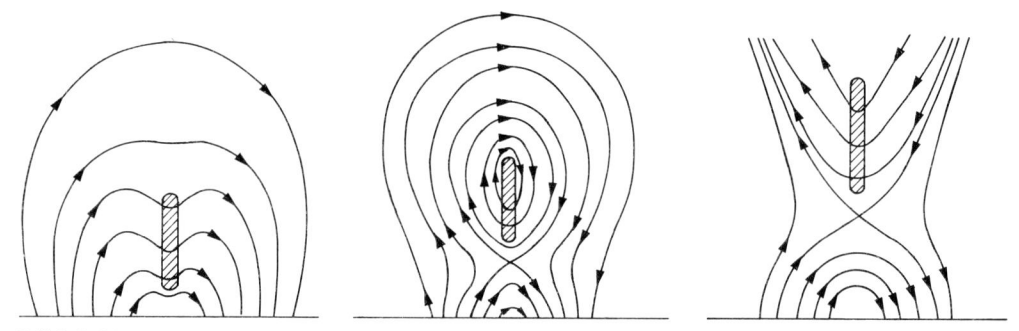

Bild 2.34 Modellvorstellungen für die magnetische Halterung von Protuberanzen (schraffiert). Nicht dargestellt ist die nur unsicher bekannte Magnetfeldkomponente entlang der Protuberanz.

hende Protuberanzen auf. Sie haben geringere Abmessungen und kürzere Lebensdauern als diese. Man beobachtet häufig die wiederholte Auflösung und Neubildung an gleicher Stelle.

Über Fleckengebieten treten darüber hinaus die völlig anders strukturierten aktiven oder Fleckenprotuberanzen auf. Sie haben meist die Form rasch veränderlicher Bögen oder knotenförmiger Verdichtungen und eine Lebensdauer von Minuten bis Stunden (Bild 2.35). Die Temperaturen und die magnetischen Feldstärken erreichen in ihnen höhere Werte als in den anderen Protuberanzenklassen. Oft ist ihre Entstehung unmittelbar an das Auftreten von Eruptionen gebunden.

2.7 Der Sonnenwind

Als Sonnenwind bezeichnet man den ständig von der Sonne im wesentlichen in radialer Richtung wegfließenden Plasmastrom. Das Plasma des Sonnenwindes besteht aus Elektronen, Protonen und Ionen. Die Ionenzusammensetzung entspricht im wesentlichen der der Photosphäre. Die Parameter des Sonnenwindes variieren zeitlich sehr stark. Seine Geschwindigkeit in Erdnähe schwankt zwischen 320 und 710 km s^{-1}. Charakteristische Mittelwerte der Plasmaeigenschaften sind in Tabelle 2.7 aufgeführt.

Die schnelle Komponente des Sonnenwindes besteht im wesentlichen aus einzelnen Plasmaströmen, die eine Wiederholungstendenz mit 27tägiger Periode zeigen. Die Quellen der Ströme sind also relativ langlebig und werden mit den Koronalöchern identifiziert.

Das interplanetare Magnetfeld besteht aus magnetischen Feldlinien, die vom Sonnenwindplasma mitgeschleift werden. Die Feldlinien sind aufgrund

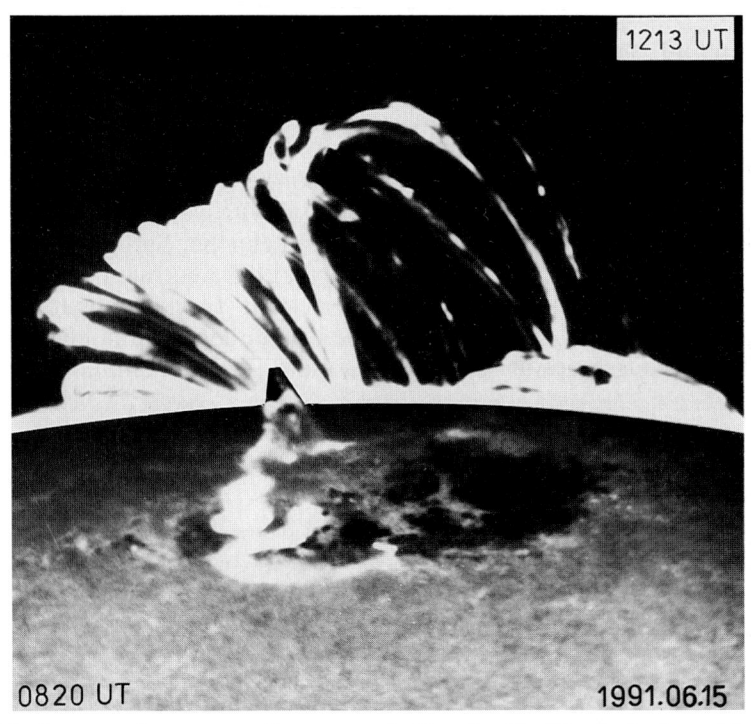

Bild 2.35 Fleckenprotuberanz am Sonnenrand. Das in die Hα-Aufnahme hineinkopierte Bild der Photosphäre zeigt, daß die Protuberanz leuchtendes Gas in Magnetfeldbögen darstellt, die in der Sonnenfleckengruppe verankert sind (Foto: B. Rompolt).

2.7 Der Sonnenwind

Tabelle 2.7 Wichtige Parameter des Sonnenwindes in Erdnähe

Parameter	Mittelwert	langsame Komponente[a]	schnelle Komponente[b]
Protonendichte (in m^{-3})	8,7	11,9	3,9
Protonengeschwindigkeit (in km s^{-1})	468	327	702
Protonentemperatur (in K)	1,2 10^5	3,4 10^4	2,3 10^5
Elektronentemperatur (in K)	1,4 10^5	1,3 10^5	1,0 10^5
magnetische Induktion (in nT)	6	6	6

[a] Geschwindigkeiten kleiner als 350 km s^{-1}
[b] Geschwindigkeiten größer als 600 km s^{-1}

der hohen Leitfähigkeit im Plasma „eingefroren". Unter der Wirkung der Rotation der Sonne werden die in ihr verankerten Feldlinien zu archimedischen Spiralen geformt. In Erdnähe ist das Feld in zwei oder vier Sektoren eingeteilt, in denen die Feldlinien abwechselnd von der Sonne weg und zu ihr hin gerichtet sind (Bild 2.36).

Die Deutung der Sektorstruktur geht davon aus, daß das interplanetare Magnetfeld im wesentlichen Dipolcharakter hat. Die Feldlinien stammen aus den meist unipolaren Polkappen der Sonne. Während die Feldlinien in Sonnennähe in Bögen von einer Halbkugel zur anderen laufen, werden sie weiter außen durch den abströmenden Sonnenwind in eine Stromschicht auseinandergezogen, die die Bereiche unterschiedlicher Polarität trennt (Bild 2.37). Da auf der Sonne kein reines Dipolfeld existiert, ist die Stromschicht keine Ebene, sondern eine gewellte Fläche. Die Rotation der Sonne läßt die Erde abwechselnd ein Tal und einen Berg durchqueren, was als Wechsel von einem Sektor zum nächsten beobachtet wird.

Die Grundzüge des Phänomens Sonnenwind sind anhand eines einfachen hydrodynamischen Modells erklärbar. Die Ursache der Expansion der Korona ist ihre hohe Temperatur, da durch sie der Gasdruck an der Basis der Korona größer als das Gewicht der darüberliegenden Atmosphäre ist. Die Expansion bedeutet einen zusätzlichen Energieverbrauch. Durch die hohe Leitfähigkeit des Plasmas wird aber in der Korona nahezu Isothermie aufrechterhalten. Dadurch sinkt der Gasdruck nach außen langsamer als das Gewicht der verbleibenden Atmosphäre, und die Expansion wird stetig schneller und erreicht in wenigen Sonnenradien Abstand Überschallgeschwindigkeit. Die schnellen Plasmaströme erfordern eine zusätzliche Energiequelle. Diese könnten magnetohydrodynamische Wellen, sog. Alfvénsche Wellen, sein, die sich im of-

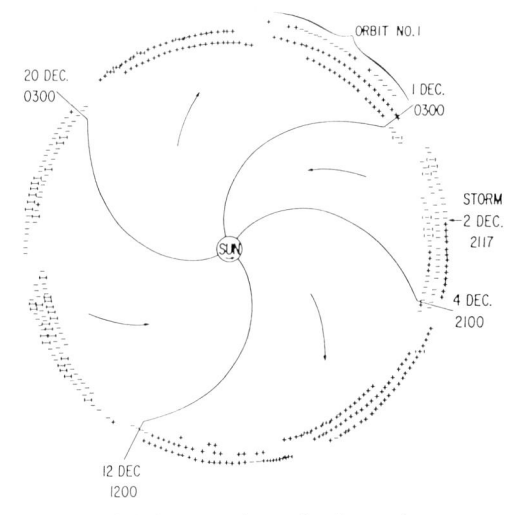

Bild 2.36 Sektorstruktur des interplanetaren Magnetfeldes im Dezember 1963 nach den Beobachtungen des Satelliten IMP-1. Die +-Zeichen bedeuten von der Sonne weggerichtetes und die --Zeichen zur Sonne hin gerichtetes Feld.

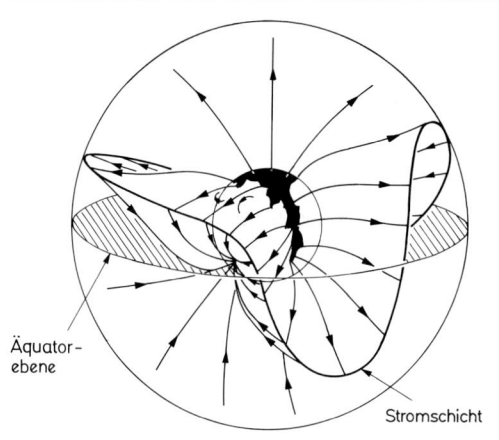

Bild 2.37 Infolge der unsymmetrischen Verteilung der Koronalöcher ist die magnetisch neutrale Stromschicht, die durch das Mitschleifen der magnetischen Feldlinien durch den Sonnenwind entsteht, mehr oder weniger stark gegenüber der Äquatorebene der Sonne verbogen. Im vorliegenden Beispiel schneidet die Stromschicht die Äquatorebene viermal und erzeugt bei einem Beobachter, der sich in der Nähe der Äquatorebene befindet (z. B. Erdsatelliten) den Eindruck der Sektorstruktur des interplanetaren Magnetfeldes. Außerhalb der Koronalöcher ist das Magnetfeld in Sonnennähe geschlossen. (vgl. Bild 2.32).

fenen Magnetfeld der Koronalöcher bis in die Region des Sonnenwindes ausbreiten und dort das Plasma zusätzlich beschleunigen.

2.8 Sonneneruptionen und damit zusammenhängende Erscheinungen

Eine Eruption ist ursprünglich das plötzliche Aufleuchten eines engbegrenzten Gebietes innerhalb einer Sonnenfleckengruppe im Hα-Licht. Eine durchschnittliche Eruption hat eine Ausdehnung von etwa 30 000 km und eine Lebensdauer von rund 30 min, wovon nur wenige Minuten auf die steile Anstiegsphase entfallen. Die größten Eruptionen erfassen eine ganze Fleckengruppe. Extrem große Eruptionen können sogar im Gesamtlicht der Sonne bemerkt werden, z. B. die am 1. September 1859 von R.C. Carrington und R. Hodgson unabhängig voneinander erste beobachtete Eruption überhaupt. Eruptionen treten bevorzugt in jungen, wachsenden Fleckengruppen auf, wobei ein deutlicher Zusammenhang zwischen der Geschwindigkeit des Fleckenwachstums und der Anzahl der Eruptionen besteht.

Hochauflösende Filmaufnahmen zeigen, daß die Eruptionen meist als zwei parallele Fäden beiderseits einer neutralen Linie aufleuchten, die Gebiete unterschiedlicher magnetischer Polarität trennt (Bild 2.38). Der Lichtausbruch ist die sichtbare Begleiterscheinung eines sehr verwickelten Phänomens, das u. a. die Strahlung der Sonne im Röntgen- und Radiobereich um z. T. viele Größenordnungen erhöht. Der typische Verlauf der Erscheinung ist der folgende: Eruptionen scheinen in der unteren Korona in der Nähe von Gebieten, wo neue Feldlinien aus dem Sonneninneren auftauchen, mit einer langsamen Erhitzung des Plasmas und einer damit verbundenen erhöhten Ausstrahlung im weichen Röntgenbereich zu beginnen. Nach fünf und mehr Minuten erfolgen mehrere kurze Ausbrüche harter Röntgenstrahlung ($\lambda < 0,1$ nm), während die weichere Röntgenstrahlung (0,1...2 nm) parallel zur Hα-Helligkeit innerhalb weniger Minuten steil zum Maximum ansteigt. Die Röntgenstrahlung besteht überwiegend aus Emissionslinien hochionisierter Metalle, z. B. Fe XXV und Ni XXVII. Die Temperatur des emittierenden Gases beträgt 20 10^6 K und mehr.

Sowohl in der Anstiegsphase einer Eruption als auch während des anschließenden allmählichen Abklingens beobachtet man im Radiobereich verschiedene Arten von Strahlungsausbrüchen, deren Natur sich an Hand dynamischer

2.8 Sonneneruptionen und damit zusammenhängende Erscheinungen

Bild 2.38 Sonneneruption am 7. April 1972, aufgenommen im Hα-Licht am Big Bear Solar Observatory.

Spektren (Bild 2.40) und interferometrischer Beobachtungen deuten läßt. Zeitgleich mit den Ausbrüchen harter Röntgenstrahlung treten Strahlungsausbrüche vom Typ III auf, bei denen sich für Sekunden der solare Radiostrahlungsstrom eines schmalen Frequenzbereiches von 10 bis 100 MHz Breite erhöht und gleichzeitig eine Frequenzverschiebung um etwa 20 MHz s^{-1} von anfänglich ≈600 MHz auf ≈5 MHz stattfindet. Die Ursache dafür ist, daß ein Strom schneller Elektronen, deren Geschwindigkeit ungefähr ein Drittel der Lichtgeschwindigkeit beträgt, in die Korona aufsteigt und das Plasma zur Schwingung mit etwa der Plasmafrequenz

$$\nu_P = \left(\frac{e^2 n_e}{\pi m_e}\right)^{1/2} \qquad (2.34)$$

e Elektronenladung
m_e Elektronenmasse

anregt. Die Frequenzdrift spiegelt also das Dichtegefälle der Korona wider. Bei großen Eruptionen beobachtet man zusätzlich Strahlungsausbrüche vom Typ II, deren Dauer 5 bis 30 Minuten beträgt und die eine Frequenzdrift von 0,2 MHz s^{-1} im Bereich von 200 bis 30 MHz zeigen. In etwa der Hälfte der Fälle treten zwei Emissionsbänder mit einem Frequenzverhältnis von 2:1 auf, die der 1. und 2. Harmonischen der Plasmafrequenz entsprechen. Die Ursache dafür ist eine magnetohydrodynamische Stoßwelle, die mit ≈10^3 km s^{-1} durch die Korona läuft. Manchmal folgen den Ausbrüchen vom Typ II Strahlungsausbrüche vom Typ IV. Ihre Dauer beträgt Stunden bis Tage. Dabei handelt es sich um ein Kontinuum im Meter- bis Dekameter-Bereich. Das Raumgebiet, aus dem diese Strahlung kommt, ist für alle Wellenlängen dasselbe. Dieser Befund und die beobachtete Polarisation zeigen, daß es sich hierbei um Synchro-

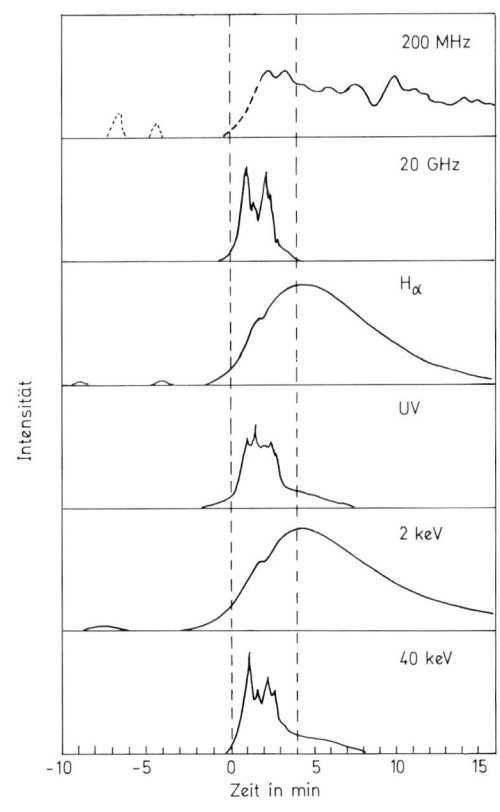

Bild 2.39 Schematische Darstellung des zeitlichen Verlaufs der Intensität der Strahlung in verschiedenen Spektralbereichen während einer typischen Eruption (vgl. auch Bild 2.40).

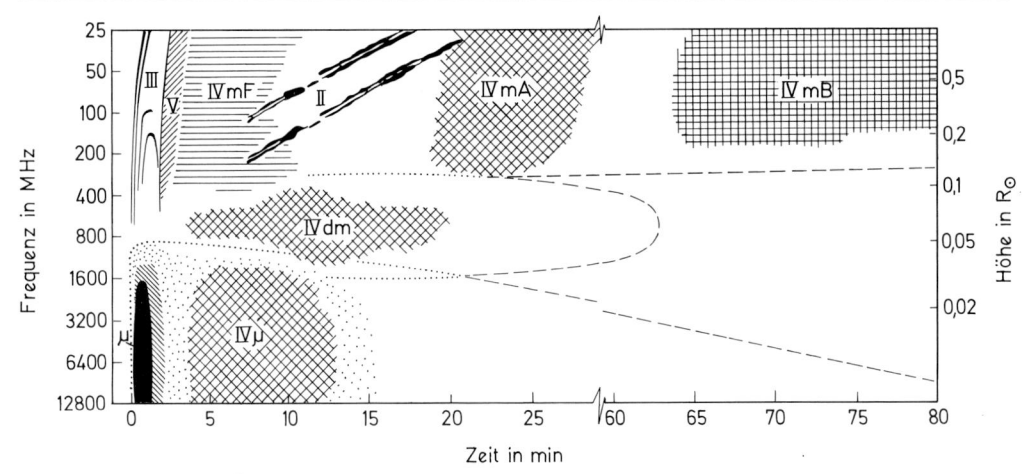

Bild 2.40 Schematisches Zeit-Frequenz-Diagramm der im Zusammenhang mit einer großen Eruption auftretenden Radiostrahlung mit Einteilung in die verschiedenen Klassen von Strahlungsausbrüchen. Die rechte Skala gibt näherungsweise die Höhe der Strahlungsquellen in der Korona an. Im Gebiet der Typ-III-Ausbrüche ist jeweils auch ein J- und ein U-Ausbruch eingezeichnet. Das Symbol µ steht für Mikrowellenausbruch.

tronstrahlung handelt, die von Elektronen ausgestrahlt wird, die sich mit sehr hohen Geschwindigkeiten in Magnetfeldern bewegen. Große Eruptionen beschleunigen außerdem Protonen und Elektronen auf Energien von 10...100 MeV. Die für die Strahlungsausbrüche vom Typ II verantwortliche Stoßwelle breitet sich auch in die Chromosphäre hinein aus, was auf Hα-Aufnahmen verfolgbar ist. Eruptionen lösen oft Protuberanzenaufstiege aus.

Bei einer Eruption werden $10^{21}...10^{25}$ J frei. Diese Energie ist zuvor durch Verformung, Verdrillung u. a. im Magnetfeld gespeichert worden. Die gegenwärtigen Modelle gehen davon aus, daß die Energie explosionsartig nahe den Scheitelpunkten in einem System von magnetischen Bögen freigesetzt wird, wobei die genaue Art der Instabilität noch unbekannt bzw. umstritten ist (Bild 2.41). Das erhitzte Gas sendet Röntgenstrahlung aus. Längs der magnetischen Feldlinien wird ein Teil der Energie durch Ströme schneller Elektronen in die Chromosphäre gelenkt, die daraufhin im Hα-Licht aufleuchtet. Ein Teil der Elektronen wird auf Geschwindigkeiten $v \approx 1/3c$ beschleunigt. Stoßen diese Teilchen auf die dichteren Schichten der Chromosphäre, so werden sie dort stark abgebremst und senden Röntgenstrahlung aus. Die in der Korona aufsteigenden Elektronen lösen die Emission der Radiostrahlungsausbrüche vom Typ III aus. Die Explosion selbst ist für die magnetohydrodynamische Stoßwelle verantwortlich, die sich durch den Strahlungsausbruch vom Typ II bemerkbar macht. Das genaue Erscheinungsbild der weiteren mit einer Eruption verbundenen Radiostrahlung wird entscheidend vom Verlauf der magnetischen Feldlinien geprägt.

2.9 Solar-terrestrische Erscheinungen

Die Beziehungen zwischen Sonne und Erde sind sehr eng, und nur wenige irdische Vorgänge sind nicht letzten Endes durch die Sonne bedingt (z. B. Erdbeben oder Vulkanausbrüche). Der Sonneneinfluß erfolgt über das Gravitationsfeld sowie die elektromagnetische und Teilchenstrahlung und weist infolge

2.9 Solar-terrestrische Erscheinungen

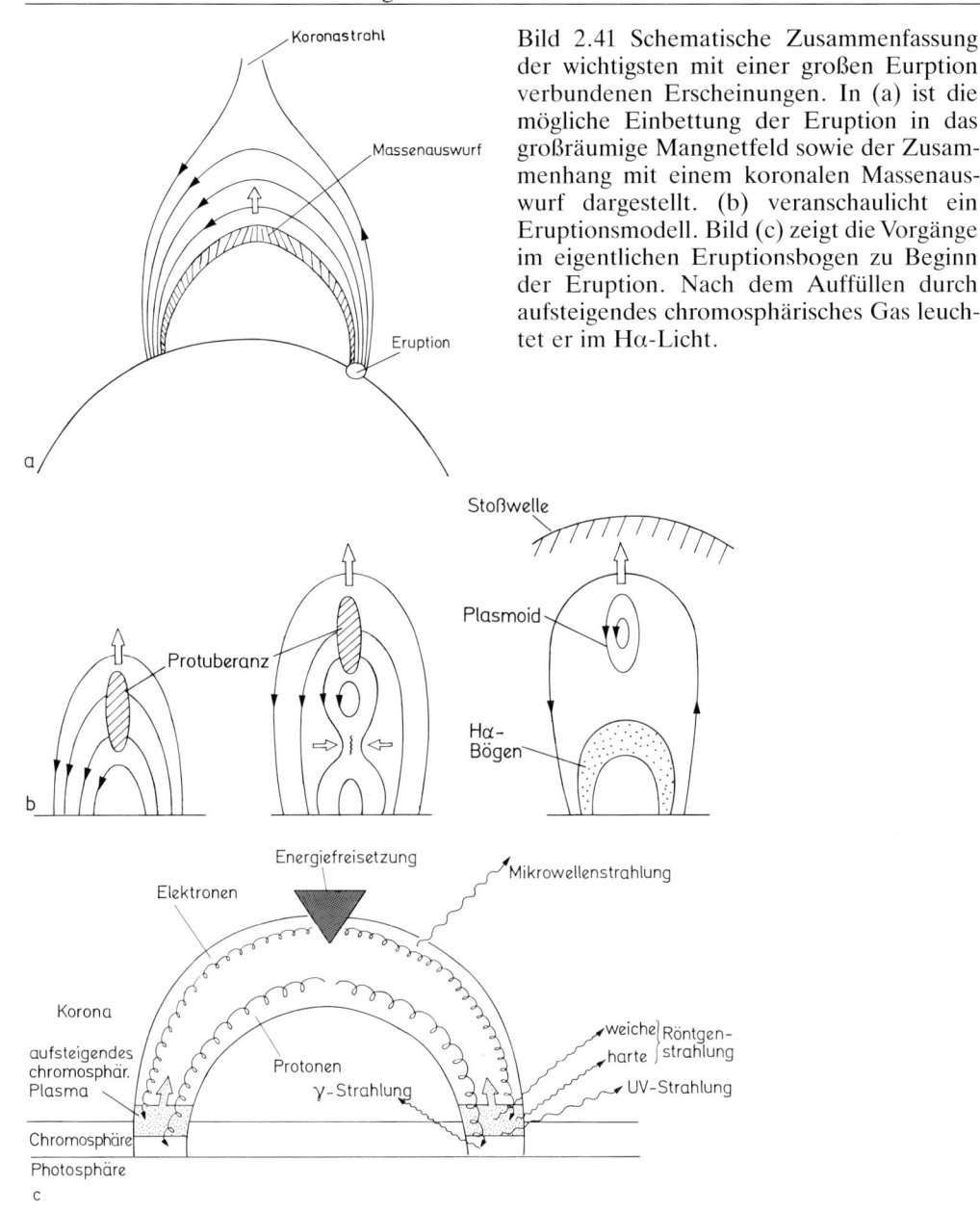

Bild 2.41 Schematische Zusammenfassung der wichtigsten mit einer großen Eurption verbundenen Erscheinungen. In (a) ist die mögliche Einbettung der Eruption in das großräumige Mangnetfeld sowie der Zusammenhang mit einem koronalen Massenauswurf dargestellt. (b) veranschaulicht ein Eruptionsmodell. Bild (c) zeigt die Vorgänge im eigentlichen Eruptionsbogen zu Beginn der Eruption. Nach dem Auffüllen durch aufsteigendes chromosphärisches Gas leuchtet er im Hα-Licht.

der Rotation der Erde und ihres Umlaufes um die Sonne einen täglichen und einen jährlichen Gang auf (z. B. Tages- und Jahresgang der Temperatur an der Erdoberfläche, des Ionisationszustandes der Ionosphäre u. v. a.).

Die Sonnenstrahlung ist die primäre Energiequelle für alle Lebensvorgänge; mit Ausnahme der Kernenergie ist alle gegenwärtig vom Menschen genutzte Energie umgewandelte Sonnenenergie.

Die solar-terrestrischen Erscheinungen im engeren Sinne sind Störungen des mittleren Zustandes der Erdatmosphäre und -magnetosphäre durch veränderliche solare Einflüsse und daher mit der Sonnenaktivität verknüpft. Die Häufigkeit ihres Auftretens zeigt demzufolge eine 11jährige Periode. Besonders deutlich ist der Zusammenhang zwischen dem Geschehen auf der Erde und der Sonne bei den Wirkungen, die im Gefolge von Eruptionen auftreten (vgl. Abschnitt 2.8), doch auch die Inhomogenitäten des Sonnenwindes verursachen z. B. geomagnetische Stürme. Da die Struktur des Sonnenwindes durch das Magnetfeld in der Korona, z. B. die Größe und Lage von Koronalöchern, gesteuert wird, beobachtet man auch bei diesen Effekten einen 11jährigen Gang. Durch die Langlebigkeit der Koronalöcher verursacht die Rotation der Sonne darüber hinaus eine 27tägige Periode.

Eine Gruppe von Erscheinungen wird durch die bei Eruptionen 100fach und mehr verstärkte Röntgenstrahlung ausgelöst, deren Absorption in der unteren Ionosphäre die Ionen- und Elektronendichte erhöht. Diese Effekte, zu denen z. B. der sog. Mögel-Dellinger-Effekt (Unterbrechung der Funkverbindungen im 15-...60-m-Wellenbereich auf der Tagseite der Erde, da diese Wellen nicht mehr von der Ionosphäre reflektiert, sondern absorbiert werden), der Dämpfungseinbruch bei kosmischen Radiowellen (kosmische Radiostrahlung wird verstärkt von der Ionosphäre absorbiert) und die plötzliche Verstärkung atmosphärischer Störungen sowie der Signale entfernter Langwellensender (für Wellen mit $\lambda > 10$ km verbessert sich das Reflexionsvermögen der Ionosphäre) gehören, treten daher gleichzeitig mit der optischen Eruption auf.

Eine zweite Gruppe von Erscheinungen wird durch die von der Eruption ausgelöste Stoßwelle verursacht, wenn diese auf die Magnetosphäre der Erde auftrifft bzw. in sie eindringt. Wegen der geringeren Ausbreitungsgeschwindigkeit setzen diese Erscheinungen erst ungefähr 40 h (frühestens 17 h) nach Beginn der Eruption ein. Zu ihnen gehören u. a. magnetische Stürme (plötzliches Einsetzen beim Auftreffen der Stoßwelle und nachfolgendes unregelmäßiges stundenlanges Schwanken der Komponenten des Magnetfeldes auf der ganzen Erde), Polarlichter (immer von

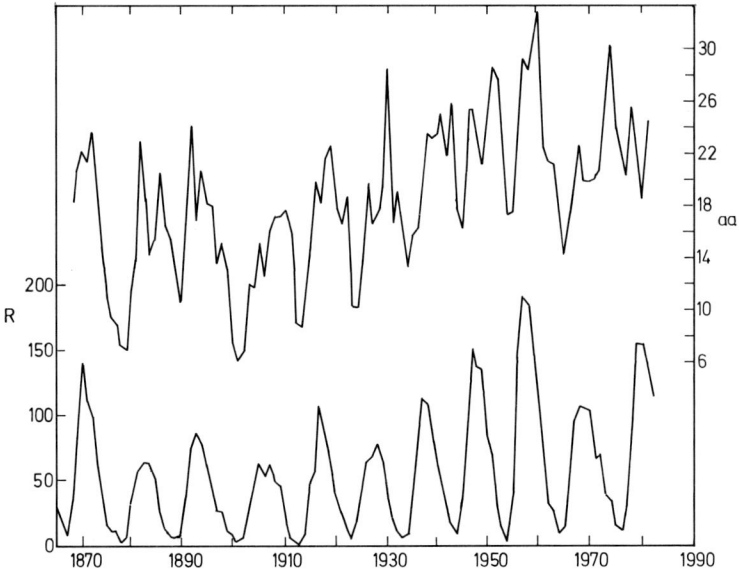

Bild 2.42 Erdmagnetische Aktivität (obere Kurve und rechte Skala) und Sonnenfleckenrelativzahlen (untere Kurve und linke Skala) zwischen 1868 und 1981. Es sind jeweils Jahresmittel aufgetragen.

einem magnetischen Sturm begleitet) sowie der sog. Forbush-Effekt (Abnahme der Intensität der kosmischen Strahlung für mehrere Tage).

Die Einflüsse der Sonnenaktivität auf die Vorgänge der Stratosphäre und Troposphäre (Niederschläge, Gewitterhäufigkeit u. ä.) sowie auf die Lebensvorgänge sind sehr gering, oft statistisch noch wenig gesichert und im Wirkungsmechanismus kaum verstanden (Bild 2.43). Die Sonnenaktivität ist kein wetterbestimmender Faktor für einen bestimmten Ort der Erde oder für die Erde insgesamt. Immerhin scheinen aber z. B. in dem Niederschlagsverhalten und/oder der mittleren Temperatur größerer Landstriche 11jährige oder 22jährige Perioden nachweisbar, wobei sich die Niederschlagsmengen parallel oder gegenläufig mit den Sonnenfleckenrelativzahlen ändern können, so daß der Erhalt signifikanter Zusammenhänge von der geeigneten Gruppierung der Meßstationen abhängt.

In diesen Zusammenhang gehört auch, daß man in der Breite der Jahresringe von Bäumen entsprechende Periodizitäten gefunden hat. Besonders bekannt geworden ist die 22jährige Periode in den Jahresringen von Grannenkiefern aus dem Südwesten der USA. Da diese Bäume sehr alt werden können, hat man die Daten umgekehrt auch als Hinweis darauf gewertet, daß der Rhythmus der Sonnenaktivität sich in den letzten paar Tausend Jahren nicht wesentlich geändert hat.

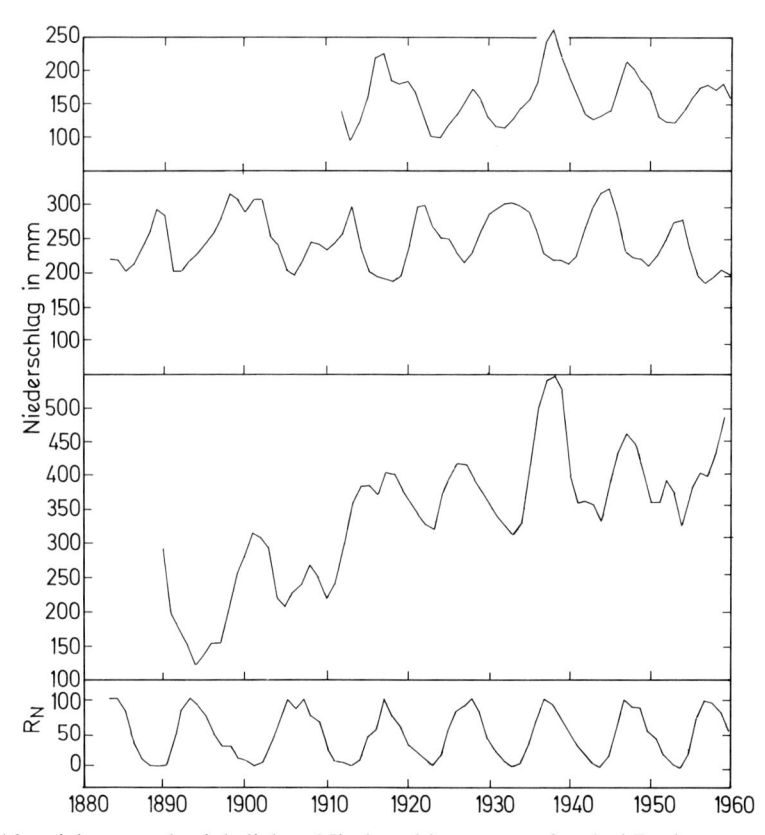

Bild 2.43 Abweichungen der jährlichen Niederschlagsmenge für drei Breitenzonen der nördlichen Halbkugel der Erde. Die untere Kurve zeigt die Variation der Sonnenaktivität anhand normierter Sonnenfleckenrelativzahlen (nach Xanthakis).

3 Die Planeten und großen Satelliten

3.1 Physikalische Eigenschaften der Planeten und großen Satelliten

3.1.1 Zustandsgrößen der planetarischen Himmelskörper

Die neun Planeten bewegen sich auf kreisnahen Ellipsenbahnen um die Sonne. In Tabelle 3.1 sind einige Bahnelemente, die Abstand, Form und Lage der Bahnen relativ zur Ebene der Erdbahn (Ekliptik) beschreiben, aufgeführt. Die Tabelle enthält weiterhin wichtige photometrische Daten dieser Himmelskörper, die Aussehen und Farbe bestimmen. In physikalischer Hinsicht unterscheiden sich die großen Satelliten (Monde) nicht grundsätzlich von den Planeten. Ihre Bahnen haben lediglich, bedingt durch die große Nähe eines Pla-

neten und hervorgerufen durch die Umstände ihrer Bildung in der Urzeit des Sonnensystems, in bezug auf die Sonne eine kompliziertere Gestalt als die der Planeten. Relativ zum Planeten können wir sie in erster Näherung gleichfalls als kreisnahe Ellipsen beschreiben. Einige Bahnelemente der Monde findet man in der Gesamttabelle aller Satelliten im Abschnitt 4.1.

In Tabelle 3.2 sind wichtige makroskopische Zustandsgrößen der Planeten, also direkt meßbare oder abgeleitete Größen, die den Planeten als Ganzes charakterisieren, aufgeführt. Im folgenden werden Planeten und große Satelliten von Planetencharakter (Kugelform; innere stoffliche Differenzierung, d. h. Entmischung leichter und schwerer Stoffe im Schwerefeld) gemeinsam als „planetarische Himmelskörper" behandelt. In Tabelle 3.3 werden für die gro-

Tabelle 3.1 Dynamische und photometrische Daten der Planeten.
a große Halbachse; e numerische Exzentrizität; i Bahnneigung zur Ebene der Ekliptik; V_{opp} visuelle Oppositionshelligkeit; $V(1,0)$ visuelle absolute Helligkeit; $B-V$ Farbindex im UBV-System; p_v visuelle geometrische Albedo; q Phasenintegral

Planet	a (in AE)	e	i (in °)	V_{opp} (in ^{m})	$V(1,0)$ (in ^{m})	$B-V$ (in mag)	p_v	q
Merkur	0,388	0,206	7,00	− 0,17	−0,36	0,91	0,096	0,58
Venus	0,723	0,007	3,39	− 3,81	−4,34	0,79	0,6	1,2
Erde	1,000	0,017	0,00		−3,9	0,2	0,37	1,05
Mars	1,524	0,093	1,85	− 2,01	−1,51	1,37	0,154	1,02
Jupiter	5,203	0,048	1,30	− 2,55	−9,25	0,83	0,44	1,6
Saturn	9,52	0,055	2,48	+ 0,67	−9,0	1,04	0,46	1,6
Uranus	19,2	0,05	0,77	+ 5,52	−7,15	0,56	0,51	1,6
Neptun	30,0	0,01	1,77	+ 7,84	−6,90	0,41	0,43	1,6
Pluto	39,4	0,25	17,1	+14,90	−1,0	0,80	0,63	1,2

3.1 Physikalische Eigenschaften der Planeten und großen Satelliten   93

ßen Satelliten neben den photometrischen auch wichtige physikalische Zustandsgrößen analog denen der Planeten in Tabelle 3.2 aufgeführt. Da alle diese Himmelskörper gebunden rotieren, erübrigt sich hier die Angabe der Rotationsperiode. Wegen der langsamen Rotation und der tiefgreifenden Auskühlung und Erstarrung dieser Himmelskörper sind die Werte der geometrischen Abplattung bei ihnen unmeßbar klein. Nennenswerte magnetische Momente und Wärmeströme sind, von wenigen Ausnahmen (z. B. der Io) abgesehen, nicht zu erwarten.

Tabelle 3.2 Makroskopische Zustandsgrößen der Planeten.
R_A Äquatorradius; M Masse; $\bar{\varrho}$ mittlere Dichte; e_F geometrische Abplattung; P_{rot} Rotationsperiode; i_{rot} Winkel zwischen Äquator und Bahnebene; $\tilde{M}$ magnetisches Moment; T_{eff} effektive Strahlungstemperatur; Q Wärmestrom an der Oberfläche (von innen); ε Wärmebilanz

Planet	R_A (in km)	$M/M_\odot$	$\bar{\varrho}$ (in kg m^{-3})	e_F	P_{rot} (in d)	i_{rot} (in °)	$\tilde{M}$ (in T m^3)	T_{eff} (in K)	Q (in W m^{-2})	ε
Merkur	2439	0,0553	5437	0,0001	58,625	2	4,9 10^{12}			
Venus	6052	0,8150	5244	<0,0001	−243,019	3	<1 10^{12}	230		
Erde	6378	1,0	5517	0,0034	0,997	23,45	8,0 10^{15}	255	0,067	1,00
Mars	3397	0,1074	3931	0,0052	1,026	23,98	2 10^{12}	216		
Jupiter	71400	317,8	1332	0,065	0,410	3,07	1,6 10^{20}	124,4	5,4	1,67
Saturn	60300	95,14	686	0,098	0,445	26,7	4,7 10^{18}	95	2,0	1,78
Uranus	25600	14,54	1235	0,024	−0,718	98	3,9 10^{17}	59,1	≤ 0,04	≤1,06
Neptun	24800	17,15	1600	0,017	0,671	29	2 10^{17}	59,3	0,43	2,61
Pluto	1150	0,0021	1970	0	6,387	94				

$M_\oplus = 5{,}975 \cdot 10^{24}$ kg

Tabelle 3.3 Makroskopische Zustandsgrößen und photometrische Daten der großen Satelliten ($R > 500$ km).
(Bezeichnungen wie in den Tabellen 3.1 und 3.2)

Satellit		R (in km)	M (in kg)	$\bar{\varrho}$ (in kg m^{-3})	V_{opp} (in ^{m})	$V(1,0)$ (in ^{m})	$B-V$ (in mag)	p_v
JIII	Ganymed	2631	1,482 10^{23}	1943	4,6	−2,09	0,81	0,43
SVI	Titan	2575	1,346 10^{23}	1882	8,4	−1,56	1,30	0,21
JIV	Kallisto	2400	1,077 10^{23}	1860	5,6	−1,05	0,88	0,17
JI	Io	1815	8,94 10^{22}	3570	5,0	−1,68	1,15	0,63
	Mond	1738	7,35 10^{22}	3342	−12,74	+0,21	0,92	0,12
JII	Europa	1569	4,87 10^{22}	3010	5,3	−1,41	0,89	0,64
NI	Triton	1353	2,14 10^{22}	2066	13,6		0,77	0,7
UIII	Titania	800	3,43 10^{21}	1599	14,0	+1,3	0,62	0,23
UIV	Oberon	775	2,87 10^{21}	1472	14,2	+1,5	0,65	0,20
SV	Rhea	764	2,49 10^{21}	1333	9,7	+0,21	0,76	0,65
SVIII	Japetus	718	1,89 10^{21}	1219	10,2[a]	+1,48	0,78	0,5[a]/0,04
UII	Umbriel	595	1,18 10^{21}	1337	15,3	+2,6		0,16
PI	Charon	593	1,4 10^{21} (?)	1713 (?)	17			0,49
UI	Ariel	580	1,44 10^{21}	1762	14,4	+1,7		0,38
SIV	Dione	559	1,05 10^{21}	1435	10,4		0,71	0,55
SIII	Tethys	524	7,54 10^{20}	1251	10,3	+0,7	0,74	0,80

[a] helle Seite

3.1.2 Typen planetarischer Himmelskörper

Wie die unterschiedlich großen Werte der mittleren Dichte in den Tabellen 3.2 und 3.3 zeigen, bestehen die planetarischen Himmelskörper aus verschiedenartigem Material. Der Zahlenwert von $\bar{\varrho}$ wird jedoch erst für die Zusammensetzung aussagekräftig, wenn man Masse oder Größe des Himmelskörpers in Betracht zieht, weil massereichere Himmelskörper ihr Material stärker komprimieren als masseärmere, deren Dichte

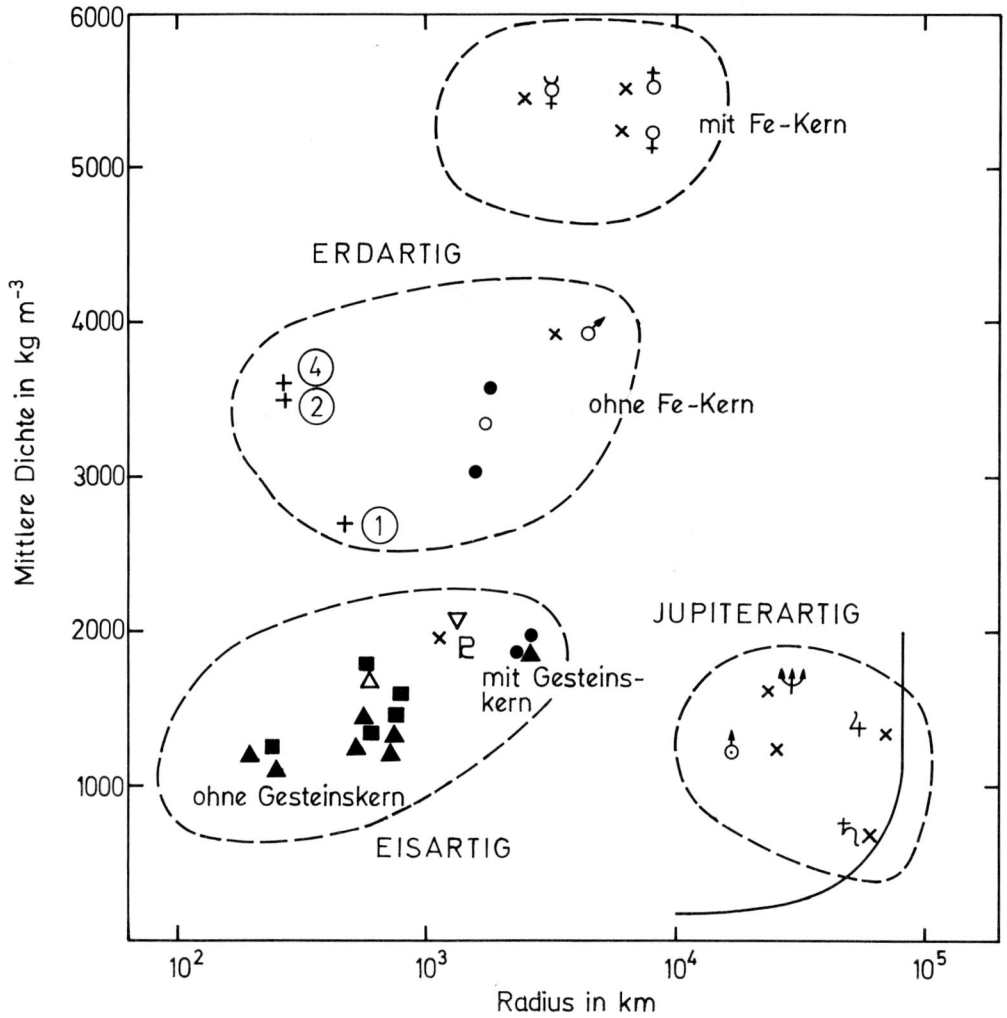

Bild 3.1 Radius-Dichte-Diagramm planetarischer Himmelskörper. Liegende Kreuze: Planeten; stehende Kreuze: Planetoiden (beide durch ihre Symbole bzw. ihre Nummer im Kreis gekennzeichnet); offener Kreis: Erdmond; gefüllte Kreise: Galileische Jupitermonde; gefüllte Dreiecke: große Saturnmonde; gefüllte Quadrate: große Uranusmonde; offene Dreiecke: Triton (Spitze nach unten), Charon (Spitze nach oben). Während sich bei den Gesteinsplaneten solche mit großem Eisenkern deutlich von den anderen absondern, ist bei den Eisplaneten der Übergang von denen mit großem Gesteinskern zu denen ohne nennenswerten Kern fließend. Jupiter und Saturn liegen dicht an der theoretischen Kurve für reine Wasserstoffplaneten.

in der Nähe der Nulldruckdichte liegt. Für die qualitative stoffliche Klassifikation planetarischer Himmelskörper verwendet man daher am einfachsten das Radius-Dichte-Diagramm (Bild 3.1). In ihm zeigen sich drei lockere Gruppierungen, die nach ihrem Prototyp (Erde, Jupiter) oder auch nach dem typischen Material (Gestein, Wasserstoff, „Eis") benannt werden können:

– erdartige Himmelskörper (Gesteinsplaneten);
– jupiterartige Planeten (Wasserstoffplaneten);
– eisartige Himmelskörper (Eisplaneten).

Die erdartigen Himmelskörper (Merkur, Venus, Erde, Mars, Mond, Io, Europa) haben hohe mittlere Dichten ($\bar{\varrho}$ = 3000...5500 kg m^{-3}) bei niedrigen Massen (0,01...1 $M_\oplus$) und Radien (R von der Größenordnung 10^3 km). Sie bestehen zu einem wesentlichen Teil aus Silikatgestein und besitzen teilweise Eisenkerne.

Bei den jupiterartigen Planeten (Jupiter, Saturn, Uranus, Neptun) umgibt eine ausgedehnte Hülle aus einem Wasserstoff-Helium-Gemisch von ungefähr sonnenähnlicher Zusammensetzung einen großen Gesteins- oder Gestein-Eis-Kern. Sie weisen große Radien („Riesenplaneten") und Massen, aber sehr niedrige Dichten auf ($\bar{\varrho}$ < 1700 kg m^{-3}).

Die eisartigen Himmelskörper (Pluto, Ganymed, Kallisto, alle großen Saturn-, Uranus- und Neptunmonde, Charon) besitzen mittlere Dichten zwischen 1000 und 2100 kg m^{-3}. Der Wert von $\bar{\varrho}$ hängt hauptsächlich von der Größe des Gesteinskerns ab, den ein Eismantel umgibt. Unter „Eis" werden im folgenden kondensierte flüchtige Stoffe (Volatilien) aus Verbindungen der kosmisch häufigsten chemischen Elemente (H, O, C, N) verstanden. Neben Wasserstoffverbindungen (H$_2$O, NH$_3$ und Kohlenwasserstoffen) spielen dabei auch wasserstofffreie Volatilien (CO, CO$_2$, N$_2$) eine Rolle.

3.1.3 Grundbegriffe der Planeten- und Satellitenphotometrie

Photometrie und Spektralphotometrie sind die wichtigsten empirischen Quellen der astronomischen Planeten- und Satellitenforschung. Die scheinbare Helligkeit m eines von der Erde aus beobachteten Planeten ist eine Funktion seines Sonnenabstandes r (in AE), seines Erdabstandes Δ (in AE) und des Phasenwinkels α (Bild 3.2). Die Extremwerte für den Phasenwinkel betragen bei den inneren Planeten 0° (obere Konjunktion) und 180° (untere Konjunktion), bei den äußeren 0° (Opposition) und α_{max}. Dabei ist α_{max} um so kleiner, je weiter außen der Planet kreist. Die scheinbare Helligkeit ist darstellbar als

$$m(r, \Delta, \alpha) = m(1,0) + 5 \lg(r\Delta) + \tilde{m}(\alpha). \quad (3.1)$$

Die Größe $m(1,0)$ heißt absolute Helligkeit und gibt die fiktive Helligkeit an, die der Himmelskörper hätte, wenn er in Oppositionsstellung bei $r = \Delta = $ 1 AE stünde. Der zweite Term rechts drückt aus, daß der Strahlungsstrom einer Lichtquelle mit dem Quadrat des Abstandes abnimmt. Die Funktion $\tilde{m}(\alpha)$ berücksichtigt, welcher Bruchteil der Scheibe beleuchtet ist (Phase) und wel-

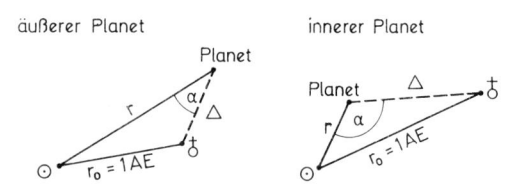

Bild 3.2 Heliozentrischer Abstand r, geozentrischer Abstand Δ und Phasenwinkel α für einen inneren (rechts) und einen äußeren Planeten (links).

ches Reflexionsvermögen (Albedo) die Oberfläche oder Wolkendecke hat.

In $\tilde{m}(\alpha)$ ist die Phasenfunktion $\phi(\alpha)$ enthalten. Sie ist definiert als Verhältnis des Strahlungsstromes des Planeten beim Phasenwinkel α und des Strahlungsstromes in der Stellung $\alpha = 0$, wobei gleiche Entfernung von der Erde angenommen wird. Somit gilt $\phi(\alpha) \leq 1$ für alle α, speziell $\phi(\alpha) = 1$ für $\alpha = 0$. $\tilde{m}(\alpha)$ wird normalerweise als eine Potenzreihe in α angesetzt, deren Koeffizienten empirisch bestimmt werden.

Eine wichtige Größe ist das Phasenintegral

$$q = 2 \int_0^\pi \phi(\alpha) \sin\alpha \, d\alpha. \qquad (3.2)$$

Die Albedo kann auf verschiedene Weise definiert werden:
– Die sphärische (Bondsche) Albedo A ist das Verhältnis des vom Planeten in alle Richtungen reflektierten Lichts zu der auf den Planetenquerschnitt fallenden Sonnenstrahlung.
– Die geometrische Albedo p ist das Verhältnis des von der vollen Planetenscheibe zum Beobachter gelangenden Strahlungstromes zu dem, der von einer diffus reflektierenden, absolut weißen Scheibe (Lambertscher Strahler) gleicher Größe bei senkrechtem Lichteinfall zum Beobachter gelangen würde. Für den Lambertschen Strahler gilt $p = A = 1$ und $\phi(\alpha) = \cos\alpha$ für $0 \leq \alpha \leq \pi/2$ und $\phi(\alpha) = 0$ für $\pi/2 < \alpha \leq \pi$.

Zwischen den Größen A, p und q besteht die Beziehung

$$A = pq. \qquad (3.3)$$

Während p aus der beobachteten scheinbaren Helligkeit bei $\alpha = 0$ und den Entfernungen r und Δ bestimmt werden kann, wenn der Radius des betreffenden Himmelskörpers bekannt ist, setzt die Bestimmung von A die Kenntnis der Phasenfunktion voraus. Da diese für die äußeren Planeten nur für $0 \leq \alpha \leq \alpha_{max}$ bekannt ist, herrscht über die sphärische Albedo A dieser Himmelskörper noch beträchtliche Unsicherheit. Alle besprochenen photometrischen Größen sind wellenlängenabhängig. In den Tabellen 3.1 und 3.3 sind sie im *UBV*-System gegeben.

Für Himmelskörper, die zu weit entfernt sind, um ihre scheinbaren Durchmesser direkt messen zu können, kann ein photometrischer Radius R_{Ph} ermittelt werden. Dazu dient die Beziehung

$$m = m_\odot - 2{,}5 \lg p - 5 \lg R_{Ph} + 5 \lg(r\Delta). \qquad (3.4)$$

Hierin bedeutet $m_\odot$ die scheinbare Helligkeit der Sonne im selben Wellenlängenbereich wie m. Wenn r, Δ und m bekannt sind, kann aus m mit Hilfe eines hypothetisch angenommenen Wertes von p der Radius berechnet werden. Zu beachten ist dabei, daß nur eine der beiden Entfernungen r und Δ in AE eingesetzt werden darf, die andere muß dann dieselbe Dimension wie R_{Ph} haben.

3.2 Der innere Aufbau der Planeten und Satelliten

3.2.1 Potential, Figur und Trägheitsmoment eines planetarischen Himmelskörpers

Eine für das Studium des inneren Aufbaus von Planeten wichtige, empirisch bestimmbare Funktion ist das Potential. Es ist nach der geophysikalischen Definition diejenige skalare Ortsfunktion U, deren negativer Gradient die Beschleunigung ist. Üblicherweise werden als unabhängige Variable für die Darstellung von U die Polarkoordinaten r, ϕ, λ (r Abstand vom Planetenzentrum, ϕ planetozentrische Breite, λ planetographische Länge) benutzt. Die Unterscheidung zwischen planetographischer und planetozentrischer Breite ist bei abgeplatteten Himmelskörpern notwendig, weil hier im allgemeinen Lotrichtung (definiert planetographische Breite) und Richtung zum Planetenmittelpunkt (definiert planetozentrische Breite) nicht übereinstimmen.

Es ist üblich, die an einem Punkt des Planeten auftretende Beschleunigung in dem fest mit dem Planeten verbundenen (d. h. mitrotierenden) Koordinatensystem zu berechnen. Damit enthält U zwei Anteile verschiedenen Vorzeichens:
– den Anteil U_G vom Schwerefeld,
– den Anteil U_R infolge der durch die Rotation bewirkten Zentrifugalkraft.

Für das Gravitationspotential U_G eines Himmelskörpers im Außenraum ($r > R$) gilt folgende Reihenentwicklung nach Legendreschen und zugeordneten Legendreschen Polynomen (Multipolentwicklung):

Himmelskörper Abweichungen von der gleichförmigen Massenverteilung in den äußeren Bereichen, z. B. durch Massenkonzentrationen in der Kruste und durch topographische Strukturen (Gebirgsmassive).

Die Momente, die das Gravitationsfeld eines Himmelskörpers beschreiben, können aus der Bahnbewegung natürlicher und künstlicher Satelliten und passierender Planetensonden abgeleitet werden (Satellitengravimetrie). Sie werden mit wachsendem n rasch kleiner. Wie viele Momente in *(3.5)* man aus Bahnanalysen bestimmen kann, hängt von der Menge und Güte der zur Analyse gelangenden Daten ab. Aktuelle Werte von J_2, J_3 und J_4 für die Planeten und den Mond können der Tabelle 3.4 entnommen werden.

Die Bedeutung der Gravitationsmomente für die Theorie des inneren Aufbaus besteht darin, daß sie Integralrela-

$$U_G(r, \phi, \lambda) = -\frac{GM}{r}\left\{1 - \sum_{n=2}^{\infty}\left(\frac{R_A}{r}\right)^n \left[J_n P_n(\sin\phi)\right.\right.$$
$$\left.\left. + \sum_{m=1}^{n} P_n^m(\sin\phi)(C_{nm}\cos m\lambda + S_{nm}\sin m\lambda)\right]\right\} \quad (3.5)$$

G Newtonsche Gravitationskonstante ($G = 6{,}67 \cdot 10^{-11}$ m³ kg⁻¹ s⁻²)
M Masse; J_n zonale Gravitationsmomente
C_{nm}, S_{nm} tesserale Gravitationsmomente
P_n und P_n^m Legendresche bzw. zugeordnete Legendresche Polynome

Bemerkenswert ist, daß in dieser Multipolentwicklung das Dipolglied ($n = 1$) fehlt. Es ist dies eine fundamentale Eigenschaft der Gravitationskraft, die nur mit *einem* Vorzeichen auftritt. Für einen Himmelskörper mit kugelsymmetrischer Massenverteilung gilt $J_n = 0$ und $C_{nm} = S_{nm} = 0$, und der Ausdruck *(3.5)* geht in das bekannte Newtonsche Gravitationspotential über. Für einen rotierenden fluiden Planeten verschwinden die ungeradzahligen zonalen und alle tesseralen Momente. Die letzteren beschreiben bei einem außen erstarrten

Tabelle 3.4 Zonale Gravitationsmomente J_n und Trägheitsfaktoren δ für einige Himmelskörper

Himmelskörper	$10^5 J_2$	$10^5 J_3$	$10^5 J_4$	δ
Erde	108,26	−0,25	− 0,16	0,331
Mond	20,24	0,89	− 1,17	0,390
Merkur	8,00			0,33
Venus	0,60	0,78	− 0,16	
Mars	195,92	2,96	− 1,02	0,365
Jupiter	1469,7	0,14	−58,4	0,26
Saturn	1633,1		−91,4	0,21
Uranus	351,6		− 3,2	
Neptun	370,8			0,26

tionen über die Dichteverteilung im Planeteninneren sind. Es gilt:

$$J_n = \frac{1}{MR^n} \int_V \varrho\,(r, \phi, \lambda)\, r^n\, P_n\, dV. \quad (3.6)$$

V Volumen des Himmelskörpers
$dV = r^2\, dr\, \cos\phi\, d\lambda\, d\phi$ Volumenelement in Polarkoordinaten

Mit wachsendem n hängen die J_n aufgrund der Gewichtsfunktion r^n in *(3.6)* immer empfindlicher von der Dichteverteilung in den äußeren Schichten des Himmelskörpers ab. Allgemein drückt sich in den zonalen Gravitationsmomenten die Abweichung des Himmelskörpers von der Kugelgestalt aus, während die tesseralen Momente ein Indikator für die Inhomogenität in der Massenverteilung der Kruste sind. Das Quadrupolmoment J_2, das zahlenmäßig größte in *(3.5)*, spiegelt die geometrische Abplattung des Planeten wider und hängt direkt mit seinem Trägheitsmoment um die Rotationsachse zusammen. Für die durch die Satellitengravimetrie gefundene sog. Birnenform der Erde ist das Auftreten eines relativ großen Wertes von J_3 maßgebend.

Im mitrotierenden Koordinatensystem eines sich mit der Winkelgeschwindigkeit ω drehenden Planeten wirkt an einem Punkt seiner Oberfläche mit dem Zentrumsabstand R die Zentrifugalkraft, die sich formal von dem „Rotationspotential"

$$U_R = -1/2\,\omega^2\, R^2\, \cos^2\phi \quad (3.7)$$

ableitet. Betrachtet man den Fall eines aus einer idealen Flüssigkeit bestehenden Planeten (sog. fluider Planet), der bei der Rotation genau die Form eines Rotationsellipsoids annimmt, dann kann man das Verhältnis R/R_A (R_A Äquatorradius) als Funktion von e_F (geometrische Abplattung) und $\sin\phi$ darstellen, die durch eine Reihenentwicklung nach e_F gewinnbar ist. In dieser Entwicklung taucht $\sin\phi$ nur in geradzahligen Potenzen auf. Es ergibt sich

$$R/R_A \approx 1 - (e_F + 3/2\,e_F^2)\sin^2\phi + \ldots \quad (3.8)$$

und damit

$$U_R = -1/2\,\omega^2\, R_A^2\,[1-(1+2e_F \\ +3e_F^2+\ldots)\sin^2\phi + \ldots]. \quad (3.9)$$

Das „Rotationspotential" läßt sich somit auf eine ähnliche mathematische Form bringen wie das Gravitationspotential, wenn der dimensionslose Parameter

$$\xi = \frac{\omega^2\, R_A^3}{GM} \quad (3.10)$$

eingeführt wird. Er drückt die Zentrifugalbeschleunigung am Äquator in Einheiten der Schwerebeschleunigung aus. Damit erhält U_R die Gestalt

$$U_R = -1/2\,\xi\,\frac{GM}{R_A} \\ \times \left[1+\sum_{\nu=1}^{\infty}\tilde{p}_{2\nu}\,P_{2\nu}(\sin\phi)\right]. \quad (3.11)$$

Dabei treten nur geradzahlige Legendresche Polynome auf; die Koeffizienten $\tilde{p}_{2\nu}$ sind Funktionen von e_F.

Die Gestalt des fluiden Planeten ergibt sich aus der Forderung, daß seine Oberfläche eine Äquipotentialfläche sein soll, d. h., es muß gelten

$$U = U_G + U_R = -\frac{GM}{R_A} \\ \times \left[1+\sum_{\nu=0}^{\infty}p_{2\nu}\sin^{2\nu}\phi\right] = \text{const.} \quad (3.12)$$

In den Koeffizienten $p_{2\nu}$ sind die $\tilde{p}_{2\nu}$ aus *(3.11)* enthalten; damit hängen auch sie von e_F ab. Weiterhin gehen die Gravitationsmomente (bei einem fluiden Planeten nur die geradzahligen zonalen, $J_{2\nu}$, denn alle anderen sind in diesem Spezialfall gleich 0) und der Rotationsparameter ξ ein. Damit U nach *(3.12)* eine Konstante wird, müssen demnach sämtliche $p_{2\nu}$ verschwinden. Aus $p_{2\nu} = 0$ folgen wichtige Relationen zwischen $J_{2\nu}$, e_F und ξ. Betrachtet man nur die erste Näherung (kleine Größen in höherer als der ersten Potenz werden vernachlässigt), dann ergibt sich z. B.

$$J_2 = 2/3\, e_F - 1/3\, \xi; \quad J_4 = 0. \quad (3.13)$$

Untersuchungen über Zusammenhänge zwischen den Parametern des Schwerefeldes, der Rotation und der Planetengestalt bildeten den Gegenstand der klassischen Figurentheorie, deren Anfänge im 18. Jahrhundert lagen. Eine berühmte Relation ist das Clairautsche Theorem, das die Abplattung des Schwerefeldes (gravimetrische Abplattung e_G) mit der geometrischen Abplattung und dem Rotationsparameter verknüpft:

$$e_G = 5/2\, \xi - e_F. \quad (3.14)$$

Die gravimetrische Abplattung ist die Differenz zwischen den Schwerbeschleunigungen am Pol, $g_P = -\left.\frac{\partial U}{\partial r}\right|_{r=R_p}$, und am Äquator, $g_A = -\left.\frac{\partial U}{\partial r}\right|_{r=R_A}$, in Einheiten des Äquatorwertes, $e_G = (g_P - g_A)/g_A$.

Eine wichtige integrale Größe, aus der Aussagen über die Massenverteilung im Planeteninnern zu gewinnen sind, ist das Trägheitsmoment eines Planeten

$$\Theta = \int_M r'^2\, dm = \int_V r'^2\, \varrho(r)\, dV. \quad (3.15)$$

r' Abstand des Massenelements dm von der Drehachse
$\varrho(r)$ Dichteverteilung im Innern

Das Trägheitsmoment eines Planeten um seine Drehachse wird üblicherweise mit C, die beiden kleineren Trägheitsmomente um die zur Drehachse senkrechten Achsen werden mit A und B bezeichnet. Für einen kugelförmigen Planeten gilt $A = B = C$, für den theoretischen Idealfall des rotierenden fluiden Planeten (Rotationsellipsoid) ist $A = B < C$. Es ist üblich, Trägheitsmomente in Einheiten von $M R_A^2$ mit Hilfe dimensionsloser Faktoren $\delta, \delta_A, \delta_B$ auszudrücken, d. h.,

$$C = \delta\, M R_A^2; \quad A = \delta_A\, M R_A^2;$$
$$B = \delta_B\, M R_A^2. \quad (3.16)$$

Für eine homogene Kugel ist $\delta = \delta_A = \delta_B = 0{,}4$. Da große Himmelskörper immer eine Dichtezunahme in Richtung zum Zentrum aufweisen, sind ihre Trägheitsfaktoren δ stets kleiner als 0,4, und zwar um so mehr, je größer die zentrale Dichtekonzentration ist. Die Trägheitsfaktoren der Planeten und des Mondes sind in Tabelle 3.4 aufgeführt.

Die klassische Figurentheorie hat Relationen zwischen den Größen δ, e_F und ξ aufgestellt, z. B.

$$\delta = \frac{2}{3}\left[1 - \frac{2}{5}\left(\frac{5\xi}{2e_F} - 1\right)^{1/2}\right]. \quad (3.17)$$

Sie boten früher die einzige Möglichkeit, δ abzuschätzen. Heute wird δ aus der Analyse der Bahnbewegung natürlicher und künstlicher Satelliten und der Bahnverfolgung passierender Planetensonden abgeleitet. Zwischen den Gravitationsmomenten für $n = 2$ und den Trägheitsmomenten der Planeten gibt es Relationen. Im allgemeinen Fall ($A \ne B \ne C$) gilt

$$J_2 = \frac{2C - A - B}{2 M R_A^2};$$
$$(C_{22}^2 + S_{22}^2)^{1/2} = \frac{B - A}{4 M R_A^2}, \quad (3.18)$$

woraus für den fluiden Planeten ($A = B$, $\delta_A = \delta_B$) folgt:

$$J_2 = \frac{C - A}{M R_A^2} = \frac{C - A}{C}\delta = \delta - \delta_A. \quad (3.19)$$

Die Größe $e_D = (C - A)/C$ heißt dynamische Abplattung.

3.2.2 Hydrostatisches Gleichgewicht und Berechnung von Planetenmodellen

Feste Stoffe, die aus regelmäßig angeordneten Gitterbausteinen bestehen, also kristallin sind, verhalten sich nur bei kurzzeitig einwirkenden Kräften ideal elastisch. Unter Dauerbelastung kann der reale Festkörper fließen (Festkörperkriechen). So verhält sich kristallines Gestein bei Drücken oberhalb von 10^8 Pa wie eine extrem zähe Flüssigkeit, deren dynamische Viskosität $\eta \approx 10^{19}$ Pa s beträgt. Zum Vergleich sei angeführt, daß für Wasser (bei 20 °C) $\eta = 0{,}001$ Pa s, für Rhicinusöl (bei 20 °C) $\eta = 0{,}977$ Pa s und für Glas (bei 500 °C) $\eta \geq 10^{13}$ Pa s beträgt.

So können auch im Innern fester Himmelskörper, z. B. im kristallinen Gesteinsmantel der Erde, Strömungen stattfinden, allerdings betragen die Geschwindigkeiten nur wenige Zentimeter pro Jahr. Die Kugelform der Himmelskörper allgemein, das tiefe Einsinken von Gebirgsmassiven bis zum Erreichen des Gleichgewichts zwischen Gewicht und Auftrieb (isostatisches Einjustieren), das langsame Auftauchen von früher (z. B. durch Eismassen) belasteten Krustenpartien, die Plattenbewegungen der irdischen Lithosphäre u. a. m. zeigen, daß sich das Planeteninnere theoretisch wie eine Flüssigkeit verhält, wenn es um Gleichgewichtszustände oder um Prozesse mit großer Zeitskala geht. Zur Ermittlung der Druckverteilung im Planeteninneren kann man daher grundsätzlich von den Beziehungen der Hydrostatik ausgehen.

Bekanntlich ist der Druck p in einer Flüssigkeit der Dichte ϱ, die der Schwerebeschleunigung g ausgesetzt ist, der Höhe h der jeweiligen Flüssigkeitssäule proportional. Für den Schweredruck gilt also

$$p = g\,\varrho\,h. \qquad (3.20)$$

In einem Planeten sind g und ϱ Funktionen des Zentrumsabstandes r, und die Höhe h der über einem Punkt mit dem Abstand r lastenden Flüssigkeitssäule beträgt $h = R - r$. Wegen der r-Abhängigkeit aller Größen gilt (3.20) nur differentiell, d. h. $dp(r) = -g(r)\varrho(r)dr$, woraus unmittelbar die Differentialgleichung des hydrostatischen Gleichgewichts folgt, die wir bereits bei der Behandlung des inneren Aufbaus der Sonne (Gleichung (2.6)) kennenlernten. Dort wurde auch die Differentialgleichung für den Massenbruchteil M_r (Gleichung (2.5)) abgeleitet. Die Gleichung (2.6) gilt allgemein für einen nichtrotierenden Himmelskörper.

Für einen mit der Winkelgeschwindigkeit ω rotierenden Planeten wird die Schwerkraft durch die Zentrifugalkraft abgeschwächt, und (2.6) erhält einen Zusatzterm:

$$\frac{dp}{ds} = -\frac{G\,M_s}{s^2}\,\varrho + 2/3\,\omega^2\,s\,\varrho. \qquad (3.21)$$

Die Variable s unterscheidet sich (in den meisten Fällen nur geringfügig) von r, weil durch die Rotation die Kugelsymmetrie des Planeteninneren verlorengeht. s kann als Radius der Kugel definiert werden, die volumengleich mit dem Rotationsellipsoid ist, das von der Äquipotentialfläche begrenzt wird, auf der der betrachtete Punkt mit dem planetozentrischen Abstand r liegt. Durch diesen mathematischen Trick wird erreicht, daß die Zustandsgrößen des inneren Aufbaus auch bei einem rotierenden Körper nur von einer Ortskoordinate abhängen und die Gleichungen nach wie vor gewöhnliche Differentialgleichungen bleiben. Der Faktor 2/3 im 2. Term ergibt sich durch Mittelung der radialen Komponente der Fliehkraft über die Volumenelemente einer infinitesimalen Kugelhalbschale der Dicke ds. Entsprechend nimmt die Gleichung (2.5) die Form an:

$$\frac{dM_s}{ds} = 4\pi\,\varrho(s)\,s^2. \qquad (3.22)$$

Die numerische Integration der Gleichungen (3.21) und (3.22) unter den vorgegebenen Randbedingungen ($s =$

0, $M_s = 0$; $s = R$, $M_s = M$, $\varrho = \varrho_0$) ist die wichtigste Aufgabe der Theorie des inneren Aufbaus. Sie gelingt auf geschlossene Weise nur in wenigen Spezialfällen (vgl. Abschnitt 3.2.5, Mond). Im allgemeinen muß eine weitere Gleichung hinzukommen, damit zur Berechnung der drei Variablen $p(s)$, $\varrho(s)$ und M_s auch drei Gleichungen zur Verfügung stehen. Geeignete Beziehungen sind die Zustandsgleichungen des Planetenmaterials, aber auch Verknüpfungen seismologisch bestimmbarer Materialgrößen des Planeteninnern mit Zustandsvariablen, z. B. der Dichte. Der als Lösung des gesamten Gleichungssystems verfügbar gewordene Verlauf der Variablen $p(s)$, $\varrho(s)$ und M_s (und gegebenenfalls weiterer Funktionen) definiert ein physikalisches Planetenmodell.

Die Zustandsgleichung kann in der Form

$$p = p(\varrho, T; \chi) \qquad (3.23)$$

T Temperatur
χ Symbol für die chemische Zusammensetzung

allgemein aufgeschrieben werden. Die konkrete mathematische Form der Gleichung *(3.23)* hängt entscheidend von der Zusammensetzung χ des Materials ab. Soll also das Gleichungssystem *(3.21)*, *(3.22)* und *(3.23)* gelöst werden, dann ist die Verteilung der chemischen Komponenten im Planeteninnern, $\chi(s)$, als Arbeitshypothese festzulegen, um die jeweils (z. B. in den einzelnen Schalen) geltenden Zustandsgleichungen zu kennen. Die Ermittlung des physikalischen Modells setzt somit das Postulat eines chemischen oder stofflichen Modells voraus.

Stehen seismologisch bestimmbare Relationen zur Verfügung, dann kann das physikalische Planetenmodell weitgehend hypothesenfrei bestimmt werden. Um allerdings das Planeteninnere chemisch identifizieren zu können, muß man jedoch wieder Zustandsgleichungen zu Rate ziehen. Die seismologische Methode der Ermittlung von Planetenmodellen ist vorerst nur auf Himmelskörper mit festen Oberflächen beschränkt, auf denen Seismometer aufstellbar sind und Beben stattfinden bzw. künstlich ausgelöst werden können.

Während die Zustandsgleichungen für die Materialien erdartiger Himmelskörper nur schwach temperaturabhängig sind, so daß die Dichte hauptsächlich vom Druck bestimmt wird, ist bei den jupiterartigen der Einfluß der Temperatur auf die Dichte nicht zu vernachlässigen. Wenn die Temperatur den Materiezustand wesentlich mitbestimmt, muß ihre Verteilung im Innern berücksichtigt werden. Sie ergibt sich aus dem im Planeten stattfindenden Wärmetransport, dessen Behandlung die Kenntnis der Wärmequellen und ihrer Verteilung sowie der Wärmetransportmechanismen voraussetzt. Als hauptsächliche Wärmequellen kommen der radioaktive Zerfall, die Umwandlung potentieller Energie in Wärme (z. B. Entmischungsvorgänge im flüssigen Planeteninnern) und bei Satelliten, die sich in starken Schwerefeldern und in den ausgedehnten Magnetosphären der Planeten bewegen, auch Gezeiteneffekte bzw. ohmsche Wärmeerzeugung in Frage. Wichtige Transportmechanismen für Wärme im Planeteninnern sind Konvektion und Wärmeleitung. Der Verlust der Wärme in den Weltraum ist ein irreversibler Prozeß, und wenn die Wärmequellen die Abstrahlung nicht decken können, kühlt das Planeteninnere zwangsläufig aus. Wenn Dichte und Druck nennenswert T-abhängig sind, wird damit der gesamte innere Aufbau zeitabhängig. Planetenmodelle, die diesem Umstand Rechnung tragen, nennt man Entwicklungsmodelle. Streng genommen, durchläuft jeder Planet eine Evolution.

Die Temperatur im Planeteninnern ist

im allgemeinen also nicht nur orts-, sondern auch zeitabhängig: $T = T(s, t)$. Ihre Bestimmung setzt die Lösung der Wärmetransportgleichung für die Schichten des Planeteninnern voraus. Sie lautet in allgemeiner Form:

$$\varrho\, c_v \frac{\partial T}{\partial t} = \operatorname{div}(\varkappa\,\operatorname{grad} T) + H. \quad (3.24)$$

c_v spezifische Wärme bei konstantem Volumen
$\varkappa$ Wärmetransportkoeffizient
H Wärmequellendichte

Da die Anfangstemperaturverteilung unbekannt ist und über die in die Gleichung *(3.24)* eingehenden Materialgrößen (die orts- und zeitabhängig sind) nur mehr oder weniger plausible Annahmen gemacht werden können, sind die Aussagen sowohl über die gegenwärtige Temperaturverteilung im Innern als auch über die thermische Entwicklung eines Planeten insgesamt noch sehr unsicher.

Die thermische Aktivität eines Planeten hängt von der Größe ab, denn die Heizung des Planeteninnern wächst mit dem Volumen (und ist damit der 3. Potenz des Radius proportional), während die Abstrahlung der Wärme in den Weltraum nur von der Oberfläche aus erfolgen kann (die der 2. Potenz des Radius proportional ist). Die größten Planeten konnten über lange Zeit von dem Wärmevorrat, der durch den Einsturz ihres Materials in den Potentialtopf des sich bildenden Planeten angehäuft wurde, zehren und ihre relativ große Wärmeabstrahlung davon bestreiten. Bei den jupiterartigen Planeten ist (mit Ausnahme des Uranus) der aus dem Inneren stammende Wärmestrom mit dem auf ihre Oberfläche fallenden solaren Strahlungsstrom vergleichbar, bei den erdartigen bestimmt dagegen die Solarkonstante allein die Oberflächentemperatur.

3.2.3 Zustandsgleichungen für Material im Planeteninnern

Bereits die Bedingungen im tiefen Innern des relativ kleinen Planeten Erde ($p > 10^{10}$ Pa, $T > 10^3$ K) sind so extrem, daß sie nicht mehr generell im Laboratorium reproduziert werden können. Extrem hohe Drücke im GPa-Bereich lassen sich zwar kurzzeitig durch Stoßwellen, die bei Explosionen erzeugt werden, realisieren, jedoch ist dabei die Messung der benötigten Materialeigenschaften problematisch. Die Bedingungen im Innern der Riesenplaneten Jupiter und Saturn ($p > 10^{12}$ Pa, $T > 10^4$ K) liegen heute noch jenseits der in den Hochdrucklaboratorien verfügbaren Möglichkeiten. Für die Wasserstoff-Helium-Mäntel dieser Planeten liefern jedoch die theoretischen Berechnungen einigermaßen realistische Zustandsgleichungen. Generell ist die Beschaffung von Zustandsgleichungen für das tiefere Planeteninnere auf Extrapolationen von den Laboratoriumsergebnissen auf den Druckbereich im Planeteninnern sowie auf theoretische Berechnungen unter idealisierenden Annahmen angewiesen.

Ein grundsätzliches Problem ist, daß selbst für die Erde, deren Inneres über die Seismologie in bestimmtem Umfange der experimentellen Erforschung zugänglich ist (siehe Abschnitt 3.2.4), das Material unterhalb der Kruste stofflich und strukturell nicht zuverlässig klassifiziert werden kann (hinsichtlich der chemischen Zusammensetzung, der Kristallklassen der Minerale, der Mischungsverhältnisse bzw. Verunreinigungsanteile, der Gitterdefekte usw.). Die auf seismologischem Wege bestimmbare Dichteverteilung und kosmochemische Rahmenbedingungen grenzen zwar die in Frage kommenden Stoffe ein, die Nulldruckdichten dieser Minerale liegen jedoch relativ dicht beieinander; markante Unterschiede sollten sich erst im Bereich hoher Drücke und Temperaturen ergeben. Gerade die Temperaturverteilung gehört aber zu den am unsichersten bekannten Parametern des Erdinnern. Die Kenntnis der Zustandsgleichung könnte wesentlich zu einer Präzisierung der stofflichen Beschaffenheit führen. So bedingen sich also die Beschaffung realistischer Zustandsgleichungen und die Kenntnis der Materialbeschaffenheit gegenseitig.

Bei der theoretischen Berechnung der Zustandsgleichung geht man von der in der Thermodynamik definierten Zustandsgröße der freien Energie, F, aus, die den Teil der inneren Energie kennzeichnet, der als Arbeit nutzbar gemacht werden kann. Definitionsgemäß ist

$$F = E - TS. \qquad (3.25)$$

E innere Energie
T Temperatur
S Entropie

Die Zustandsfunktion $F(V, T)$ liefert durch partielle Differentiation nach dem Volumen V (bei festgehaltener Temperatur) den Druck in Abhängigkeit von V und T, d.h. die Zustandsgleichung:

$$p = -\left(\frac{\partial F}{\partial V}\right)_T. \qquad (3.26)$$

Für den kristallinen Festkörper setzt sich F aus drei Anteilen zusammen:
- der Gitterenergie (potentielle Energie),
- der Schwingungsenergie für $T = 0$ K,
- der thermischen Energie.

Die potentielle Energie hängt von der Art der Wechselwirkung der Gitterbausteine ab. Es kann sich um Ionenkristalle (heteropolare Bindung durch die elektrostatische Anziehung von Ionen), Valenzkristalle (kovalente Bindung von Atomen durch Elektronenpaare), Metallbindung (entartetes Elektronengas im Gitter von Atomrümpfen) und Molekülkristalle (Van-der-Waals-Kräfte durch Polarisation von Molekülen) handeln.

Die Festkörperphysik hält für die verschiedenen Wechselwirkungspotentiale Ansätze bereit, die für die Berechnung der Gitterenergie benutzt werden können. Ebenso bietet sie theoretische Ansätze zur Behandlung der Gitterschwingungen und des thermischen Verhaltens der Festkörper. Auf die Details kann an dieser Stelle nicht eingegangen werden. Mit den theoretischen Hilfsmitteln der Festkörperphysik läßt sich – zumindest im Prinzip – die Funktion $F(V, T)$ aufbauen und aus ihr nach Gleichung (3.26) die Zustandsgleichung gewinnen. Sie weist in der Regel einen temperaturunabhängigen (Index 0) und einen thermischen Anteil (Index th) auf:

$$p(V, T) = p_0(V) + p_{th}(V, T). \qquad (3.27)$$

Wie gut diese theoretisch gewonnene Zustandsgleichung ist, hängt davon ab, wie realistisch die festkörperphysikalischen Ansätze das Material im Planeteninnern beschreiben.

Bei der Erde bietet die Seismologie die Möglichkeit, auf empirischem Wege stoffliche Eigenschaften ihres Materials im Innern kennenzulernen. Eine auf diesem Wege bestimmbare Materialgröße ist der Kompressionsmodul K, aus dem nützliche Ansätze für die Zustandsgleichung des Materials gewonnen werden können. Definitionsgemäß gilt:

$$K = \varrho \frac{dp}{d\varrho}. \qquad (3.28)$$

Der Kompressionsmodul ist druckabhängig; denkt man sich die Funktion $K(p)$ in eine Taylor-Reihe entwickelt, die nach dem linearen Term abgebrochen wird, dann ergibt sich

$$K = K_0 + \left(\frac{\partial K}{\partial p}\right)_0 p. \qquad (3.29)$$

Bereits diese grobe Näherung leistet gute Dienste. Setzt man den Ausdruck

(3.29) in (3.28) ein, dann entsteht für p eine Differentialgleichung, die sich elementar lösen läßt und den Druck als Funktion der Dichte angibt:

$$p = \frac{K_0}{K_0'} \left[\left(\frac{\varrho}{\varrho_0}\right)^{K_0'} - 1 \right]. \qquad (3.30)$$

ϱ_0 Nulldruckdichte

Der Nulldruckmodul K_0 und der Druckkoeffizient K_0' müssen im Laboratorium gemessen oder auf einem anderen Wege beschafft werden. Für Silikate, wie sie im Erdmantel vorkommen, gilt $K_0 = 225$ GPa und $K_0' = 3{,}55$. Für Eisen (Hauptbestandteil des Erdkerns) werden folgende Werte angegeben: $K_0 = 136$ GPa und $K_0' = 5{,}0$ (flüssiges Eisen); $K_0 = 167$ GPa und $K_0' = 5{,}3$ (α-Eisen, kubisch raumzentriertes Gitter) und $K_0 = 173$ GPa und $K_0' = 4{,}4$ (ε-Eisen, hexagonales Gitter).

Für die Berechnung von Erdmodellen spielte die halbempirisch abgeleitete Birch-Murnaghan-Zustandsgleichung eine wichtige Rolle:

$$p = 3/2 \, K_0 \left[\left(\frac{\varrho}{\varrho_0}\right)^{7/3} - \left(\frac{\varrho}{\varrho_0}\right)^{5/3} \right]. \qquad (3.31)$$

Bei der Untersuchung des Erdinnern wurde eine Reihe von Erkenntnissen über das Verhalten des Materials mit zunehmendem Druck gewonnen, die wir im folgenden summarisch zusammenstellen. Mit wachsendem Druck werden die Atomeigenschaften immer stärker nivelliert, d. h., die chemische Zusammensetzung spielt eine immer geringere Rolle. Beim Überschreiten kritischer Druckwerte ordnen sich die Kristallgitter zu dichter gepackten Hochdruckmodifikationen um, damit nimmt die Koordinationszahl der Gitter (die Zahl der unmittelbaren Nachbarn eines Gitteratoms) systematisch mit der Tiefe zu. Diese Phasenübergänge bewirken, daß sich trotz gleichbleibender chemischer Zusammensetzung die Materialeigenschaften sprunghaft ändern. Die Umordnung der Gitter führt auch zu Änderungen in den Bindungsverhältnissen: Mit wachsendem Druck spielt die kovalente Bindung durch Elektronen gegenüber der Ionenbindung eine immer größere Rolle. Bei sehr hohen Drücken tritt schließlich als Ergebnis der Kompression der Gitter Druckionisation auf, die Stoffe nehmen elektrische und thermische Eigenschaften von Metallen an.

Da sich die Stoffkomponenten mit unterschiedlicher Dichte im Planeteninnern entmischen konnten, spielen neben sprunghaften Veränderungen stofflicher Eigenschaften durch Phasenübergänge auch solche durch Änderung des Chemismus eine Rolle. An solchen chemisch bedingten Schalengrenzen ändert sich die Zustandsgleichung abrupt. Bei den erdartigen Planeten ist das beim Übergang vom Mantel (Silikate) zum Kern (Eisen, Eisensulfid) der Fall. Das in chemischer Hinsicht einfache Kernmaterial Eisen ist in puncto Zustandsgleichung aber durchaus mit einer Reihe von Problemen behaftet, die damit zusammenhängen, daß die Temperatur im Kern nicht genau bekannt ist und daß das Eisen Beimischungen bzw. gelöste Stoffe enthalten kann.

Von besonderer Bedeutung für den inneren Aufbau der jupiterartigen Planeten sind die metallischen Phasen des Wasserstoffs und seiner Verbindungen, die sich unter den dort herrschenden extremen Drücken ausbilden. Metallischer Wasserstoff (Symbol H^+) ist formal das leichteste Alkalimetall. Es bildet einen großen Teil der Masse des Jupiters, konnte aber bisher im Labor nur sehr kurzzeitig dargestellt werden. Wegen seiner sehr einfachen Struktur (gleichmäßig verteilte Protonen in einem entarteten Elektronengas) kann seine Zustandsgleichung einigermaßen genau berechnet werden. Unsicher sind jedoch die übrigen Materialeigenschaften von H^+ einschließlich des Druckes, bei dem molekularer Wasserstoff (H_2)

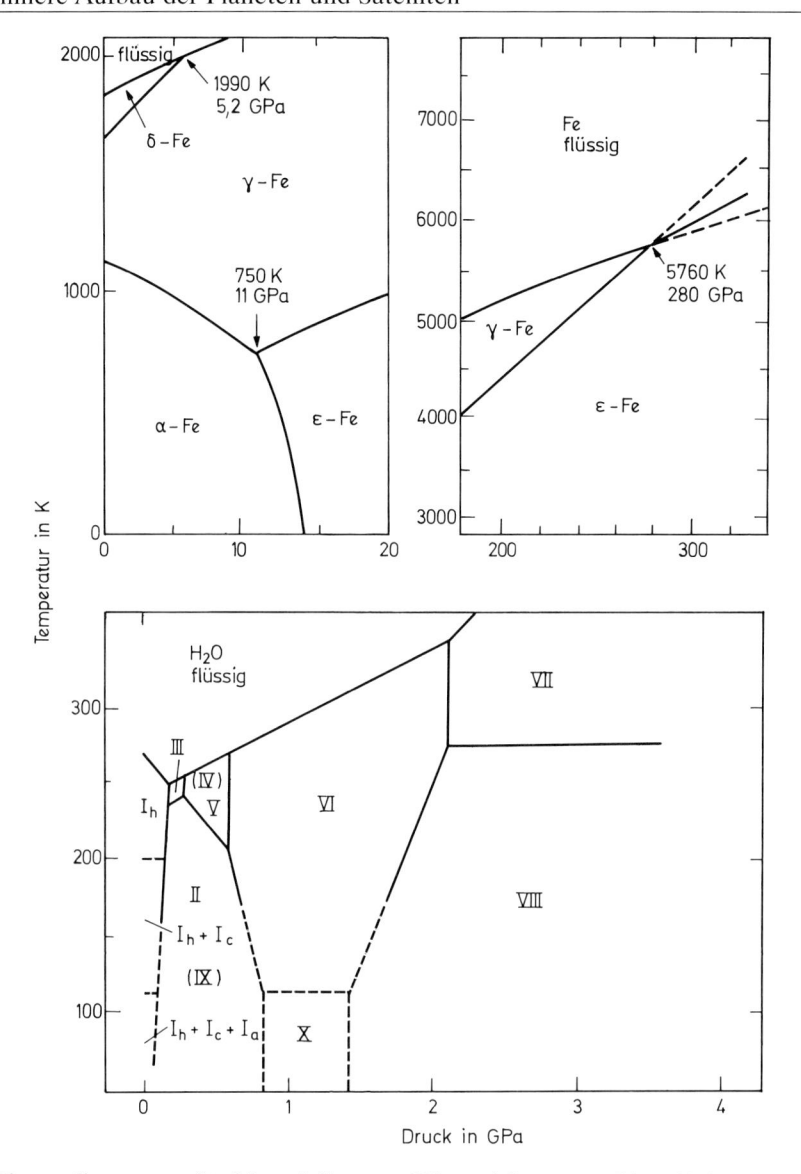

3.2 Der innere Aufbau der Planeten und Satelliten   105

Bild 3.3 Phasendiagramme für Materialien von Himmelskörpern. Oben links: Eisen bei relativ niedrigen Drücken und Temperaturen (Merkurkern). Oben rechts: Eisen bei hohen Drücken und Temperaturen (Erdkern). α-Eisen kristallisiert kubisch-raumzentriert, ebenso δ-Eisen, eine Hochtemperaturmodifikation im Niederdruckbereich. γ-Eisen kristallisiert kubisch flächenzentriert; ε-Eisen ist eine hexagonal kristallisierende Hochdruckmodifikation. Unten: Eis, Baustoff der meisten Monde. Seine normale Niederdruckform kristallisiert hexagonal (I_h). Die kubische Niederdruckmodifikation I_c ist metastabil; sie geht oberhalb von 200 K irreversibel in I_h über. Unter 110 K gibt es auch eine amorphe Form (I_a), die oberhalb von 153 K irreversibel in I_c übergeht. Eis II kristallisiert rhomboedrisch, Eis V monoklin, Eis VI tetragonal und Eis VII kubisch flächenzentriert. Im Stabilitätsbereich von Eis II kann auch die metastabile Form IX existieren. In der Hochdruckmodifikation VIII bilden die Sauerstoffatome eine Art Diamantgitter.

metallisch wird. Die bisherigen Rechnungen führen auf Werte zwischen 200 und 400 GPa.

Noch wenig bekannt ist das genaue Verhalten von H_2O, NH_3, CH_4 u. a. Wasserstoffverbindungen im Druckbereich über 10 GPa. Wahrscheinlich dissoziiert Wasser und verhält sich wie eine Ionenschmelze von H_3O^+ und OH^-, bilden sich Ammoniumionen (NH_4^+) und entsteht aus CH_4 eine metallische Kohlenstoffmodifikation oder Diamant und molekularer Wasserstoff. Die Zustandsgleichungen solcher aus „Eisgemischen" unter hohem Druck hervorgehenden Substanzen sind nahezu unbekannt.

Über die stofflichen Eigenschaften der in den Kernbereichen der jupiterartigen Planeten zu erwartenden gesteinsartigen Komponenten läßt sich in Anbetracht des extrem hohen Druckes noch nichts Genaueres sagen.

In Bild 3.3 sind Phasendiagramme für einige wichtige Planetenbaumaterialien dargestellt.

3.2.4 Grundlagen der Seismologie

Bei kurzzeitig einwirkenden Kräften verhält sich das Material der erdartigen Himmelskörper wie ein elastischer Festkörper, d. h., Spannungen lösen Deformationen aus, die beim Wegfall der Spannungen auf elastische Weise rückgängig gemacht werden. Dabei kann man volumenändernde (die Winkel des Volumenelements unverändert lassende) und formändernde (das Volumen unverändert lassende) Deformationen unterscheiden (Bild 3.4). Volumenändernde Kraftwirkungen werden durch den Kompressionsmodul K beschrieben, formändernde durch den Torsions- oder Scherungsmodul G. Im Gegensatz zur Kompression ist Torsion nur bei Festkörpern möglich, für Flüssigkeiten ist $G = 0$. Zur Beschreibung der elastischen Eigenschaften des isotropen Festkörpers reichen grundsätzlich zwei Elastizitätsmoduln, z. B. die beiden oben genannten K und G, aus. Mathematisch gesehen bildet die Gesamtheit der an einem Volumenelement wirksam werdenden Spannungen einen Tensor 2. Stufe, dessen im allgemeinen Fall neun Komponenten sich durch Symmetrie auf sechs reduzieren. Ebenso bildet auch die Gesamtheit der Deformationen des Volumenelements einen Tensor 2. Stufe. Die Komponenten der beiden Tensoren sind durch ein Gleichungssystem, die Deformations-Spannungs-Beziehungen (strain stress relations), miteinander verknüpft. Die Elastizitätsmoduln treten in den Koeffizienten dieser Gleichungen auf.

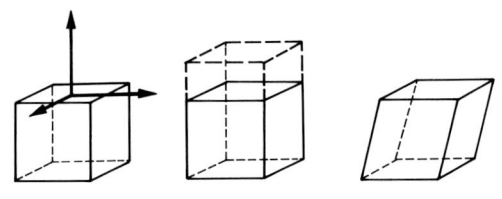

Bild 3.4 Deformationen eines Volumenelements eines Festkörpers unter der Wirkung von Spannungen. Links: Das an der Deckfläche des würfelförmigen Elements eingezeichnete Dreibein definiert drei der insgesamt neun Komponenten des an dem Volumenelement angreifenden Spannungstensors. Mitte: Spezielle volumenverändernde Deformation (Expansion in Richtung einer Koordinate) unter der Wirkung der entsprechenden Spannung. Rechts: Spezielle formändernde Deformation (Scherung in Richtung einer Koordinate) unter der Wirkung der entsprechenden Spannung.

In der Elastizitätstheorie wird ein Festkörper als aus elastisch aneinander gekoppelten Massenpunkten bestehend aufgefaßt. Die Bewegungsgleichung dieser so miteinander verbundenen Massenpunkte hat wellenartige Lösungen, d. h. Schwingungszustände, die sich durch den Festkörper hindurch bewegen. Im kräftefreien Fall (keine äußeren Kräfte) gibt es zwei Grundtypen von Wellen, die mit den beiden Sorten

3.2 Der innere Aufbau der Planeten und Satelliten

von Raumwellen, die die Erdbebenforschung kennt, identisch sind:
- skalare Wellen (Longitudinalwellen), die aus periodischen Verdichtungen und Verdünnungen des Materials bestehen, sich mit der materialspezifischen Geschwindigkeit c_P ausbreiten und Kompressionswellen genannt werden;
- vektorielle Wellen (Transversalwellen), die aus periodischen Lageänderungen der Massenpunkte senkrecht zur Wellennormale bestehen, sich mit der Geschwindigkeit c_S ausbreiten und Scherwellen genannt werden (s. Bild 3.5).

Solche elastischen Wellen treten auf, wenn sich z. B. in den äußersten Bereichen des Erdkörpers durch die Plattenbewegungen aufgestaute mechanische Spannungen lösen, Hohlräume einstürzen oder Vulkane aktiv werden. Die entsprechenden Erschütterungen können an der Erdoberfläche – speziell über dem Herd (Epizentrum) – in Form von Erdbeben katastrophale Folgen haben. Die Wellenlängen der seismischen Wellen an der Erdoberfläche liegen in der Größenordnung von 10^2 m, die Schwingungsdauern unter 1 s. Die pro Beben freigesetzte Energie liegt zwischen 10^9 und 10^{19} J. Da $c_P > c_S$ ist, kommen von einem Erdbeben immer zuerst

Bild 3.5 Typen von seismischen Wellen. Während sich bei den P-Wellen Verdichtungs- und Verdünnungszustände in Ausbreitungsrichtung durch das Medium fortpflanzen (Longitudinalwellen), breitet sich bei den S-Wellen eine senkrecht zur Ausbreitungsrichtung erfolgende Auslenkung aus (Transversalwellen). Bei den Rayleigh-Wellen bewegen sich die Punkte des Mediums analog den Wasserwellen auf elliptischen Bahnen. Bei den Love-Wellen erfolgt die Schwingung horizontal. Da Rayleigh- und Love-Wellen eine starke Dämpfung mit der Tiefe erleiden, können sie sich nur an der Oberfläche fortpflanzen.

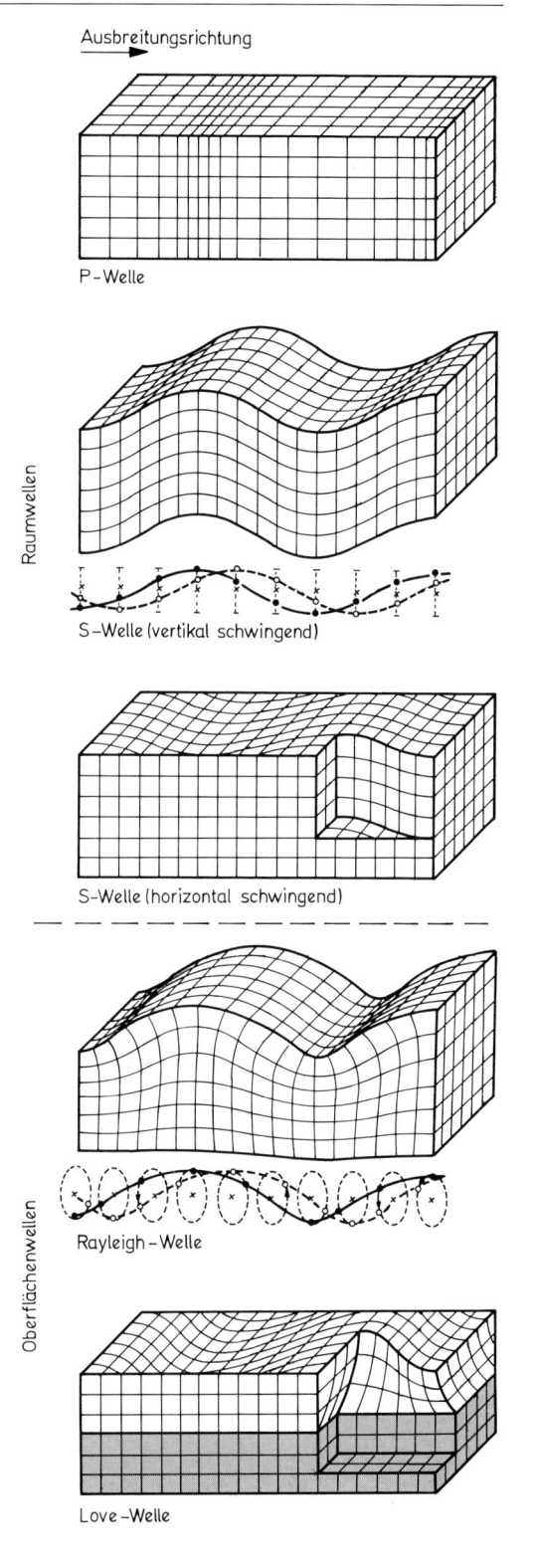

die Kompressionswellen am Beobachtungsort an. Sie werden daher seit langem P-Wellen (primäre Wellen) genannt, während die Scherwellen S-Wellen (sekundäre Wellen) heißen. Bei den S-Wellen muß man wegen ihres Charakters als Transversalwellen die Polarisationsrichtung beachten; man unterscheidet darum in der Seismologie eine Komponente mit horizontaler und eine mit vertikaler Schwingungsrichtung relativ zur Erdoberfläche. Zwischen den Ausbreitungsgeschwindigkeiten und den Moduln K und G gelten die Beziehungen

$$c_P^2 = (K + 4/3\ G)/\varrho \text{ und } c_S^2 = G/\varrho. \quad (3.32)$$

Scherwellen können sich nicht in Flüssigkeiten ausbreiten, weil dort $G = 0$ ist. Die Ausbreitungsgeschwindigkeiten für die P- und S-Wellen im Erdinneren sind dichte- und stoffabhängig. Da die Werte der Moduln K und G mit zunehmender Tiefe schneller wachsen als die Dichte, werden c_P und c_S mit der Tiefe größer. Ihre seismologisch ermittelten Abhängigkeiten vom Abstand zum Erdmittelpunkt sind in Bild 3.6 dargestellt. Die auffallenden Sprünge oder Knicke in den Kurven $c_P(r)$ und $c_S(r)$ beweisen die Schalenstruktur des Erdinneren. An den Schalengrenzen, an denen sich die Materialeigenschaften abrupt ändern, kommt es auch zur Reflexion und Brechung der Wellen. Die entsprechenden Reflexions- und Brechungsgesetze sind denen der geometrischen Optik analog, es gibt jedoch einige Besonderheiten der seismischen gegenüber den elektromagnetischen Wellen.

Neben den Raumwellen kennt die Seismologie auch Oberflächenwellen, die an der Erdoberfläche entlang geführt werden und eine starke Dämpfung mit der Tiefe erleiden. Man unterscheidet dabei die den Wasserwellen verwandten Rayleigh-Wellen und die horizontal schwingenden Love-Wellen. Die verschiedenen Typen der seismischen Wellen sind in Bild 3.5 veranschaulicht.

Erdbeben, insbesondere solche, deren Herde relativ tief liegen, können Eigenschwingungen der gesamten Erde anregen. Neben diesen freien Schwingungen gibt es auch durch die Gezeitenwirkung von Sonne und Mond auf den Erdkörper erzwungene Schwingungen. Der Nachweis dieser Eigenschwingungen gelang erst 1960, weil die Perioden sehr groß ($P \approx 3000$ s) und die Amplituden sehr klein sind, so daß die meisten Seismometer sie nicht registrieren.

Das Studium der Ausbreitung der P- und S-Wellen im Erdinneren durch das weltweite Netz der Erdbebenstationen und die Erforschung des Eigenschwingungsspektrums der Erde bilden die wichtigste empirische Grundlage zur Erforschung des inneren Aufbaus unseres Planeten. Mit Hilfe des auf dem Mond durch das Apollo-Programm eingerichteten Netzes von Seismometern wurden erste Erkenntnisse über das Mondinnere auf seismologischem Wege gewonnen.

3.2.5 Modelle erdartiger Himmelskörper

Erde

Aus den aus den Laufzeiten der seismischen Wellen durch den Erdkörper berechneten Verläufen $c_P(r)$ und $c_S(r)$ ergibt sich der zwingende Schluß, daß die Erde eine Schalenstruktur besitzt (Bild 3.6). Die drei Hauptschalen Kruste, Mantel und Kern bestehen wiederum aus Unterschalen. Unter Zugrundelegung dieser Schalen und mit Hilfe von experimentell und theoretisch gewonnenen Zustandsgleichungen werden physikalische Modelle des Erdinneren berechnet, die mit den gleichfalls empirisch festgestellten Randbedingungen, z. B. dem Trägheitsfaktor δ, den zona-

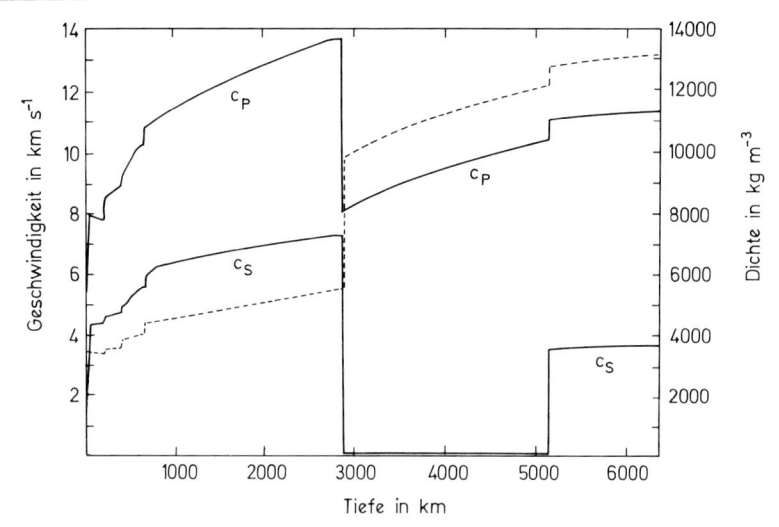

3.2 Der innere Aufbau der Planeten und Satelliten 109

Bild 3.6 Tiefenverlauf der Ausbreitungsgeschwindigkeiten der P- und S-Wellen, c_P und c_S, und Dichteverlauf (gestrichelte Kurve) im Erdinnern. Die starken Sprünge der Kurven in 2900 km Tiefe gehen auf den Übergang vom Gestein des Mantels zum flüssigen Eisen des äußeren Kerns zurück. Der Umstand, daß hier $c_S = 0$ wird, gilt als Beweis für den geschmolzenen Zustand des Eisens. Die kleineren Sprünge der Kurven in 5100 km Tiefe kennzeichnen den Übergang zum festen Erdkern. Knicke und Sprünge in den Kurvenverläufen im Bereich des oberen Mantels deuten auf Phasenübergänge der Minerale des Gesteins hin. Alle Daten sind dem Preliminary Reference Earth Model (PREM) von Dziewonski und Anderson (1981) entnommen.

len Gravitationsmomenten und dem Eigenschwingungsspektrum der Erde, verträglich sind. Das Vorgehen beim Berechnen eines physikalischen Erdmodells zeigt Bild 3.7, aktuelle Ergebnisse sind in der Tabelle 3.5 aufgeführt.

Im Gegensatz zu den physikalischen sind die stofflichen Erdmodelle noch sehr unsicher. Die obere Kruste besteht, mit Ausnahme der durch Verwitterung, Materialtransport und Ablagerung im Laufe der Erdgeschichte zustande ge-

Tabelle 3.5 Innerer Aufbau der Erde mit den traditionellen Schalen- und Diskontinuitätsbezeichnungen der Seismologie. Die Modellparameter beziehen sich jeweils auf die untere Schalengrenze (Modell PREM von Dziewonski und Anderson, 1981)

Schale	Schalenaufbau		Diskontinuität	Modellparameter			
	untere Grenze (in km)	Bezeichnung		K (in 10^{11} Pa)	G (in 10^{11} Pa)	P (in 10^{11} Pa)	ϱ (in kg m^{-3})
A_1	≈15	obere Kruste	Conrad	0,52	0,27	0,003	2600
A_2	24	untere Kruste	Mohorovičić	0,75/1,32	0,44/0,68	0,006	2900/3381
B	400	oberer Mantel	Byerly	1,74	0,81	0,133	3543
C	1000	oberer Mantel	Repetti	3,47	1,86	0,373	4563
D	2891	unterer Mantel	Wiechert-Gutenberg	6,56/6,44	2,94/0	1,36	5566/9903
E	4980	äußerer Kern	Lehmann I				
F	5150	Lehmannsche Zone	Lehmann II	13,05	0/1,57	3,29	12764
G	6371	innerer Kern		14,25	1,76	3,64	13088

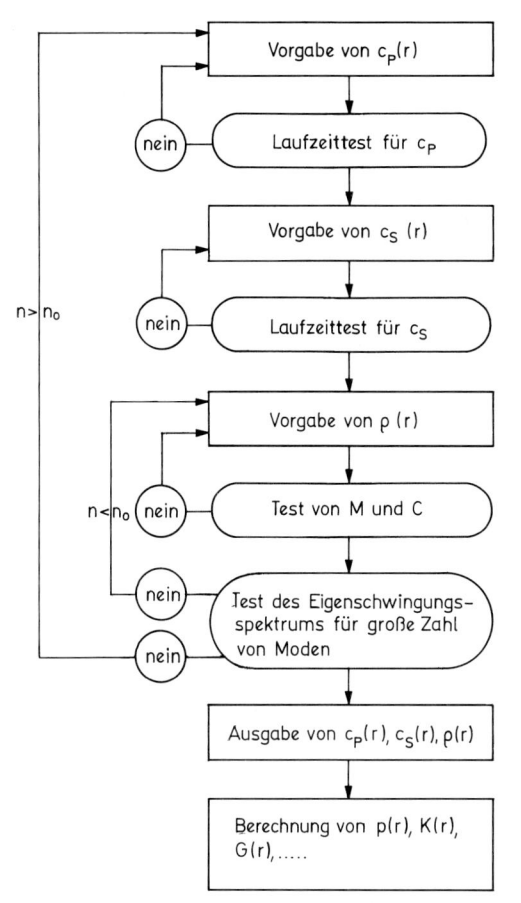

Bild 3.7 Flußdiagramm für die Berechnung eines Erdmodells nach der Monte-Carlo-Methode (nach F. Press). Der zunächst vorgegebene Tiefenverlauf von c_P wird solange variiert, bis er mit den seismologisch bestimmten Laufzeitkurven der P-Wellen (Ankunftszeiten der P-Wellen in Abhängigkeit vom Winkelabstand der Stationen vom Epizentrum des Bebens) verträglich ist. Die gleiche Prozedur wird mit c_S und den Laufzeitkurven der S-Wellen durchgeführt. Mit den so ermittelten Geschwindigkeiten wird ein Dichteverlauf vorgegeben und solange variiert, bis die dichteempfindlichen Integralgrößen (z. B. Masse, Hauptträgheitsmomente, Gravitationsmomente) richtig herauskommen. Schließlich wird überprüft, ob mit den bisherigen Ergebnissen das Eigenschwingungsspektrum der Erde wiedergegeben werden kann. Wenn die Zahl der richtig herauskommenden Moden einen kritischen Grenzwert unterschreitet, wird das Verfahren von vorn begonnen, ansonsten wird nur der Dichteverlauf variiert, um eine bessere Darstellung des Eigenschwingungsspektrums zu erreichen. Kann letzteres befriedigend reproduziert werden, dann werden Druckverlauf, Verlauf der Moduln K und G u. a. Größen berechnet.

kommenen mächtigen Sedimentschichten, größtenteils aus sauren (kieselsäurereichen) magmatischen Gesteinen, z. B. Graniten. In der unteren Kruste dominieren basische (SiO_2-ärmere) Gesteine, z. B. Basalte. Ultrabasische Gesteine, in denen der SiO_2-Gehalt noch geringer ist, findet man im oberen Mantel, während im unteren Mantel die Silikate zu Hochdruckoxiden mit hohen Koordinationszahlen umgewandelt sind. Der äußere Erdkern besteht aus einer flüssigen Eisenlegierung (Fe + Si), die wahrscheinlich eine Oxid- und eine Sulfidkomponente enthält. Daß dieses Material flüssig ist, wird durch das Verschwinden von c_S an der Wiechert-Gutenberg-Diskontinuität (s. Bild 3.6 und Tabelle 3.5) bewiesen. Der Schmelzpunkt für Eisen unter dem Druck an der Kern-Mantel-Grenze liegt bei 4800 K; die zulegierten Bestandteile dürften ihn um einige 100 K erniedrigt haben. Konvektionsströmungen des flüssigen Eisens im äußeren Kern erhalten nach theoretischen Vorstellungen über einen Dynamomechanismus das starke Magnetfeld der Erde aufrecht. Der innere Kern besteht wahrscheinlich aus einer festen Eisenlegierung (Fe + Ni). Der große Anteil von Eisen am Erdaufbau ist nicht ungewöhnlich, denn Eisen ist kosmisch fast ebenso häufig wie Silizium; die Meteorite beweisen darüber hinaus, daß Eisen im Sonnensystem auch an anderen Stellen gediegen vorkommt.

Die Temperaturverteilung im Erdinneren ist noch nicht sehr sicher bekannt. Es mangelt an einer genauen Kenntnis der Wärmequellen und an thermischen Materialdaten für die im Erdinneren vorkommenden Stoffe. Als Temperatur für das Erdzentrum wurden Werte zwischen 4000 und 6900 K abgeschätzt. Der zweite Wert ist eine obere Grenze; er repräsentiert den Schmelzpunkt für eine eisenreiche Legierung unter dem im Erdzentrum zu erwartenden Druck. Die innere Wärme der Erde geht z. T. auf in Wärme umgewandelte potentielle Energie aus der Zeit ihrer Bildung, z. T. auf die Wärmeproduktion der im Erdinnern enthaltenen radioaktiven Isotope zurück. Die Wärme wird durch Leitung und durch Konvektion transportiert. Auf den Kontinenten beträgt der Wärmestrom nach außen $Q = 5,5 \cdot 10^{-2}$ W m^{-2}, am Boden der Ozeane $Q = 9,5 \cdot 10^{-2}$ W m^{-2}. Da die Solarkonstante (1,37 kW m^{-2}) um vier Größenordnungen über dem Wärmestrom aus dem Erdinneren liegt, spielt die Eigenwärme der Erde keine Rolle für den Wärmehaushalt an ihrer Oberfläche. Außer im äußeren Erdkern mit $\eta = 10^8$ Pa s gibt es permanente, aber sehr langsame Konvektionsströmungen auch im oberen Erdmantel ($\eta = 10^{17} \ldots 10^{20}$ Pa s). Sie sind von großer Bedeutung für die Bewegungsverhältnisse in der irdischen Lithosphäre (s. Abschnitt 3.3). In 70 bis 250 km Tiefe wird das lithosphärische Gestein teilweise aufgeschmolzen. Durch sehr niedrige c_S-Werte macht sich diese Zone seismologisch bemerkbar. Sie wird Asthenosphäre („Schwächezone") genannt und wirkt durch ihre niedrige Viskosität als eine Gleitschicht für die Platten der Lithosphäre.

Mond

Nach der Erde ist der Mond derjenige planetarische Himmelskörper, dessen inneren Aufbau man am besten kennt. Durch die seismologischen Stationen des Apollo-Programms wurden sieben Jahre lang Mondbeben registriert, so daß aufgrund dieser Daten physikalische Modelle des Mondinneren berechnet werden konnten. Danach besitzt auch der Mond Schalenaufbau, allerdings ohne markante Dichtesprünge. Da die mittlere Dichte nur geringfügig über der Dichte des Oberflächengesteins liegt, muß er weitgehend homogen aufgebaut sein. Der Trägheitsfaktor $\delta = 0,392$ bestätigt dies. Da also $\varrho_0 \approx \bar{\varrho}$ = const. ist, läßt sich die Gleichung des hydrostatischen Gleichgewichts geschlossen integrieren, und die Druckverteilung im Mondinneren ist in guter Näherung durch

$$p(r) = \frac{2}{3} \pi G \bar{\varrho}^2 (R^2 - r^2) \qquad (3.33)$$

gegeben. Der Zentraldruck, $p(0) \approx 4,7$ GPa, liegt damit zwei Größenordnungen unter dem im Erdzentrum.

Die aus basischem Silikatgestein (Anorthosit) aufgebaute Mondkruste (siehe Tabelle 3.8) ist auf der der Erde zugewandten Seite etwa 60 km dick und hier mit Basalt aus dem oberen Mantel durchtränkt, der als Schmelze einstmals die Niederungen füllte (Bildung der Maria). Auf der Rückseite ist die Kruste etwa 1,5mal so dick, und die Basaltdurchtränkung ist weit schwächer. Innerhalb der Kruste steigt die Geschwindigkeit c_P auf 6,7 km s^{-1}, c_S auf 3,9 km s^{-1} an. Am Übergang Kruste/oberer Mantel springt c_P auf 7,8 km s^{-1} und c_S auf 4,5 km s^{-1}. Der aus ultrabasischem Gestein aufgebaute Mondmantel reicht bis in eine Tiefe von etwa 1500 km. Er unterteilt sich in mehrere Schalen (oberer, mittlerer, unterer Mantel), an deren Grenzen leichte Sprünge der c_P- und c_S-Werte auftreten. Bis in eine Tiefe von 1000 km (tiefste Mondbebenherde) liegt eine starre Lithosphäre vor. Das Verschwinden der S-Wellen im unteren Mantel deutet an, daß das Gestein unterhalb von 1000 km thermisch aufgeweicht ist und eine Art Asthenosphäre zu bilden scheint. Ein Sprung in c_P von 8 auf 4…5 km s^{-1} markiert in 1300…1600 km Tiefe die Grenze des Kerns. Die Temperatur im Mondkern dürfte 1500 K nicht überschreiten. Die an den Landeplätzen von Apollo 15 und 17 gemessenen relativ hohen Werte $Q = 3{,}1$ bzw. $2{,}8 \cdot 10^{-2}$ W m^{-2} gehen wahrscheinlich auf stärkere Konzentrationen radioaktiver Isotope im oberen Mantel zurück.

Merkur

Nach den Aufnahmen der Sonde Mariner 10 zu urteilen, weist die Merkuroberfläche starke Parallelen zu der des Mondes auf, so daß man vermuten kann, Kruste und Mantel bestehen gleichfalls aus basischem Silikatgestein. Wegen der hohen mittleren Dichte muß der Merkur jedoch einen großen schweren Kern besitzen, den man sich in Analogie zur Erde aus Eisen bestehend vorstellt. Mit diesem Eisenkern hängt auch das Magnetfeld des Merkurs zusammen. Trotz seines mondähnlichen Aussehens ist der Merkur also dem inneren Aufbau nach sehr erdähnlich.

Mars

Die Bodenanalysen der Viking-Lander haben bestätigt, daß die Marskruste aus basischem Silikatgestein besteht (s. Tabelle 3.8). Satellitengravimetrie und verschiedene Tragfähigkeitsabschätzungen (hohe Vulkanmassive!) haben ergeben, daß die Marslithosphäre mindestens 100 km dick, wahrscheinlich sogar noch viel dicker, ist. Aus den äußerst spärlichen Seismometerdaten des einen funktionsfähigen Viking-Seismometers konnten bisher keine Details über den inneren Aufbau dieses Planeten gewonnen werden. Die theoretisch berechneten Dreischalenmodelle gehen nur von einem Mantel aus ultrabasischem Ge-

stein und einem Kern aus Eisen, Eisenoxid (Fe_3O_4) oder Eisensulfid (FeS) aus.

Venus

Da Erde und Venus von fast gleicher Größe und Masse sind, stellt man sich den inneren Aufbau der Venus ähnlich dem der Erde vor. Wegen der niedrigeren mittleren Dichte müßte der Eisenkern der Venus etwas kleiner als der der Erde sein. Die Analysen des Venusgesteins durch die Sonden Wenera 13 und 14 zeigen seine große Ähnlichkeit mit den Basalten der ozeanischen Erdkruste (s. Tabelle 3.8). Dazu passen auch die gemessenen Dichten von 2800 kg m^{-3}. Aus der Beurteilung der durch Radarmessungen sichtbar gemachten topographischen Strukturen und aus satellitengravimetrischen Messungen wurden Krustendicken von 50…100 km abgeschätzt. Bild 3.8 zeigt den Schalenaufbau der erdartigen Planeten im Vergleich.

Io und Europa

Nach ihren mittleren Dichten zu urteilen, muß man auch die Jupitersatelliten Io und Europa zu den erdartigen Himmelskörpern zählen. Beide sind etwa mondgroß und wahrscheinlich aus Silikaten aufgebaut. Wahrscheinlich handelt es sich dabei um wasserhaltige Silikate, die eine wesentlich geringere Dichte als die ultrabasischen Silikate in Erde und Mond aufweisen (etwa 2800 kg m^{-3}). Infolge eines starken rezenten Schwefelvulkanismus ist die Kruste der Io anscheinend vollständig mit Schwefel bedeckt, dessen Färbung Auskunft über die Temperatur der Schwefellava beim Ausbruch gibt. Infolge der niedrigen Oberflächentemperatur haben sich auch größere Mengen an flüchtigen Schwefelverbindungen niedergeschlagen (SO_2, H_2S).

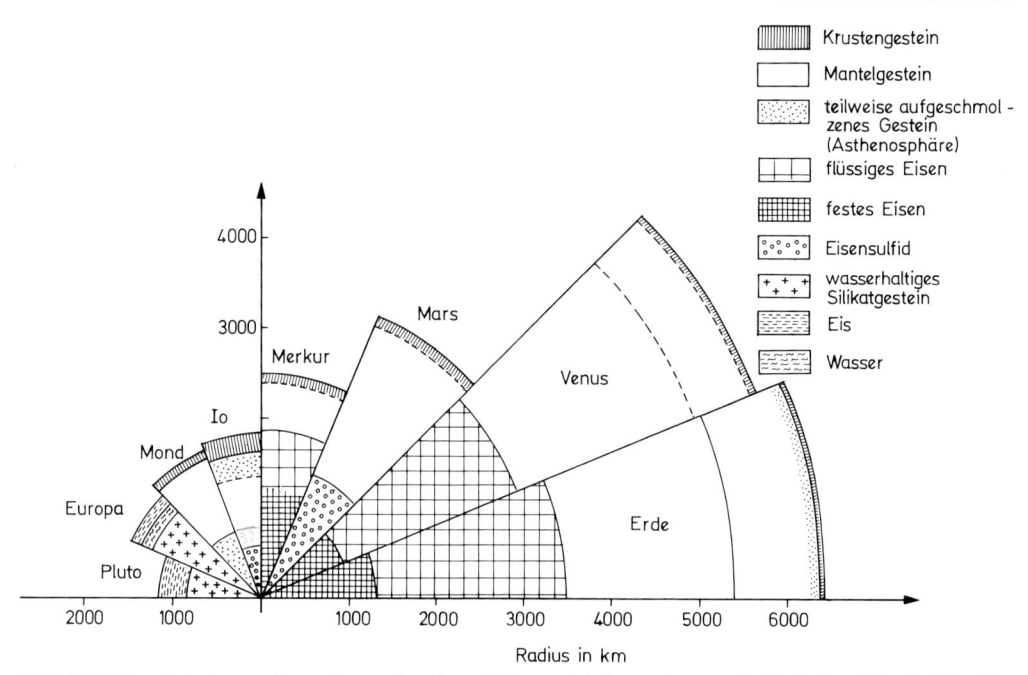

3.2 Der innere Aufbau der Planeten und Satelliten

Bild 3.8 Der Schalenaufbau der erdartigen Himmelskörper im maßstäblichen Vergleich. Zu Vergleichszwecken wurde auch der Pluto als Eisplanet mit besonders großem Gesteinskern mit aufgeführt.

Die dicke, heute zumindest an der Oberfläche gefrorene Hydrosphäre der Europa, die die gesamte Oberfläche bedeckt, deutet darauf hin, daß diesem Himmelskörper früher eine effektive Wärmequelle zur Verfügung stand, durch die das Wasser freigesetzt wurde. Die Wärmequelle für beide Himmelskörper ist wahrscheinlich die Energiefreisetzung durch Gezeitenwechselwirkung. Durch ihre Eisdecke deutet die Europa eine Überleitung zu den Eisplaneten Ganymed und Kallisto an. Für die Dicke der Eisschicht der Europa wurden Werte zwischen 25 und 100 km abgeschätzt.

3.2.6 Modelle jupiterartiger Planeten

Jupiter und Saturn

Für die Modellkonstruktion der beiden Riesenplaneten ergeben sich von der Beobachtung her und aus theoretischen Abschätzungen folgende Randbedingungen bzw. Gesichtspunkte:

– Die niedrigen mittleren Dichten, die Lage im Radius-Dichte-Diagramm (in der Nähe von Nulltemperaturkonfigurationen aus Wasserstoff) und die Zusammensetzung der Atmosphären deuten auf ein Wasserstoff-Helium-Gemisch von grob sonnenähnlicher Zusammensetzung als Hauptbestandteil.

– Beide Planeten weisen starke Massenkonzentrationen zum Zentrum auf (kleine δ-Werte), so daß schwere Kerne (Gestein, vielleicht sogar Eisen) postuliert werden müssen.

– Die großen Werte für ξ, e_F und J_2 sowie die Kleinheit der ungeradzahligen J_k und das Fehlen tesseraler Momente legen nahe, daß sich beide Planeten größtenteils im flüssigen Zustand befinden.

– Die großen Wärmeströme aus dem

Inneren weisen auf hohe Zentraltemperaturen (Größenordnung 10^4 K) und große Temperaturgradienten hin, so daß Konvektion eine wesentliche Rolle spielen muß. Weiterhin steht die Frage nach der Energiequelle, und es ergibt sich die Notwendigkeit, Entwicklungsmodelle zu studieren.
- Aus den großen magnetischen Momenten folgt ein sehr wirkungsvoller Dynamomechanismus, der eine gut fluide Metallphase im Inneren erwarten läßt.
- Die Ringe und regulären Satellitensysteme lassen bei der Entstehung dieser Planeten komplexere Vorgänge vermuten als bei der Entstehung der erdartigen.

Der größte Teil des Jupiter- und Saturninneren besteht offenbar aus einem Wasserstoff-Helium-Gemisch, in dem jedoch He gegenüber der Sonne abgereichert ist (Sonne: $X_{He} = 0{,}28$, Jupiter: $X_{He} = 0{,}20$, Saturn: $X_{He} = 0{,}13$). Die starke Abreicherung beim Saturn könnte – wenn sie auf dem Absinken des Heliums zum Zentrum beruht – wesentlich zur nachträglichen Aufheizung des Inneren beigetragen haben. Die Zustandsgleichung des H-He-Gemischs – dem beim Saturn auch noch Wasserstoffverbindungen (H_2O, NH_3) zugemischt sind – wird nach dem Gesetz der additiven Volumina berechnet:

$$\frac{1}{\varrho} = \sum_i \frac{X_i}{\varrho_i}. \qquad (3.34)$$

ϱ_i Dichte der i-ten Komponente
X_i massenmäßiger Anteil der i-ten Komponente.

Abweichungen von Gleichung (3.34) sind zu erwarten, da sich nicht alle

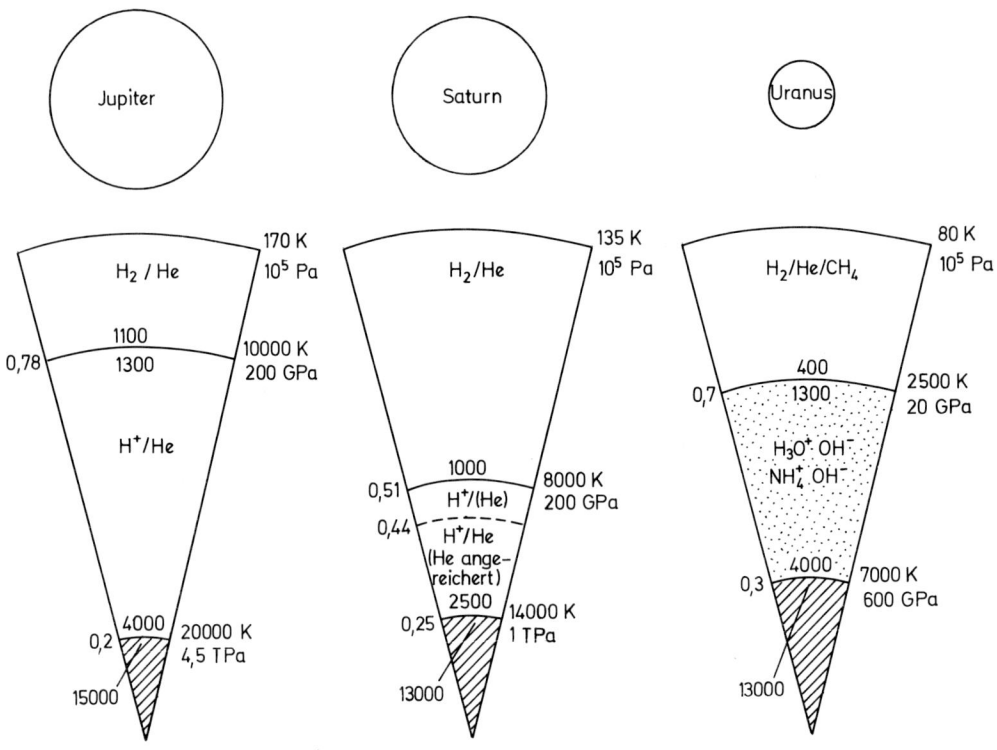

Bild 3.9 Der innere Aufbau der jupiterartigen Planeten Jupiter, Saturn und Uranus. An den Schalengrenzen wurden die Werte von Druck, Dichte und Temperatur angegeben (nach Modellberechnungen von D. J. Stevenson). Zur Kennzeichnung der absoluten Größe der Planeten dienen die Kreise über den Sektoren.

Komponenten gut mit Wasserstoff mischen. So löst sich z. B. He in metallischem Wasserstoff bei höheren Temperaturen sehr schlecht, dasselbe gilt auch für H_2O in H_2.

Statische Jupiter- und Saturnmodelle gehen von einem Schalenaufbau der folgenden Art (s. Bild 3.9) aus: Außenschale aus flüssigem molekularem Wasserstoff (+ He und in geringem Umfange H-Verbindungen), Schale aus flüssigem metallischem Wasserstoff (+ He und H-Verbindungen), fester Gesteinskern. Beim Saturn könnte der Gesteinskern von einer Schale aus flüssigen H-Verbindungen („Eisschale") umgeben sein.

Die Atmosphäre geht bei diesen Planeten stetig in die H_2-Schale über, d. h., man kann Jupiter und Saturn auch als Planeten auffassen, deren Hauptmasse aus kondensierter Atmosphäre besteht. Nach dieser Auffassung ist die feste Planetenoberfläche mit der Oberfläche des Kerns identisch. Die Materialbeschaffenheit des Kerns ist völlig unbekannt, da keine experimentellen Daten über Gestein in diesem Druckbereich vorliegen. Über den Kern geben ansonsten nur J_2 und δ Aufschluß, die höheren zonalen Gravitationsmomente J_n sind hier so gut wie informationslos, weil das zentrumsnahe Gebiet sie wegen der Gewichtsfunktion r^n in Gleichung *(3.6)* so gut wie nicht beeinflußt.

Zumindest in der H_2-Schale kann die Flüssigkeit in guter Näherung durch die Polytrope $p \sim \varrho^2$, aus der sich auf eine lineare Zunahme der Temperatur mit der Dichte, $T \sim \varrho$, schließen läßt, beschrieben werden (siehe Bild 3.10). Durch die unsicheren Zustandsgleichungen und die erwähnte Problematik des unterschiedlichen Mischungsverhaltens ist die Modellierung des Jupiter- und Saturninneren noch mit beträchtlichen Unsicherheiten behaftet.

Die Energiebilanz, d. h. das Verhältnis der Wärmeabstrahlung zum Gesamtbetrag des absorbierten Sonnenlichts, beträgt beim Jupiter 1,68 und beim Saturn 1,79. Während zur Erklärung des Wärmestroms aus dem Jupiterinneren die in der großen Masse des Planeten gespeicherte Wärme ausreicht, die bei seiner Bildung durch den Einsturz der Planetesimalien erzeugt wurde, deckt diese primordiale Wärme beim Saturn die Ausstrahlung nur für etwa die Hälfte seiner Existenzzeit. Die beobachtete starke Heliumabreicherung könnte allerdings eine effektive Wärmequelle liefern. Wasserstoff und Helium hätten sich danach in der H^+-Schale entmischt, und das Helium wäre in Tröpfchenform in Richtung Zentrum gefallen. Die dabei gewonnene potentielle Energie könnte das Saturninnere beträchtlich aufheizen.

Uranus und Neptun

Obwohl Uranus und Neptun in ihren äußeren Bereichen von jupiterartiger Zusammensetzung sind, müssen an ihrem Aufbau – speziell beim Neptun – schwere Elemente in weit größerem Umfange beteiligt sein als bei Jupiter und Saturn. Die äußeren Schichten von Uranus und Neptun bestehen wahrscheinlich im wesentlichen aus dem gleichen H_2-He-Gemisch wie die Atmosphären. Im Gegensatz zu den beiden Riesenplaneten ist zumindest beim Uranus Helium nicht wesentlich abgereichert ($X_{He} = 0{,}26$). Weiterhin dürfte die H_2-He-Hülle dieser Planeten einen größeren Anteil von Wasserstoffverbindungen (z. B. CH_4) enthalten als die von Jupiter und Saturn.

Mit den Beobachtungsergebnissen am besten verträglich sind Dreischalenmodelle, die folgende Bestandteile aufweisen (s. Bild 3.9): Wasserstoff-Helium-Hülle, Eisschale und Gesteinskern. Der Druck in der Hülle erreicht nicht die Höhe, die für den Übergang des molekularen in den metallischen Wasserstoff erforderlich ist.

Die Eisschale enthält Wasserstoffverbindungen der kosmisch häufigsten Elemente C, N und O. Im Unterschied zum Material der eisartigen Himmelskörper verändert der hohe Druck das Erscheinungsbild dieses Eisgemisches bei Uranus und Neptun grundlegend. Wahrscheinlich ähnelt es einer Ionenschmelze, in der das Hydronium-Ion (H_3O^+), das Ammonium-Ion (NH_4^+) und das Hydroxyl-Ion (OH^-) die entscheidende Rolle spielen. Das Auftreten metallischer Phasen ist denkbar; z. B. könnte aus der Pyrolyse des Methans metallischer Kohlenstoff hervorgehen. Die physikalischen Eigenschaften eines solchen komplizierten Gemisches sind weitgehend unbekannt.

Die Gesteinskerne von Uranus und Neptun sind, relativ gesehen, wesentlich größer als die von Jupiter und Saturn (s. Bild 3.9). Eis und Gestein bestreiten beim Uranus mindestens 2/3 seiner Masse, wobei das Massenverhältnis von Eis zu Gestein bei etwa 3 liegen dürfte. Dieser Wert liegt in der Nähe des Erwartungswertes für die Kondensation aus Sonnennebelgas. Die große Rolle der Wasserstoffverbindungen in Uranus und Neptun unterstreicht ihren Charakter als Zwischenglieder zwischen den Wasserstoffplaneten und den Eisplaneten.

Da beide Planeten starke Magnetfelder haben, muß in ihrem Inneren, speziell in der Eisschale, Konvektion erwartet werden, die die Voraussetzung für das Zustandekommen eines Dynamo-

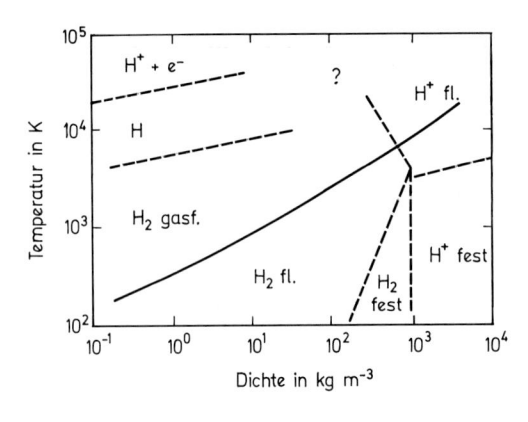

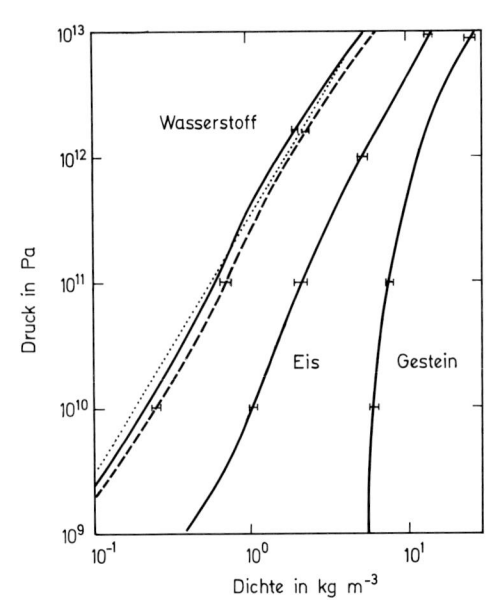

Bild 3.10 Zustandsdiagramme und -gleichungen der Stoffkomponenten der jupiterartigen Planeten. Oben: Phasendiagramm des Wasserstoffs mit gestrichelt gezeichneten Grenzen der Stabilitätsbereiche (die stückweise unsicher sind). Die ausgezogene Kurve ist eine für das Jupiterinnere berechnete Polytrope (nach W. B. Hubbard, 1988); sie zeigt, daß fester Wasserstoff keine Rolle spielt. Unten: Zustandsgleichungen, die Modellberechnungen jupiterartiger Planeten zugrunde lagen. Die mit „Wasserstoff" bezeichneten Kurven sind Isentropen (ausgezogene K.: reiner Wasserstoff; gestrichelte Kurve: H + 25 % He), die durch den Punkt $T = 170$ K und $p = 10^5$ Pa (Jupiteratmosphäre) gehen. Die punktierte Kurve ist die Polytrope $p = k\varrho^2$. Die Kurven „Eis" und „Gestein" entsprechen Gemischen, die für Uranusmodelle benutzt wurden ($T = 2000$ K bei $p = 2 \cdot 10^{11}$ Pa für „Eis" und $T = 7000$ K bei $p = 6 \cdot 10^{11}$ Pa für „Gestein"). Fehlerbalken geben die Unsicherheiten der Kurven an (nach W. B. Hubbard und J. J. MacFarlane, 1981).

mechanismus bildet. Während die Magnetfelder beider Planeten erstaunliche Parallelen aufweisen (sehr große Winkel zwischen Rotationsachse und Magnetdipolachse, erhebliche Versetzung des Dipolzentrums gegenüber dem Planetenzentrum) besteht ein auffälliger Unterschied hinsichtlich ihrer inneren Energiequelle. Während beim Neptun die Energiebilanz bei 2,6 liegt, also die Verhältnisse denen bei Jupiter und Saturn ähneln, wurden beim Uranus ein Wert von 1,06 ermittelt, so daß die effektive Temperatur dieses Planeten etwa mit der Gleichgewichtstemperatur bezüglich der Sonneneinstrahlung übereinstimmt.

3.2.7 Modelle eisartiger Himmelskörper

Planetarische Himmelskörper aus Eis bzw. Eis mit Gesteinskern belegen ein breites Größen- und Typenspektrum im Sonnensystem ($250 < R < 2500$ km). Das Eis ist nicht nur festes H_2O, sondern es liegt mit großer Wahrscheinlichkeit eine Mischung mit anderen kondensierten Gasen, insbesondere Wasserstoffverbindungen, vor, z. B. CH_4, CO, NH_3. Von besonderer Wichtigkeit dürften auch Einschlußverbindungen vom Typ der Klathrat-Hydrate sein, bei denen z. B. NH_3, CH_4, CO_2 im H_2O-Gitter eingelagert sind. Nicht nur bei Ganymed und Kallisto sowie den Saturn- und Uranussatelliten stellt H_2O oder eine NH_3-H_2O-Mischung die dominierende Eissorte dar (spektral nachgewiesen), vieles deutet darauf hin, daß auch bei Triton, Pluto und Charon H_2O die vorherrschende flüchtige Komponente am inneren Aufbau ist. Bei Triton und Pluto macht sich im Spektrum das aus der Atmosphäre ausgefrorene Methan stark bemerkbar. Wahrscheinlich bedeckt es zusammen mit Stickstoff große Teile der Oberfläche.

Erste Modellierungen des inneren Aufbaus sehen einen Gesteinskern aus Material einer Dichte von etwa 2800 kg m^{-3} vor, den ein Eismantel (Dichte 900...1000 kg m^{-3}) umgibt. Wegen des relativ niedrigen Druckes im Inneren dieser kleinen Himmelskörper genügt gemäß der Gleichung *(3.29)* für den Kompressionsmodul K das erste Glied. Für Silikatgestein beträgt K_0 etwa 1,5 10^{11} Pa, für H_2O-Eis 1 10^{10} Pa; die linearen Druckkoeffizienten K_0' betragen 3,3 bzw. 3,0. Mit diesen Beziehungen kann die Druck- und Massenverteilung im Inneren dieser Zweischalenmodelle einfach abgeschätzt werden. Bei den großen Eisplaneten Ganymed, Titan und Kallisto treten in der Eisschale Phasenübergänge auf (siehe Phasendiagramm für Eis in Bild 3.3). Durch andere zugemischte Eiskomponenten (z. B. NH_3) werden die Verhältnisse noch komplizierter. Weiterhin muß mit einer Differentiation des Kerns gerechnet werden (innerer Kern aus Eisen, äußerer Kern aus Gestein). Pluto und Triton besitzen nach Auskunft ihrer großen mittleren Dichten die größten Gesteinskerne, die Radien von über 70% des Gesamtradius aufweisen. Dann folgen die Riesensatelliten Ganymed, Titan und Kallisto mit relativen Kernradien zwischen 50 und 60%. Ähnlich große (aber wahrscheinlich nicht differenzierte) Gesteinskerne müssen auch die Uranussatelliten Ariel, Umbriel, Titania und Oberon besitzen. Bei den Saturnmonden (außer dem Titan) sind die Kerne wesentlich kleiner; den größten Gesteinskern (40% des Radius, 20% der Masse) sollte nach Modellberechnungen die Dione besitzen.

3.3 Die Oberflächen planetarischer Himmelskörper

3.3.1 Geologische Faktoren

Die Gesteinsoberflächen der erdartigen und die Eisoberflächen der eisartigen Himmelskörper wurden durch innere (endogene) und äußere (exogene) Wirkungen geprägt. Diese Himmelskörper durchliefen eine innere, thermisch gesteuerte Entwicklung, die sich in der Beschaffenheit ihrer Oberflächen dokumentiert und mit geologischen Methoden rekonstruierbar ist. Einige von ihnen, z. B. Erde, Mars, Io und Triton, sind auch heute noch geologisch aktiv und verändern ständig, zumindest lokal, ihre Oberfläche.

Zu den endogenen Faktoren gehören tektonische und magmatische Prozesse. Mit Tektonik wurde ursprünglich die Lehre vom Bau und von den Bewegungsvorgängen der Erdkruste und von den in ihr wirkenden mechanischen Kräften bezeichnet. Heute werden ihre Erkenntnisse auf alle Himmelskörper mit fester Oberfläche übertragen. Magmatische Vorgänge, zusammenfassend als Magmatismus bezeichnet, sind solche, an denen geschmolzenes Gestein (Magma) und davon abgeleitete Stoffe (Differentiationsprodukte des Magmas) beteiligt sind. Durch volumenändernde Prozesse (z. B. Phasenübergänge) und Bewegungsvorgänge (z. B. Konvektion) unter der Oberfläche treten im Rahmen der Planetenevolution Spannungen in den Krusten auf. Auf das Krustenmaterial wirken Zug-, Druck- und Scherungskräfte ein, die mannigfache Biegungen und Brüche (Frakturen) zur Folge haben, die sich in charakteristischen tektonischen Bildungen äußern. Wie diese letzteren morphologisch beschaffen sind, hängt nicht nur von den wirkenden Kräften, sondern auch von den mechanischen Eigenschaften des Krustenmaterials (die z. B. für die beiden wichtigsten Materialien, Silikatgestein und Wassereis, sehr verschieden sind) und modifizierenden späteren (exogenen) Faktoren ab.

Auf der geologisch sehr aktiven Erde finden wir einen besonders großen Formenreichtum an tektonischen Strukturen. Die wichtigsten Biegungserscheinungen sind hier Beulen, Flexuren und Falten, die wichtigsten Brucherscheinungen Klüfte, Spalten und Verschiebungen (s. Bild 3.11). Die Verschiebungen oder Verwerfungen können dabei abwärts, aufwärts, horizontal oder diagonal erfolgen. Alle Oberflächen erdartiger und eisartiger Himmelskörper zeigen Brucherscheinungen und vertikale Verschiebungen an den Bruchstellen der Kruste. Horizontale Verschiebungen kommen dagegen nur auf der Erde und in wesentlich geringerem Umfang auf dem Jupitermond Ganymed vor. Sie finden ihre Erklärung in globaltektonischen Prozessen (bei der Erde durch die Theorie der Plattentektonik).

Alle planetarischen Himmelskörper haben nach ihrer Bildung eine thermische Entwicklung durchlaufen, die zum Aufschmelzen ihres Materials, zur Herausbildung der Schalenstruktur infolge Entmischung der Stoffe im Schwerefeld und zu zahlreichen magmatischen Aktivitäten nach der Krustenbildung und der von außen nach innen fortschreitenden Erstarrung führte. Prozesse, bei denen Schmelzen nach der Krustenbildung an die Planetenoberfläche gelangen, faßt man unter dem Begriff Vulkanismus zusammen. Das an die Oberfläche gelangende Magma wird Lava genannt und erstarrt zu vulkanischen Gesteinen (Vulkanite). Die bekanntesten Vulkanite auf den erdartigen Himmelskörpern sind die Basalte. Erstarrt das Magma unter der Oberfläche, dann bilden sich Tiefengesteine (Plutonite). Sie sind grobkörniger als die Vulkanite, weil die Minerale wegen der langsameren

3.3 Die Oberflächen planetarischer Himmelskörper

Biegunserscheinungen

Beule — Flexur — Falte

Brucherscheinungen

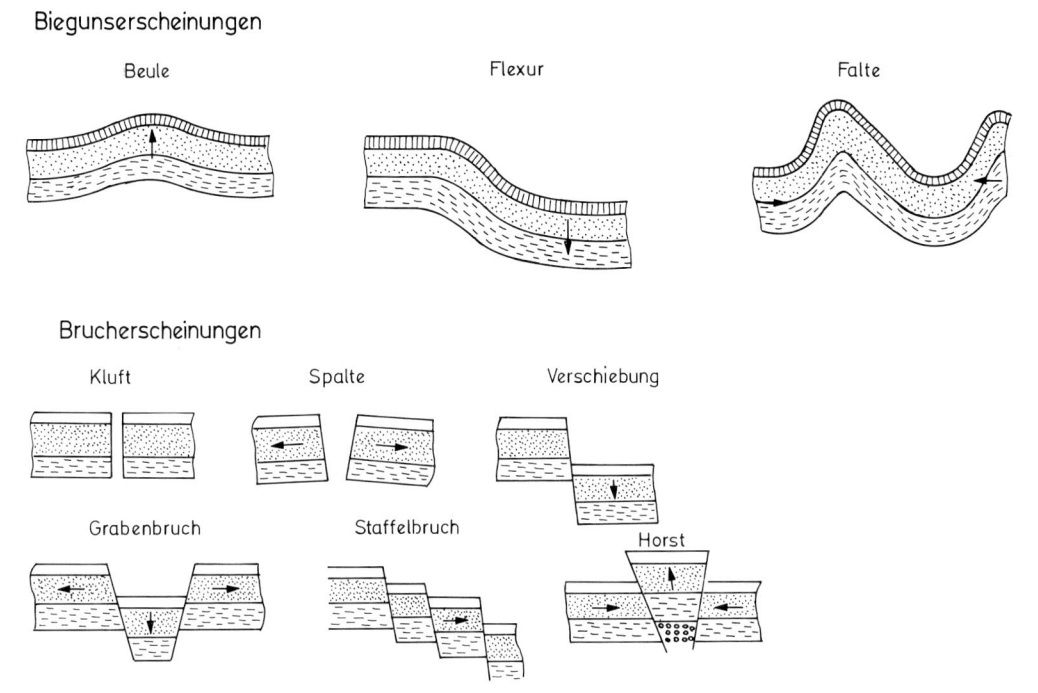

Kluft — Spalte — Verschiebung

Grabenbruch — Staffelbruch — Horst

Bild 3.11 Die hauptsächlichen tektonischen Bildungen an einer Planetenkruste (stark schematisiert). Oben: Biegungserscheinungen; unten: Brucherscheinungen.

Abkühlung größere Kristalle bilden können.

Vulkanismus kann in stürmischen Entwicklungsphasen eines Himmelskörpers global in Erscheinung treten, indem große Mengen von Lava aus großräumigen Spaltensystemen der Kruste austreten. Dabei wird die vorhandene Kruste umgebildet oder gänzlich durch das neue Gestein ersetzt oder überdeckt (Krustenneubildung). Beispiele dafür sind die Maria des Mondes und die ozeanische Kruste der Erde.

Lokale Magmaförderung an bestimmten Punkten der Kruste eines Planeten schafft vulkanische Bauten mit speziellen Förderschloten (Bild 3.12). Basische (SiO_2-arme) Magmen sorgen aufgrund relativ geringer Viskosität und geringen Gasgehaltes für relativ ruhige Lavaergüsse (effusiver Vulkanismus), die zur Bildung von Schildvulkanen führen. Saure (SiO_2-reiche) Magmen lösen aufgrund ihrer Zähflüssigkeit und ihres hohen Gasgehaltes einen explosiven Vulkanismus aus, bei dem neben Lavaergüssen und Gasfreisetzungen auch große Mengen von Lockerprodukten (Pyroklastika = zerstäubte Lava, Vulkanasche) gefördert werden. Es bilden sich steile Kegel aus Schichten (daher Schicht- oder Stratovulkane genannt) von Lava und Lockermassen (Tuffe). Der Vulkanismus sorgt auch für eine Gesteinsmetamorphose, z.B. für ein Umschmelzen von Sedimentgesteinen, und beeinflußt durch die Gasfreisetzung die Atmosphäre.

Rezenten, d.h. heute noch aktiven Vulkanismus, gibt es bei den erdartigen Himmelskörpern nur auf der Erde und auf dem Jupitermond Io. Typische Formen irdischer Vulkane zeigt Bild 3.12.

Ebenso wie tektonische Vorgänge sind auch magmatische Prozesse für Eisplaneten wichtig, z.B. Aufschmelzen

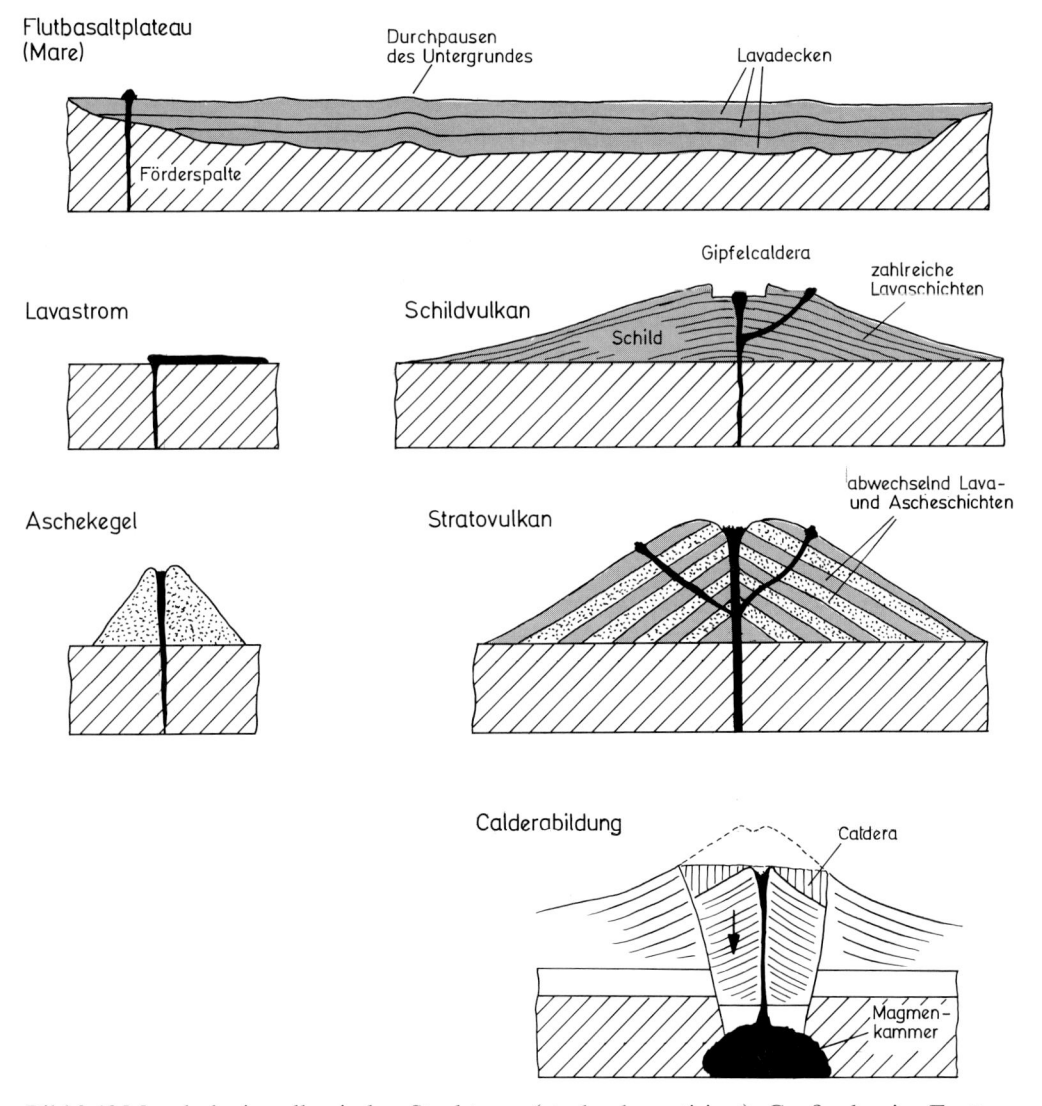

Bild 3.12 Morphologie vulkanischer Strukturen (stark schematisiert). Großvolumige Ergüsse aus Spalten bilden glatte Basaltflächen (Flutbasalte, Maria), durch die sich Strukturen des Untergrundes hindurchpausen können. Anhaltende punktuelle Förderung erzeugt Vulkanbauten: Schildvulkane bei dünnflüssiger, gasarmer Lava; Schicht-(Strato-)Vulkane mit abwechselnden Schichten aus Lava und Lockerprodukten („Asche") bei sehr viskoser und gasreicher Lava. Temporäre Förderung erzeugt einzelne Lavaströme oder Aschekegel. Bei großen Vulkanbauten mit langanhaltender Förderung entstehen durch inneren Zusammenbruch nahezu kreisförmige Einbruchbecken (Calderen).

des Eises durch Erwärmung von innen her, Förderung von „Lava" durch Spaltensysteme und Krustenneubildung durch erneutes Gefrieren. Die einzige rezente Form von Vulkanismus in einer Eiskruste wurde bisher beim Neptunmond Triton festgestellt.

Zu den exogenen Faktoren an einer Planetenoberfläche gehören kosmische und atmosphärische Einflüsse. Wichtig-

3.3 Die Oberflächen planetarischer Himmelskörper

ster kosmischer Faktor sind die Einschläge (Impakte), wobei die größten niedergehenden Projektile kleinere Himmelskörper (Planetoiden, Kometen) sind, die zur Bildung von Impaktstrukturen führen, während die kleinsten und am häufigsten einschlagenden Gebilde, die Mikrometeorite, die Oberfläche nach Art eines äußerst wirksamen Sandstrahlgebläses bearbeiten. Da die Geschwindigkeit eines auf einem Himmelskörper niedergehenden Projektils größer als die Schallgeschwindigkeit im Gestein ist, breitet sich beim Einschlag eine Stoßwelle aus, deren Energiefreisetzung zur Verdampfung des Untergrundmaterials an der Einschlagstelle und meist auch des Projektils sowie zur Zertrümmerung des Gesteins in einem größeren Volumen des Untergrundes führt. Die nach dem Durchgang der Verdichtung erfolgende Entspannung wirft das zertrümmerte Gestein zu einem Wall auf und erzeugt die den resultierenden Krater umgebende Auswurfdecke. Theoretische Berechnungen und Experimente zeigen, daß das Verhältnis von Kraterdurchmesser zu Projektildurchmesser bei Kratern mittlerer Größe auf Gesteinsoberflächen in der Nähe von 20 liegt. Bei großen Kratern entsteht im Kraterbecken ein Zentralberg, der bei sehr großen Kratern die Form eines zweiten inneren Gebirgsringes annimmt. Die größten Einschlagstrukturen (Mare Orientale des Mondes, Caloris Planitia des Merkurs, Valhalla der Kallisto) bestehen aus einer ganzen Reihe von konzentrischen Ringen. Bild 3.13 zeigt verschiedene Kraterprofile.

Das unterschiedliche Aussehen gleich großer Krater auf den verschiedenen Himmelskörpern hängt von den mecha-

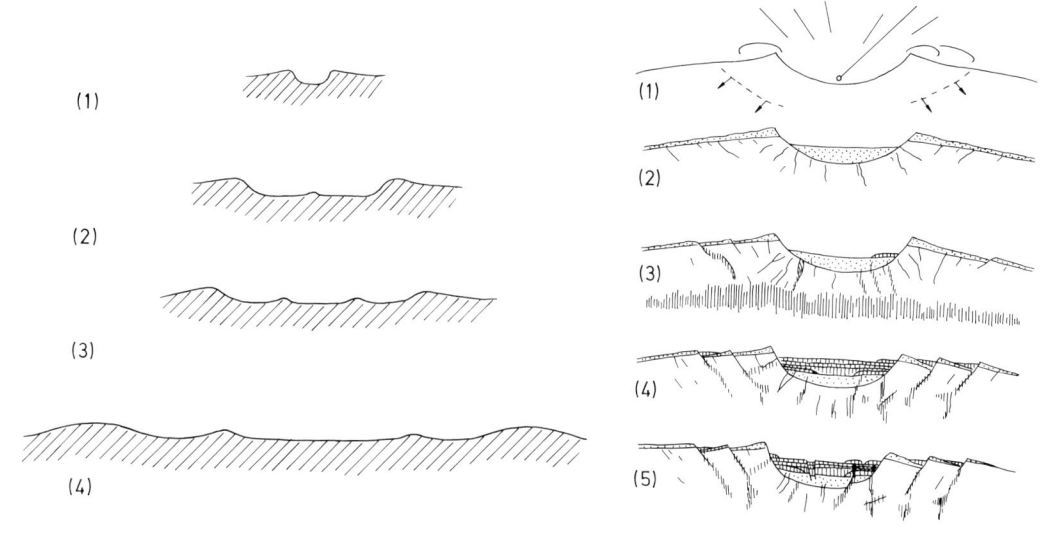

Bild 3.13 Impaktkraterformen an Gesteinsoberflächen. Links: typische Kraterprofile (schematisch). (1) Grubenform (typische Größe: einige km). (2) Krater mit Zentralberg (Durchmesser einige 10 km). (3) Krater mit innerem Ring (Aufweitung des Zentralberges zu einem Ring, Durchmesser über 100 km). (4) Mehrfachringstruktur (zentrales Becken zu Mare aufgefüllt, z. B. Mare Orientale auf dem Mond; Durchmesser einige 100 bis über 1000 km). Rechts: tektonische Entwicklung lunarer Großkrater. (1) Bildung durch Impakt (s. Text). (2) Auswurfdecke unmittelbar nach dem Einschlag. (3) Bildung von Verwerfungen, Empordringen von Lava durch Spalten des zerstörten Untergrundgesteins. (4) Bildung mehrerer Lavadecken im Becken, staffelbruchartiger Zerfall des Walls. (5) Heutiger Zustand (nach W. K. Hartmann).

nischen und thermischen Eigenschaften ihres Oberflächenmaterials (z. B. Silikatgestein, Eis), von der Größe der Schwerebeschleunigung, von tektonischen und magmatischen Prozessen, die z. T. erst durch den Einschlag ausgelöst werden, und von exogenen Effekten, die eine „Alterung" der Krater bewirken, ab. Bei großen Kratern kommt es infolge des isostatischen Ausgleichs zu einer starken Verflachung des Reliefs; an Eisoberflächen (Ganymed, Kallisto) ist diese Verflachung wegen des Eiskriechens extrem ausgeprägt. Durch Krustenneubildung, starke Erosion und Sedimentation können die Krater der Uroberfläche völlig ausgelöscht werden. Das ist z. B. bei der Erde der Fall gewesen. Die etwa 100 Einschlagkrater, die man auf der Erde heute mit Sicherheit kennt, stammen von Einschlägen aus den letzten 500 Millionen Jahren.

Die in der Frühzeit des Sonnensystems sehr große Impaktrate hat dazu geführt, daß die erdartigen Himmelskörper global von einer Trümmerschicht, dem Regolith, bedeckt sind oder zumindest waren. Diese besteht aus Gesteinsstaub, Glaskügelchen und gröberen Gesteins- und Glasbruchstükken (Bild 3.14). Erneute Einschläge haben den Regolith lokal zu Gestein, sog. Impaktbrekzien, verfestigt. Kleinere Projektile (Meteorite) sorgten dafür, daß der Regolith über lange Zeiträume umgewälzt wurde. Auf weitgehend atmosphärelosen Himmelskörpern, z. B. dem Mond, hat sich die Regolithschicht gut erhalten, während sie auf dem Mars stark verwittert, auf der Erde infolge ihrer geologischen Aktivität gänzlich verschwunden ist. Beim Mond haben sich bei der seismologischen Erforschung seiner Kruste Anzeichen dafür ergeben, daß das Gestein unter der eigentlichen Regolithdecke, deren Mächtigkeit auf 6 bis 12 m geschätzt wird, tiefreichend zertrümmert ist (Megaregolith).

Der zweite exogene Faktor ist die

Bild 3.14 Von der Sonde Luna 16 von der Mondoberfläche zur Erde zurückgebrachter Regolith (vergrößert). Das staubfeine, von gröberen Gesteinsfragmenten durchsetzte Mondbodenmaterial ist ein Ergebnis der mechanischen Gesteinszerstörung durch Einschläge. Neben hellen (Terragestein) und dunklen (Maregestein) Komponenten enthält der Mondregolith auch Glasbestandteile (z. B. das Glaskügelchen in der Bildmitte), beim Impakt geschmolzenes Gestein (Foto: Presseagentur Nowosti).

Einwirkung der Atmosphäre und der Hydrosphäre, die als atmosphärisches Kondensat aufgefaßt werden muß. Sie sorgen für Verwitterung und Erosion. Bei der Verwitterung handelt es sich um die physikalische und chemische Zerstörung des Oberflächengesteins infolge von Sonneneinstrahlung, Spaltenfrost, Oxydation, Wassereinwirkung (Lösung und Hydrolyse) sowie speziellen chemischen Prozessen, wie z. B. chemische Verwitterung durch Kohlensäure.

Die Erosion des fließenden Wassers sorgt für eine Zertalung der Planetenoberfläche und für den Abtransport der Verwitterungsprodukte in tiefer gelegene Gebiete, so daß es zu einer allmählichen Abtragung und Verflachung des

3.3 Die Oberflächen planetarischer Himmelskörper

Geländes (Denudation) und zur Bildung von Sedimentendecken kommt. Auch Eis bewirkt eine starke Bearbeitung des Untergrundes (Gletschererosion) und Materialtransport (Moränen). Gefrorenes Wasser im Boden (Permafrost) sorgt durch die Ausdehnung des Eises (Spaltenfrost) für eine spezielle Morphologie der Landschaft. Die durch die Entfernung von Grundeis, z. B. infolge von Erwärmung, zustande kommende Unterhöhlung führt zum Zusammensacken des Geländes und zu Bodenverlagerungen (Erdrutsche an Hängen).

Die Erosion des Windes zernagt die Felsen, schafft Mulden und erzeugt facettierte Steine (Windkanter). Wind transportiert feines Oberflächenmaterial (Deflation) und formt dabei z. B. Dünen.

Je nach Art der Bildung, des Transports und der Ablagerung unterscheidet man marine (vom Meer verursachte), fluviale (von strömendem Wasser verursachte), glaziale (vom Eis verursachte) und äolische (vom Wind gebildete) Strukturen, Mechanismen und Sedimente. Abtragung, Materialtransport und Ablagerung sorgen besonders auf der Erde für einen großen Reichtum an Landschaftsformen, der auf das reichliche Vorhandensein von Wasser in flüssiger Form zurückgeht. Wasser- und Winderosion modellieren auch die Marslandschaft (Bild 3.15); auf dem Mond, dem Merkur und den meisten Eisplaneten sind sie hingegen auch nicht andeutungsweise vorhanden, weil diesen Himmelskörpern die Atmosphäre bereits kurz nach der Entstehung verloren ging.

Auf atmosphärelosen Himmelskörpern, insbesondere solchen, die sich in einer starken Planetenmagnetosphäre bewegen, wirken auch schnelle Teilchen (z. B. in Strahlungsgürteln gehaltene Protonen und Elektronen) und Plasma auf das Oberflächenmaterial ein. Da-

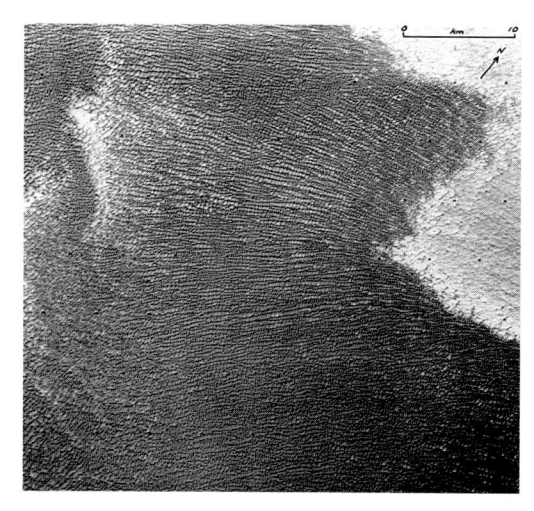

Bild 3.15 Wasser- und Winderosion auf dem Mars auf Viking-Orbiter-Aufnahmen. Links: Ausschnitt aus dem Kasei Vallis, dem größten, in die Chryse Planitia einmündenden Stromtal. Erkennbar sind mehrere stromlinienförmige Inseln sowie eine tief in den Boden des Stromtales eingeschnittene, 10–15 km breite Rinne, die ihre Richtung um 90° ändert und in der sich auch stromlinienförmige Inseln befinden. Rechts: Sog. geflochtene Dünen im nördlichen zirkumpolaren Erg des Mars, der größten durch Winderosion und Deflation geprägten Landschaft des Sonnensystems (Fotos: NASA).

durch kommt es zu speziellen Erosions- und Verwitterungseffekten (Sputtering, chemische Umwandlungen).

3.3.2 Die IAU-Nomenklatur topographischer Strukturen

Um die Oberflächen der Himmelskörper detailliert beschreiben und geologisch erforschen zu können, müssen die charakteristischen topographischen Strukturelemente benannt werden. Beim Mond wurden topographische Gebilde, z. B. Krater, „Meere" und Gebirge, bereits im 17. Jahrhundert benannt, als das Fernrohr die Begründung der Selenographie ermöglichte. Später erhielten auch die markanten Albedostrukturen auf dem Mars und dem Merkur Namen. Die frühe Namensgebung erfolgte bei den einzelnen Mond- und Planetenbeobachtern nach unterschiedlichen Gesichtspunkten. Beim Mond bildeten sich zeitig einige allgemein akzeptierte Regeln heraus, z. B. die Benennung von Kratern nach Gelehrten. In unserem Jahrhundert schuf die IAU eine einheitliche und verbindliche Benennung der Mondformationen. Die einheitliche Nomenklatur der durch die Planetensonden entdeckten topographischen Strukturen auf den Planeten- und Satellitenoberflächen ist Aufgabe der 1973 gegründeten „Arbeitsgruppe für die Nomenklatur des Planetensystems". Sie arbeitet die Benennungsvorschläge aus, die nach Billigung durch die IAU-Generalversammlung verbindlich werden. Bis 1986 umfaßte die IAU-Nomenklatur für Mond, Merkur, Venus, Mars sowie Mars-, Jupiter-, Saturn- und Uranussatelliten etwa 5000 Namen.

Wie die früheren Benennungen verwendet auch die heutige IAU-Nomenklatur lateinische Gattungsnamen für charakteristische topographische Bildungen. Die 37 heute benutzten Gattungsbezeichnungen sind in Tabelle 3.6 aufgeführt. Der Name einer topographischen Struktur setzt sich aus Gattungs- und Individualnamen zusammen, die allerdings heute kaum noch nach den Regeln der lateinischen Grammatik zusammengefügt werden. Außerdem wird der Individualname grundsätzlich in der im Englischen üblichen Schreibweise benutzt. Vier Arten topographischer Strukturen tragen nur Individualnamen: Krater, große Ringstrukturen, Eruptionszentren von aktiven Vulkanen und Landeplätze von Raumflugmissionen sowie die topographischen Besonderheiten in ihrer Umgebung. Als Individualnamen sind Namen von Wissenschaftlern und Künstlern, Namen aus den Mythologien vieler Völker, Namen aus Werken der Weltliteratur, geographische Namen u. a. m. im Gebrauch. Für die einzelnen Himmelskörper wurden bestimmte Quellen für Individualnamen festgelegt (s. Tabelle 3.7).

3.3.3 Großräumige geologische Einheiten und die Evolution der Oberflächen der erdartigen Himmelskörper

Die durch Nahaufnahmen bei Mond, Mars und Merkur sowie durch Radarkartierung bei der Venus möglich gewordene „photogeologische" Erkundung der Oberflächen der erdartigen Himmelskörper hat ergeben, daß es neben morphologischem Sondergut eine Vielzahl vergleichbarer geologischer Strukturen gibt, die auf ähnliche Entstehungsprozesse hinweisen. Der Vergleich der Oberflächen der genannten Himmelskörper zeigt, daß großflächige geologische Einheiten (geologische Provinzen) vorhanden sind, die sich ungleichmäßig über die Hemisphären verteilen (Krustenasymmetrie, auch „Hemisphärie").

Das Prinzip der vergleichenden Planetologie (Vergleich der Oberflächen-

3.3 Die Oberflächen planetarischer Himmelskörper

Tabelle 3.6   Die Gattungsnamen der IAU-Nomenklatur.
Abkürzungen der Himmelskörper: A Ariel; Am Amalthea; D Dione; Es Enceladus; Eu Europa; G Ganymed; H Merkur; Hy Hyperion; I Io; J Japetus; K Kallisto; L Mond; M Mars; Ma Miranda; Mi Mimas; O Oberon; R Rhea; Ta Titania; Tr Triton; Ts Tethys; U Umbriel; V Venus

Name (Pluralendung)	Beschreibung	Vorkommen
Catena (−ae)	Kraterkette	L, M, I, K
Cavus (−i)	irreguläre Niederung (gruppenweise auftretend)	M
Chaos	Niederung mit irregulär angeordneten, verkanteten Schollen	M
Chasma (−ata)	steilwandig begrenztes, cañonartiges Tal	V, M, Mi, Ts, D, R
Collis (−es)	Hügel	M, V
Corona (−ae)	große, meist ovale Ringstrukturen aus konzentrischen Graten und Furchen	V, Ma
Dorsum (−a)	Höhenrücken	L, H, V, M, Hy
Facula (−ae)	heller Fleck	G, Am
Flexus (−us)	niedriger, gekrümmter Rücken	Eu
Fluctus (−us)	Lavastrom	I, M
Fossa (−ae)	langes, schmales und flaches, tektonisch angelegtes Tal	M, V, G, Es
Labes (−es)	Erdrutschmasse	M
Labyrinthus	System chaotisch einander schneidender Täler	M
Lacus (−us)	„See", kleine Fläche mit Mare-Prägung	L
Linea (−eae)	langgestreckte helle oder dunkle Markierung	Eu, V, D
Macula (−ae)	dunkler Fleck	Eu
Mare (−ia)	„Meer", große dunkle und glatte Fläche	L
Mensa (−ae)	Tafelhochland	M, I
Mons (−tes)	Berg, Plural: Gebirge	L, M, V, H, I
Oceanus	„Ozean", größtes Mare	L
Palus (−udes)	„Sumpf", kleine Marefläche	L
Patera (−ae)	unregelmäßig begrenzter (Vulkan-)Krater mit flachem Relief	I, M, V
Planitia (−ae)	Tiefebene mit Mare-Prägung	V, M, H, Es
Planum (−a)	Hochebene, Plateau	M, I
Promontorium (−a)	„Vorgebirge", „Kap"	L
Regio (−ones)	große dunkle Fläche mit kontinentaler Prägung	V, H, I, G, J
Rima (−ae)	Spalte	L
Rupes (−es)	Böschung, Steilwand	M, H, L, V
Scopulus (−i)	gelappt oder unregelmäßig aussehende Böschung	M
Sinus (−us)	„Bucht"	L
Sulcus (−ci)	System paralleler Furchen	G, M, Es
Terra (−ae)	kontinentartige Landmasse, Hochlandfläche	M, V, J
Tessera (−ae)	sich unter verschiedenen Winkeln kreuzende Höhenzüge, die ein parkett- oder dachziegelartiges Muster bilden	V
Tholus (−i)	vulkanische Kuppel	M, V, I
Unda (−ae)	Dünen	M
Vallis (−es)	Tal, Flußbett	M, L, H
Vastitas	große Tieflandfläche	M

Tabelle 3.7 Regeln für die Benennung topographischer Strukturen auf einigen Himmelskörpern

Himmelskörper	Strukturen	Empfohlene Namensquelle
Merkur	Krater	verstorbene Maler, Dichter, Musiker
	Planitiae	dem Merkur entsprechende Götter
	Rupes	Schiffe großer Entdecker und wissenschaftlicher Expeditionen
	Valles	Radioobservatorien
Venus	Krater	berühmte Frauen aus Geschichte, Literatur und Wissenschaft
	Chasmata	Göttinnen der Jagd
	Coronae	Fruchtbarkeitsgöttinnen
	Dorsa	Himmelsgöttinnen
	Lineae	Kriegsgöttinnen
	Montes	Göttinnen
	Paterae	berühmte Frauen
	Planitiae	Heldinnen der Mythologien
	Regiones	Titaninnen
	Rupes	Göttinnen von Heim und Herd
	Tesserae	Schicksalsgöttinnen
	Terrae	Liebesgöttinnen
Mars	große Krater	verstorbene Marsforscher
	kleine Krater	Städte der Erde mit weniger als 100 000 Einwohnern
	große Valles	dem Mars entsprechende Götter
	kleine Valles	Flüsse
	alle anderen	Name der nächstgelegenen, in den Karten von Schiaparelli oder Antoniadi benannten Albedostruktur
Io	Eruptionszentren	Feuer-, Sonnen-, Gewittergötter; Helden
	Paterae	Vulkangötter und -innen, Schmiedegötter, wie Eruptionszentren
	Montes	Gebirge
	Plana	Orte, die mit dem Io-Mythos verbunden sind
	Regiones	wie Plana
	Tholi	Personen, die mit dem Io-Mythos verbunden sind
Europa	Krater	keltische Götter und Helden
	Lineae	Personen, die mit dem Europa-Mythos verbunden sind
	Flexus	Orte, die mit dem Europa-Mythos verbunden sind
	Maculae	wie Flexus
Ganymed	Krater	Götter und Helden der Kulturen des „Fruchtbaren Halbmondes"
	Faculae	Orte ägyptischer Mythen
	Sulci	Orte von Mythen der Kulturen des „Fruchtbaren Halbmondes"
Kallisto	große Ringstrukt.	Heimat von Göttern und Helden
	Krater	Helden und -innen nordischer Mythen
Mimas	alle Strukturen	Personen und Orte aus Malorys „Le Morte d'Arthur"
Enceladus	alle Strukturen	Personen und Orte aus Burtons „Arabian Nights"
Tethys	alle Strukturen	Personen und Orte aus Homers „Odyssee"
Dione	alle Strukturen	Personen und Orte aus Vergils „Aeneis"
Rhea	alle Strukturen	Schöpfungsmythen
Japetus	alle Strukturen	Personen und Orte aus dem „Chanson de Roland"

3.3 Die Oberflächen planetarischer Himmelskörper

Tabelle 3.7 Fortsetzung

Himmelskörper	Strukturen	Empfohlene Namensquelle
Miranda	Krater	Personen aus Shakespeares „The Tempest"
	Chasmata	Orte aus Shakespeares Werken
	Regiones	wie Chasmata
	Rupes	wie Chasmata
Ariel	Krater	Lichtgeister
	Chasmata	wie Krater
	Valles	wie Krater
Umbriel	Krater	Finsternisgeister
Titania	Krater	Personen und Orte aus Shakespeares Werken
	Chasmata	wie Krater
Oberon	Krater	Personen aus Shakespeares Werken

morphologie, des Gesteins (Tabelle 3.8) und der physikalischen Parameter der Himmelskörper) hat es auch ermöglicht, die erdartigen Himmelskörper Mond, Merkur, Mars, Venus und Erde als eine Entwicklungssequenz zu verstehen, wobei die tektonische und magmatische Aktivität, vor allem hinsichtlich ihrer Wirkungsdauer, in Richtung größer werdender Masse zunimmt (s. Tabelle 3.9). Die verstärkte Aktivität, die sich in der Oberflächenmorphologie äußert, hat auch Auswirkungen auf die exogenen Faktoren, die von der Atmosphäre herrühren.

Erde

Bei der Erde finden wir die auffällige Aufteilung der Oberfläche in Kontinen-

Tabelle 3.8 Chemische Zusammensetzung des Oberflächengesteins einiger erdartiger Himmelskörper in Massen-%

	Erde		*Mond*		*Mars*		*Venus*	
	kontinentale Kruste	ozeanische Kruste	Mare-Basalte von Apollo 11, 12, 15	Hochländer (Mittel)	Viking 1 (3 Proben)	Viking 2 (1 Probe)	Wenera 13 (1 Probe)	Wenera 14 (1 Probe)
SiO_2	61,9	49,2	37....49	45,0	43,9...44,7	42,8	45,1	48,7
Al_2O_3	15,6	15,8	7....14	24,6	5,5....5,7		15,8	17,9
MgO	3,1	8,5	6....17	8,6	8,3....8,6		11,4	8,1
FeO	3,9	7,2	18....23	6,6				
Fe_2O_3	2,6	2,2			18,0...18,7	20,3	10,3	9,8
CaO	5,7	11,1	8....12	14,2	5,3....5,6	5,0	7,1	10,3
Na_2O	3,1	2,7	0,1...0,5	0,45			2	2,4
K_2O	2,9	0,26	0,02..0,3	0,075	<0,3	<0,3	4,0	0,2
TiO_2	0,8	1,4	0,3...13	0,56	0,9	1,0	1,59	1,25
MnO	0,1	0,16	0,21..0,29				0,2	0,16
Cr_2O_3			0,12..0,70	0,10				
P_2O_9	0,3	0,15	0,03..0,18					
SO_3					7,7....9,5	6,5	1,62	0,88
Cl					0,7....0,9	0,6	0,3	0,4

te und Ozeane. Die hypsometrische Kurve der Erde zeigt daher zwei markante Maxima (Bild 3.16). Wesentlich ist hier nicht der Unterschied Land/Wasser, sondern der Höhenunterschied und der verschiedene Charakter der Kruste, der sich z. B. deutlich in der chemischen Zusammensetzung des Gesteins dokumentiert (vgl. Tabelle 3.8, Spalte Erde).

Nach der in den 1960er Jahren begründeten und inzwischen in vielen Details empirisch gut fundierten Theorie der Plattentektonik ist die gesamte Lithosphäre der Erde in Platten zerbrochen, die sich, getrieben von Konvektionsströmungen im Erdmantel (Festkörperkonvektion!), bewegen. Platten, die Kontinente tragen, verkörpern alte Kruste, während die dünneren ozeanischen Platten aus Erdkruste bestehen, die nach Altersbestimmungen an ihrem Gestein höchstens 200 Mill. Jahre alt ist. Bildungsstellen dieser jungen Kruste sind die vulkanisch aktiven Riftzonen in den mittelozeanischen Rücken, den ausgedehntesten Gebirgszügen unseres Planeten am Boden der Ozeane. In ihnen wurde ein globales Spaltensystem mit einer Gesamtlänge von mehr als 70 000 km aufgerissen. Die Spaltenränder driften auseinander, und emporquellendes Magma sorgt für ständige Krustenneubildung (Bild 3.17). Tektonische und magmatische Prozesse sind eng miteinander verknüpft. Der Vorgang wurde in der englischen Fachsprache „sea-floor spreading" genannt, im Deutschen wird er mit „Ozeanbodenausbreitung" übersetzt oder gelegentlich auch mit „Ozeanbodenzergleitung" wiedergegeben.

Da die Erdoberfläche ihre Größe nicht verändert, muß im gleichen Umfang, wie sie gebildet wird, ozeanische Kruste auch wieder verschwinden. Das geschieht, indem in den Tiefseegräben (z. B. Marianen-Graben, Tonga-Graben), an Inselbögen (z. B. Kurilen, Aleuten) und an bestimmten Kontinenträndern (Westküste Südamerikas) ozeanische Kruste in den Erdmantel eintaucht (Subduktion) und sich dort auflöst. Diese Subduktionszonen werden durch Erdbebenherde und durch Vulkanismus markiert.

Tabelle 3.9 Die Endglieder der Entwicklungssequenz der erdartigen Himmelskörper

	Mond	Erde
Masse	$7{,}35 \cdot 10^{22}$ kg	$5{,}975 \cdot 10^{24}$ kg
mittlere Dichte	3340 kg m^{-3}	5520 kg m^{-3}
innerer Aufbau	Gesteinsplanet	Gesteinsplanet mit großem Eisenkern
endogene Faktoren	seit $3 \cdot 10^9$a tektonisch und magmatisch tot	heute globaltektonisch aktiv (Plattentektonik), rezenter Vulkanismus an Plattenrändern und auf Platten
Krustenentwicklung	2 Krustengenerationen (Hochländer, Maria)	viele Krustengenerationen, rezente Krustenauflösung und -neubildung
Atmosphäre	seit (wasserloser) Urgashülle atmosphärelos	dichte, wasserreiche Atmosphäre mit biogenem Sauerstoff
Oberflächenmaterial	Regolith	Verwitterungsboden, Felsgestein
Petrologie	wenige Typen von Magmatiten und Brekzien mit Altern zwischen 3 und $4{,}6 \cdot 10^9$a; Mineralarmut (kein H$_2$O; reduzierende Bedingungen)	zahlreiche Typen von Magmatiten Sedimentiten und Metamorphiten; meist sehr viel jünger als $3 \cdot 10^9$a; großer Mineralreichtum (H$_2$O)

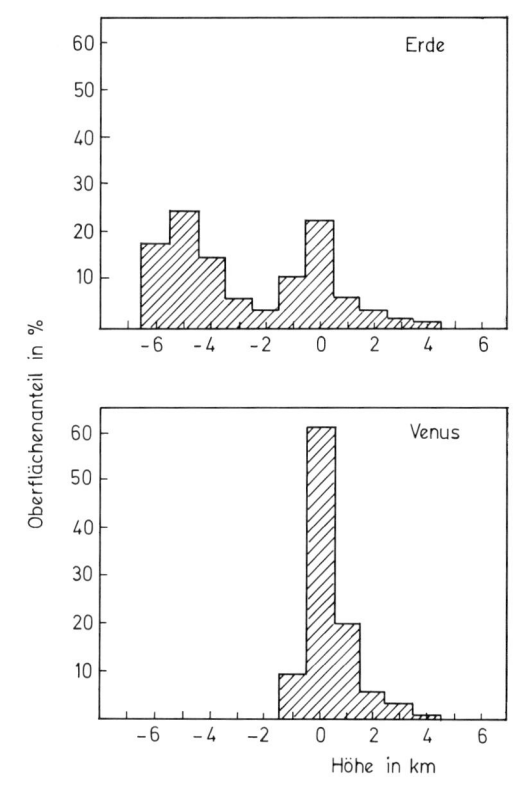

3.3 Die Oberflächen planetarischer Himmelskörper

Bild 3.16 Hypsometrische Histogramme von Erde und Venus (nach H. Masursky). Die Erde weist eine zweigipfelige Höhenverteilung auf, die durch die beiden plattentektonisch erklärbaren charakteristischen Krustentypen (ozeanisch, kontinental) gebildet wird. Die Höhenverteilung der Venuskruste ist dagegen sehr einheitlich (es gibt anscheinend keinen globaltektonischen Prozeß, der zweierlei Krustentypen produziert).

Im Rahmen der globaltektonischen Plattenkonzeption finden auch die klassischen Probleme der Geologie, nämlich die Ozean- und die Gebirgsbildung, ihre moderne Erklärung. Ozeane entstehen, wenn eine kontinentale Platte durch die Strömungskräfte unter der Lithosphäre aufreißt und die beiden so entstehenden Teilplatten auseinanderdriften. So bildete sich einst der Atlantik zwischen den beiden Plattenteilen, die die heutigen Kontinente Südamerika und Afrika tragen. Ein solches kontinentales Rifttal bildet sich heute vor unseren Augen in Ostafrika heraus. Es wird sich immer weiter nach Norden ausdehnen und verbreitern, bis die Somalihalbinsel sich vom alten Kontinent gelöst hat und allseitig vom Wasser umgeben ist. Andererseits schlossen in der Erdgeschichte aufeinander zulaufende kontinentale Platten die zwischen ihnen befindlichen Ozeane und türmten die marinen Sedimente zu Faltengebirgen (Orogenen) auf. Das heutige Mittelländische Meer ist der kümmerliche Rest eines einstigen großen Ozeans (der Tethys des Erdmittelalters); Faltengebirge, wie z. B. die Alpen, sind die zusammengeschobenen Ablagerungen dieses Ozeans.

Aufeinander auflaufende kontinentale Platten können miteinander verschweißen. So wurde beispielsweise Vorderindien erst nachträglich an den eurasischen Kontinent angegliedert, und das aufgefaltete Massiv des Himalaja zeugt vom verschwundenen Ozean.

Das Driften der Platten mit einer Geschwindigkeit von wenigen Zentimetern pro Jahr wird durch eine teilweise aufgeschmolzene Schicht unter der Lithosphäre, die Asthenosphäre, auf der die Platten der Lithosphäre schwimmen, möglich gemacht. Der „Motor" der Plattentektonik ist der Wärmestrom aus dem Innern, der die Konvektion im Erdmantel aufrechterhält („Wärmekraftmaschine" Erde). In den Riftzonen erreicht er maximale Werte.

Während die schwierig zu erkundenden zentralen Teile der ozeanischen Erdkruste (Meeresboden) vorwiegend vulkanische Formen zeigen, spiegelt sich auf den alten Kontinenten die ungeheure Vielfalt der erdgeschichtlichen Entwicklungsprozesse in einer kilometerdicken geologischen Dokumentation der Ablagerungen der verschiedenen Formationen wider: Wechsel von Land und Meer, von humidem und aridem Klima, Vereisungsperioden, Sedimentgesteinsfolgen der verschiedensten Herkunft, Gebirgsabtragung durch Erosion, Vulkanismus, Gesteinsmetamorphose, mannigfache lokale tektonische Prozesse, Kontinentaufspaltung durch Rifttalbildung, Gebirgsbildung, Verschweißen aufeinander zulaufender Kontinente u.v.a.m.

Venus

Die Venusoberfläche zeigt zwei große kontinentartige Schollen (Aphrodite Terra und Ishtar Terra) und viele „Inseln" (Regiones), die sich aus einem System planetenumspannender Tiefländer (Planitiae) herausheben. Im Gegensatz zur ozeanischen Kruste der Erde sind

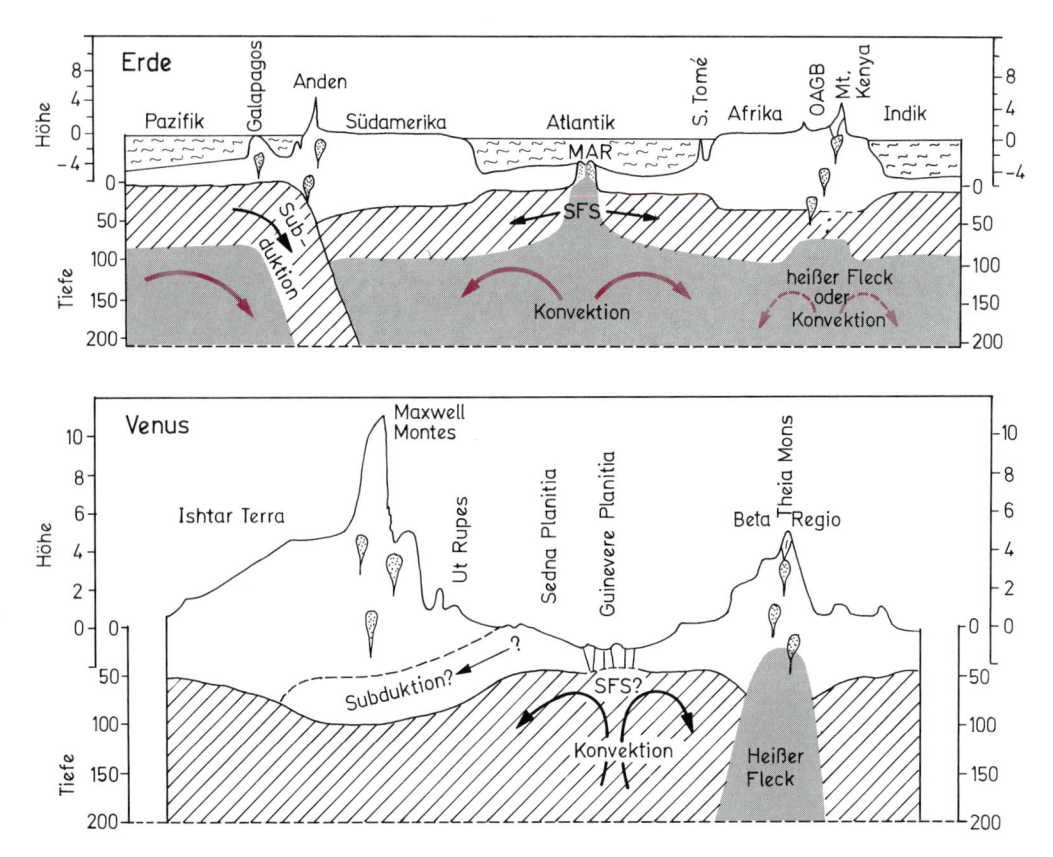

Bild 3.17 Tektonische Profile der erdartigen Himmelskörper Erde, Venus, Mars und Mond (v. o. n. u.) nach P. Janle und R. Meissner (1986). Höhen und Tiefen sind in km gegeben (unterschiedliche Skalen!).
Erde: Profillänge halber Umfang am Äquator. MAR Mittelatlantischer Rücken, OAGB Ostafrikanischer Grabenbruch, SFS Sea-floor spreading. Die Konvektion im Erdmantel hält die Platten der Lithosphäre in Bewegung. Längs der Krustenaufrisse in den mittelozeanischen Rücken bildet sich aus Mantelmaterial neue Kruste, in den Subduktionszonen löst sich lithosphärisches Material wieder im Erdmantel auf.
Venus: Profillänge ca. 10 000 km, Verlauf von NO (73° N, 38° O) nach SW (5° N, 255° O). Die in diesem Profil noch angedeuteten plattentektonischen Bezüge sind nach den Magellan-Aufnahmen zweifelhaft geworden. Dagegen scheint das Modell des Heißen-Flecken-Vulkanismus zuzutreffen.

3.3 Die Oberflächen planetarischer Himmelskörper

letztere sehr eben, befinden sich auf einem relativ einheitlichen Höhenniveau und definieren damit eine Art Normalnull der Venus. Systeme von mittelozeanischen Rücken und Rifttälern scheinen zu fehlen. Die Dominanz dieser Tiefebenen bewirkt, daß die hypsometrische Kurve der Venus nur eingipfelig ist (s. Bild 3.16).

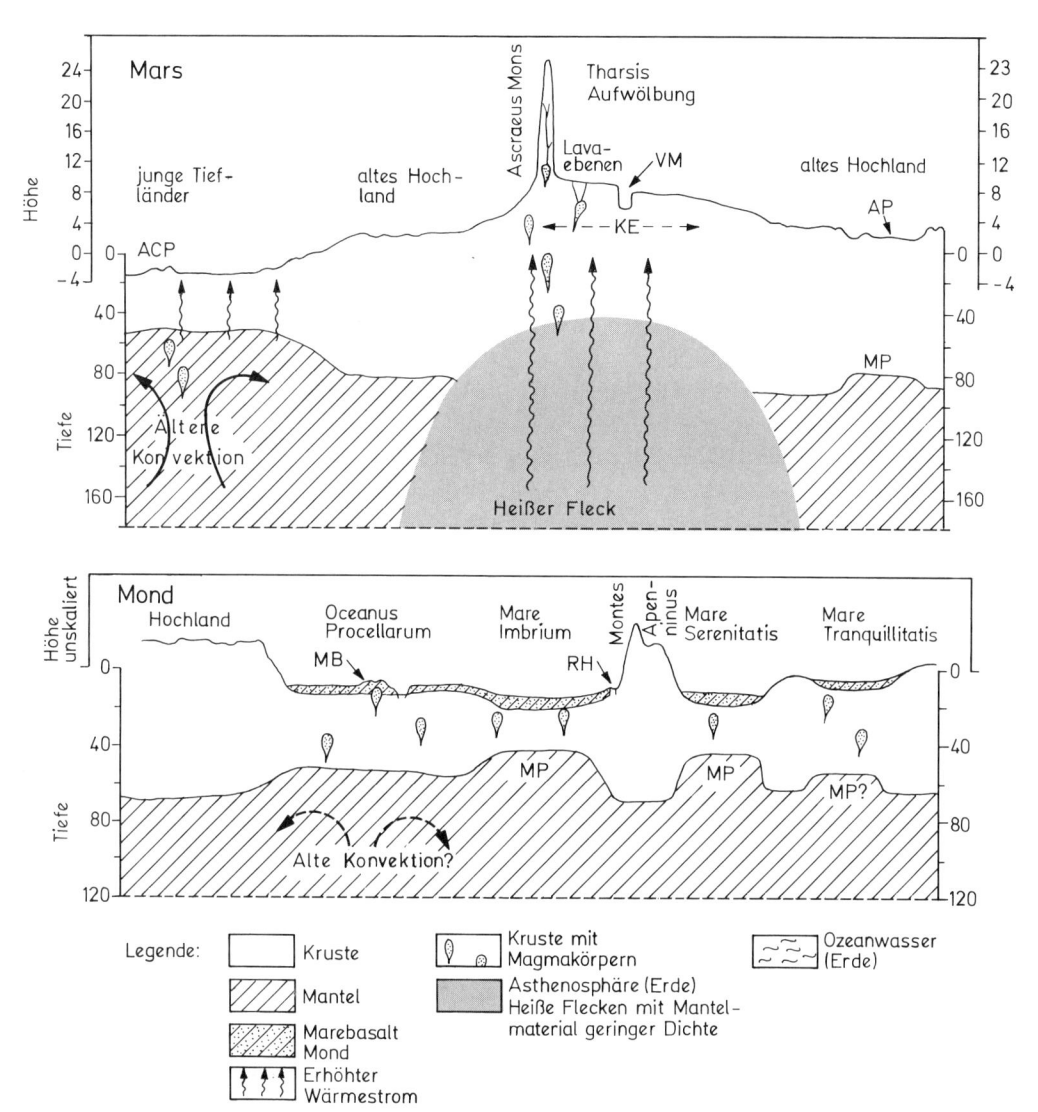

Mars: Profillänge insgesamt ca. 10 000 km; zunächst von NO (60° N, 31° O) nach SW (bis Ascraeus Mons; 11° N, 104° O), von dort nach SO (60° S, 27° O). ACP Acidalia Planitia, AP Argyre Planitia (Impaktbecken, darunter impaktbedingte Mantelausbeulung: MP Mantle plug), KE Krustenexpansion, VM Valles Marineris. Die größte tektonische Struktur ist die Aufwölbung im Tharsis-Gebiet, die als großer heißer Fleck interpretiert werden kann. Die Aktivität der Vulkane dieser Region ist seit 10^9 a erloschen.

Mond: Profillänge insgesamt 4700 km; zunächst von WSW (12° N, 270° O) nach ONO (bis Montes Apenninus; 27° N, 18,5° O), von dort nach SO (8° S, 40° O). MB Marius-Berge, RH Rima Hadley. Der Mond ist seit $3 \cdot 10^9$ a magmatisch und tektonisch tot.

Hochauflösende Radarbilder (Bilder 3.18, 3.19) zeigen in Tiefebenen wie auf Kontinenten zahlreiche Erscheinungsformen der vulkanischen Morphologie und auch eindrucksvolle tektonische Bildungen, die durch magmatische Prozesse im Untergrund entstanden (z.B. Coronae). Anzeichen für Subduktion fehlen.

Auf den Kontinenten finden sich große rifttalähnliche Krusteneinschnitte (Chasmata). Die höchsten Venusgebirge auf Ishtar Terra, die 11 500 m hohen Maxwell Montes, die Freyja Montes und die Akna Montes, die die Hochebene Lakshmi Planum im Osten, Norden und Nordwesten einsäumen, bestehen aus parallelen Ketten und ähneln damit Faltengebirgsgürteln. Sie werden als Kompressionserscheinungen infolge lateraler Krustenbewegungen gedeutet. Als Auswirkungen von Spannungen in der Venuskruste werden auch die Flächen gedeutet, die durch Systeme von sich unter bestimmten Winkeln schneidenden Höhenzügen parkettartig gemustert sind (Tesserae).

Neben großflächigen Lavaergüssen nach Art der Flutbasalte gibt es an vielen Stellen Zeugnisse für die punktuelle Lavaförderung. Es gibt ausgeprägte Schildvulkane mit Gipfelcalderen und großflächigen Lavaströmen, z. B. Rhea Mons und Theia Mons, deren Schilde die Beta Regio bilden. Gemessen an ihren Durchmessern (einige 100 km) sind ihre Höhen relativ gering. Da die Venus keine heißen Krustennahtstellen wie die Erde hat, ihre Kruste andererseits thermisch nicht so stark aufgeweicht ist, als

Bild 3.18 Tektonische Bildungen auf der Venus (Radarbilder der Sonde Magellan). Links: Südöstliche Umgebung einer Corona in der Lada Terra (260 × 575 km^2; Koord. der Bildmitte: 60° S, 349,6° O). Die Corona (l. o. Bildecke) ist eine vulkanotektonische Bildung von 140–215 km Durchmesser (wahrscheinlich mit einem „hot spot" der irdischen Geologie vergleichbar). Das Coronazentrum ist von auffälligen vulkanischen und tektonischen Bildungen durchzogen; von ihm geht ein radiales Bruchliniensystem aus. Links von der Bildmitte befindet sich ein Schildvulkan von 19 km Durchmesser. Das Grabensystem rechts unten erinnert an die Marschasmata (man beachte die zu einem der Gräben parallele Zeile von Vulkanöffnungen!). Rechts: Gebirgsketten der Maxwell Montes auf dem Kontinent Ishtar Terra (Bildmitte: 66° N, 10° O); sie dokumentieren Kompressionsvorgänge der Kruste. Der Impaktkrater Cleopatra in der Bildmitte hat einen Durchmesser von etwa 100 km (Fotos: NASA/JPL).

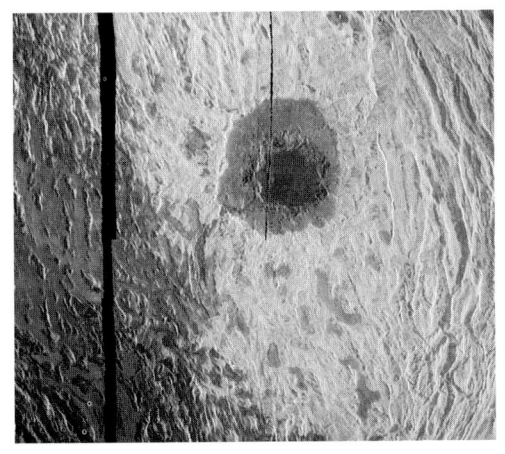

3.3 Die Oberflächen planetarischer Himmelskörper 133

daß Massive wie die Maxwell Montes versinken, muß es viele bevorzugte Stellen für die Wärmefreisetzung geben; bisher wurden allerdings keine Beweise für rezenten Vulkanismus gefunden.

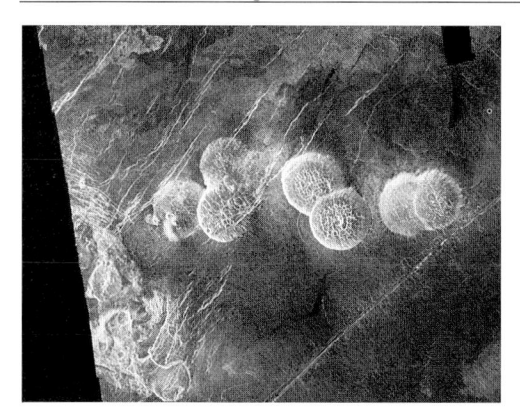

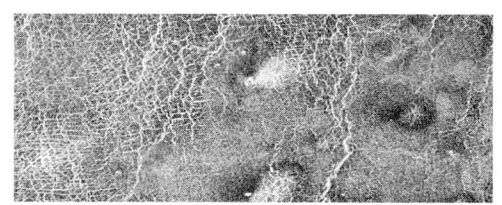

Bild 3.19 Anzeichen für jungen Vulkanismus auf der Venus. Links: Vulkandome (Durchmesser etwa 25 km) am Rande der Alpha Regio (Bildmitte: 30° S, 11,8° O). Rechts: Eierschalenartig zerbrochene Ebene mit zwei Vulkankratern mit „Windfahnen" aus verwehten Lockerprodukten (Fotos: NASA/JPL).

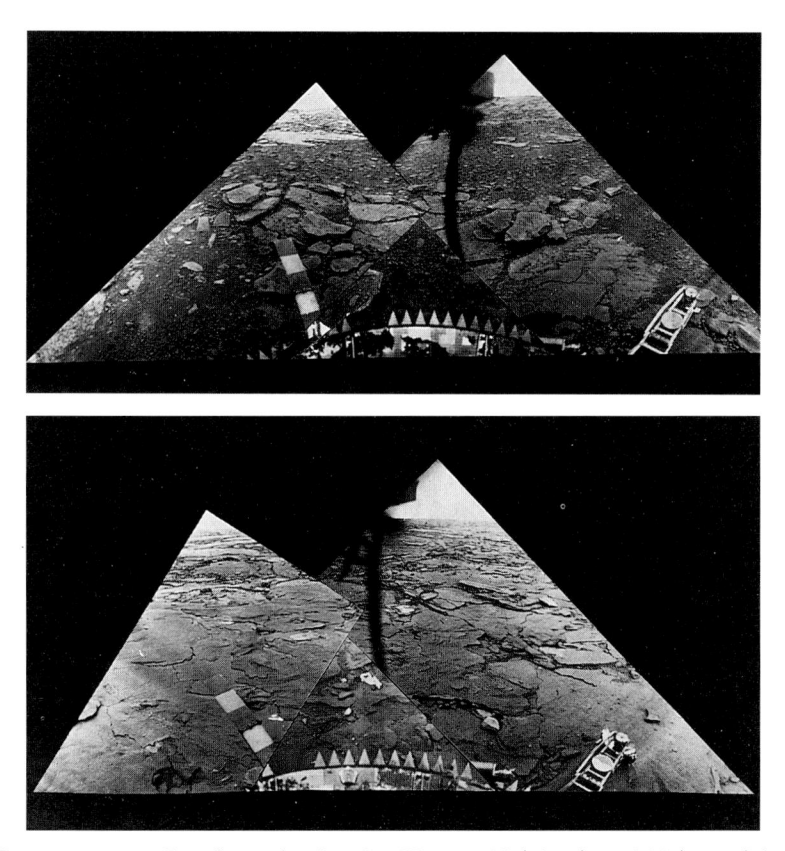

Bild 3.20 Panoramen am Landeort der Sonden Wenera 13 (oben) und 14 (unten) in der Phoebe Regio der Venus. Während das untere Bild nur glattes, nacktes, von Rissen durchsetztes Felsgestein, das sich plattig absondert, zeigt, sind im oberen Bild deutliche Anzeichen für einen mechanischen Zerstörungsprozeß, der Gesteinsfragmente aller Größen produzierte, zu sehen (Fotos: L. W. Ksanfomaliti, Space Research Institute, Moskau).

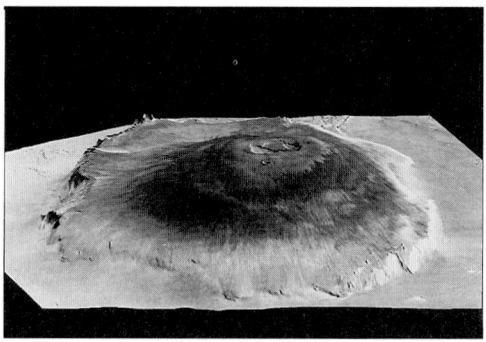

Bild 3.21 Der größte Schildvulkan des Sonnensystems, Olympus Mons: Schilddurchmesser 600 km, Durchmesser des Systems der Gipfelcalderen 80 km, Höhe über den umgebenden Ebenen 25 km. Links: Bildmosaik von Mariner 9 (Draufsicht). Rechts: aus Viking-Orbiter-Aufnahmen photogrammetrisch konstruierte Seitenansicht mit stark übertriebener Höhenskala (Fotos: NASA, U.S. Geological Survey).

Die markantesten exogenen Bildungen sind große Impaktkrater, die gleichfalls durch ihr sehr flaches Relief auffallen. Anzeichen für Erosion (chemische Verwitterung!) und Materialtransport wurden bisher nur auf kleiner Skala auf den Panorama-Aufnahmen der Wenera-Sonden festgestellt (Bild 3.20).

Mars

Die Marsoberfläche zeigt eine deutliche Zweiteilung (Hemisphärie): alte, stark gekraterte Flächen, die an die Mondhochländer erinnern, auf der Südhalbkugel; ausgedehnte, jüngere Ebenen mit überwiegend vulkanischer Prägung, in denen sich ganze Komplexe von riesigen Schildvulkanen befinden, auf der Nordhalbkugel. Der diese geologisch verschiedenen Hemisphären trennende „Äquator" bildet mit dem Marsäquator einen Winkel von etwa 50°.

Der Mars weist keine sich stufenartig von den Tiefebenen abhebenden Kontinentschollen auf. Es gibt aber mehrere

Bild 3.22 Das große äquatoriale Grabenbruchsystem Valles Marineris des Mars. Oben: Aus ▶ Viking-Orbiter-Aufnahmen photogrammetrisch konstruierter Blick in den westlichen Teil (abgebildete Fläche 1350 × 900 km², Blickwinkel zum Horizont 25°, Richtung O, vertikale Skala gegenüber der horizontalen fünffach überhöht). Das Ius Chasma (Vordergrund Bildmitte) weitet sich im Mittelgrund zum Melas Chasma aus, das im Hintergrund in das durch eine Mittelrippe gespaltene Coprates Chasma einmündet. Das Tithonium Chasma (links neben Ius Ch.) setzt sich über die Tithonia Catena (Kraterkette) zum Candor Chasma fort, das von links in das Melas Ch. einmündet. Dahinter (oberer Bildrand) befindet sich das Ophir Chasma, am linken Bildrand das abgeschlossene Hebes Chasma (Foto: U. S. Geological Survey, Flagstaff, Ariz.). Unten: Blick in das Gangis Chasma (Viking Orbiter 1). Von den Steilwänden (2...3 km hoch) abgelöste Erdrutschmassen bedecken viele km² Grabenboden. Der angeschnittene Impaktkrater hat 18 km Durchmesser (Foto: NASA).

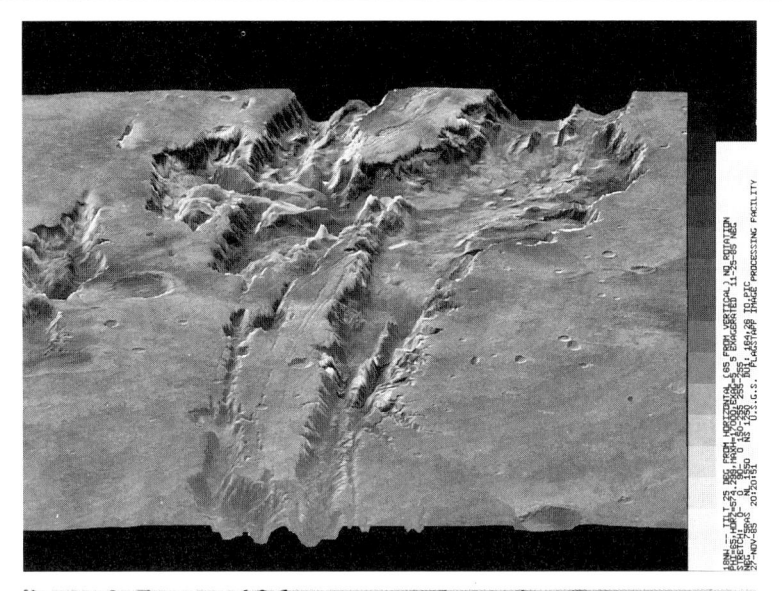

3.3 Die Oberflächen planetarischer Himmelskörper

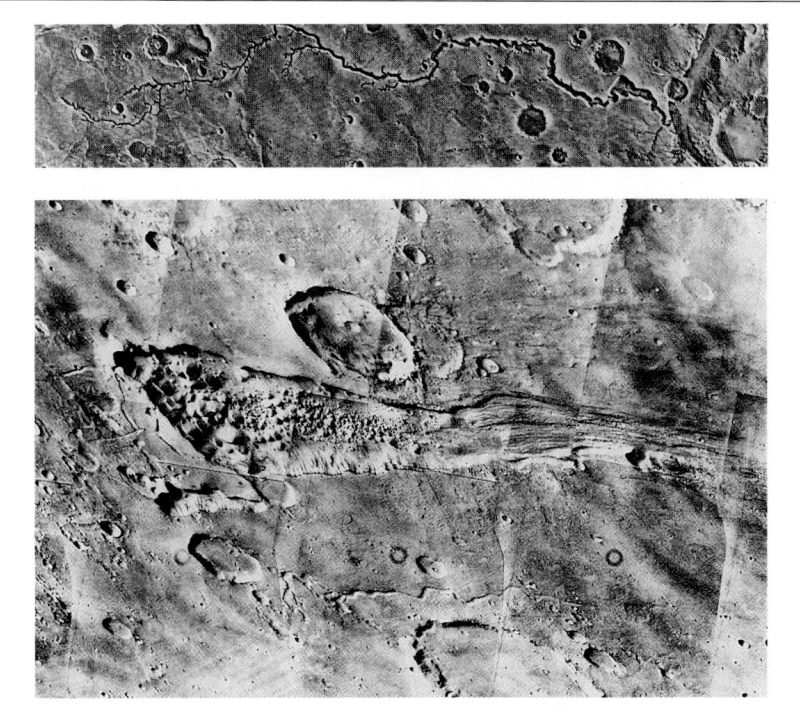

Bild 3.23 Stromtäler und Flußbetten auf dem Mars nach Viking-Orbiter-Aufnahmen. Oben: Das etwa 800 km lange und 2...4 km breite Nirgal Vallis mit Nebenflußtälern (System von „Ablaufrinnen", s. Text). Der fehlende Schuttfächer im Mündungsgebiet zeigt eine relativ kurze Existenzzeit dieses Flußsystems an. Unten: Beginn eines Stromtales von ca. 20 km Breite („Ausflußrinne", s. Text) in einer Niederung mit sog. chaotischem Terrain (Fläche etwa 3000 km^2). „Quelle" des Stromes war offenbar Schmelzwasser von Grundeis, dessen Verschwinden die Niederung entstehen ließ (Fotos: NASA).

von riesigen Schildvulkanen besetzte Hochplateaus, von denen die Tharsis-Aufwölbung mit etwa 5000 km Durchmesser und durchschnittlich 10 km Höhe die gewaltigste tektonische Bildung auf dem Mars ist. Im Bereich dieser markanten Ausbeulung des Planeten findet man die größten Schildvulkane des Sonnensystems; sie sind gleichzeitig die jüngsten Vulkanbauten auf dem Mars. Der Schild des größten Vulkans, Olympus Mons (Durchmesser 600 km, Gipfelhöhe etwa 27 km, Bild 3.21), hat ein Volumen, das 50- bis 100mal so groß wie das des größten irdischen Schildvulkans, des Mauna Loa auf Hawaii, ist. Im zentralen Teil der Tharsis-Aufwölbung befinden sich drei Riesenvulkane, von denen der am südlichsten gelegene, Arsia Mons, die größte Caldera (Durchmesser 100 km) auf dem Mars aufweist. Die Aufreihung dieser Tharsis-Vulkane längs einer Geraden weist auf eine tiefliegende Krustenfraktur hin.

Eindeutige Anzeichen für laterale Krustenbewegungen wurden auf dem Mars nicht gefunden, weder Rifttäler noch Kompressionserscheinungen der Kruste. Es gibt allerdings die Hypothese, daß das große äquatoriale System von Grabenbrüchen (Valles Marineris) durch ein kurz nach der Bildung wieder „eingefrorenes" Aufreißen der Kruste entstanden sein und damit den Charakter eines Rifttales haben könnte (Bild 3.22).

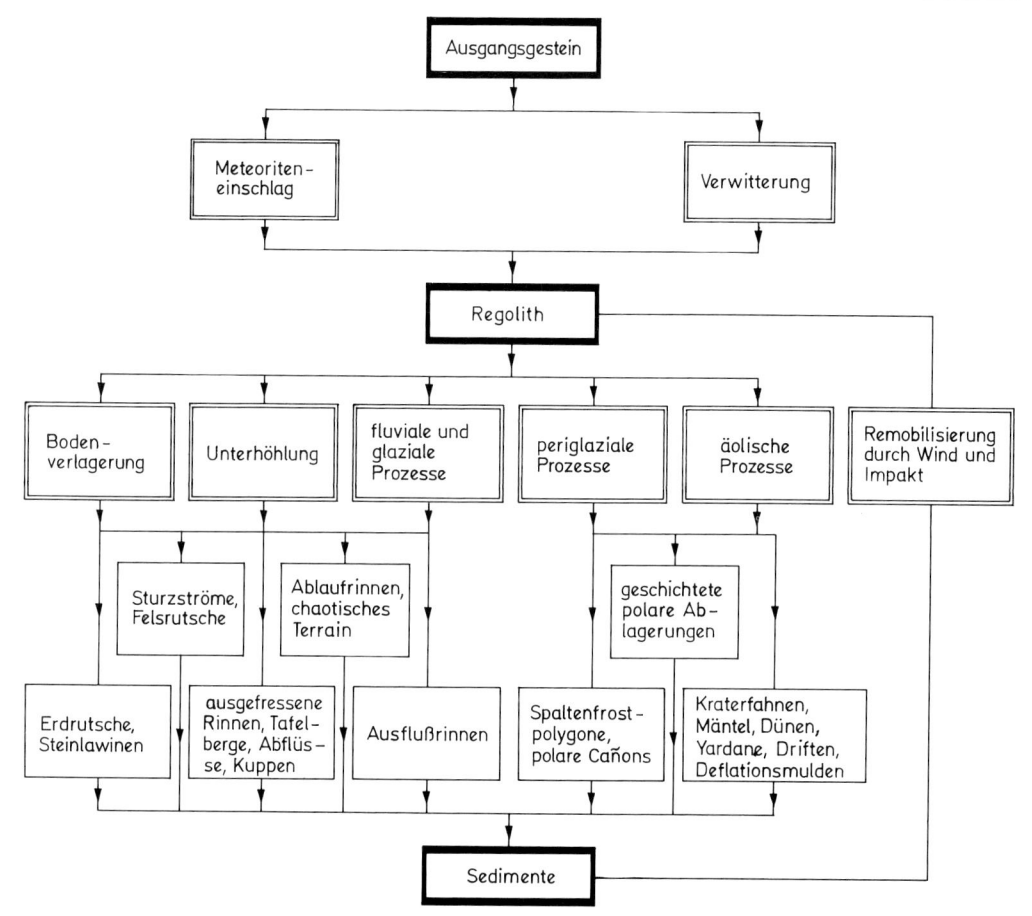

3.3 Die Oberflächen planetarischer Himmelskörper

Bild 3.24 Zusammenstellung der Hauptprozesse und -phänomene im Sedimentsystem des Mars (nach A. Lewis, 1988).

Die Marskruste ist zwar stärker als beispielsweise die Mondkruste zerbrochen, aber nicht so global und tiefreichend wie die der Erde. Die mächtigen Schildvulkane belegen einen langanhaltenden effusiven Vulkanismus, der erst vor schätzungsweise 1 Milliarde Jahren erlosch. Da im Permafrostboden des Mars wahrscheinlich auch bereits früher große Mengen von Wasser enthalten waren, dürften Wechselwirkungen des Magmas mit dem Grundeis bzw. dem Grundwasser (Phreatomagmatismus) für den Marsvulkanismus typisch sein. Aus der vulkanisch aktiven Zeit stammen wahrscheinlich auch die großen Stromtäler in den niedrigen areographischen Breiten, die anscheinend durch plötzliches geothermales Aufschmelzen von Eis im Dauerfrostboden bzw. in „Warmzeiten" des Planeten zustande kamen (s. Bild 3.15) und vorübergehend Überflutungskatastrophen auslösten.

Neben diesen sog. Ausflußrinnen gibt es umfangreiche Systeme von Ablaufrinnen, die in ihrer Morphologie irdischen Flußtalsystemen ähneln und vielleicht mit Regenwasser im Zusammenhang stehen (Bild 3.23). Die Tiefebenen des Mars können jedoch nicht über längere Zeiträume Meeresbecken gewesen sein, weil marine Sedimentmassen fehlen.

Heute ist der Mars tektonisch und magmatisch tot, landschaftsverändernd wirken nur äolische Prozesse und die Folgen der Aushöhlung. Deflationsmulden, Windfahnen (durch Hufeisenwirbel an Kraterwällen auf der Leeseite des Kraters flammenartig abgelagertes feines Material) und ausgedehnte Dünenfelder vor allem in hohen nördlichen Breiten (zirkumpolarer Erg, s. Bild 3.15) zeigen, daß die Windtätigkeit auf dem Mars ein großes System von feinen Sedimenten in Bewegung hält. Anzeichen für Bodenverlagerung infolge von Unterhöhlung (Erdrutschmassen), die möglicherweise nicht nur durch den Schwund von Eis, sondern auch durch Winderosion mit bedingt sein kann, zeigen vor allem die großen Steilhänge der Valles Marineris. Eine systematische Zusammenstellung der vielgestaltigen geologischen Prozesse an der Marsoberfläche zeigt Bild 3.24.

Der Marsboden besteht aus einem bereits durch Verwitterung (hochgradige Oxydation) und die erwähnten Transportprozesse gekennzeichneten Regolith (Bild 3.25, s. a. Bild 3.24; chemische Beschaffenheit des Marsbodens s. Tabelle 3.8).

Bild 3.25 Der Marsboden im Landungsgebiet von Viking 1 (Chryse Planitia) kurz vor Sonnenuntergang. Die auffällige Pyramidenform einiger Steine könnte mit Windschliff (Windkanter) zusammenhängen (Foto: NASA).

3.3 Die Oberflächen planetarischer Himmelskörper

Merkur und Mond

Der Mond am massearmen Ende der Sequenz der erdartigen Himmelskörper zeigt auf der dicken alten Kruste der Rückseite fast nur gesättigte Kraterfelder, während auf der erdzugewandten Seite die mit Kratern dicht besetzten Hochländer durch die großen Tiefebenen der Maria unterbrochen werden (Bild 3.26). Letztere repräsentieren eine zweite Generation von Mondkruste, deren Alter durch die zur Erde gebrachten Gesteinsproben genau bestimmbar ist. Danach entstanden diese „Basaltmeere" durch flächige Lavaergüsse aus Spalten etwa 1 Milliarde Jahre nach der Bildung der ersten Mondkruste, als große Impakte bereits recht seltene Ereignisse waren. Wegen der niedrigen Viskosität der Lava bildeten sich keine großen Vulkanbauten. Das Mondgestein (s. Tabelle 3.8) ist für Hochländer und Maria deutlich verschieden, es ist generell einheitlicher, älter und mineralärmer als das Erdkrustengestein. Die Mineralar-

Bild 3.26 Krater und Zirkularmaria des Mondes. Links oben: mit Impaktkratern dicht bedecktes Hochland. Links unten: NO-Teil des Mare Imbrium, das im N von den Montes Alpes (mit Alpenquertal!), im NO von den Montes Caucasus und im O von den Montes Apenninus eingerahmt wird. Rechts unten: das Mare Serenitatis, ein weiteres Zirkularmare des Mondes. Die Zirkularmaria, die durch ihre fast kreisrunde Gestalt und oft durch Randgebirge und durch positive Schwereanomalien (Mascons) auffallen, sind die größten Impaktstrukturen, die in der Urzeit des Mondes als Becken gebildet und z. Z. der Marebildung mit basaltischer Lava gefüllt wurden.

mut geht vor allem auf das strikte Fehlen von H_2O zurück.

In vielen Details dem Mond ähnlich ist die Merkuroberfläche. Hier fehlen allerdings große Mare-Flächen, dafür gibt es Teile der alten Kruste, die nicht mit Kratern gesättigt sind, sog. Zwischenkraterebenen. Die Bildung des großen Eisenkerns dieses Planeten sorgte für Schrumpfungsprozesse, die an der Oberfläche markante Böschungen hinterließen (Bild 3.27).

In Tabelle 3.9 werden die beiden Endglieder der planetologischen Sequenz Mond-Erde miteinander verglichen. Während der Merkur geologisch sehr dem Mond ähnelt (wobei allerdings sein großer Eisenkern ein eher zur Erde passendes Merkmal darstellt) nimmt der Mars eine ausgesprochene Zwischenstellung zwischen Erde und Mond ein, und die Venus läßt mit Ausnahme ihrer Wasserarmut und der nur andeutungsweise in Erscheinung tretenden Krustenmobilität große Erdähnlichkeit erkennen.

3.3.4 Oberflächen und Evolution eisartiger Himmelskörper

Die großen kugelförmigen Himmelskörper, die zu einem beträchtlichen Teil aus Eis bestehen, zeigen auf den Nahaufnahmen der Voyager-Sonden eine große Vielfalt von Strukturen an ihren Oberflächen. Anders als bei den „Gesteinsplaneten" läßt sich bei den „Eisplaneten" keine einfache Entwicklungssequenz in Abhängigkeit von Masse und Größe angeben. So zeigt einer der größten dieser eisartigen Himmelskörper, die Kallisto, eine geologisch anscheinend völlig unentwickelte Oberfläche,

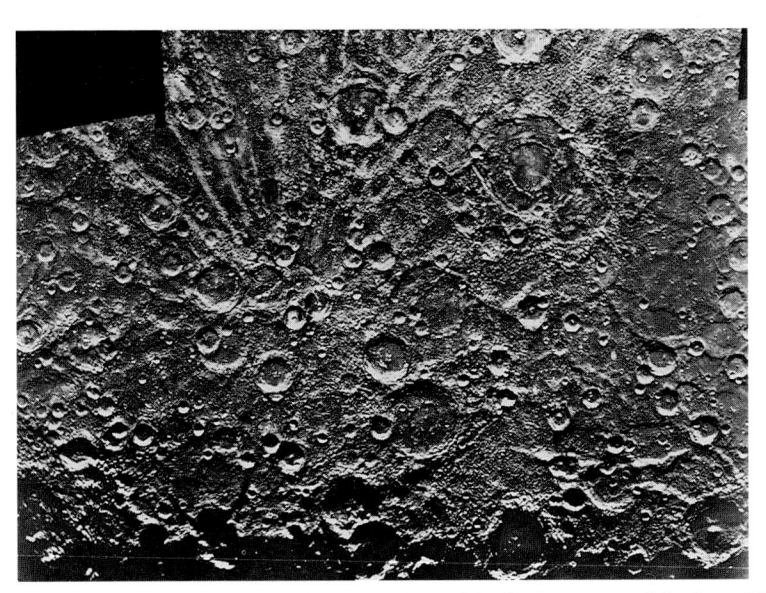

Bild 3.27 Bildmosaik der Südpolgegend des Merkurs (Aufnahmen von Mariner 10). Der große Doppelringkrater rechts oberhalb der Mitte ist Bach, unmittelbar links daneben befindet sich Wagner. In der rechten unteren Ecke liegt der Krater Boccaccio, der etwa gleich große Krater links daneben am unteren Bildrand ist Chao Meng-Fu. An seinem unteren Rand liegt der Merkursüdpol. Am rechten Bildrand ist glattes Mare-Terrain mit Schrumpfungswülsten (Nomenklaturbezeichnung Rupes), links oberhalb der Bildmitte sind Strahlen von relativ jungen Impaktkratern zu sehen (Foto: NASA).

d. h., seit dem großen Bombardement vor 4,6 bis 4 Milliarden Jahren, das die dichte Bedeckung mit großen Kratern (Kraterpopulation I) schuf, haben weder magmatische noch tektonische Prozesse Krustenumwandlung oder -neubildung bewirkt bzw. neue morphologische Strukturen geschaffen. Andererseits findet man relativ kleine Eismonde, z. B. Enceladus und Ariel (Bild 3.28, Bild 3.29), deren erste Kruste völlig umgewandelt wurde, so daß die Kraterpopulation I gänzlich verschwunden ist und auf der neugebildeten Kruste neben interessanten magmatischen und tektonischen Strukturelementen nur noch die Einschläge der „Nachzügler" – wahrscheinlich auf Satellitenbahnen gelangte Auswurfmassen der Population-I-Krater – zu finden sind. Diese Population-II-Krater der verjüngten Kruste sind wesentlich kleiner als die der Uroberfläche.

Der verblüffendste Effekt in puncto Evolution ist jedoch, daß man in den Satellitensystemen benachbarte Eismonde annähernd gleicher Größe findet, deren Oberflächen krasse Unterschiede im Entwicklungszustand zeigen. Solche ungleiche Zwillinge sind z. B. Ganymed und Kallisto und Ariel und Umbriel (Bild 3.29). Die Ursache für dieses Phänomen liegt wahrscheinlich neben Unterschieden in der chemischen Zusammensetzung vor allem in der unterschiedlichen Wirksamkeit von Energiefreisetzungsmechanismen. Während die Planeten neben der Sonnenstrahlung grundsätzlich nur die Energie zur Verfügung haben, die sie bei ihrer Bildung durch den Einsturz der sie aufbauenden präplanetaren Massen (Planetesimalien, s. Abschnitt 6) und später durch den Zerfall radioaktiver Isotope und im Rahmen ihrer inneren Differenzierung gewinnen konnten, gab es in den Satellitensystemen die Möglichkeit, durch äußere Einflüsse noch nachträglich Wärme zu gewinnen, z. B. in Form von Gezeitenenergie oder von elektrischen Strömen, die in den Satelliten, die sich z. T. innerhalb der starken Magnetosphären ihrer Planeten bewegen, induziert werden.

Daß es in den vier Satellitensystemen unterschiedliche Typen von „Eisplaneten" gibt, ist nicht weiter verwunderlich, denn offenbar waren nicht nur die chemischen, sondern auch die thermischen Verhältnisse in den Nebelscheiben, aus denen die Monde hervorgingen, unterschiedlich. Wie die Existenz erdartiger Himmelskörper im Jupitersystem zeigt, waren hier die Bildungstemperaturen wesentlich höher als im Saturn- oder Uranussystem. Wahrscheinlich ist auch die Beschaffenheit des Gesteinskerns des Ganymeds sehr verschieden von der des Titans oder des Tritons.

Eine intensive geologische Entwicklung läßt die Ganymedkruste erkennen. Etwa die Hälfte der Oberfläche dieses Mondes zeigt dunkle Gebiete (Gattungsname Regiones) mit alter Kruste, die von der Kraterpopulation I besetzt ist (Bild 3.30). Die niedrige Albedo dieser alten Eiskruste könnte damit zusammenhängen, daß dieses Eis Fremdbestandteile (silikatische, eventuell auch kohlige Komponenten) enthält. Sie stammen entweder aus dem ursprünglichen Baumaterial und wurden durch Sublimation oder Erosion des Eises infolge Sputtering magnetosphärischer Teilchen an der Oberfläche angereichert oder wurden über die einschlagenden Planetesimalien zugeführt. Relativ wenige, und zwar junge Krater der alten Ganymedkruste zeigen ein deutliches Relief, helle Auswurfdecken und Strahlensysteme. Die meisten Population-I-Krater sind stark verflacht und nur wenig heller als die Umgebung. Runde relieflose Flecken (Nomenklaturname: Faculae), von manchen Forschern auch Palimpseste genannt, markieren wahrscheinlich Einschläge, bei denen die

Bild 3.28 Der Saturnmond Enceladus (Aufnahme von Voyager 2). Der relativ kleine Mond besteht – nach seiner mittleren Dichte zu urteilen – durchweg aus Eis. Aus der vollständigen Abwesenheit der Kraterpopulation I (Erklärung s. Text) muß auf eine geologisch junge Oberfläche geschlossen werden. Auf großen Flächen fehlen sogar die Population-II-Krater, und es zeigen sich dort die für endogen geprägte Eisoberflächen charakteristischen Systeme von parallelen Furchen; das größte im Bild sichtbare hat den Namen Samarkand Sulci erhalten. Das „frische Eis" der Enceladusoberfläche hat die größte Albedo im Saturnsystem (Foto: NASA/JPL).

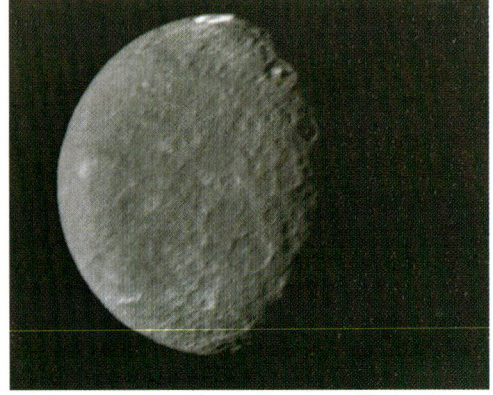

Bild 3.29 Die Uranusmonde Ariel (links) und Umbriel (rechts, Aufnahmen von Voyager 2). Die sehr dunkle Umbrieloberfläche ist mit Kratern aller Größen gesättigt, läßt keine endogenen Bildungen erkennen und gehört damit zu den ältesten Eisoberflächen im Sonnensystem. Demgegenüber besitzt der viel hellere Ariel eine relativ junge Oberfläche, der die Kraterpopulation I gänzlich fehlt und die viele tektonische Bildungen als Zeichen für endogene Aktivitäten aufweist (Fotos: NASA/JPL).

Bild 3.30 Ganymed, der größte Satellit des Sonnensystems (Aufnahme von Voyager 2). Durch ihre Albedo und Morphologie geben sich mindestens zwei verschieden alte Krustentypen zu erkennen. Der ältere, kraterreichere Typ besteht aus ziemlich dunkler (verunreinigter) Eiskruste und bildet z. B. die fast kreisrunde Galileo Regio auf diesem Bild. Helle Flekken sind mit Impaktkratern verbunden, durch deren Bildung offenbar „sauberes" Eis mit hoher Albedo freigelegt wurde. Die meist keilförmig oder polygonal begrenzten hellen Krustenteile mit sehr geringer Kraterdichte sind häufig von Systemen paralleler Furchen bedeckt (Nomenklaturname Sulcus) und repräsentieren eine spätere Krustengeneration (Foto: NASA/JPL).

dünne Kruste durchschlagen wurde und helles „Magma" (saubere, differenzierte Eisschmelze) den Krater auslöschte. Die Übernahme des aus der Pergamentforschung stammenden Begriffes „Palimpsest" erklärt sich aus der Analogie, daß in den Palimpsesten des Ganymeds aus der Vorgeschichte stammende Informationen vorliegen, die inzwischen von einem neuen geologischen Bericht überschrieben wurden. In den dunklen Gebieten findet man auch Anzeichen für die Existenz von Vielringstrukturen, die den für die Kallistooberfläche so charakteristischen Gebilden Valhalla und Asgard (Bild 3.31) völlig analog zu sein scheinen.

Die meisten dunklen Gebiete des Ganymeds zeigen runde oder polygonale Einfassungen durch helle Flächen, die oft Streifen- oder Keilform haben (Gattungsname Sulci). Sie verkörpern die gegen Ende oder nach dem großen Bombardement aus sauberem Eis gebildete jüngere Ganymedkruste. Offenbar ist hier differenziertes Magma durch die Spaltensysteme der alten Kruste an die Oberfläche gelangt.

Infolge der Volumenvergrößerung bei Phasenübergängen des Eises im Mantel wurde die alte Kruste in viele Blöcke zerspalten. Zwischen ihnen bildete sich durch die beschriebenen magmatischen Prozesse neue Kruste. Bei ihrer Erstarrung entstand wahrscheinlich durch Kompressionsvorgänge das charakteristische gefurchte Terrain des Ganymeds, die Sulcus (Pl. Sulci) genannten Systeme paralleler Furchen und Rücken. Diese helle Kruste läßt auch laterale

Bild 3.31 Voyager-1-Aufnahme der Kallisto. Die alte, sehr dunkle Eiskruste enthält zahlreiche fast relieflose (Eiskriechen!) Einschlagkrater und zeigt keine endogenen Bildungen. Die große Impaktstruktur Valhalla besteht aus vielen verflachten Ringen, deren äußerster etwa 2600 km Durchmesser hat. Der Durchmesser des hellen Zentralteils beträgt ungefähr 600 km (Foto: NASA).

Bild 3.32 Bildausschnitt von ca. 1000 × 1000 km² aus der Marius Regio am Äquator des Ganymeds (Aufnahme von Voyager 2). Die helle, von parallelen Furchen durchzogene Struktur heißt Tiamat Sulcus. Sie wurde unterhalb der Bildmitte durch laterale Kräfte in der Kruste abgeschert, wobei eine seitliche Versetzung von etwa 50 km auftrat (Foto: NASA).

Versetzungen um Beträge von 50 bis 100 km erkennen, in denen eine entfernte Parallele zu Plattenbewegungen der irdischen Lithosphäre gesehen wird (Bild 3.32). Allerdings kann die „Ganymedlithosphäre" nur kurzzeitig in Bewegung gewesen sein.

Alle genannten tektonischen und magmatischen Aktivitäten fehlen der nahezu gleich großen Nachbarin des Ganymeds, der Kallisto. Sie fehlen auch auf den Krateroberflächen des Mimas, der Rhea, des Umbriels und des Oberons. Demgegenüber finden wir auf der Tethys, der Dione, dem Ariel und der Titania Systeme von Grabenbrüchen beträchtlichen Ausmaßes. Das Ithaca Chasma der Tethys (Radius 560 km) ist etwa 2000 km lang und 100 km breit. Die extremsten tektonischen Formen findet man auf der Miranda, die Krusteneinschnitte von etwa 20 km Tiefe und Verwerfungen von 20 km Höhenunterschied aufweist (Bild 3.33).

Eine völlige Aufschmelzung und Neubildung hat die Kruste des Neptunmondes Triton hinter sich (Bild 3.34), auf der man kaum Einschlagkrater findet. Die morphologischen Besonderheiten dieser Eisoberfläche sind noch wenig verstanden. Auffällige, sich z. T. gabelnde und schneidende lineare Gebilde erinnern an manche Sulci auf dem Ganymed. „Mareartige" glatte Flächen deuten auf Aufschmelzungsprozesse des Krusteneises hin. Die H_2O-Eiskruste ist von (spektral nachgewiesenem) Rauhreif von Methan, wahrscheinlich auch von festem Stickstoff bedeckt, die sich aus der Atmosphäre niedergeschlagen haben. Diese Komponenten bilden auf dem Triton Polkappen aus. Die auf den Bildern von Voyager 2 entdeckte große

3.3 Die Oberflächen planetarischer Himmelskörper

Bild 3.33 Der Uranusmond Miranda (Bildmosaik aus Voyager-2-Aufnahmen). In die urtümliche Krateroberfläche der Eiskruste dieses Mondes sind jüngere ovale bis trapezförmige Gebiete (Nomenklaturname: Corona) von eigenartiger tektonischer Prägung „implantiert". Am rechten Rand befindet sich die Elsinore Corona (die „Rennbahn"), rechts unterhalb der Mitte die Inverness Corona mit dem hellen Winkel („Chevron"), am linken Bildrand die Arden Corona. Tiefe Gräben und starke Verwerfungen sind am unteren Scheibenrand sichtbar (Verona Rupes) (Foto: NASA/JPL).

südliche Polkappe beginnt bereits bei etwa 15° S (Bild 3.35). Ihre Albedo erreicht stellenweise 90%. Die allgemein hohe Albedo der Tritonoberfläche (p_v = 0,7...0,9) erniedrigt die Temperatur auf Werte um 38 K (kälteste Oberfläche im Planetensystem), so daß auf der Winterhemisphäre auch der Stickstoff aus der Atmosphäre ausfrieren kann. Überraschenderweise wurden in der südlichen Polkappe des Tritons Anzeichen für rezenten Vulkanismus gefunden

Bild 3.34 Voyager-2-Aufnahme des sog. Zuckermelonenterrains auf dem Triton. Es besteht aus einem Muster von Löchern und Vertiefungen mit erhabenen Rändern und wird von einander schneidenden Furchen durchzogen. Die Morphologie dieser Eisoberfläche gibt noch viele Rätsel auf. Die äußerst geringe Kraterdichte unterstreicht, daß es sich um eine geologisch sehr junge Oberfläche handeln muß (Foto: NASA/JPL).

Bild 3.35 Südliche Hemisphäre des Tritons (Mosaik aus Voyager-2-Aufnahmen). Die bei 15° S beginnende rosafarbene Polkappe besteht aus ausgefrorenen atmosphärischen Gasen (CH_4, N_2) und zeigt einen großen, aber unverstandenen Formenreichtum. Die dunklen, ziemlich einheitlich orientierten Streifen werden als Windfahnen von Staub interpretiert, der wahrscheinlich bei geysirartigen Ausbrüchen von verdampfendem Stickstoff freigesetzt wurde (vgl. Bild 4.24) und sich infolge der atmosphärischen Strömung in Form der dunklen Streifen niederschlug. Verwehung von Oberflächenstaub ist bei der dünnen Tritonatmosphäre unwahrscheinlich. Das „Zuckermelonenterrain" nördlich der Polkappe wird auf der rechten Seite von glatten mareartigen Flächen durchsetzt, die auf Schmelzprozesse hindeuten (Foto: NASA/JPL).

(wahrscheinlich Verdampfen und geysirartiges Hervorbrechen von gefrorenem Stickstoff aus der Eiskruste).

Viele relativ kleine Eismonde zeigen Anzeichen für lokale Aufschmelzungen der Kruste und damit Löschen der Krater der Population I. Am ausgeprägtesten ist diese Erscheinung beim Enceladus und beim Ariel (Bild 3.28, Bild 3.29). Die Herkunft der Energie für diesen Prozeß ist insbesondere bei den kleineren Monden noch rätselhaft.

3.4 Die Planetenatmosphären

3.4.1 Typen von Atmosphären

Nur bei den jupiterartigen Planeten sind die Gashüllen die unmittelbare Fortsetzung des Inneren: Planet und Atmosphäre gehen stetig und ohne Sprung in der chemischen Zusammensetzung ineinander über. Die ausgedehnten Atmosphären dieser Planeten sind mit dem Ausgangsmaterial der Planetenentstehung fast identisch; wir sprechen darum auch von primordialen, ursprünglichen oder primären Atmosphären. Bei allen anderen Himmelskörpern wurden die heute beobachteten Gashüllen durch die Evolution dieser Körper stark modifiziert.

Den erdartigen Planeten ging ihre ursprüngliche Gashülle wegen der geringen Schwerebeschleunigung und der relativ hohen Temperatur rasch verloren. Durch die Entgasung des Inneren als Folge der magmatischen Differenzierung bildete sich jedoch eine zweite Atmosphäre, die Entgasungsatmosphäre. Vulkanismus, Gasverlust in den Weltraum und chemische Reaktionen der Gaskomponenten untereinander und mit dem Krustengestein (auf der Erde auch der Stoffwechsel der Lebewesen) haben Zusammensetzung und Dichte dieser Atmosphären im Laufe der Zeit stark verändert.

Permanent existierende, dichte Gashüllen wurden bisher nur bei den jupiterartigen Planeten, beim Saturnmond Titan und bei der Venus, der Erde und dem Mars gefunden. Sehr dünne Atmosphären besitzen auch Io, Triton und Pluto. Generell dürfte bei allen Eismonden die Sublimation für Gasreste in Oberflächennähe sorgen.

Erdartige Himmelskörper, deren endogene Aktivitäten erloschen sind, haben auch ihre zweiten Atmosphären in den Weltraum verloren. Über ihren Oberflächen befinden sich aber Atome, die durch den radioaktiven Zerfall im Gestein freigesetzt werden, z. B. He und Ar. Solche extrem dünnen, radiogenen Atmosphären, die starken Tag-Nacht-Veränderungen unterliegen, deren Gas ionisiert ist und die vom Sonnenwind beeinflußt werden, finden wir z. B. auf dem Mond und auf dem Merkur.

Geringe Gasmengen werden auch durch spezielle exogene Einflußfaktoren freigesetzt, z. B. durch Sputtering (Stoßverdampfung durch schnelle Korpuskeln) oder durch Einschlag von Mikrometeoriten. Solche Prozesse erklären wahrscheinlich den Nachweis von Natriumdampf in der Merkur-, Mond- und Io-Atmosphäre. Analoge Vorgänge dürften auch bei den Eishimmelskörpern, die sich in den starken Magnetosphären der jupiterartigen Planeten bewegen, eine Rolle spielen.

3.4.2 Stockwerkaufbau und thermische Verhältnisse

In den dichteren Atmosphären herrscht hydrostatisches Gleichgewicht. In Bodennähe und unter Vernachlässigung der Temperaturabnahme mit der Höhe h läßt sich als Integral der Differentialgleichung des hydrostatischen Gleichgewichts (vgl. Gleichung *(2.4)*) die bekannte barometrische Höhenformel ableiten

$$p(h) = p_o \, e^{-\frac{h-h_o}{H}} \text{ mit } H = \frac{k\,T_o}{g_o\,\bar{\mu}\,m_H}. \quad (3.35)$$

p_o Druck in der Bezugshöhe h_o ($h_o = 0$: Boden)
H Äquivalent- oder Skalenhöhe der Atmosphäre
T Temperatur
$\bar{\mu}$ relative molare Masse
k Boltzmann-Konstante
g_o Schwerebeschleunigung

Ersetzt man in Gleichung *(3.35)* den Druck p durch die Zustandsgleichung des idealen Gases

$$p = \frac{k}{\bar{\mu}\,m_H}\,\varrho\,T, \quad (3.36)$$

ϱ Dichte

dann ergibt sich, wenn wiederum T konstant gehalten (isotherme Atmosphäre) und chemische Homogenität ($\bar{\mu}$ = const.) vorausgesetzt wird, für die Dichteverteilung eine analoge „barometrische" Höhenformel. Mit ihrer Hilfe läßt sich die Masse der Atmosphäre, M_A, leicht durch Integration über den Höhenbereich 0 bis ∞ berechnen. Sie ergibt sich für $H \ll R$ zu

$$M_A = 4\pi \varrho_o R^2 H. \quad (3.37)$$

R Planetenradius
ϱ_o Dichte am Boden

Die Skalenhöhe H hat in diesem Zusammenhang eine sehr anschauliche Bedeutung; sie ist die Dicke der homogenen isothermen Atmosphäre, durch die man die reale Atmosphäre ersetzt denkt.

Benutzt man die effektive Temperatur T_{eff} (s. Gleichung *(3.38)*, so ergibt sich eine Skalenhöhe, die die zur Wärmeausstrahlung eines Planeten beitragende Atmosphäre (einschließlich Oberfläche bei optisch dünnen Atmosphären) charakterisiert.

An der Oberfläche oder in der Wolkendecke eines Planeten stellt sich die Temperatur so ein, daß zwischen dem einfallenden Sonnenlicht und der abgegebenen Wärmestrahlung Gleichgewicht herrscht. Hinsichtlich seiner thermischen Emission kann der Planet in guter Näherung als schwarzer Körper, für den das Stefan-Boltzmannsche Gesetz gilt, angesehen werden. Die mittlere effektive Temperatur T_{eff} des Planeten ergibt sich danach zu

$$T_{eff} = \left[\frac{1-A}{4\sigma\varepsilon\psi} \frac{L_\odot}{4\pi r^2} \right]^{1/4}. \quad (3.38)$$

$L_\odot$ Sonnenleuchtkraft
r Abstand von der Sonne
A bolometrische sphärische Albedo der Planetenoberfläche bzw. der Wolkendecke
σ Stefan-Boltzmannsche Konstante
ε Emissionsvermögen
ψ Rotationsparameter

Der Parameter ε berücksichtigt, daß das Planetenmaterial (z. B. infolge von Absorptionsbanden) nicht genau wie ein schwarzer Körper strahlt, der Rotationsparameter liegt zwischen den Extremwerten 0,5 (gebundene Rotation) und 1 (Rotationsperiode viel kleiner als Zeitskala des Wärmeaustausches zwischen beleuchteter und unbeleuchteter Hemisphäre).

Die Anwesenheit einer Atmosphäre sorgt im Vergleich zu einem atmosphärelosen Himmelskörper für zwei gegenläufige Effekte:
– Reflektierende (Wolken) und absorbierende (Staub) Komponenten schirmen die unteren Schichten und die Oberfläche gegen die Einstrahlung ab und wirken damit temperatursenkend.
– Komponenten der Atmosphäre, die im Infrarot absorbieren, hindern die Wärme am Entweichen und wirken damit temperaturerhöhend (Treibhauseffekt).

Der Unterschied zwischen der effektiven Temperatur T_{eff} des Planeten und seiner tatsächlich gemessenen Oberflächentemperatur T_o heißt Treibhausinkrement ΔT. Es ist

$$T_o = T_{eff} + \Delta T. \quad (3.39)$$

Für die dünne Marsatmosphäre beträgt das Treibhausinkrement nur $\Delta T = 2$ K, während bei der dichten Venusatmosphäre $\Delta T \approx 500$ K ist.

Um die Höhenschichtung der Temperatur in einer Planetenatmosphäre zu ermitteln, muß der Energietransport berechnet werden. Selbst im einfachsten Falle, wenn die Energie nur in Form von Strahlung durch die Atmosphäre transportiert wird und lokal thermodynamisches Gleichgewicht herrscht, ist das eine aufwendige Aufgabe, die nur genähert lösbar ist.

Nähert man die Atmosphäre durch homogene planparallele Schichten an, d.h., vernachlässigt man ihre Krümmung und setzt Symmetrie zur lokalen Vertikalen voraus, so ist die Menge an Strahlungsenergie, die in einer bestimmten Höhe h in der Atmosphäre zur Verfügung steht, durch (vgl. auch Abschn. 2.3.1)

$$4\pi J_\nu = 2\pi \int_0^{\pi/2} \int_{\tau_\nu'}^{\tau_\nu} S_\nu(t_\nu) \exp\left(-\frac{t_\nu - \tau_\nu'}{\cos\vartheta}\right)$$
$$\times \frac{dt_\nu}{\cos\vartheta} \sin\vartheta \, d\vartheta$$

3.4 Die Planetenatmosphären

$$-2\pi \int_{\pi/2}^{\pi} \int_0^{\tau_\nu'} S_\nu(t_\nu) \exp\left(\frac{\tau_\nu' - \tau_\nu'}{\cos\vartheta}\right)$$

$$\times \frac{d\,t_\nu}{\cos\vartheta} \sin\vartheta\, d\vartheta \qquad (3.40)$$

ϑ Winkel zwischen Ausbreitungsrichtung der Strahlung und der Vertikalen
J_ν über alle Richtungen gemittelte Intensität
S_ν Ergiebigkeit

gegeben. Die Lage einer Schicht ist hierin durch die optische Dicke τ_ν' der Atmosphäre oberhalb des Niveaus h charakterisiert (vgl. Gleichung (2.19)). Der erste Term auf der rechten Seite beschreibt den Beitrag der tiefer liegenden Schichten. Die optische Dicke $\tau_\nu' = \tau_\nu$ entspricht der Höhe $h = 0$, also der Planetenoberfläche. Der zweite Term auf der rechten Seite ist der Beitrag der höher liegenden Schichten. (Man beachte, daß $\cos\vartheta < 0$ für $\vartheta > \pi/2$.) Die Annahme von Strahlungsgleichgewicht bedeutet, daß die gesamte, also bei allen Wellenlängen ausgestrahlte Energie gleich der gesamten absorbierten Energie ist, also gelten muß

$$4\pi \int_0^\infty \varkappa_\nu\, S_\nu(\tau_\nu')\, d\nu =$$

$$4\pi \int_0^\infty \varkappa_\nu\, J_\nu(\tau_\nu')\, d\nu. \qquad (3.41)$$

$\varkappa_\nu$ Absorptionskoeffizient

Für relativ kühle und dichte Planetenatmosphären darf in jeder Schicht lokales thermodynamisches Gleichgewicht angenommen werden. Die Ergiebigkeit ist dann durch die Plancksche Funktion $B_\nu(T)$ gegeben (Gleichung (2.24)). Da der größte Teil der Absorption durch Molekülbanden im Infrarot erfolgt, kann man in grober Näherung die Wellenlängenabhängigkeit des Absorptionskoeffizienten vernachlässigen. Die Integration der Planckschen Funktion ergibt das Stefan-Boltzmannsche Gesetz. Faßt man durch eine mathematische Umformung noch die beiden Terme in (3.40) zusammen, so berechnet sich die Temperatur $T(h)$ in einer Schicht in der Höhe h aus der Beziehung

$$4\sigma T^4(h)$$
$$= 2\pi \int_0^\infty \int_0^{\tau_\nu} B_\nu(T)\, E_1(|t_\nu - \tau_\nu'|)\, dt_\nu\, d\nu \qquad (3.42)$$

$E_1(x) = \int_1^\infty \exp(-xt)/t\, dt$ Exponentialintegralfunktion

Wie die Integralzeichen in Gleichung (3.42) anzeigen, sind am Zustandekommen der Temperatur in der Höhe h Strahlungsbeiträge aus allen Richtungen, allen Höhenbereichen (einschließlich der Planetenoberfläche) und allen Wellenlängen beteiligt.

Der Verlauf der Temperatur mit der Höhe in einer Planetenatmosphäre definiert die Einteilung in vier Stockwerke (Bild 3.36): Troposphäre, Mesosphäre, Thermosphäre und Exosphäre. In der Troposphäre nimmt die Temperatur ungefähr linear mit der Höhe ab. Wie groß der Temperaturgradient dT/dh im einzelnen ist, hängt von den Wärmequellen und den Transportmechanismen für Wärme ab. Normalerweise ist die Sonnenstrahlung die wichtigste Energiequelle einer Planetenatmosphäre. Transportmechanismen sind Konvektion, Wärmestrahlung (Infrarotstrahlung) und Wärmeleitung. Nimmt die Temperatur langsamer mit der Höhe ab, als es der adiabatische Temperaturgradient, $(dT/dh)_{ad}$, angibt, dann bleibt das Gas stabil geschichtet. Ein aufsteigendes Volumenelement, das adiabatisch (ohne Wärmeaustausch mit der Umgebung) expandiert, bleibt dann immer kühler und damit schwerer als seine Umgebung und kommt zum Stillstand. Im Falle

$$\frac{dT}{dh} - \left(\frac{dT}{dh}\right)_{ad} \leqq 0 \qquad (3.43)$$

tritt jedoch Konvektion ein; es bilden sich vertikale Strömungen aus, die zur

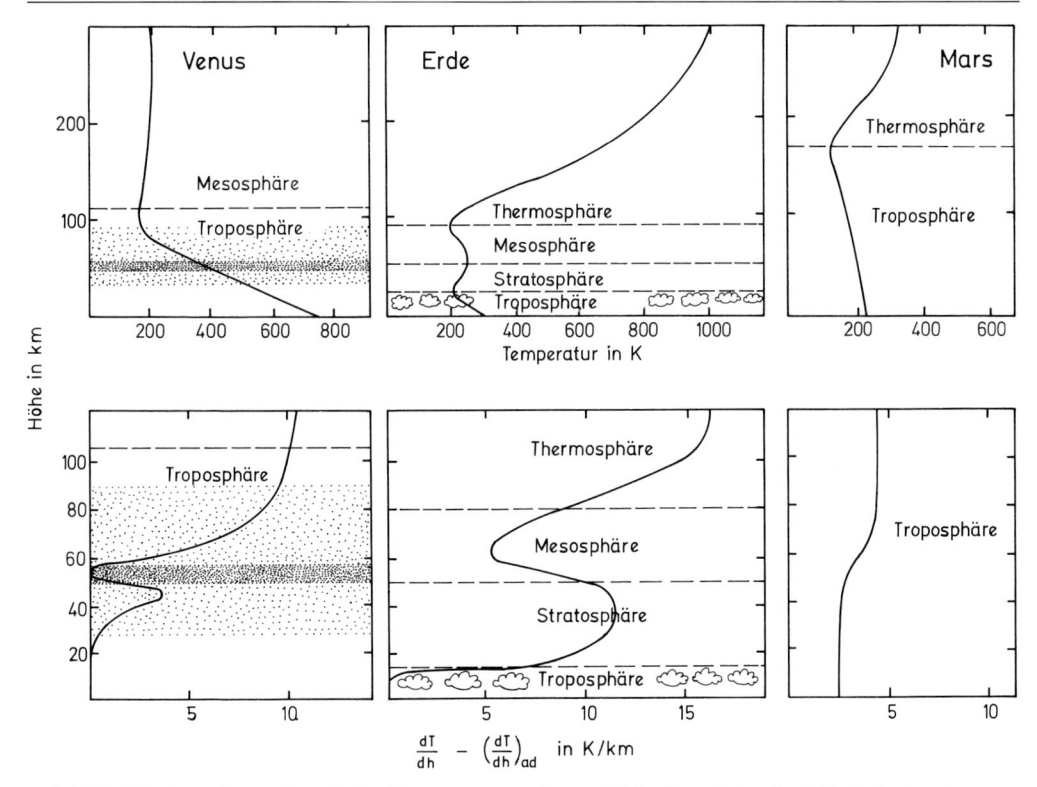

Bild 3.36 Höhenabhängigkeit der Temperatur (obere Bilder) und des Stabilitätsindex (untere Bilder) in den Atmosphären der erdartigen Planeten. Bei der Venus ist die Thermosphäre, beim Mars die Mesosphäre wenig ausgeprägt. Die Venuswolkendecke besteht nicht aus diskreten Wolken, sondern aus verschieden dichten Dunstschichten. Die Marsatmosphäre ist größtenteils wolkenfrei.

Durchmischung der Atmosphäre führen (Homosphäre). Die Differenz der Temperaturgradienten in Gleichung (3.43) heißt auch Stabilitätsindex der Atmosphäre. Im Bild (3.36) ist sein Verlauf in den Atmosphären der erdartigen Planeten dargestellt. Da der adiabatische Temperaturgradient durch chemische Komponenten, die Träger latenter Wärme sind (die bei der Kondensation frei wird), verändert werden kann, beeinflussen solche Komponenten die Stabilität wesentlich. In der Troposphäre der Erde spielt der Wasserdampfgehalt diese Rolle (der feuchtadiabatische T-Gradient ist nur etwa halb so groß wie der trockenadiabatische). Durch Kondensation atmosphärischer Komponenten entstehen Tröpfchen und Partikeln (Aerosole) im Gas, so daß sich Dunst und Wolken bilden können.

In der Mesosphäre hört die monotone Temperaturabnahme mit der Höhe auf (s. Bilder 3.36, 3.42). Hier herrscht Gleichgewicht zwischen Ein- und Ausstrahlung, Wärmetransport durch Konvektion spielt keine Rolle. Die Atmosphäre ist stabil geschichtet, und die Verhältnisse entsprechen in etwa der Idealisierung, die wir weiter oben (Gleichungen (3.40) bis (3.42)) beschrieben. In den undurchmischten höheren Schichten der Atmosphäre hat jede Atom-, Molekül- und Ionenart ihre charakteristische Höhenverteilung, die um so weiter hinaufreicht, je leichter die betreffende Spezies ist. Dissoziations- und Diffusionseigenschaften entscheiden darüber, welche Atome, Ionen und Moleküle in einer bestimmten Höhe vorherrschen. In den höchsten Schichten bei Erde, Venus und Mars ist beispielsweise der (aus der H_2O-Dissoziation stammende) Wasserstoff die dominierende Gaskomponente (Wasserstoffkorona).

Oberhalb der Mesosphäre kommt es zur Ionisation des Gases durch die UV-Strahlung der Sonne, und es bilden sich markante Schichten freier Elektronen (F_1, F_2) aus (Ionosphäre). Durch die Wechselwirkung der geladenen Teilchen mit dem Magnetfeld des Planeten können hier beträchtliche Ströme fließen, deren Magnetfelder sich dem globalen des Planeten überlagern und es modifizieren.

Die Ionisation stellt eine starke Energiequelle für das Gas dar, und wenn letzteres seine Wärme schlecht abstrahlen kann, treten in dem äußerst verdünnten Gas beträchtliche kinetische Temperaturen auf. Die Temperaturzunahme mit der Höhe definiert die Thermosphäre. Die T-Zunahme kommt in der Übergangsschicht zum Weltraum, in der Exosphäre, zum Stillstand (s. Bild 3.36).

3.4.3 Photochemische Reaktionen

Oberhalb der Troposphäre finden in einer Planetenatmosphäre zahlreiche miteinander vernetzte chemische Reaktionen von Molekülen, Atomen, (durch Dissoziation entstandenen) Radikalen und Ionen statt. Da die energiereiche Sonnenstrahlung hierbei von großer Wichtigkeit ist, sprechen wir von photochemischen Reaktionen.

Jede an den Reaktionsnetzwerken beteiligte chemische Komponente (Index i) mit der Anzahldichte n_i genügt einer Kontinuitätsgleichung

$$\frac{\partial n_i}{\partial t} + \operatorname{div} N_i = P_i - n_i L_i. \qquad (3.44)$$

N_i Teilchenstromvektor (Dimension $m^{-2}s^{-1}$)
P_i Teilchenproduktion (Dimension $m^{-3}s^{-1}$)
L_i Teilchenverlustrate (Dimension s^{-1})

Die Lösung dieses Systems liefert die Verteilungen n_i der einzelnen Komponenten für einen bestimmten Zeitpunkt in der Atmosphäre, wenn die Stofftransportmechanismen (2. Term links), die Produktions- (1. Term rechts) und die Verlustprozesse (2. Term rechts) durch chemische Reaktionen bekannt sind. Durch N_i werden die Transportprozesse der Turbulenzmischung und der Diffusion in Rechnung gestellt. Da die atmosphärische Zusammensetzung viel stärker mit der Höhe (z-Koordinate) variiert als in x- und y-Richtung, berücksichtigen die heutigen Berechnungen meist nur die z-Abhängigkeit (eindimensionale Modelle). Für eindimensionale Modelle gilt für den Strom näherungsweise

$$|N_i| = -(\varkappa + d_i)\left[\frac{\partial n_i}{\partial z} + \frac{n_i}{T}(1+\alpha_i)\frac{\partial T}{\partial z}\right]$$
$$- n_i \left[\frac{\varkappa}{H} + \frac{d_i}{H_i}\right] \qquad (3.45)$$

$\varkappa$ Koeffizient der Turbulenzmischung
d_i molekularer Diffusionskoeffizient
α_i thermischer Diffusionskoeffizient
H bzw. H_i mittlere Skalenhöhe der Atmosphäre bzw. der i-ten Komponente ($H_i = kT/g\,\mu_i\,m_H$

Wenn tages- und jahreszeitliche Variationen vernachlässigt werden, wird (3.44) ein System gewöhnlicher Differentialgleichungen.

3.4.4 Gasverlust in den Weltraum und Lebensdauer

In der Übergangsschicht zum Weltraum, der Exosphäre, wird die mittlere freie Weglänge der Teilchen extrem groß. Elektrisch neutrale Teilchen bewegen sich auf ballistischen Bahnen. Die Teilchen, die Geschwindigkeiten v oberhalb der Entweichgeschwindigkeit v_∞ des Planeten haben, können in den Weltraum entweichen. Nimmt man als Geschwindigkeitsverteilung der Atmosphäre die Maxwell-Verteilung

$$f(v) = \frac{4}{\sqrt{\pi}} \left(\frac{2\,k\,T}{\bar{\mu}\,m_H} \right)^{-3/2} v^2 \, e^{-\frac{\bar{\mu}\,m_H\,v^2}{2\,k\,T}} \quad (3.46)$$

f Bruchteil der Moleküle mit der Geschwindigkeit v

an, dann läßt sich der Bruchteil der entweichenden Moleküle f_∞ durch Integration von $f(v)$ von v_∞ bis ∞ berechnen. Weiterhin läßt sich durch Mittelung mit $f(v)$ als Gewichtsfunktion die mittlere Geschwindigkeit $\bar{v}_\infty$ der entweichenden Moleküle ermitteln. Die Entweichrate dN/dt ergibt sich dann grob zu

$$\frac{dN}{dt} = f_\infty \, N \, \frac{\bar{v}_\infty}{\Delta R} \,. \quad (3.47)$$

N Gesamtteilchenzahl
ΔR effektive Schichtdicke der Exosphäre
$\bar{v}_\infty$ mittlere Geschwindigkeit eines entweichenden Moleküls

Im einzelnen liefert die Ausführung der Integration und die Einführung der Anzahldichte $n = N/4\pi R^2 \Delta R$

$$\frac{dN}{dt} = 8\sqrt{\pi} \left(\frac{\bar{\mu}\,m_H}{2\,k\,T} \right)^{1/2}$$
$$\times R^2 \, n \, v_\infty^2 \, e^{-\frac{\bar{\mu}\,m_H\,v_\infty^2}{2\,k\,T}}. \quad (3.48)$$

Daraus folgt für die Lebensdauer t_A der Atmosphäre

$$t_A \approx N \Big/ \frac{dN}{dt} \sim e^{\frac{\bar{\mu}\,m_H\,v_\infty^2}{2\,k\,T}}, \quad (3.49)$$

d. h., sie ist um so größer, je größer die Entweichgeschwindigkeit des Planeten, $v_\infty = 2\,GM/R$, je niedriger die Exosphärentemperatur und je schwerer das Gas ist. Zu beachten ist, daß sich in den obigen Formeln die Größen R, N, n, v und T auf die Exosphäre beziehen.

Wie die Gleichung (3.49) zeigt, spielt die Exosphärentemperatur eine wichtige Rolle für die Lebensdauer einer Atmosphäre. Der Umstand, daß die Venus bei fast gleicher Masse und der Titan bei wesentlich geringerer Masse als die Erde weit dichtere Atmosphären halten konnten als unser Planet, hängt mit ihren niedrigen Exosphärentemperaturen zusammen, wobei die der Venus zu Lasten der guten Kühlungseigenschaften des CO_2 geht und die des Titans durch den großen Sonnenabstand zustande kommt.

3.4.5 Dynamische Prozesse

Unter dem einfallenden Sonnenlicht kommt es zu einer Erwärmung des Bodens (bzw. der Wolkenschichten). Die Breitenabhängigkeit der einfallenden Strahlung sorgt für die Ausbildung von äquatorparallelen Klimazonen. Albedounterschiede schaffen darüber hinaus lokale Temperaturvariationen. Die Temperatur unterliegt Tag-Nacht-Schwankungen, die jedoch um so kleiner sind, je stärker der Treibhauseffekt wirkt.

Steht die Drehachse nicht ungefähr senkrecht auf der Bahnebene, pendelt der subsolare Breitenkreis im Laufe eines Jahres (1 Sonnenumlauf) um den Äquator, und es ergeben sich Jahreszeiten. Länge und mittlere Temperatur der Jahreszeiten hängen von der großen Bahnhalbachse ab und werden von der numerischen Exzentrizität der Bahn wesentlich modifiziert. Bei sehr großen Neigungen zwischen Rotationsachse und Bahnnormale, z. B. beim Uranus, kann die Sonne im Laufe des Jahres sogar über den Polargebieten stehen, so daß der rotationsbedingte Tag-Nacht-Rhythmus außer Kraft gesetzt wird, und es gibt die Phänomene „Polartag" und „Polarnacht" nicht nur in den Polargebieten des Planeten, sondern global.

Durch die unterschiedliche Erwärmung entstehen Unterschiede des atmo-

3.4 Die Planetenatmosphären

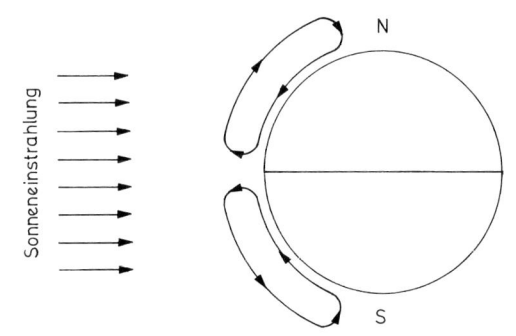

Bild 3.37 Schematische Darstellung der Hadley-Zirkulation in einer Planetenatmosphäre.

sphärischen Drucks (Hoch- und Tiefdruckzonen oder -gebiete), durch die Gasbewegungen (Wind) ausgelöst werden. Die mit dem Aufsteigen von erwärmtem Gas in der Äquatorzone zustande kommende Konvektion, die am Boden tieferen Gasdruck erzeugt, so daß aus benachbarten Gebieten Gas nachgesaugt wird, führt zur Ausbildung einer Zirkulation. Im Idealfall, d. h. auf einem nichtrotierenden Planeten, sollte sich die rein meridionale Hadley-Zirkulation ausbilden. Das am Äquator aufsteigende Gas strömt in der Höhe polwärts und schlägt sich nach genügender Abkühlung in hohen Breiten nieder. Aus dem so entstandenen Hochdruckgebiet strömt Gas am Boden in das äquatoriale Tief, so daß sich der Kreislauf schließt (Bild 3.37). In der realen Planetenatmosphäre gibt es statt einer idealen Hadley-Zelle mit N-S-Strömung mehrere Teilzellen, und die durch die Rotation des Planeten bedingte Corioliskraft sorgt für Ost-West-Komponenten. Aus diesem Grunde erfolgen z. B. die der Hadley-Zirkulation entsprechenden Strömungen aus dem subtropischen Hochdruckgürtel der Erde (wo die äquatoriale Hadley-Zelle bereits endet) in das Tiefdruckgebiet am Äquator nicht genau südwärts (bzw. nordwärts), sondern von NO nach SW (bzw. von SO nach NW). Es sind dies die Passatwinde (NO-Passat, SO-Passat). In größeren Höhen auf der Erde und generell bei den schneller rotierenden jupiterartigen Planeten dominiert die zonale, d. h. äquatorparallel orientierte Strömung. Man spricht von Strahlströmen (Jets). Treten mehrere Hadley-Zellen auf, so entstehen Zirkulationsgürtel.

Das streifige Aussehen von Jupiter und Saturn manifestiert deutlich die Existenz vieler Zirkulationsgürtel, in denen die zonale Strömung anhand von Wolkenbewegungen beobachterisch verfolgt werden kann. In den hellen Streifen, die „Zonen" genannt werden, strebt atmosphärisches Gas aufwärts und schafft damit hochliegende, helle Wolken. Die Zonen repräsentieren in Höhe der Wolkendecke Hochdruckgebiete. In den dunkleren und farbigeren Jupiterstreifen, den „Bändern" oder „Gürteln", strömt Gas abwärts und sorgt somit für Tiefdruckgebiete in der Wolkendecke.

Auf der Erde gibt es eine einzige westwärts (aber wegen der relativ schwachen Corioliskraft nicht äquatorparallel) gerichtete Strömung in niederen Breiten, die erwähnten Passatwinde,

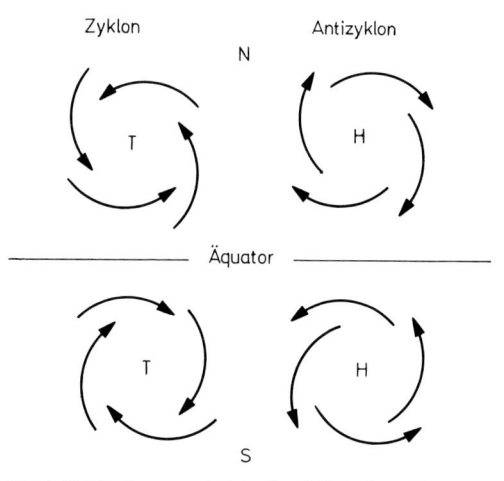

Bild 3.38 Atmosphärische Wirbelstrukturen mit Zyklon- und Antizykloncharakter (schematisch). Bei der Erde fallen sie mit Tief- und Hochdruckgebieten in Oberflächennähe zusammen und wurden darum entsprechend markiert.

und jeweils einen ostwärts gerichteten Strahlstrom in großer Höhe in mittleren Breiten, beim Jupiter und Saturn dagegen fünf bis sechs äquatorparallele Strömungen in beide Richtungen auf jeder Hemisphäre (vgl. Bild 3.45). Dabei ist zu beachten, daß sich die Bezeichnungen „Ostwind" und „Westwind" auf das mitrotierende Koordinatensystem beziehen. Ist die Strömung schneller, als sich der Planet dreht, heißt sie Westwind, bleibt sie hinter der Rotation zurück, Ostwind. Mit Ausnahme der extrem langsam rotierenden Venus ist die Relativgeschwindigkeit der Strömung immer weit kleiner als die Rotationsgeschwindigkeit des Planeten.

Innerhalb des globalen Zirkulationsmusters können sich Wirbel bilden. Bei der Erde beobachten wir in mittleren Breiten, wie das Gas spiralig in ein lokales Tief ein- oder aus einem Hoch ausströmt. Da die Strömungsrichtung einen Winkel mit der Richtung des Druckgradienten bildet, spricht man von baroklinen Wirbeln. Man unterscheidet Zyklone und Antizyklone. Die Zyklone sind Tiefdruckgebiete, in die auf der Nordhalbkugel das Gas im Gegenuhrzeigersinn einströmt; Antizyklone sind Hochdruckgebiete, aus denen das Gas im Uhrzeigersinn ausströmt (Bild 3.38). Topographische Hindernisse und lokale Temperaturunterschiede können stationäre Wirbel herbeiführen. Es kann auch zur Ausbildung von Wellenphänomenen kommen. Generell ist die mathematische Beschreibung der Gasbewegung und der Bewegungen der Hoch- und Tiefdruckgebiete z. B. in der Erdatmosphäre ein außerordentlich kompliziertes, nichtlineares Problem, bei dem winzige Veränderungen der Anfangs- und Randbedingungen sehr unterschiedliche Bewegungsabläufe zur Folge haben (chaotisches Verhalten). Dieser mathematische Hintergrund ist die Ursache der immer noch sprichwörtlichen Fehlprognosen beim Wetter.

3.4.6 Besonderheiten der Atmosphären der erdartigen Planeten

Erde

Die auffälligste Besonderheit der Erdatmosphäre ist das Auftreten von freiem Sauerstoff und das reichliche Vorkommen flüssigen Wassers (die Masse der Ozeane beträgt etwa $1,4 \cdot 10^{21}$ kg). Beides hängt eng miteinander zusammen. Die Existenz flüssigen Wassers ist nicht nur die Voraussetzung für die an Phänomenen reichhaltige irdische Meteorologie, sie war auch die entscheidende Voraussetzung für die Entstehung des Lebens, dessen älteste Spuren in Gesteinsschichten mit einem Alter von $3,7 \cdot 10^9$ a nachgewiesen wurden. Zur Zeit der Entstehung des Lebens gab es noch keinen freien Sauerstoff, und die ersten Lebewesen waren Anaerobier. Pflanzliche Einzeller begannen allerdings wenig später, mit Hilfe des Farbstoffs Chlorophyll unter Ausnutzung des Sonnenlichts im Rahmen ihres Stoffwechsels Wassermoleküle zu spalten und aus Wasserstoff und CO_2 Kohlenhydrate aufzubauen (Photosynthese), während sich der dabei freiwerdende Sauerstoff zuerst im Meer, später auch in der Atmosphäre anreicherte.

Die Existenz von flüssigem Wasser, in dem sich das in der früheren Erdatmosphäre vorhandene CO_2 gut löste, ermöglichte auch (z. T. unter Beteiligung der Lebewesen) die Bindung des CO_2 in Form von Kalzium- und Magnesiumkarbonat, die als Kalkstein und Dolomit einen wesentlichen Teil der irdischen Sedimentgesteine bilden. Würde das in diesem Gestein fixierte CO_2 plötzlich freigesetzt, dann ergäbe sich eine CO_2-Atmosphäre der Erde mit etwa 7000 kPa Bodendruck, d. h., die Erde hätte dann eine ähnliche Gashülle wie die Venus. Die Sauerstoffkomponente der Erdatmosphäre gibt Anlaß zur photo-

3.4 Die Planetenatmosphären

chemischen Bildung von Ozon (O_3), das das ultraviolette Sonnenlicht wirkungsvoll absorbiert. Die Ozonschicht bewirkt daher zwischen 12 und 50 km Höhe ein Umschlagen des Temperaturgradienten (Temperaturzunahme mit der Höhe, s. Bild 3.36) und definiert die eigenständige Schicht der Stratosphäre, bevor in 50 km Höhe die Mesosphäre beginnt. Die Ozonschicht schützt die irdischen Lebewesen vor der für sie gefährlichen Ultraviolettstrahlung der Sonne; ihre Erhaltung ist darum eine Lebensnotwendigkeit für die Menschheit. Da der Wasserdampf bereits unterhalb der Ozonschicht aus der Atmosphäre auskondensiert, wird nur wenig H_2O dissoziiert. Durch diese Kühlfalle für den Wasserdampf sind die Wasserverluste gering. Der Wasserdampfgehalt der irdischen Troposphäre ist übrigens auch die entscheidende Quelle für den Treibhauseffekt. Von dem Treibhausinkrement von 32 K entfallen etwa 21 K auf H_2O, 7 K auf CO_2 und der Rest auf O_3, N_2O und CH_4.

Die hohe Temperatur der irdischen Thermosphäre hat ihre Ursache in den schlechten Kühleigenschaften der hier dominierenden Gaskomponenten. Die Thermosphären von Mars und Venus verdanken ihre niedrigen Temperaturen dem Gehalt an CO_2, das im Infrarot gut Energie abstrahlen kann.

Venus

Die Troposphäre der Venus ist wesentlich heißer und die Thermosphäre erheblich kühler als die entsprechenden Schichten der Erdatmosphäre, nur in den Mesosphären beider Planeten ist die Temperatur vergleichbar. Unter der dichten Wolkendecke der Venus, die sich zwischen 48 und 70 km Höhe er-

Tabelle 3.10 Meteorologische Parameter der Troposphären von Venus, Erde und Mars

Parameter	Maßeinheit	Venus	Erde	Mars
Solarkonstante	kW m^{-2}	2,62	1,38	0,59
Bolometr. sphär. Albedo		0,77	0,30	0,14
Wolkenbedeckung	%	100	≈50	≈3
Sonnentaglänge	d	117	1	1,03
Jahreslänge	d	225	365	678
Effektive Temp.	K	230	255	216
Oberflächendruck	10^5 Pa	95	1	0,007–0,01
Oberflächentemp.	K	737	288	220
T-Diff. Äquator-Pol	K	5–15	45	90
Adiabat. T-Gradient	K km^{-1}	10,5	9,8[a]	4,5
Rossby-Zahl		23	0,1	0,1
Chemische Hauptkomponenten	Vol.-%	CO_2: 96,5 N_2: 3,5	N_2: 78,1[a] O_2: 20,9[a] Ar: 0,9 H_2O: ≤4	CO_2: 95,3 N_2: 2,7 Ar: 1,6 O_2: 0,1
Spurenkomponenten (≥10^{-7} Vol.-%)		CO, SO_2, Ar, H_2O, He, COS, Ne, Kr, HCl, HF	CO_2, Ne, He, CH_4, Kr, H_2, N_2O, CO, O_3, Xe, HCl	CO, H_2O, Ne, Kr, Xe, O_3, NO
Aerosol		H_2SO_4, S_2, $NOHSO_4$	H_2O, Salze, Staub, Organismen	H_2O, CO_2, Staub

[a] Werte für trockene Luft

streckt (ab 35 km und über 70 km Höhe gibt es Dunstschichten), herrscht eine extreme Treibhaussituation ($\Delta T \approx 500$ K), die von der dichten CO_2-Atmosphäre geschaffen wurde. Wegen der sehr hohen Albedo der Wolken, die den irdischen Wolken sehr unähnlich sind und die zum größten Teil aus Tröpfchen konzentrierter Schwefelsäure bestehen, wird insgesamt in der Venusatmosphäre (und am Boden) weniger Sonnenstrahlung absorbiert als in der Atmosphäre unseres Planeten bzw. am Erdboden. Das Verhältnis der absorbierten Strahlungsströme von Venus und Erde beträgt etwa 2:3, so daß die thermische Emission der Venus auch nur 2/3 des irdischen Wertes erreicht und nach dem Stefan-Boltzmannschen Gesetz ihre effektive Temperatur um einen Faktor $(2/3)^{1/4}$ niedriger ausfällt als die der Erde (s. Tabelle 3.10). Die heiße, dichte und extrem trockene Venustroposphäre besitzt eine so große thermische Trägheit, daß trotz der Länge des Venussonnentages von 116,7 d in ihr keine tageszeitlichen Temperaturschwankungen nachweisbar sind. Solche machen sich erst oberhalb von 40 km Höhe allmählich bemerkbar. Die untere Venusatmosphäre ist sehr arm an meteorologischen Phänomenen. Die an der Oberfläche gemessenen Windgeschwindigkeiten lagen unter 1 m s^{-1}. (Dabei ist allerdings in Rechnung zu stellen, daß die Gasdichte etwa 50mal höher als die Luftdichte am Erdboden ist, so daß die dynamische

Bild 3.39 Strömungen in der Venuswolkenhülle. Links: Breitenabhängigkeit der gemittelten zonalen ($<u>$) und meridionalen ($<v>$) Geschwindigkeitskomponenten, abgeleitet aus Aufnahmen von Mariner 10 und Pioneer Venus Orbiter (nach S. S. Limaye, C. Grassotti u. M. J. Kuetemeyer, 1987). Die Strömungsverhältnisse unterliegen Veränderungen. 1974 und 1982 traten in mittleren Breiten Strahlströme auf, die 1982 fehlten. $<v>$ ist am Äquator Null, so daß hier eine rein zonale westwärts gerichtete Strömung mit knapp 100 m s^{-1} auftritt; mit wachsender Breite tritt die polwärts gerichtete meridionale Komponente immer mehr in Erscheinung und erzeugt große Wirbelstrukturen um die Pole. Rechts: UV-Bild der Venus, das durch die Bearbeitung eines Bildmosaiks aus Mariner-10-Aufnahmen (Entfernung 720 000 km) gewonnen wurde. Im Gegensatz zum sichtbaren Licht werden auf UV-Aufnahmen Wolkenstrukturen sichtbar. Deutlich zu erkennen sind der nördliche Polwirbel und das sog. liegende Y am Äquator (offene Gabel zeigt zum subsolaren Punkt; Foto: NASA).

Wirkung solcher langsamen Strömungen erheblich sein kann.)

Die Troposphärentemperatur der Venus ist anscheinend nicht breitenabhängig, so daß keine Reservoire kondensierter Atmosphärenkomponenten an den Polen zu erwarten sind. Der breitenunabhängige Temperaturverlauf setzt einen sehr wirkungsvollen Wärmetransport vom Äquator zu den Polen voraus. In Höhe der Wolkendecke wurde auf beiden Hemisphären Hadley-Zirkulation nachgewiesen. Der Nachweis gestaltete sich deshalb als äußerst schwierig, weil die langsame meridionale Zirkulation von einer sehr schnellen zonalen Bewegung überlagert ist. Die gesamte Venusatmosphäre strömt in Wolkenhöhe mit einer Geschwindigkeit von 100 m s^{-1} im Rotationssinn des Planeten (von Ost nach West). Durch diese sog. Superrotation umrundet die Atmosphäre in Wolkenhöhe den Planeten in 4 d einmal. Durch die mit wachsender Breite zunehmende meridionale Strömungskomponente geht die rein zonale Strömung des Äquatorgürtels in hohen Breiten auf beiden Hemisphären in große Polwirbel über (Bild 3.39).

Im Nordpolarwirbel der Venus wurden ein Ring hoher kühler Wolken ($T =$ 220 K, „Polkragen") und zwei ungefähr symmetrisch zum Pol gelegene, etwa 3000 km voneinander entfernte warme Flecken ($T = 260$ K) entdeckt, die durch ein veränderliches Filament verbunden sind und mit einer Periode von 3 d um den Pol rotieren (sog. polarer Dipol). Das gesamte Phänomen der Superrotation einschließlich des polaren Dipols ist noch unverstanden.

Im Gegensatz zur Erde hat aber die Venushochatmosphäre so gute Kühleigenschaften, daß die Exosphärentemperatur niedriger als die der Troposphäre ist (vgl. Bild 3.36).

Der Venusboden ist keiner Erosion ausgesetzt, wahrscheinlich findet eine Art chemischer Verwitterung durch SO_2 statt. Das Fehlen einer UV-Sperrschicht nach Art der irdischen Ozonosphäre ermöglicht eine starke Dissoziation des Wasserdampfes. Das meiste H_2O ist in dem H_2SO_4-Aerosol, das die Hauptkomponente der Venuswolken bildet, fixiert. H_2SO_4 wird auf photochemischem Wege gebildet.

Mars

Trotz ihrer geringen Dichte ist die Marsatmosphäre in dynamischer Hinsicht der Erdatmosphäre ähnlicher als jede

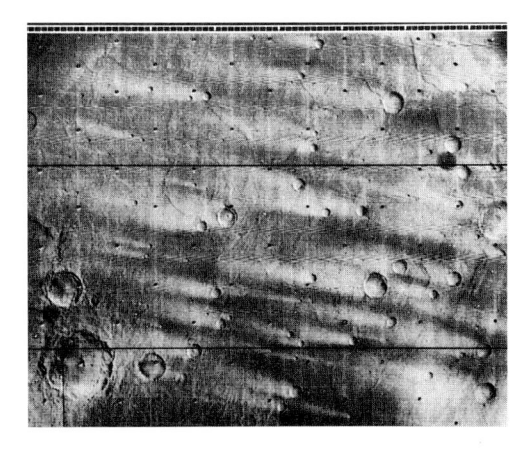

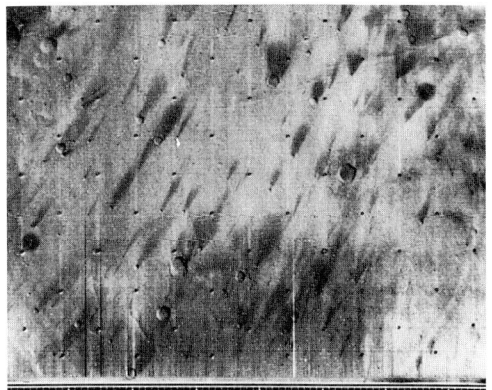

Bild 3.40 Helle und dunkle Windfahnen an Marskratern (Mariner-9-Aufnahmen). Oben: Auf dunklem Untergrund setzte sich heller, vom Wind transportierter Staub im Windschatten der Kraterwälle ab. Unten: Aus dem Kraterinnern wurde hier dunkler Staub herausgeweht (Fotos: NASA).

andere Planetenatmosphäre. Die Zirkulation in der dünnen CO_2-Atmosphäre weist folgende Besonderheiten auf:
- Es gibt nur eine Hadley-Zelle, die über den Äquator hinweggeht (Aufstieg der warmen Luft auf der Sommerhalbkugel, Abstieg auf der Winterhalbkugel).
- Barokline Wirbel und Wellen treten nur in den mittleren Breiten der Winterhalbkugel auf, weil nur dort entsprechend große Temperaturunterschiede vorhanden sind.
- Es existiert eine planetenweite Zirkulation, die durch das Ausfrieren des CO_2 in der Winterpolkappe und die Sublimation am anderen Pol getrieben wird (Kondensationsströmung).

Außerdem sorgen die großen täglichen Temperaturschwankungen von etwa 50 K für markante Winde am Terminator. Die Zirkulation wird weiterhin stark durch die Topographie beeinflußt. In der Marsatmosphäre wird seit langem beobachtet, wie der Wind Staub aufwirbelt. (Aus den Veränderungen dieser sog. gelben Wolken wurden bereits lange vor dem Beginn der Raumfahrterkundung Windgeschwindigkeiten auf dem Mars abgeleitet.) In einem Marsjahr treten etwa 100 lokale Staubstürme auf, die ein- bis zweimal globale Ausmaße annehmen können. Die Troposphäre wird dann zur Staubhülle, und die thermischen Verhältnisse ändern sich grundlegend. Für irdische Beobachter verschwinden dann alle Albedostrukturen auf der Marsscheibe. Als Ergebnis der Windtätigkeit wurden auch die jahreszeitlichen Veränderungen der Albedo und Umrisse der dunklen Gebiete, die früher als Anzeichen für eine Marsvegetation gehalten wurden, erkannt (Bild 3.40).

Neben den gelben wurden auf dem Mars auch weiße Wolken beobachtet, die den irdischen Wolken ähneln sollten. Sie bilden sich vor allem an hohen Bergen, z. B. am Olympus Mons und an den Tharsis Montes, und dürften aus Eiskriställchen bestehen. In den tiefen Tälern der Marsoberfläche, z. B. im Gebiet des Noctis Labyrinthus (Bild 3.41), wurde auf den Viking-Orbiter-Aufnahmen Morgennebel als meteorologisches Phänomen entdeckt.

Wegen der großen Exzentrizität der Marsbahn sind gleiche Jahreszeiten auf beiden Hemisphären unterschiedlich lang und weisen unterschiedliche mittlere Temperaturen auf; die kühlen nördlichen Sommer sind 25 d länger als die wärmeren südlichen.

3.4.7 Besonderheiten der Atmosphären von Jupiter und Saturn

Die charakteristischen Eigenschaften der Atmosphären der Riesenplaneten sind in Tabelle 3.11 aufgeführt. Den Temperaturverlauf in den Troposphären und Mesosphären sowie die Beschaffenheit der Wolkendecken von Jupiter und Saturn zeigt Bild 3.42. Die Nomenkla-

Bild 3.41 Morgennebel in den Tälern des Noctis Labyrinthus am westlichen Ende der Valles Marineris auf dem Mars (Viking-Orbiter-Aufnahme). Die auffallende Sonnenstrahlung erwärmt den Boden, so daß Wasserdampf freigesetzt wird, der aber in der noch kalten Atmosphäre sofort wieder kondensiert (Foto: NASA).

3.4 Die Planetenatmosphären   159

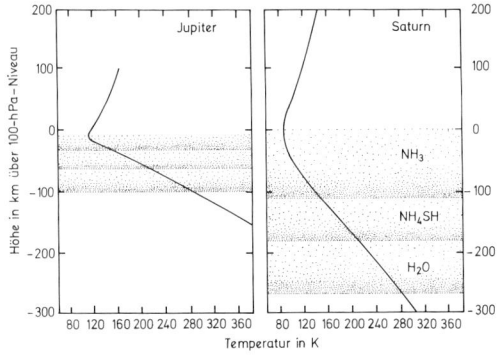

Bild 3.42 Temperaturverteilung und Wolkenschichtung in den Atmosphären der Riesenplaneten. Das System der chemisch unterschiedlichen Wolkenschichten ist beim Jupiter wegen der wesentlich größeren Schwerebeschleunigung auf einen kleineren Höhenbereich zusammengedrückt als beim Saturn.

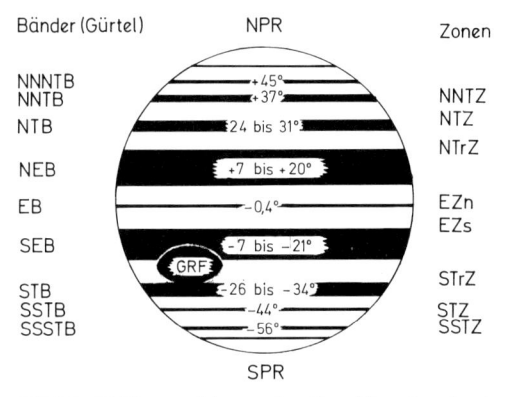

Bild 3.43 Nomenklatur der Streifen der Jupiterwolkendecke. B Band, Z Zone, N nördlich, E äquatorial, S südlich, Tr tropisch, T gemäßigt, PR Polgebiet. Die angegebenen Breitenbegrenzungen sind nur Richtwerte, da die Bänderung veränderlich ist.

tur für die markante Streifung des Jupiters wird im Bild 3.43 erklärt.

Infolge der kleineren Schwerebeschleunigung und der nicht allzu unterschiedlichen Temperatur hat die Saturnatmosphäre eine größere Skalenhöhe als die des Jupiters. Die verschiedenen Wolkenschichten, als deren jeweilige Aerosolhauptbestandteile Ammoniak, Ammoniumhydrogensulfid (NH$_4$SH)

und Wasser diskutiert werden, hängen beim Saturn tiefer in der Troposphäre als beim Jupiter; starker Dunst über der oberen Wolkenschicht läßt die Strukturen der Saturnwolkendecke nur sehr schwer erkennen. Die Bildbearbeitung der Voyager-Aufnahmen hat jedoch starke Ähnlichkeit zum Jupiter zutage gefördert. Die Substanzen, die die Färbung der Wolken hervorrufen, sind unbekannt. Möglicherweise spielen Polysulfide, die sich durch Photolyse von NH$_4$SH bilden, eine wesentliche Rolle.

Eine besonders auffällige und schnell veränderliche Erscheinung im Bereich der Ammoniakwolkendecke wurde auf dem Saturn in Form eines großen weißen Fleckes gefunden. Er erscheint immer dann, wenn der subsolare Punkt im Laufe des Saturnjahres seinen größten

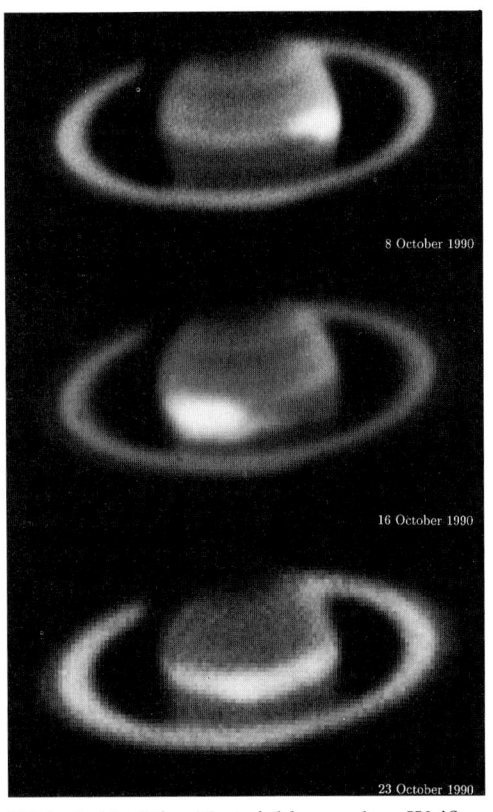

Bild 3.44 Die Entwicklung des Weißen Flecks auf dem Saturn im Jahre 1990 (Foto: ESO).

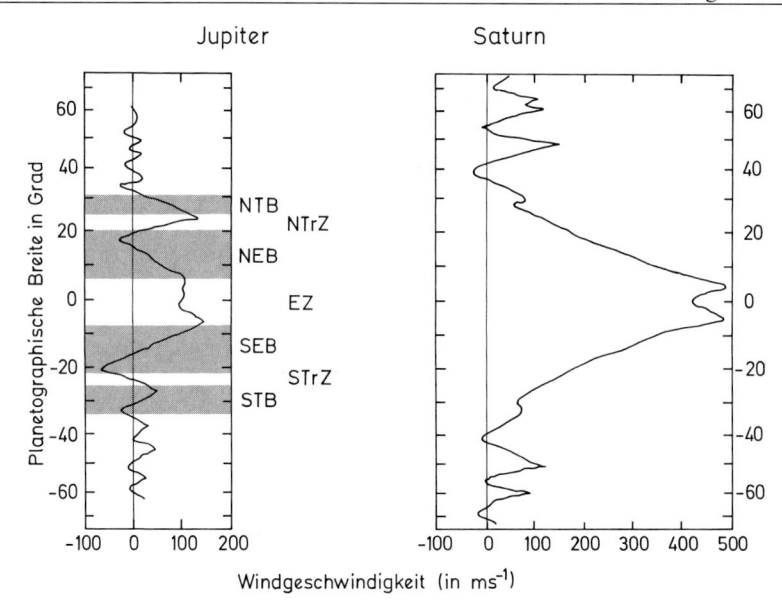

Bild 3.45 Das Windmuster in den Wolkendecken der Riesenplaneten. Beim Jupiter existiert ein in höheren Breiten symmetrisches Muster von einander abwechselnden West- (positive Windgeschwindigkeiten) und Ostwinden; im Äquatorbereich dominiert ein starker Westwind. Beim Saturn ist das Muster unsymmetrisch zugunsten des Westwindes verschoben. Die Spitzengeschwindigkeit des äquatorialen Westwindes ist 3- bis 4mal so groß wie auf dem Jupiter.

Tabelle 3.11 Charakteristische Parameter der Atmosphären von Jupiter und Saturn

Parameter	Maßeinheit	Jupiter		Saturn
Solarkonstante	W m^{-2}	50,6		15
Bolometr. sphär. Albedo		0,343		0,342
Schwerebeschleunigung	m s^{-1}	26,5		11,6
Effektive Temperatur	K	124,4		95,0
Wolkentemperatur	K	NH$_3$-W.:	≈160	
		NH$_4$SH-W.:	≈220	
		H$_2$O-W.:	≈280	
Chemische Haupt-	Vol.-%	H$_2$:	90	94
komponenten		He:	9,9	5
		CH$_4$:	0,09	0,08
		NH$_3$:	0,02	0,02
		C$_2$H$_6$:	3 10^{-3}	5 10^{-4}
		H$_2$O:	9 10^{-5}	
		PH$_3$:	2 10^{-5}	1 10^{-4}
Spurenkomponenten			GeH$_4$	AsH$_3$
			AsH$_3$	
			C$_2$H$_2$	C$_2$H$_2$
			CO, HCN	
Aerosol				NH$_3$, NH$_4$SH, H$_2$O, Staub

3.4 Die Planetenatmosphären

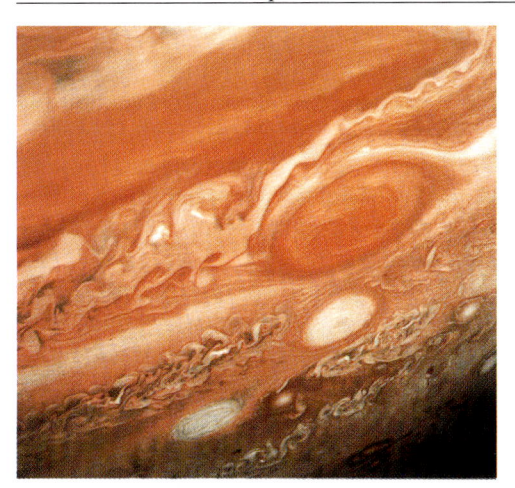

Bild 3.46 Der Große Rote Fleck (GRF) und seine Umgebung (Aufnahme von Voyager 2). Der ovale Wirbel (Längsachse 40 000 km) hat Antizykloncharakter und dreht sich in 6 d einmal. Er befindet sich in der Scherungszone einer nördlich verlaufenden westwärts gerichteten und einer südlichen ostwärts gerichteten Strömung. Links vom GRF liegt zwischen den beiden genannten zonalen Strömungen ein großes Gebiet mit starker Turbulenz. Die beiden weißen Ovale sind gleichfalls seit langem als antizyklonische Wirbelstrukturen bekannt; sie befinden sich gleichfalls zwischen entgegengesetzt gerichteten zonalen Strömungen und sind von Turbulenzgebieten umgeben (Foto: NASA).

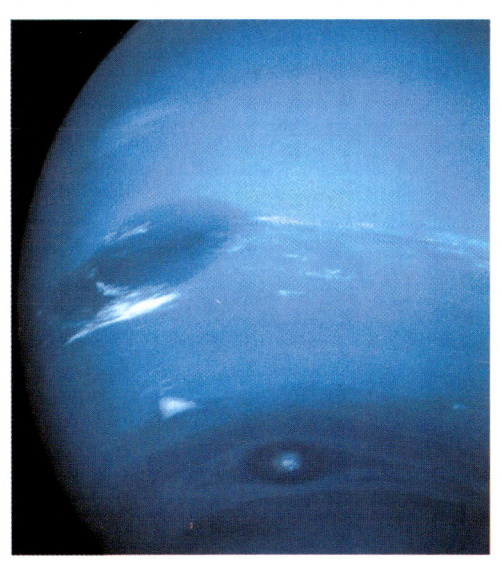

Bild 3.47 Der Große Dunkle Fleck (GDF) auf dem Neptun (Aufnahme von Voyager 2). Der GDF ist ein antizyklonischer Wirbel bei 20° S (Umdrehungszeit 16 d). Die weißen Wolken sind Zirren, die über der für die Blaufärbung der Wolkendecke verantwortlichen Methanabsorption in der Atmosphäre liegen. Unterhalb der Bildmitte befindet sich ein auffällig augenförmiger dunkler Fleck, über dessen Zentrum sich eine Zirrenansammlung gebildet hat. Der Hauptteil der in diesem Bild sichtbaren Wolkendecke bleibt hinter der Planetenrotation zurück (Ostwind mit Spitzengeschwindigkeiten von 2000 km h^{-1}). Die Geschwindigkeit nimmt nach S zu ab und schlägt wahrscheinlich unterhalb von 50° S in Westwind um (Foto: NASA/JPL).

nördlichen Äquatorabstand erreicht, d. h., er tritt mit einer 30jährigen Periodizität auf. Bild 3.45 zeigt Beobachtungen seines letzten Auftretens im Jahre 1990.

Die Tiefen beider Atmosphären sind unbekannt; als Höhennullpunkt dient meist das Druckniveau 10 000 Pa. Die atmosphärische Dynamik wird von einem Muster aus äquatorparallelen, abwechselnden West- und Ostwinden charakterisiert, die ihre Geschwindigkeitsspitzen am Übergang zwischen Zonen und Bändern (s. Bild 3.44) erreichen. Die Geschwindigkeiten nehmen mit wachsender Breite ab; das Maximum wird von den äquatorialen Westwinden erreicht und beträgt beim Jupiter 150 m s^{-1}, beim Saturn 500 m s^{-1}.

Während das Windmuster über längere Zeiten stabil zu sein scheint, verändern sich die Umrisse insbesondere der farbigen Bänder rasch und auffällig. In den Übergangsregionen von Zonen und Bändern bilden sich häufig kurzlebige Wirbel. Rätselhaft sind die langlebigen und nahezu ortsfesten großen Wirbelstrukturen, z. B. der Große Rote Fleck (GRF) und die weißen Ovale auf dem Jupiter (s. Bild 3.46). Sie haben grundsätzlich Antizykloncharakter und sind die am höchsten reichenden Wolkenstrukturen. Der GRF benötigt 6 d für eine Umdrehung. Ein nahezu perfektes Analogon zum GRF wurde auf dem Neptun in Form des Großen Dunklen Fleckes gefunden (Bild 3.47). Er befindet sich etwa in derselben südlichen Breite, und seine Längsachse ist wie die des GRF etwa von der halben Größe des Planetenradius. Demgegenüber erreichen die Längsachsen der großen antizyklonalen Wirbelflecke auf dem Saturn, die in größeren Breiten auf beiden Hemisphären auftreten, nur etwa 10% des Planetenradius. Auffälligerweise fehlen derartige große Wirbelstrukturen auf dem Uranus.

Möglicherweise hängt das Auftreten der großen Flecken mit der Effektivität der inneren Wärmequelle zusammen. Hier fällt der Uranus durch seine ausgeglichene Energiebilanz auf, während Jupiter, Saturn und Neptun wesentlich mehr Energie ausstrahlen, als sie in Form von Sonnenlicht absorbieren.

3.5 Die Planetenmagnetosphären

3.5.1 Planetarer Magnetismus

Bei den meisten Planeten wurden globale Magnetfelder festgestellt (Tabelle 3.12), die in Planetennähe in guter Näherung als Dipolfelder dargestellt werden können. Zur Kennzeichnung der Stärke dieses planetaren Magnetfeldes dient das magnetische Moment, d. h. das Moment des magnetischen Dipols, der das planetennahe Feld am besten wiedergibt.

Für die genaue quantitative Beschreibung des Magnetfeldes verwendet man den folgenden Multipolansatz für das magnetische Potential $V(r, \phi, \lambda)$:

$$V = R \sum_{n=0}^{\infty} \sum_{m=0}^{n} \left(\frac{R}{r}\right)^{n+1} [(g_{nm} \cos m\lambda + h_{nm} \sin m\lambda) P_n^m (\sin \phi). \quad (3.50)$$

$P_n^m (\sin \phi)$ zugeordnete Legendresche Polynome
g_{nm}, h_{nm} zeitlich veränderliche (Gaußsche) Koeffizienten des magnetischen Potentials.

Mit Ausnahme von Uranus und Neptun (s. Tabelle 3.12) bildet die Symmetrieachse des Magnetfeldes einen kleinen Winkel mit der Drehachse. Mittelpunkt des Magnetfeldes und Planetenzentrum fallen in der Regel nicht zusammen (auch hier liefern Uranus und Neptun die Extremfälle), so daß die Beträge der magnetischen Flußdichten auf

Tabelle 3.12 Parameter der Planetenmagnetosphären
$\tilde{M}$ magnetisches Moment; B_A magnetische Flußdichte am Äquator; x Versetzung des Dipols gegenüber Planetenzentrum; i Winkel zwischen Dipol- und Rotationsachse; π Polung (+ bedeutet, daß magnetischer und planetographischer Pol auf derselben Hemisphäre liegen); S Abstand der Stoßfront vom Planetenmittelpunkt; L Länge des Magnetosphärenschweifes

Planet	$\tilde{M}$ (in T m³)	B_A (in nT)	x/R_A	i (in °)	π	S/R_A	L/R_A
Merkur	4,9 10¹²	350		7	−	1,6	20
Venus	<10¹¹	<30					
Erde	8,0 10¹⁵	3,1 10⁴		11,5	−	14	10³
Mars	2 10¹² (?)	6,5 (?)			+	1,4 (?)	20 (?)
Jupiter	1,6 10²⁰	1,6 10⁶		10,8	+	50..100	>10⁴
Saturn	4,7 10¹⁸	2 10⁴		<1	+	25	
Uranus	3,9 10¹⁷	2,5 10⁴	0,3	59	−	20	
Neptun	2 10¹⁷		0,55	47	+		

Punkten gleichen Polabstandes auf den beiden Hemisphären (und auch an den beiden Polen) sehr verschiedene Werte annehmen. Die zeitliche Abhängigkeit der Koeffizienten g_{nm} und h_{nm} konnte bisher nur bei der Erde durch Untersuchungen der Magnetisierung des Gesteins festgestellt werden. Das Magnetfeld der Erde kehrt im Mittel alle $2 \cdot 10^5$ a seine Polung um. Die Polung der Magnetfelder ist bei den Planeten unterschiedlich. Bei der Erde liegt der magnetische Nordpol gegenwärtig im Südpolarmeer. Beim Jupiter, Saturn und Neptun liegen Rotations- und Magnetpole auf derselben Hemisphäre, beim Merkur, Mars und Uranus wie bei der Erde auf der entgegengesetzten.

Die Magnetfelder der Planeten können nicht durch permanenten Magnetismus im Inneren erklärt werden. Die heutige theoretische Erklärung basiert auf der Annahme eines Dynamomechanismus, durch den ursprünglich sehr schwache Magnetfelder, die über das Ausgangsmaterial bei der Planetenentstehung in das Innere der Planeten kamen, zu einem einheitlichen, globalen, dipolartigen Feld verstärkt wurden. Notwendige Bedingungen sind dabei fluide, elektrisch leitende Phasen im Planeteninneren, wie z. B. Fe und H^+, in denen Konvektion stattfindet. In diesen sich im Magnetfeld bewegenden Leitern werden Ströme induziert, die unter bestimmten Bedingungen das Magnetfeld nach dem Dynamoprinzip verstärken können. Über Details des Dynamomechanismus gibt es bis jetzt noch verschiedene Auffassungen bei den Fachleuten.

Großräumige Magnetfelder können auch ohne einen eigenen Dynamo in solchen Himmelskörpern entstehen, die sich in starken Magnetosphären von Planeten bewegen, so daß in ihrem elektrisch leitenden Material Ströme induziert werden. Das dürfte z. B. in Jupiter- und Saturnsatelliten der Fall sein.

Ein schwacher Induktionseffekt dieser Art kommt auch durch die Magnetfelder des Sonnenwindes zustande.

3.5.2 Phänomene und Prozesse in Planetenmagnetosphären

Das elektrisch gut leitende und magnetisierte Plasma des Sonnenwindes begrenzt durch intensive Wechselwirkung mit dem planetaren Magnetfeld dessen Einfluß auf einen Bereich, der Magnetosphäre genannt wird. Der mit Überschallgeschwindigkeit auf die Planetenmagnetosphäre auflaufende Sonnenwind erzeugt dabei folgende charakteristische Phänomene:

– eine die Magnetosphäre begrenzende Stromschicht, die Magnetopause, an der im subsolaren Punkt Gleichgewicht zwischen dem kinetischen Druck des Sonnenwindplasmas und dem Gegendruck des Magnetfeldes herrscht;
– eine Stoßwelle vor der Magnetopause (Bugstoßwelle), wobei der Sonnenwind von Über- auf Unterschallgeschwindigkeit übergeht und die Magnetosphäre längs der Magnetopause (ähnlich wie eine Flüssigkeit ein Hindernis) umströmt;
– ein stark turbulentes Plasma im Übergangsgebiet zwischen Stoßwelle und Magnetopause.

Unter dem Druck des Sonnenwindes wird die Magnetosphäre auf der Tagseite zusammengedrückt, und der Abstand der Magnetopause vom Planeten variiert mit der Geschwindigkeit, mit der der Sonnenwind auf das „Hindernis" Magnetosphäre aufprallt. Schnelle Schwankungen (Magnetstürme) kommen zustande, wenn der Sonnenwind von der Sonnenaktivität ausgelöste Stoßwellen enthält.

Längs der Magnetopause werden Feldlinien von der Tag- auf die Nachtseite transportiert. Dort bildet sich ein zylindrischer Magnetschweif aus, der sich weit in den interplanetaren Raum erstreckt.

Die Größe der Magnetosphäre wird vom magnetischen Moment des Planeten und vom kinetischen Druck des Sonnenwindes, der mit zunehmendem heliozentrischem Abstand stark abnimmt, bestimmt. Ihre innere Konfiguration hängt auch von der Rotationsperiode des Planeten ab: das Magnetfeld ist nämlich im Planeten „eingefroren", rotiert also starr mit ihm mit, so daß auf das magnetosphärische Plasma zusätzlich eine Zentrifugalkraft wirkt.

Im Innern der Magnetosphäre gibt es Ansammlungen von Plasma unterschiedlicher Energie sowie ausgedehnte Stromsysteme. Die Wechselwirkung zwischen dem primären Magnetfeld und den sekundären Magnetfeldern induzierter Ströme sowie des Sonnenwindes einerseits und den verschiedenen Plasmakomponenten und schnellen Teilchenströmen andererseits erzeugt eine Fülle spezieller Phänomene, wie z. B. Teilchenbeschleunigung, großräumige Plasmaströme, Plasmakonvektion, Plasmawellen, Feldlinienneuverknüpfungen (sog. Rekonnexion) und Strahlungsgürtel. Planetenmagnetosphären sind somit natürliche Laboratorien zum Studium von Plasmen in Magnetfeldern.

In dem inneren, dipolartigen Bereich einer Magnetosphäre ist die Bewegung eines geladenen Teilchens aus drei periodischen Anteilen zusammengesetzt: die Gyration, das Hin- und Herpendeln zwischen den sog. Spiegelpunkten und die azimutale Drift.

Wegen der Lorentzkraft

$$\boldsymbol{K} = q\,(\boldsymbol{v} \times \boldsymbol{B}) \qquad (3.51)$$

q Ladung
$\boldsymbol{v}$ Geschwindigkeitsvektor
$\boldsymbol{B}$ Vektor der magnetischen Flußdichte

führen geladene Teilchen Schraubenbewegungen längs der magnetischen Feldlinien aus (Bild 3.48). Das Umlaufen

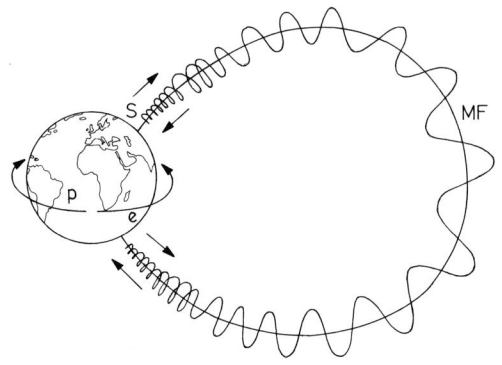

Bild 3.48 Schraubenbewegung eines geladenen Teilchens längs einer magnetischen Feldlinie. Der schnellen Schraubenbewegung zwischen den Spiegelpunkten S über den Magnetpolen ist eine langsame azimutale Driftbewegung überlagert, die für Elektronen (e) und Protonen (p) in entgegengesetzter Richtung erfolgt.

der Feldlinie, die Gyration, erfolgt so, daß das magnetische Moment der Teilchenbahn längs der Feldlinie konstant bleibt. Das hat zur Folge, daß die „Steigung" der Schraubenbahn polwärts, d. h. mit zunehmendem B, immer flacher wird. Im Spiegelpunkt erreicht der Winkel zwischen $\boldsymbol{v}$ und $\boldsymbol{B}$ 90°, das Teilchen bewegt sich kurzzeitig auf einer Kreisbahn senkrecht zur Feldlinie, und mit weiterer Vergrößerung des Winkels kehrt sich der Schraubensinn um. Das Teilchen prallt also vom Spiegelpunkt ab und läuft mit zunehmender Schraubensteigung wieder äquatorwärts. Nach dem Passieren des Äquators wiederholt sich der Vorgang am anderen Spiegelpunkt. So werden die Teilchen zwischen den Spiegelpunkten hin- und hergeworfen. Die Inhomogenität des Dipolfeldes verursacht weiterhin eine Drift quer zu den Feldlinien, also in azimutaler Richtung. Dadurch driften die positiv geladenen Ionen in die eine Richtung um den Planeten (bei der Erde westwärts) und die Elektronen in die andere. Die Perioden dieser drei Bewegungen betragen bei der Erde 10^{-3} bis 10^{-6} s, 0,1 bis 1 s und etwa 30 min.

Diese Eigenarten des Bewegungsverhaltens führen in der inneren Magnetosphäre zur Speicherung von Plasma im Magnetfeld. Auf die gleiche Weise können auch energiereiche Teilchen in torusförmigen Zonen magnetisch „gehaltert" werden: sie bilden dann Strahlungsgürtel (Korpuskularstrahlung). Energiereiche Protonen und Elektronen können durch den Zerfall von sog. Albedoneutronen, die von der kosmischen Strahlung aus den Kernen atmosphärischer Atome herausgeschlagen werden, in die Magnetosphäre eingebracht werden. Die Teilchen halten sich nur eine begrenzte Zeit in den Strahlungsgürteln auf. Durch Energieverlust können sie in die Atmosphäre abstürzen.

3.5.3 Die Magnetosphären der Erde und des Jupiters

Erde

Die Verhältnisse in der Magnetosphäre der Erde sind in Bild 3.49 schematisch dargestellt. Der subsolare Punkt der 500 bis 1000 km dicken Magnetopause liegt im Abstand von etwa 10 $R_{\oplus}$. Der Magnetschweif erstreckt sich etwa 1000 $R_{\oplus}$ weit: Er hat im Abstand des Mondes einen Radius von ≈25 $R_{\oplus}$. Unmittelbar unter der Magnetopause des Schweifs befindet sich ein 0,5...4 $R_{\oplus}$ dicker Mantel aus Plasma, das schweifauswärts strömt. Im Abstand von 20...35 $R_{\oplus}$ beträgt die magnetische Flußdichte im Schweif 10...20 nT. Im nördlichen Schweiflappen ist das Feld erdwärts, im südlichen von der Erde weg gerichtet. Durch das Aufeinandertreffen entgegengesetzt gerichteter Feldlinien bildet sich in der Symmetrieebene des Schweifs eine Neutralschicht, in der es allerdings eine sehr schwache senkrechte Magnetfeldkomponente gibt. Die Neutralschicht ist in eine etwa 5 $R_{\oplus}$ dicke, heiße Plasmaschicht (Dichte ≈1 cm^{-3}; Ionenenergie 2...5 keV; Elektronenenergie 0,5...1 keV) eingebettet.

Die innere Magnetosphäre der Erde ist mit sog. kaltem Plasma (Teilchenenergie ≈1 eV) gefüllt. Bis zu den Feldlinien, die die Äquatorebene im Abstand von 4...5 $R_{\oplus}$ durchstoßen, erstreckt sich die Plasmasphäre, die durch die Plasmapause, in der die Dichte um 2

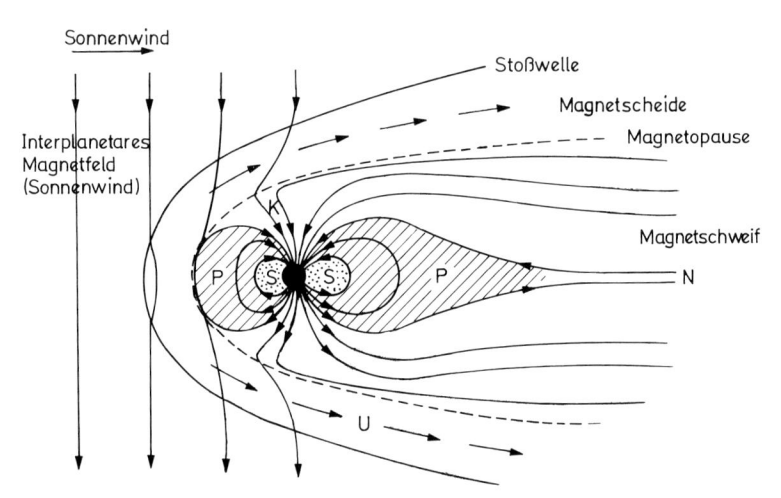

Bild 3.49 Schematischer Schnitt durch die irdische Magnetosphäre. Die Abkürzungen bedeuten: P Plasmasphäre (schraffiertes Gebiet), S Strahlungsgürtelbereich (Zonen hochenergetischer Protonen und Elektronen; punktiertes Gebiet), K Polhorn (engl. cusp), N Neutralschicht, U Unterschallströmung.

Größenordnungen fällt, begrenzt wird. Die Teilchen der Plasmasphäre (Dichte: etwa 10^3 cm^{-3}) sind ionosphärischen Ursprungs. Die Plasmapause ist gleichzeitig die Grenze für den Bereich, in dem die gesamte Magnetosphäre mit der Erde mitrotiert. Außerhalb dieses Bereichs sind die großräumigen Strömungen der Plasmakonvektion charakteristisch.

In der Plasmasphäre befinden sich Strahlungsgürtel (Van-Allen-Gürtel). Ein innerer Gürtel aus hochenergetischen Protonen (Energie: 30...150 MeV), die aus dem Zerfall von Albedo-Neutronen stammen, befindet sich in niedrigen geographischen Breiten im Abstand von 1,2...2,5 $R_{\oplus}$. Elektronen hoher Energie (>1,6 MeV) bilden im Abstand von rund 3,5 $R_{\oplus}$ einen bis in hohe Breiten reichenden äußeren Gürtel. Protonen und Elektronen geringer Energie sind in einem breiten Bereich zwischen 2,5 und 6 $R_{\oplus}$ gespeichert.

In den sog. Polhörnern (engl. cusps, s. Bild 3.49) kann Sonnenwindplasma in die Magnetosphäre eindringen. An Stellen, an denen sich Magnetfeldlinien neutralisieren, tritt eine Feldlinienneuverknüpfung auf. Solche Neutralpunkte gibt es vor dem subsolaren Punkt der Magnetopause und in der Neutralschicht bei etwa 20 $R_{\oplus}$ Abstand.

Alle magnetosphärischen Phänomene unterliegen ständigen Schwankungen, die auf die Variationen des Sonnenwindes und seines Magnetfeldes zurückgehen.

Jupiter

Hinweise auf die Existenz des Jupitermagnetfeldes liefern Strahlungsausbrüche im Dekameter- und Hektometer-

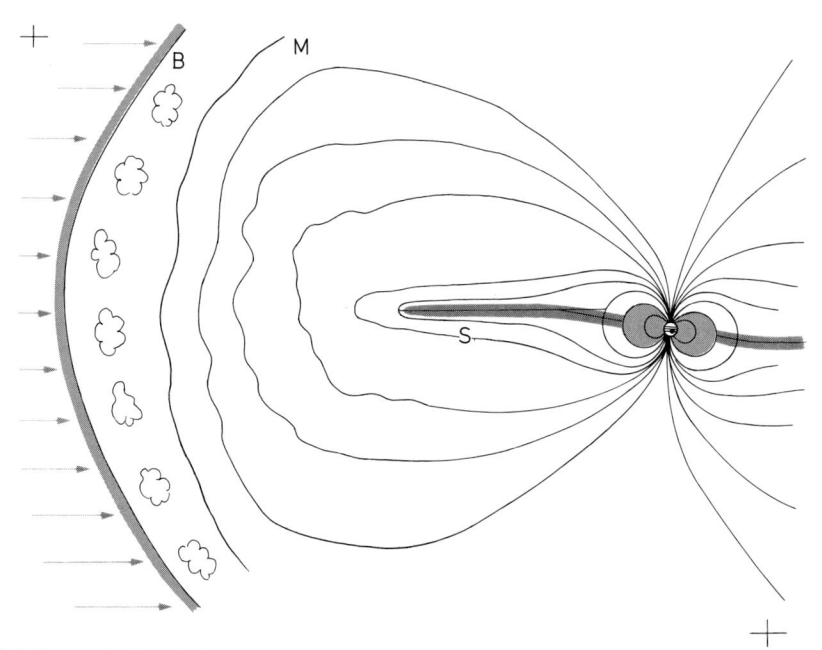

Bild 3.50 Schematischer Schnitt durch die Jupitermagnetosphäre. Zwischen der Bugstoßwelle (B) und der Magnetopause (M) befinden sich turbulentes Plasma und turbulente Magnetfelder. Durch die Zentrifugalkraft entsteht die magnetische Scheibe, deren Symmetrieebene senkrecht zur Rotationsachse steht. Die Symmetrie der inneren Magnetosphäre wird dagegen vom Magnetfeld bestimmt, dessen Achse um 10,8° zur Rotationsachse geneigt ist.

wellengebiet (1...40 MHz, Maximum bei 8 MHz), deren Häufigkeit von der Jupiterrotation und der Bahnbewegung der Io moduliert wird. Weiterhin wird Synchrotronstrahlung relativistischer Elektronen im Dezimetergebiet nachgewiesen. Nach den Meßergebnissen von Planetensonden befindet sich die Bugstoßwelle in einem Abstand zwischen 50 und 100 $R_{♃}$. Die Übergangsschicht turbulenten Plasmas hat eine Dicke von etwa 20 $R_{♃}$. Der Magnetschweif des Jupiters ist noch jenseits der Saturnbahn nachzuweisen.

Das planetennahe Magnetfeld, das in Wolkenhöhe eine Flußdichte von 1...1,5 mT und eine zur Erde entgegengesetzte Polung aufweist, weicht stärker vom Dipol ab als das irdische. Quadrupol- und Oktupolmomente erreichen Größen von etwa 20% des Dipolmoments.

Die Jupitermagnetosphäre kann in einen inneren (<20 $R_{♃}$), einen mittleren (20...50 $R_{♃}$) und einen äußeren Bereich (>50 $R_{♃}$) eingeteilt werden. Im inneren Bereich liegt eine mit Plasma gefüllte, mitrotierende Magnetosphäre mit äußerst intensiven Strahlungsgürteln vor. Für besondere Verhältnisse sorgen der Jupiterring als Quelle von Albedo-Neutronen und durch Absorption von Teilchen sowie die Galileischen Monde, die ein „Rührwerk" in der Magnetosphäre darstellen und Plasmaquellen und -senken sind. Infolge ihrer Bewegung relativ zum mitrotierenden Magnetfeld wird in der Io eine Spannung von ca. 500 kV induziert. Zwischen Jupiter und Io besteht eine magnetische Flußröhre, in der ein Strom von $5 \cdot 10^6$ A gemessen wurde. Durch ihre vulkanische Aktivität liefert die Io längs ihrer Bahn das Material für einen etwa 2 $R_{♃}$ breiten Plasmaring, in dem Ionen von S, O und Na mit einer Dichte von ca. 2000 cm^{-3} vorkommen.

Das Plasma im mittleren Bereich bildet unter der Wirkung der Zentrifugalkraft (bei 30...40 $R_{♃}$ wird Sonnenwindgeschwindigkeit erreicht!) eine Scheibe senkrecht zur Rotationsachse, wobei die Magnetfeldlinien nach außen gezogen werden, so daß sie parallel zur Scheibe verlaufen (Bild 3.50). Die Flußdichte in der etwa 2 $R_{♃}$ dicken Scheibe beträgt rund 10 nT.

4 Satelliten und Satellitensysteme

4.1 Allgemeine Eigenschaften

Hinsichtlich ihrer Natur als Himmelskörper und der für sie geltenden Entwicklungsgesetze unterscheiden sich große Satelliten (Monde) und Planeten vergleichbarer Größe nicht grundsätzlich. Relativ zur Sonne bewegen sich Satelliten auf komplizierteren Bahnen, weil sich in ihrer unmittelbaren Nähe ein weiterer großer Körper, der Planet, befindet, der die Bewegung maßgeblich beeinflußt. Die dynamische Bindung an einen Planeten, die generell Satelliten kennzeichnet, ist Ausdruck besonderer kosmogonischer Umstände. Dabei muß man zwischen zwei Grundtypen von Satelliten unterscheiden:
- Satelliten, die mit dem Planeten seit seiner Entstehung verbunden sind („echte" Satelliten);
- Satelliten, die unabhängig von dem Planeten entstanden, den sie heute umlaufen („eingefangene" Satelliten).

Da die zeitliche Veränderung der Bahn eines Satelliten nur im Rahmen seiner Bindung an den Planeten studiert werden kann, bleibt die dynamische Vorgeschichte eingefangener Himmelskörper unbekannt. Im Einzelfall ist die Zuordnung der Mitglieder eines Satellitensystems zu den beiden Gruppen nicht immer eindeutig möglich. In der Regel sind eingefangene Satelliten kleine Himmelskörper. Große Satelliten gehören wahrscheinlich durchweg zur ersten Kategorie, jedoch darf nicht übersehen werden, daß es in den Satellitensystemen der jupiterartigen Planeten zahlreiche echte kleine Satelliten gibt.

Die jupiterartigen Planeten sind von ausgedehnten Satellitensystemen (s. Bild 4.1) umgeben, die folgende Komponenten enthalten:
- das Ringsystem,
- das System der inneren kleinen Monde,
- das System der großen regulären Monde,
- die irregulären Monde.

Die Ringe bestehen aus mikrometer- bis metergroßen Teilchen bzw. Brocken, die sich in extrem dünnen konzentrischen Bereichen in der Äquatorebene des Planeten anordnen. Sie befinden sich innerhalb der Roche-Grenze R_{Roche} des Planeten, in der ein großer Himmelskörper von Gezeitenkräften zerrissen würde (Bild 4.2).

Im planetozentrischen Abstand $r < R_{\text{Roche}}$ mit

$$R_{\text{Roche}} = 2{,}446\, R\, (\bar{\varrho}_P/\bar{\varrho}_s)^{1/3} \qquad (4.1)$$

R Radius und $\bar{\varrho}_P$ mittlere Dichte des Planeten
$\bar{\varrho}_s$ mittlere Dichte des Satelliten

übertrifft nämlich die Gezeitenkraft bei einem ausgedehnten Körper die Eigengravitation. Bei genügend kleinen Himmelskörpern bleiben die Gezeitenkräfte jedoch auch innerhalb der Roche-Grenze unter der Stärke der Kohäsionskräfte der Materie, so daß die betreffenden Körper nicht zerstört werden können. Beispielsweise bewegen sich fast alle künstlichen Erdsatelliten innerhalb der

4.1 Allgemeine Eigenschaften

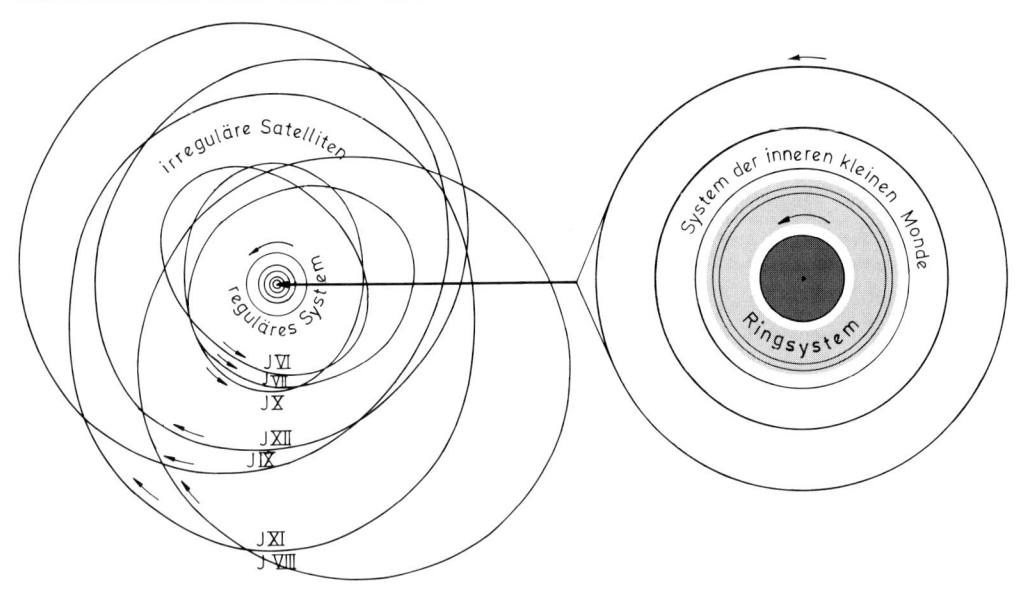

Bild 4.1 Schematische Darstellung des Aufbaus der Satellitensysteme der jupiterartigen Planeten. Das reguläre System der großen Monde ist wahrscheinlich in eine „Wolke" irregulärer Satelliten eingehüllt, die aber nur beim Jupiter nachgewiesen werden konnte. Daher wurden in diesem Schema die auf eine Ebene projizierten Bahnen der ihr zugehörigen Jupitermonde J VI bis J XII eingezeichnet. Der herausvergrößerte Abschnitt rechts zeigt das Ringsystem innerhalb der Roche-Grenze und das System der kleinen inneren Monde, die sich überlappen.

Roche-Grenze der Erde, ohne daß ihre mechanische Stabilität gefährdet wird.

Zur Erklärung der inneren Struktur der Ringsysteme sind dynamische Wechselwirkungen zwischen den Ringteilchen und größeren Satelliten, die ein merkliches Schwerefeld besitzen, wichtig. Seit langem werden in der Himmelsmechanik Resonanzen zwischen den Bahnen von Ringteilchen und Bahnen der großen Saturnsatelliten für auffällige Strukturen im Saturnringsystem, z. B. die Cassinische Teilung, verantwortlich gemacht. Von Bahnresonanz spricht man, wenn sich die Umlaufperioden genau im Verhältnis kleiner ganzer Zahlen befinden (Vorliegen von Kommensurabilität), d. h., wenn die folgende Relation gilt:

$$P_S/P_R = l/(m) \qquad (4.2)$$

P_S Umlaufperiode des Satelliten

P_R Umlaufperiode der Ringpartikeln in der betrachteten Abstandszone vom Planeten

l, m ganze Zahlen

Die stärksten Resonanzen (Typ I) sind die für $l = m$; sie sind unabhängig von der Exzentrizität der Satellitenbahn. Bereits wesentlich schwächer sind Resonanzen mit $l = m + 1$ (Typ II); bei ihnen spielt die Bahnexzentrizität eine wesentliche Rolle. Von besonderer Bedeutung bei den Typ-I-Resonanzen ist der Spezialfall $l = m = 1$. Bei diesen (1:0)-Resonanzen erfolgt die Drehung der Apsidenlinie einer exzentrischen Ringpartikelbahn im Takte der Bewegung des Satelliten (sog. Apsidenresonanz).

Neben Resonanzen zur Bahnbewegung der Monde gibt es auch solche zur Rotation des Planeten, wenn dessen Schwerefeld eine (geringe) azimutale Asymmetrie aufweist.

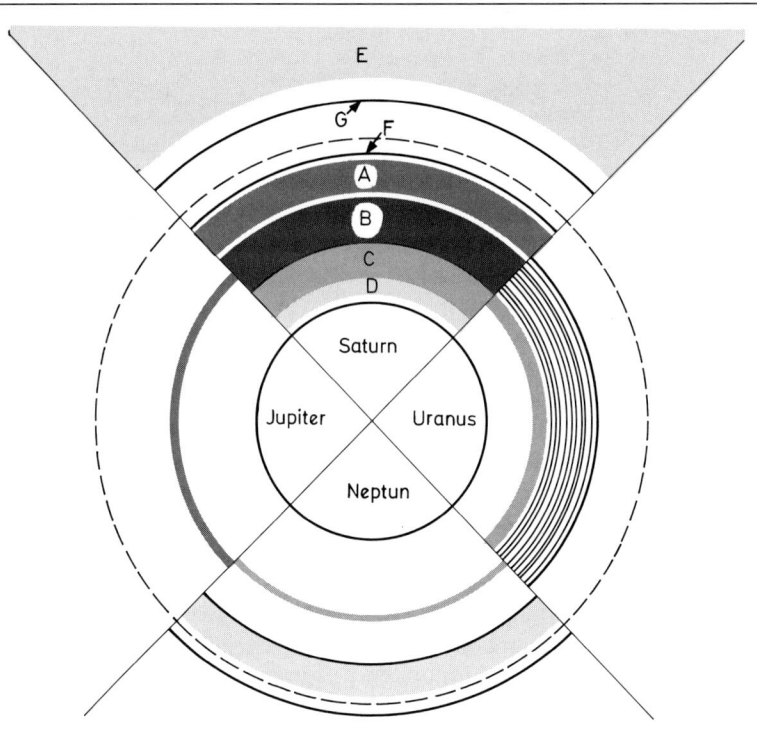

Bild 4.2 Die Ringsysteme der jupiterartigen Planeten relativ zur Größe der Planeten. Beim Saturnringsystem sind die Bezeichnungen der Komponenten eingetragen. Die Roche-Grenze liegt zwischen F- und G-Ring, so daß sich das Saturnringsystem größtenteils, die drei anderen Systeme vollständig innerhalb dieser Grenze befinden.

Beim Vorliegen von Resonanz wirkt ein Satellit auf eine Ringpartikel immer an derselben Stelle der Bahn und im gleichen Sinne ein. Seine störende Wirkung ist somit hier am effektivsten und schafft markante Phänomene in der Partikelverteilung im Ring. So werden die scharfen Ringbegrenzungen und das Auftreten von Lücken und Häufungen, speziell das Zustandekommen von Mustern in der Verteilung (Dichtewellen) auf Resonanzen zurückgeführt, wenn auch die Mechanismen im einzelnen oft noch nicht genau verstanden werden.

Besondere Phänomene treten in der Nähe der (1:1)-Resonanz auf, wenn sich Monde erstens in einem Ring oder zweitens unmittelbar an dessen Rand bewegen. Es kommt dann im ersten Falle zur Ausbildung von sog. Hufeisenbahnen (die Ringpartikeln bewegen sich relativ zu dem Mond in einer hufeisenförmigen Bahn; sie bleiben dabei auf eine schmale Abstandszone vom Planeten konzentriert), d. h., der betreffende Mond stabilisiert den Ring.

Im zweiten Falle spricht man vom „Schäferhundeffekt": Der am Ringrand an den Teilchen vorbeiziehende Satellit sorgt (analog dem Hund bei der Schafherde) dafür, daß aus dem Ring herausdriftende Teilchen dorthin zurückgedrängt werden. Insbesondere können zwei Monde, zwischen deren Bahnen sich ein schmaler Ring befindet, diesem für längere Zeit Stabilität verschaffen, während er ohne ihre Anwesenheit infolge der Störungen der großen Satelliten rasch auseinanderlaufen würde. Diese stabilisierende Wirkung ist im Bild 4.3 qualitativ illustriert.

4.1 Allgemeine Eigenschaften

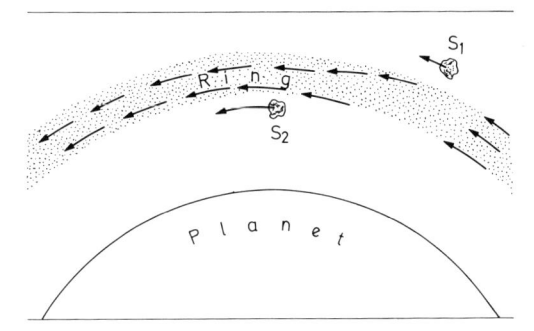

Bild 4.3 Schematische Darstellung der fokussierenden Wirkung zweier Schäferhundmonde (S_1, S_2) auf einen Ring. Nach dem 2. Keplerschen Gesetz umläuft S_1 den Planeten langsamer als die Ringteilchen, während sich diese wieder langsamer bewegen als S_2. Der an den Teilchen an der planetenzugewandten Ringseite vorbeiziehende Mond S_2 beschleunigt durch Gravitationswechselwirkung diese Teilchen, so daß sie auf Bahnen gehoben werden, die weiter weg vom Planeten, also im Inneren des Ringes, gelegen sind. Der äußere Mond S_1 bremst dagegen die Teilchen am äußeren Ringrand ab, so daß sie durch diesen Energieverlust näher an den Planeten heranrücken, also gleichfalls in das Ringinnere driften. Dieser Mechanismus wurde 1978 von P. Goldreich und S. Tremaine zur Erklärung der Stabilität der extrem schmalen Uranusringe postuliert und 1980 erstmals am F-Ring des Saturns nachgewiesen.

Kosmogonisch gesehen sind Ringe temporäre Phänomene (Lebensdauern in der Größenordnung von 10^8 a). Wenn ständig Nachlieferung von Ringmaterial in Planetennähe erfolgt (z.B. durch Zerstörung von größeren Körpern, die durch Störungen innerhalb der Roche-Grenze geraten), kann ein Ringsystem als Ganzes auch ein Langzeitphänomen werden.

Das System der kleinen inneren Monde besteht aus unregelmäßig geformten Kleinkörpern aus dunklem Material, die sich aber im Gegensatz zu den weiter außen befindlichen irregulären Satelliten rechtläufig auf komplanaren Kreisbahnen in der Äquatorebene des Planeten bewegen und damit das gleiche Bewegungsverhalten wie die Ringpartikeln und die regulären Monde zeigen. Sie lassen auch gewisse Regelmäßigkeiten in ihren Abständen vom Planeten erkennen. Zwischen den Ringsystemen und den Systemen der kleinen inneren Monde gibt es Überlappungen, am ausgeprägtesten beim Neptun, bei dem sich 4 der 6 inneren Monde im Ringbereich befinden (vgl. Tabelle 4.1 und 4.2).

Die regulären Satelliten sind kugelförmige, differenzierte Himmelskörper. Hinsichtlich Aufbau und thermischer Entwicklung sind sie den Planeten verwandt; wir haben sie darum bereits im Kapitel 3 mit behandelt. Sie bewegen sich rechtläufig auf fast komplanaren Kreisbahnen in der Äquatorebene der Planeten und rotieren gebunden, d.h., Rotation und Bahnumlauf sind synchronisiert, so daß sie wie der Erdmond ihrem Planeten stets dieselbe Seite zuwenden. Durch die regelmäßige Abstandfolge (Bild 4.4) ähneln die Systeme der regulären Monde dem Planetensystem und weisen damit auf parallele Prozesse bei der Entstehung hin.

Die irregulären Satelliten sind kleine, unregelmäßig begrenzte Himmelskörper aus dunklem Material, die sich auf Bahnen großer Exzentrizität und Neigung zur Äquatorebene des Planeten bewegen. Unter ihnen dürften sich viele eingefangene Himmelskörper befinden. Während man beim Jupiter 8 solche Monde kennt, die das reguläre System umhüllen (vgl. Bild 4.1), gehört im Saturnsystem nur die Phoebe und im Neptunsystem die Nereide diesem Typ an. Beim Uranus hat man bisher noch keine irregulären Monde entdeckt.

In der Tabelle 4.1 sind alle bisher bahnmäßig sicher erfaßten Satelliten zusammengestellt.

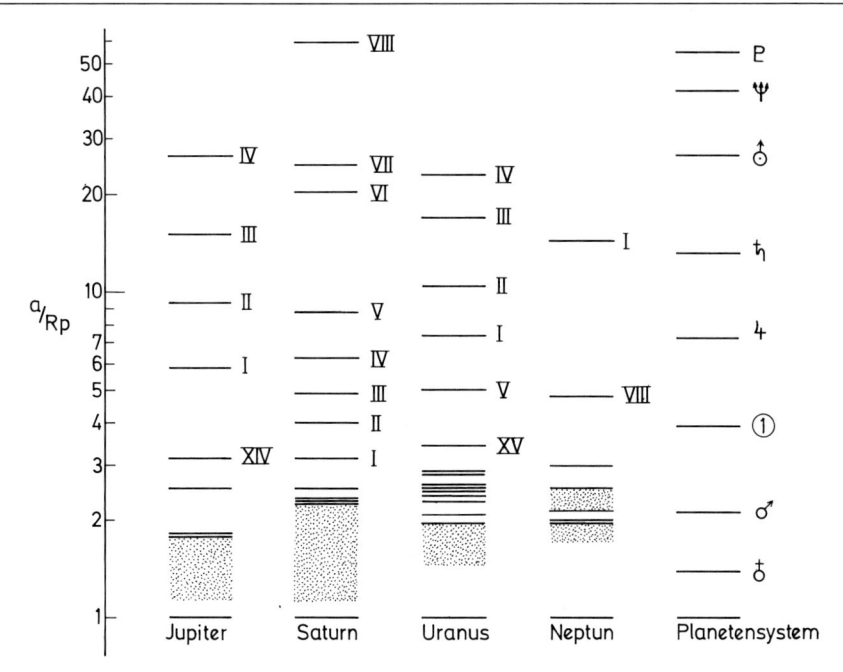

Bild 4.4 Die Abstandsfolge in den Satellitensystemen der jupiterartigen Planeten. Aufgetragen ist die große Bahnhalbachse in Einheiten des Planetenradius in logarithmischer Skala. Satelliten mit $a/R_p > 3$ sind durch ihre Nummer, die Ringbereiche durch Schraffur gekennzeichnet. Stückweise zeigen die regulären Satelliten ein ähnliches Verhalten wie die rechts aufgeführten Planeten (Normierung auf die große Halbachse der Venusbahn).

4.2 Besonderheiten der Satelliten der erdartigen Planeten

4.2.1 Dynamische Eigenschaften des Erde-Mond-Systems

Infolge der Bahnstörungen durch die Sonne und die Nähe der abgeplatteten Erde ist die Mondbewegung ein äußerst kompliziertes himmelsmechanisches Problem. Die Rückwirkung des Mondes auf die Erde sorgt für die Gezeiten und für die Präzession und Nutation der Rotationsachse der Erde (Bild 4.5). In der Frühzeit des Erde-Mond-Systems hat offenbar die Gezeitenwirkung der Erde auf den Mondkörper die Rotation des Mondes bis zur Synchronisation mit dem Bahnumlauf abgebremst.

Der analoge Effekt der Gezeitenwirkung des Mondes auf die Erdrotation ist wegen der viel kleineren Mondmasse weit weniger wirksam gewesen. Es konnte aber geologisch nachgewiesen werden, daß die Tageslänge im Laufe der Erdgeschichte zugenommen hat. Wegen der Drehimpulserhaltung im Erde-Mond-System hat die Abbremsung der Erdrotation zu einer geringfügigen Beschleunigung des Mondes in seiner Bahn geführt, so daß er sich langsam von der Erde entfernt (säkulare Akzeleration).

Trotz gebundener Rotation sind von der Erde aus mehr als 50 % der Mondoberfläche sichtbar. Das geht auf die Libration, d. h. die scheinbaren (optischen) und wahren (physischen) Winkelschwankungen um die mittlere Lage des Mondes im Raum zurück. Die

4.2 Besonderheiten der Satelliten der erdartigen Planeten

Tabelle 4.1 Die Satelliten im Sonnensystem
a große Bahnhalbachse; P Umlaufzeit; e numerische Exzentrizität; i Neigung der Bahn zur Äquatorebene oder zur Bahnebene (mit * markiert) des Planeten; R Radius des kugelförmigen Satelliten bzw. Halbachsen des angepaßten dreiachsigen Ellipsoids

Nr.	Name	a (in 10^3 km)	P (in d)	e	i (in °)	R (in km)	Jahr/Entdecker
	Mond	384,4	27,322	0,055	5,15*	1738	
MI	Phobos	9,38	0,319	0,015	1,02	14×11×9	1877/A. Hall
MII	Deimos	23,46	1,263	0,0005	1,82	8×6×5	1877/A. Hall
JXVI	Metis	127,96	0,295	0?	0?	?×20×20	1979/S. P. Synnott
JXV	Adrastea	128,98	0,298	0?	0?	12×10×8	1979/D.C. Jewitt, G.E. Danielson
JV	Amalthea	181,3	0,498	0,003	0,45	135×82×75	1892/E. E. Barnard
JXIV	Thebe	221,9	0,675	0,013	0,8	7×55×45	1979/S. P. Synnott
JI	Io	421,6	1,769	0,004	0,04	1815	1610/G. Galilei, S. Marius?
JII	Europa	670,9	3,551	0,009	0,47	1569	1610/G. Galilei, S. Marius?
JIII	Ganymed	1070	7,155	0,002	0,20	2631	1610/G. Galilei, S. Marius?
JIV	Kallisto	1883	16,689	0,007	0,28	2400	1610/G. Galilei, S. Marius?
JXIII	Leda	11094	238,72	0,148	27*	8?	1974/C. T. Kowal
JVI	Himalia	11480	250,57	0,158	28*	90?	1904/C. D. Perrine
JX	Lysithea	11720	259,22	0,107	29*	20?	1938/S. B. Nicholson
JVII	Elara	11737	259,65	0,207	28*	40?	1904/C. D. Perrine
JXII	Ananke	21200	631	0,169	147*	15	1951/S. B. Nicholson
JXI	Carme	22600	692	0,207	163*	22	1938/S. B. Nicholson
JVIII	Pasiphaë	23500	735	0,378	148*	35	1908/P. Melotte
JIX	Sinope	23700	758	0,275	153*	20	1914/S. B. Nicholson
SXVIII	Pan	133,6	0,575	0?	0	10?	1991/M. R. Showalter
SXV	Atlas	137,64	0,602	0?	0	19×?×14	1980/R. J. Terrile
SXVI	Prometheus	139,35	0,613	0,002	0	70×50×37	1980/S. A. Collins und Mitarb.
SXVII	Pandora	141,70	0,629	0,004	0	55×43×33	1980/S. A. Collins und Mitarb.
SXI	Epimetheus	151,42	0,694	0,009	0,3	70×58×50	1966[a)]; 1980/J. W. Fountain, S. M. Larson, R. Walker
SX	Janus	151,47	0,695	0,007	0,1	110×95×80	1966[a)]; 1980/A. Dollfus
SI	Mimas	185,52	0,942	0,020	1,52	197	1789/F. W. Herschel
SII	Enceladus	238,02	1,370	0,004	0,02	251	1789/F. W. Herschel
SIII	Tethys	294,66	1,888	0,000	1,09	524	1684/G. D. Cassini
SXIII	Teleso	294,66	1,888	0?	0?	?×12×11	1980/H. J. Reitsema, B. A. Smith, S. M. Larson, J. W. Fountain
SXIV	Calypso	294,66	1,888	0?	0?	15×13×8	1980/D. Pascu, P. K. Seidelmann, W. A. Baum
SIV	Dione	377,40	2,737	0,002	0,2	559	1684/G. D. Cassini
SXII	Helene	377,40	2,737	0,005	0,2	18×?×15	1980/J. Lecacheux, P. Lagues
SV	Rhea	527,04	4,518	0,001	0,35	764	1672/G. D. Cassini
SVI	Titan	1221,85	15,945	0,029	0,33	2575	1655/C. Huygens
SVII	Hyperion	1481,1	21,277	0,104	0,43	175×120×100	1848/W. u. G. Bond, W. Lassell
SVIII	Japetus	3561,3	79,331	0,028	7,5	718	1671/G. D. Cassini
SIX	Phoebe	12952	550,48	0,163	175,3	115×110×105	1898/W. H. Pickering
UVI	Cordelia	49,75	0,335	0,001	0?	13	1986
UVII	Ophelia	53,76	0,376	0,010	0?	15	1986
UVIII	Bianca	59,17	0,434	0,001	0?	21	1986
UIX	Cressida	61,77	0,464	0,000	0?	31	1986
UX	Desdemona	62,66	0,474	0,000	0?	27	1986
UXI	Juliet	64,36	0,493	0,001	0?	42	1986
UXII	Portia	66,10	0,513	0,000	0?	54	1986
UXIII	Rosalind	69,93	0,558	0,000	0?	27	1986
UXIV	Belinda	72,26	0,624	0,000	0?	33	1986
UXV	Puck	86,00	0,762	0,000	0	77	1985
UV	Miranda	129,8	1,413	0,003	4,2	242	1948/G. P. Kuiper
UI	Ariel	191,0	2,520	0,003	0,31	580	1851/W. Lassell
UII	Umbriel	266,3	4,144	0,005	0,36	595	1851/W. Lassell
UIII	Titania	435,8	8,706	0,002	0,14	800	1787/W. Herschel
UIV	Oberon	582,6	13,463	0,001	0,10	775	1787/W. Herschel
NIII	Naiad	48,0	0,297		5	27	1989
NIV	Thalassa	50,0	0,313			40	1989
NV	Despina	52,5	0,334			90	1989
NVI	Galathea	62,0	0,430			75	1989
NVII	Larissa	73,6	0,556			95	1989
NVIII	Proteus	117,6	1,124			200	1989
NI	Triton	354,8	5,891	0,000	157	1353	1846/W. Lassell
NII	Nereide	5513	361,13	0,75	27,6	170	1949/G. P. Kuiper
PI	Charon	19,6	6,387	0?	98,8	593	1978/J. W. Christy

[a)] 1966 wurden beide Satelliten beobachtet, aber für ein und dasselbe Objekt gehalten, so daß die damals für Janus abgeleitete Bahn irreal war. Erst 1980 konnte dieser Sachverhalt aufgeklärt werden.

4.2.2 Die Marssatelliten

Die beiden Marssatelliten Phobos und Deimos (Bild 4.6) sind von irregulärer Gestalt, die nur sehr grob durch ein dreiachsiges Ellipsoid angenähert werden kann. Ihre Massen betragen nur $1\cdot 10^{16}$ bzw. $2\cdot 10^{15}$ kg. Sie bestehen aus rötlichem, extrem dunklem ($p_V = 0{,}05$) Material mit einer Dichte in der Nähe von 2000 kg m^{-3}. An ihren Oberflächen gibt es zahlreiche Einschlagkrater und eine relativ dicke Regolithdecke.

Der große Krater Stickney (Durchmesser 10 km!) auf dem Phobos ist das Ergebnis eines die mechanische Stabilität dieses Mondes gefährdenden Einschlages. Die zahlreichen von ihm ausgehenden linearen Strukturen (Bild 4.7) sind wahrscheinlich Bruchspalten, die vom Stickney-Impakt herrühren und durch Regolithbedeckung, vielleicht auch durch Ausgasung flüchtiger Komponenten geprägt wurden. Sie ähneln stellenweise Kraterketten.

Phobos bewegt sich innerhalb der Roche-Grenze des Mars. Wegen seiner Kleinheit reichen anscheinend die Kohäsionskräfte seines Materials noch aus, um den Gezeitenkräften standzuhalten. Er nähert sich aber allmählich dem Mars. Nach schätzungsweise 10^8 a wird er zerbrechen, und die Trümmer werden eine Zeitlang einen Ring um den Mars bilden.

An der Deimosoberfläche findet man nur relativ kleine Krater und keine der für den Phobos typischen linearen Strukturen. Die gesamte Oberfläche scheint unter einer Decke aus feinkörnigem Regolith zu liegen, durch die sich kleine Krater mit sehr weichen Umrissen hindurchpausen.

Beide Marssatelliten sind wahrscheinlich eingefangene Planetoiden des Typs C (s. Abschnitt 5). Die Umstände des Einfangprozesses bereiten allerdings den Theoretikern erhebliche Schwierigkeiten.

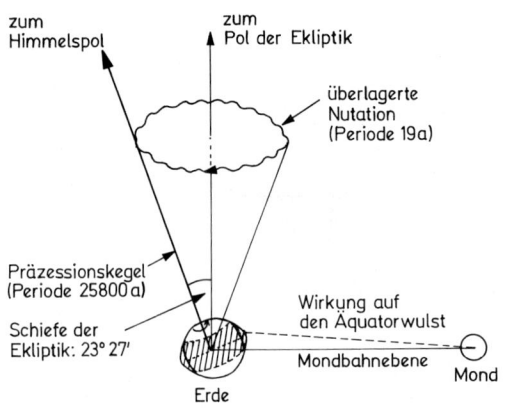

Bild 4.5 Präzession und Nutation der Erdachse. Der sich in der Nähe der Ekliptikebene bewegende Mond übt – ebenso wie die Sonne – auf den Äquatorwulst der Erde ein Drehmoment aus, das entsprechend der Kreiseltheorie zu einer Präzessionsbewegung der Erdachse führt (Lunisolarpräzession). Sie beschreibt mit der Periode von 25 800 Jahren einen Doppelkegel um die Richtung zum Ekliptikpol; Himmelspole und Frühlingspunkt wandern daher mit dieser Periode. Da die Einwirkungen, insbesondere die des Mondes, periodisch veränderlich sind, überlagert sich der Präzession die Nutation, d. h., der Präzessionskegel erhält einen mit der Nutationsperiode gewellten Mantel.

durch die ungleichmäßige Mondbewegung nach dem 2. Keplerschen Gesetz in Bezug auf die gleichmäßig erfolgende Rotation zustandekommende Libration in Länge beträgt ±7° 53′. Die Neigung der Mondachse zur Senkrechten auf der Bahnebene verursacht eine Libration in Breite von ±6° 51′.

Die physischen Librationen (±66″ in Länge mit der Periode von 1 a; ±105″ in Breite mit der Periode von 1 siderischen Monat) sind echte Drehschwingungen des nicht kugelförmigen Mondes im Schwerefeld der Erde, die sich der gleichmäßigen Rotation überlagern.

Schwache, sehr schwer zu beobachtende Erhellungen in den Lagrange-Punkten L_4 und L_5 der Mondbahn deuten auf Wolken kleiner Erdsatelliten in der Mondbahn hin.

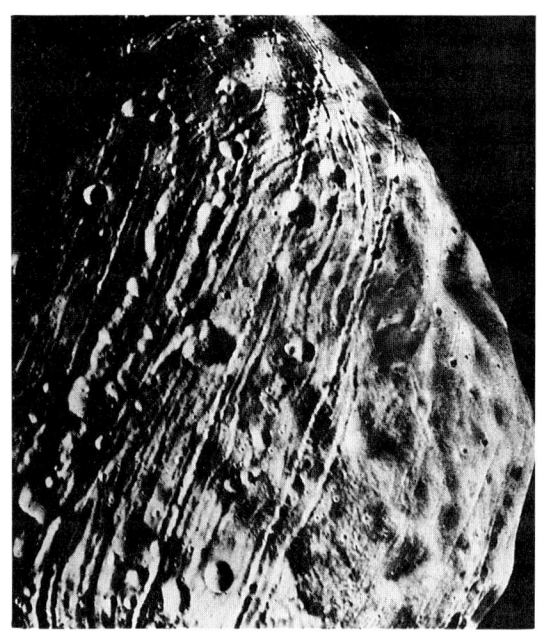

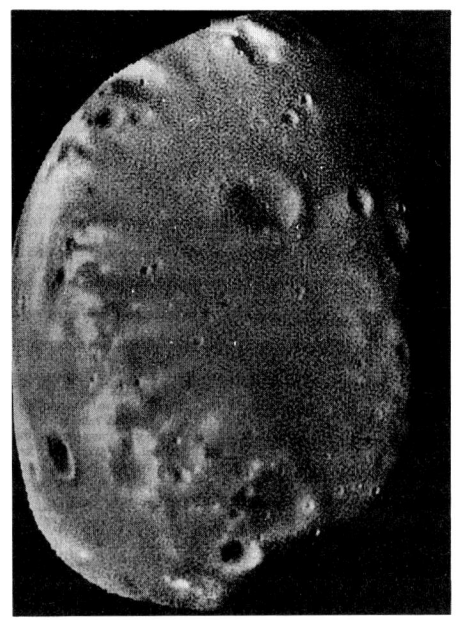

Bild 4.6 Viking-Orbiter-Aufnahmen der Marsmonde Phobos (links) und Deimos (rechts). Die größere Rauhigkeit der Phobosoberfläche wird durch das Furchensystem noch verstärkt (vgl. Bild 4.7). Die Deimosoberfläche weist diese Besonderheit nicht auf und ist trotz ähnlich großer Kraterdichte wesentlich glatter. Die Krater liegen unter einer glättenden Regolithdecke begraben, die dem Phobos weitgehend fehlt (Fotos: NASA).

4.3 Die Satellitensysteme der jupiterartigen Planeten

4.3.1 Das Jupitersystem

Den innersten Teil des Jupitersystems bilden der Jupiterring und die vier kleinen Monde Metis, Adrastea, Amalthea und Thebe, von denen sich die beiden ersten im Ring bewegen. Der Ring hat eine scharfe äußere Grenze bei 1,82 $R_{2\!\!\!\downarrow}$. Sein hellster Teil ist ein ca. 6000 km breites Band (s. Tabelle 4.2, Bild 4.8). Er setzt sich, wenn auch nur sehr dünn mit Material besetzt, wahrscheinlich bis zur Hochatmosphäre des Planeten fort. Für die Ringteilchen muß es Nachlieferungsmechanismen geben, denn auf Grund des Poynting-Robertson-Effektes (Abbremsung durch den Lichtdruck, der infolge der Aberration des Lichts im bewegten Bezugssystem eine Komponente hat, die die Bahnbewegung bremst) und durch den Widerstand des magnetosphärischen Plasmas müssen ständig Teilchen in die Jupiteratmosphäre abstürzen. Weiterhin werden durch die Erosion der Korpuskeln der Magnetosphäre die Teilchen allmählich zerstört. Für die Nachlieferung von Ringpartikeln könnte der Vulkanismus auf der Io verantwortlich sein (s. Bild 4.10). Der gesamte Ring ist in einem linsenförmigen Halo aus sehr kleinen Teilchen eingebettet.

Das reguläre Jupitersystem wird von den vier Galileischen Monden Io, Europa (Bild 4.9), Ganymed und Kallisto (s. Bilder 3.30 und 3.31) gebildet. Zwischen den Bahnen der ersten drei von ihnen besteht eine auffällige Resonanzbeziehung: Ihre Umlaufzeiten verhalten sich zueinander wie 1:2:4. Der Gany-

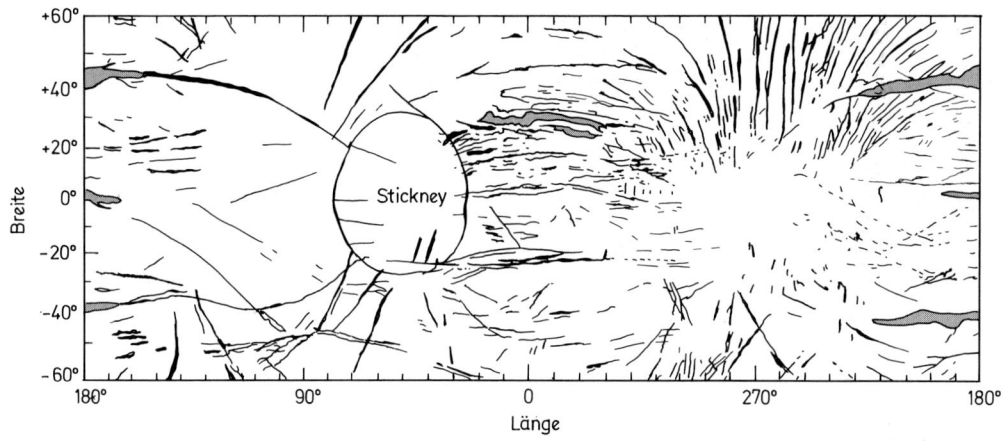

Bild 4.7 Nach Viking-Orbiter-Bildern gezeichnete Karte des Furchensystems des Phobos (nach P. Thomas). Die Furchen gehen von dem Krater Stickney (Durchmesser etwa 10 km) aus und konvergieren auf der gegenüberliegenden Seite bei 270° Länge. Die schattierten Gebiete sind sehr breite Furchen.

med ist der größte Satellit im Sonnensystem. Innerhalb des Systems der Galileischen Monde gibt es eine auffällige Schichtung nach dem Chemismus. Während die Io zu den erdartigen Himmelskörpern gehört, die Europa in ihrem Inneren gleichfalls erdartig ist, aber bereits eine dicke Eiskruste aufweist, sind Ganymed und Kallisto Eisplaneten mit Gesteinskernen (s. Abschnitt 3.2 und 3.3). Das verblüffendste Phänomen im regulären Jupitersystem ist der rezente Schwefelvulkanismus auf der Io, dessen Wärmequelle wahrscheinlich in der Dissipation von Gezeitenenergie zu suchen ist (Bild 4.10).

Die irregulären Jupitersatelliten, die das reguläre System wolkenartig einhüllen, bilden zwei Gruppen (vgl. Bild 4.1). Die innere besteht aus rechtläufigen Satelliten, die auf a endende Namen tragen, und die äußere Gruppe aus rückläufigen, deren Namen auf e enden. Die Namen sind in beiden Fällen die von Frauengestalten der antiken Mythologie.

4.3.2 Das Saturnsystem

Den innersten Teil des Saturnsystems bilden das Ringsystem und die Satelliten Pan (in der Enckeschen Teilung), Atlas, Prometheus, Pandora, Janus und Epimetheus (vgl. Tabellen 4.1 und 4.2). Das Ringsystem besteht aus den breiten Ringen, die in der Reihenfolge von innen nach außen mit den Buchstaben D, C, B, A und E bezeichnet werden (Tabelle 4.2). Zwischen dem A- und dem E-Ring befinden sich die beiden schmalen Ringe F und G. Der D-

Bild 4.8 Der Jupiterring im vorwärtsgestreuten Licht (Mosaik aus Voyager-2-Bildern; die Sonde befand sich dabei im Jupiterschatten). Der helle Saum um den Jupiter ist Dunststreulicht der Atmosphäre (Fotos: NASA/JPL/RPIF/DLR).

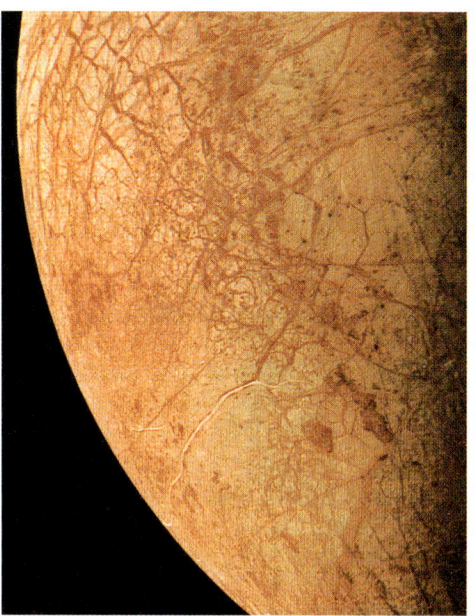

4.3 Die Satellitensysteme der jupiterartigen Planeten

Bild 4.9 Die beiden innersten Galileischen Jupitermonde Io (links, Aufnahme von Voyager 1) und Europa (rechts, Aufnahme von Voyager 2). Durch den heute noch aktiven Schwefelvulkanismus ist die Io-Oberfläche vollständig mit Schwefel (je nach Fördertemperatur gelb, rot oder schwarz) und Schwefelverbindungen (SO_2, H_2S; weiße Flecken) bedeckt. Zahlreiche Calderen (Nomenklaturbezeichnung Patera) mit erstarrten Schwefellavaströmen und -seen wurden entdeckt. Die runde Struktur rechts von der Bildmitte ist der gegenwärtig noch aktive Vulkan Prometheus. Auch die Europa besitzt eine geologisch junge, völlig neu gestaltete Oberfläche. Reichlich freigesetztes Wasser bildete einen tiefen globalen Ozean, der zumindest in seinen obersten Schichten tief gefroren ist und die Europa zu einem Himmelskörper ohne Relief machte. Spannungen haben zur Bildung zahlreicher Risse in der Eiskruste geführt, deren markanteste benannt wurden (Nomenklaturname Linea). Die auffällig helle lineare Struktur im unteren Bildteil ist die Agenor Linea. Rechts davon befinden sich zwei der für die Europa typischen Flecken (Nomenklaturname Macula), die Thera Macula und die Thrace Macula. Als Wärmequelle für die endogenen Aktivitäten beider Monde wird Gezeitenwechselwirkung angenommen (Fotos: NASA).

und der E-Ring sind extrem lichtschwach. Innerhalb des klassischen Ringsystems (A, B, C), dessen hellster Teil seit dem 17. Jahrhundert bekannt ist, gibt es auffällige Lücken (von denen zwei aus historischen Gründen die Bezeichnung „Teilung" tragen). Im einzelnen sind dies die Keeler-Lücke (nahe der Außenkante des A-Ringes), die Enckesche Teilung (im A-Ring), die Cassinische Teilung (zwischen A- und B-Ring, s. Bild 4.11), die Huygens-Lücke (am Innenrand der Cassini-Teilung), die Maxwell-Lücke (am Außenrand des C-Ringes) und die Colombo-Lücke (im C-Ring).

Die Saturnringe sind gemessen an ihrer Breite extrem dünn (Dicke höchstens einige km). Sie sind in den verschiedenen Bereichen von unterschiedlich großen Partikeln besetzt. Sehr große Partikeln (wahrscheinlich bis m-Größe) enthält der B-Ring, der stellenweise optisch dick ist (vgl. Bilder 4.11 und 4.13) und eine Masse von etwa $5 \cdot 10^{-8}$ Saturnmassen enthält. Der A-Ring, der ei-

Bild 4.10 Vulkanausbruch auf der Io (Aufnahme von Voyager 1). Die helle etwa 160 km hohe Fontäne am Iorand wurde durch Bildbearbeitung verstärkt (Foto: NASA/JPL/RPIF/DLR).

ne geringere optische Dicke besitzt als der B-Ring und dessen Masse zu $1{,}1 \cdot 10^{-8}$ Saturnmassen abgeschätzt wurde, enthält wahrscheinlich feineres Material. Wie das Streuverhalten zeigt, müssen die Ringe C, D und F im wesentlichen aus Staubteilchen bestehen. Dasselbe gilt auch für die in der Cassinischen Teilung gefundenen Ringe. Die Gesamtmasse aller dieser Staubringe dürfte nur etwa $0{,}3 \cdot 10^{-8}$ Saturnmassen betragen. Damit hat das Saturnringsystem etwa soviel Masse wie der innerste der großen Saturnmonde, der Mimas.

Die Ringe A, B und C zeigen auf den Voyager-Aufnahmen hierarchisch aufgebaute Muster aus immer schmaler werdenden Ringen und Lücken (Bild 4.13). Die Feinstruktur dieser breiten Ringsysteme geht auf Resonanzen mit den kleinen inneren Monden, speziell Janus und Epimetheus sowie Prometheus und Pandora, zurück. Die Zusammenhänge können dem Bild 4.12 entnommen werden. Systeme schmaler Ringe befinden sich auch in der Cassini- und der Encke-Teilung sowie im F-Ring.

Die schmalen Ringe, die den Außenbereich des B-Ringes bilden, sind deutlich elliptisch. Die Grenze des B-Ringes bewegt sich im Takt des Mimas-Umlaufes radial um etwa 140 km aus- und einwärts. Einzelne Ringe „fasern" zeitweise in Stränge auf (z. B. der F-Ring, Bild 4.14), manche zeigen vorübergehend Knicke. Wahrscheinlich werden diese Effekte durch die Anwesenheit kleiner Monde im Ring bewirkt. So könnte z. B. der erst 1990 auf Voyager-Bildern nachträglich gefundene Mond Pan für die auffälligen Knicke in einem einzelnen Ring in der Encke-Teilung („Encke doodle", Bild 4.15) verantwortlich sein. Manche Ringphänomene werden himmelsmechanisch noch nicht restlos verstanden.

Der Mond Atlas ist der Schäferhundmond für den A-Ring, die Satelliten Prometheus und Pandora halten als Schäferhunde den F-Ring zusammen. Das Satellitenpaar Janus und Epimetheus demonstriert die Existenz der sog. Hufeisenbahnen. Ohne gravitative Wechselwirkung miteinander müßte es zur Kollision dieser beiden Monde kommen, die sich nahezu in derselben Bahn bewegen. Ihr Abstandsunterschied vom Saturn ist mit 50 km wesentlich kleiner

4.3 Die Satellitensysteme der jupiterartigen Planeten

Bild 4.11 Voyager-1-Aufnahme des Saturnringsystems. Von außen nach innen: F-Ring (sichtbar, weil die Beleuchtungsverhältnisse für das Staubstreulicht günstig sind), A-Ring (mit Enckescher Teilung), Cassinische Teilung (mit einzelnen Staubringen), B-Ring (mit deutlicher innerer Strukturierung; verdeckt stellenweise die Saturnsichel, weil er an diesen Stellen optisch dick ist) und C-Ring (mit innerer Strukturierung) (Foto: NASA).

als ihre Ausdehnung. Wegen dieses Abstandsunterschiedes kommt es alle vier Jahre zu einer Annäherung beider. Unter der Wirkung ihrer gegenseitigen Anziehungskraft tauschen sie dabei jedoch ihre Rollen. Der dem Saturn zunächst näher stehende und darum etwas schneller laufende Mond gerät durch die Beschleunigung, die ihm sein Partner bei der Annäherung erteilt, auf eine etwas höhere Bahn und wird damit langsamer, während der ursprünglich weiter außen befindliche Energie verliert und dadurch auf eine niedrigere Bahn mit größerer Geschwindigkeit gelangt. Durch diesen Energieaustausch entfernen sie sich wieder voneinander, bevor es zu einer Kollision kommen kann. Im mitrotierenden Bezugssystem des einen bewegt sich der andere Mond auf einer hufeisenförmigen Bahn.

Die regulären Satelliten des Saturnsystems sind Mimas, Enceladus (s. Bild 3.28), Tethys, Dione, Rhea, Titan (Bild 4.16) und Hyperion (Bild 4.17), wobei es sich bei letzterem um den kantigen Überrest eines zerstörten großen Satelliten handeln dürfte. Der Hyperion (Bild 4.17) rotiert chaotisch, d. h., er verändert laufend die Lage seiner Rotationsachse im Raum und seine Rotationsperiode. Mimas, Enceladus, Tethys und Dione bewegen sich innerhalb des E-Ringes. Die Monde Tethys und Dione umkreisen den Saturn in einem Torus extrem heißen magnetosphärischen Plasmas ($T = 600 \cdot 10^6$ K).

Im regulären Saturnsystem gibt es wie im Jupitersystem Resonanzbeziehungen, darunter auch (1:1)-Resonanzen vom Typ der Trojaner, also Monde in den Lagrange-Punkten L_4 und L_5. Solche Fälle sind die Satelliten Calypso, Teleso und Helene (s. Tabelle 4.1).

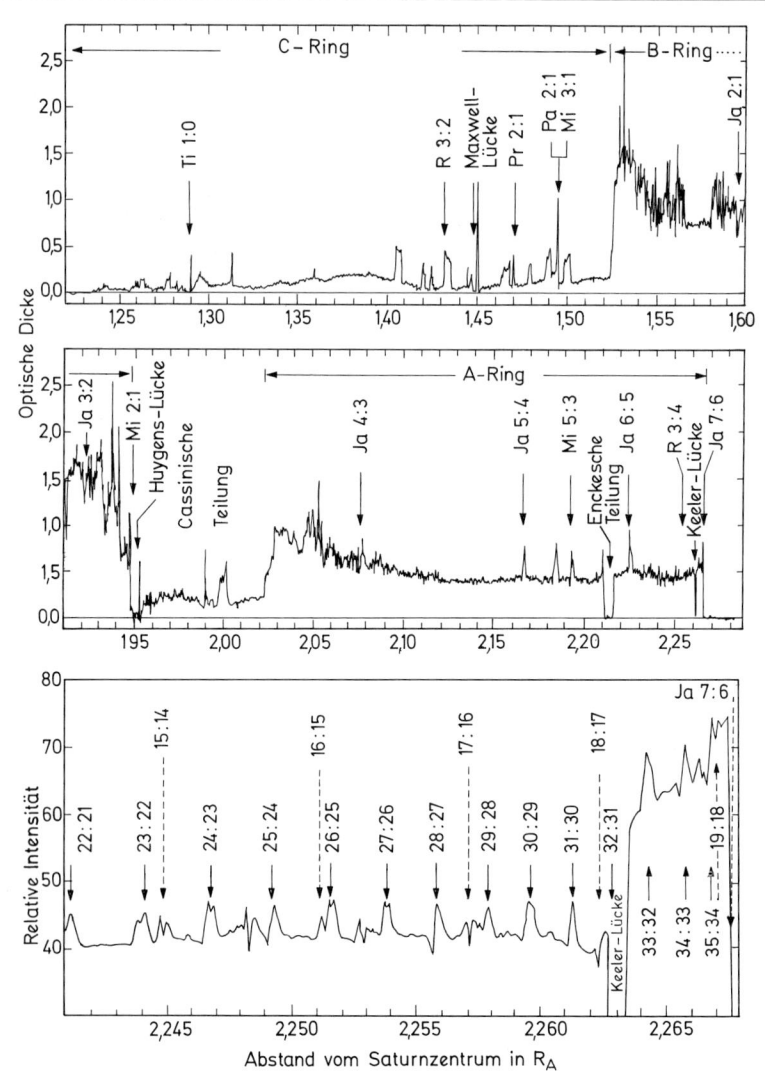

Bild 4.12 Resonanzen im Saturnring (nach J. B. Holberg und Mitarb., 1982, und J. N. Cuzzi und Mitarb., 1984). In den beiden oberen Grafiken ist die optische Dicke des Saturnringsystems in Abhängigkeit vom Abstand vom Planeten aufgetragen (abgeleitet aus den UV-Messungen von Voyager 2 an δ Scorpii während seiner Bedeckung durch den Ring). Der optisch dicke B-Ring ist nicht in voller Breite wiedergegeben. Durch Pfeile werden Resonanzen verschiedener Monde im Ring markiert: Janus (Ja), Mimas (Mi), Pandora (Pa), Prometheus (Pr) und Titan (Ti). Resonanzen zur Saturnrotation wurden mit R bezeichnet. Alle Resonanzstellen sind mit auffälligen Phänomenen im Ring verbunden. Die scharfen Begrenzungen des B- und des A-Ringes fallen mit Resonanzen vom Typ I (s. Text) von Mimas und Janus zusammen. In den optisch dicken Bereichen des B-Ringes lassen sich die hier durch Spitzen der optischen Tiefe markierten Resonanzstellen in Dichtewellenmuster auflösen. Apsidenresonanzen konnten nur beim Titan durch auffällige Phänomene belegt werden. Die untere Grafik zeigt die von Resonanzen von Prometheus (ausgezogene Pfeile) und Pandora (gestrichelte Pfeile) geprägte Feinstruktur in der Helligkeitsverteilung am Außenrand des A-Ringes.

4.3 Die Satellitensysteme der jupiterartigen Planeten

Bild 4.13 Feinstruktur des B-Ringes (Aufnahme von Voyager 2). Der im Fernrohr fast homogen erscheinende Ring wird in ein hierarchisches System von verschieden dicht besetzten bzw. verschieden gut reflektierenden Einheiten aufgelöst. Die schmalsten sichtbaren Unterringe sind nur wenige km breit (Foto: NASA).

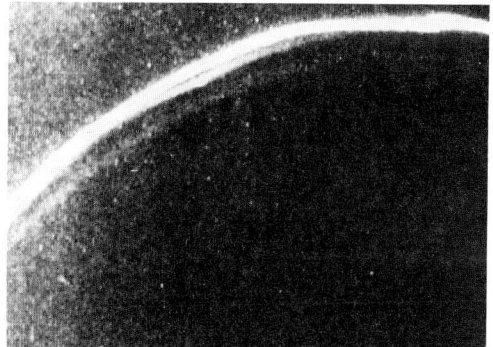

Bild 4.14 Aufnahme des F-Ringes durch Voyager 1. Es sind einzelne Stränge und leichte Knicke im Ring zu sehen, die bei späteren Aufnahmen nicht mehr nachweisbar, also nur vorübergehende Erscheinungen waren (Foto: NASA).

Bild 4.15 Aufnahmen der Enckeschen Teilung durch Voyager 2. In der 320 km breiten Teilung ist ein Ring vorhanden, der Knicke zeigt, für die der Mond Pan verantwortlich gemacht wird (Foto: NASA).

Der Titan ist der einzige Mond des Sonnensystems mit einer dichten, undurchsichtigen Atmosphäre, die hauptsächlich aus Stickstoff besteht und deren Druck und Temperatur am Boden 160 kPa bzw. 93 K betragen. Daneben enthält seine Atmosphäre CH_4, C_2H_6 u. a. Kohlenwasserstoffe und ist von dichtem Dunst durchsetzt. Methan und Ethan können wahrscheinlich in der Titanatmosphäre kondensieren und möglicherweise Meere und Wolken bilden (Bild 4.18). Längs seiner Bahn, die zeitweise außerhalb der Saturnmagnetosphäre verläuft, wurde ein Torus aus neutralem Wasserstoff entdeckt, der wahrscheinlich aus der Atmosphäre des größten Saturnmondes stammt.

Der Mond Japetus (Bild 4.19), dessen vorauslaufende Hemisphäre extrem dunkel ist, fällt durch seine große Bahnneigung aus der Reihe der regulären Satelliten heraus. Ob es sich bei ihm um einen eingefangenen Himmelskörper handelt, ist aber nicht klar. Der einzige bekannte Vertreter der sicher auch beim Saturn großen Gruppe der irregulären Satelliten ist die Phoebe. Dieser Mond aus sehr dunklem Material bewegt sich weit außerhalb des regulären Systems und ist rückläufig. Die Rotationsperiode der Phoebe (9 h) ist nicht mit dem Bahnumlauf synchronisiert.

Tabelle 4.2   Die Ringsysteme.
Ir Innenrand; Ar Außenrand; Z Zentrum; L Lücke; T Teilung; R_A Planetenradius am Äquator

Ringbezeichnung (Rand bzw. Name der Lücke/Teilung)	Abstand vom Mittelpunkt (in R_A)	Abstand vom Mittelpunkt (in km)	Breite (in km)	opt. Dicke
Jupiter				
Innenbereich (Ir)	≈1	71400		
Hauptring (Ir)	1,72	122800		
(Ar)	1,81	129130		
Saturn				
D (Ir)	1,11	66966		
C (Ir)	1,23	74206		0,08–0,15
(L: Maxwell)	1,45	87478	253	
B (Ir)	1,53	92305		1,21
(Ar)	1,95	117644		1,84
(L: Huygens)	1,95	117644	430	
(T: Cassini)	1,99	120057	4540	0,12
A (Ir)	2,02	121867		0,70
(T: Encke)	2,21	133329	328	
(L: Keeler)	2,26	136346	31	
A (Ar)	2,27	136949		0,57
F (Z)	2,33	140569	50	
G (Z)	2,8	168924		
E (Ir)	3	180990		
(Ar)	8	482640		
Uranus				
1986 U2R (Ir)	1,44	37000		0,0001
(Ar)	1,54	39500		
6 (Z)	1,63	41850	2	0,25
5 (Z)	1,65	42240	2	0,55
4 (Z)	1,66	42580	2	0,3
α (Z)	1,75	44730	10	0,35
β (Z)	1,78	45670	10	0,2
η (Z)	1,84	47180	1	0,25
γ (Z)	1,86	47630	2	1,8
δ (Z)	1,89	48310	6	0,35
λ (Z)	1,95	50040	1	0,1
ε (Z)	2,00	51200	60	0,3
Neptun				
Galle (Z)	1,69	41900	1700	0,0001
Leverrier (Z)	2,15	53200	<15	0,01
1989 N4R (Ir)	2,15	53200		0,0001
(Ar)	2,4	59000		
Adams (Z)	2,54	62900	<50	0,01...0,1

4.3 Die Satellitensysteme der jupiterartigen Planeten

Bild 4.16 Die großen Saturnmonde Mimas (oben links, Voyager-1-Aufnahme), Tethys (oben rechts, Voyager-2-Aufnahme), Dione (unten links, Voyager-1-Aufnahme) und Titan (unten rechts, Voyager-2-Aufnahme). Der Mimas ist so klein, daß das Profil des relativ zu dem Satellitendurchmesser riesigen Kraters Herschel (Durchmesser ca. 130 km) nicht durch Eiskriechen nivelliert werden konnte. Die stark gekraterte Oberfläche der Tethys weist ein Trogtalsystem (Ithaca Chasma) auf, das sich um 75 % des Satellitenumfangs erstreckt (rechts im Bild, parallel zum Terminator; am oberen Scheibenrand ist es im Profil zu sehen). Der große Krater mit Zentralberg ist Telemachus (Durchmesser ca. 100 km). Die Eisoberfläche der Dione zeigt auf der abgebildeten Hemisphäre große, durch Eiskriechen merklich nivellierte Krater der Population I. Der größte von ihnen ist Aeneas (Durchmesser ca. 160 km). Titan ist der einzige Mond im Sonnensystem, dessen Oberfläche unter einer dichten Wolkendecke verborgen ist (vgl. Bild 4.18). Die südliche Hemisphäre ist heller als die nördliche, die als einzige auffällige Struktur einen dunklen Wolkenkragen um den Nordpol besitzt. Über der Wolkendecke ist Dunststreulicht zu erkennen (Fotos: NASA/JPL/RPIF/DLR).

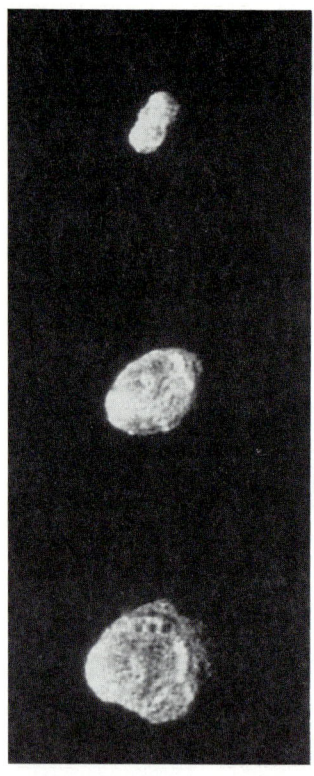

Bild 4.17 Serie von Voyager-2-Aufnahmen (Entfernung zwischen 1,2 Mill. km bis 500 000 km) des irregulär geformten und chaotisch rotierenden Saturnmondes Hyperion (Fotos: NASA).

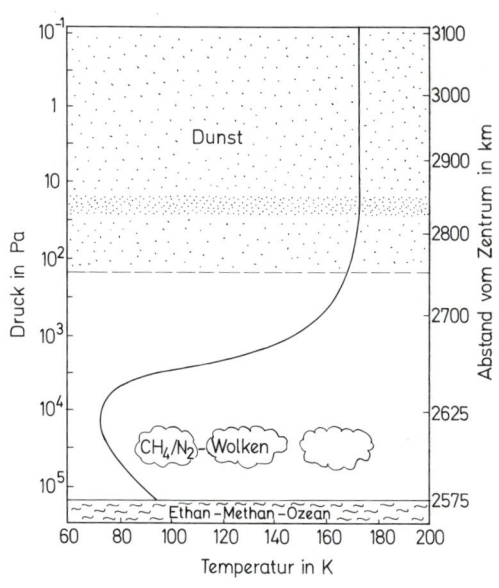

Bild 4.18 Temperaturprofil durch die Titanatmosphäre (nach A. Coustenis, 1991). Wahrscheinlich ist die Oberfläche von einem Kohlenwasserstoffozean bedeckt. CH_4 scheint in der Titanmeteorologie eine analoge Rolle wie H_2O in der irdischen zu spielen. Der Dunst in der Hochatmosphäre weist ausgeprägte Schichten auf.

4.3.3 Das Uranussystem

Das Ringsystem des Uranus wurde 1977 bei der photometrischen Verfolgung einer Sternbedeckung des Uranus entdeckt. Die neun durch ihre Absorptionswirkung auf das Sternlicht gefundenen Ringe sind extrem schmal (Breite meist kleiner als 10 km) und durch Lükken von etwa 1000 km Breite getrennt

Bild 4.19 Voyager-2-Aufnahme des Saturnmondes Japetus. Auf diesem Bild ist deutlich der Übergang von der hellen (nachlaufenden) zur dunklen (vorauslaufenden) Hemisphäre zu sehen. Dieser Albedounterschied ist schon lange aus astronomischen Beobachtungen bekannt (Foto: NASA/JPL/RPIF/DLR).

(s. Tabelle 4.2, Bild 4.20); sie wurden mit griechischen Buchstaben und mit Zahlen bezeichnet. Eine größere Breite (knapp 100 km) und optische Dicke besitzt nur der äußerste, merklich elliptische ε-Ring. Bei der Passage von Voyager 2 wurde 1986 ein etwa 2500 km breiter, aber äußerst dünn besetzter innerster Ring (vorläufige Bezeichnung 1986 U2R) und ein weiterer sehr schmaler Ring (λ) gefunden.

Im Gegensatz zu den Ringpartikeln des Saturns bestehen die des Uranussystems aus fast schwarzem Material. Lichtstreuende Staubteilchen befinden sich im gesamten Bereich des Uranusringsystems, das demzufolge bei der Beobachtung unter größeren Phasenwinkeln und bei längeren Belichtungszeiten wesentlich komplizierter erscheint als die Folge der 1977 durch ihre Absorptionswirkung aufgefundenen 9 schmalen Ringe (Bild 4.20).

1986 wurden bei der Passage von Voyager 2 10 kleine innere Monde gefunden, deren größter einen Durchmesser von etwa 170 km aufweist. Auch sie bestehen aus extrem dunklem Material. Zwei dieser Monde (Cordelia und Ophelia) sind Schäferhundmonde des ε-Ringes.

Das System der regulären Monde besteht aus den fünf Objekten Miranda (s. Bild 3.33), Ariel, Umbriel (s. Bild 3.29), Titania und Oberon (Bild 4.21). Sie bestehen in ihren äußeren Teilen aus Eis (H_2O ist an der Oberfläche spektral nachgewiesen). Da ihre mittleren Dichten aber merklich größer als 1000 kg m^{-3} sind, müssen diese Monde große Gesteinskerne enthalten. Irreguläre Uranusmonde wurden bisher nicht entdeckt.

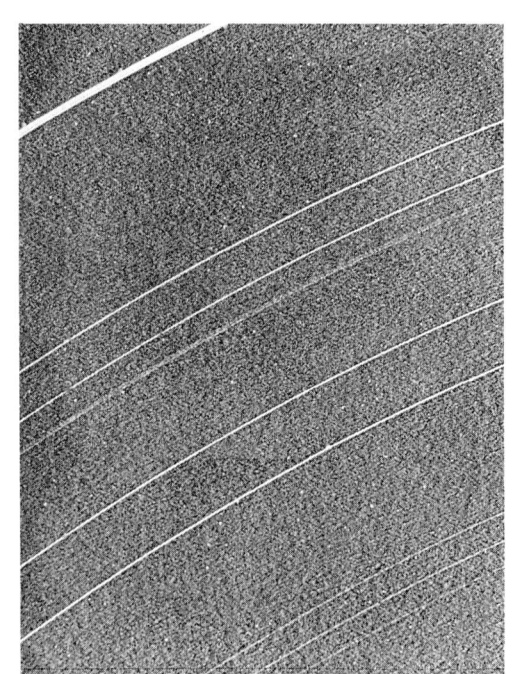

4.3.4 Das Neptunsystem

Seit 1981 beobachtete man bei Sternbedeckungen durch den Neptun Verfinste-

Bild 4.20 Die Uranusringe bei verschiedenen Phasenwinkeln (Voyager-2-Aufnahmen). Links: Erscheinungsbild der 1977 entdeckten schmalen, diskreten Ringe aus gröberen Teilchen (cm-groß) im rückwärts gestreuten Licht. Rechts: Im seitlich und vorwärts gestreuten Licht werden breite mit Staubteilchen besetzte Bereiche zwischen den diskreten Ringen nachweisbar (Fotos: NASA/JPL).

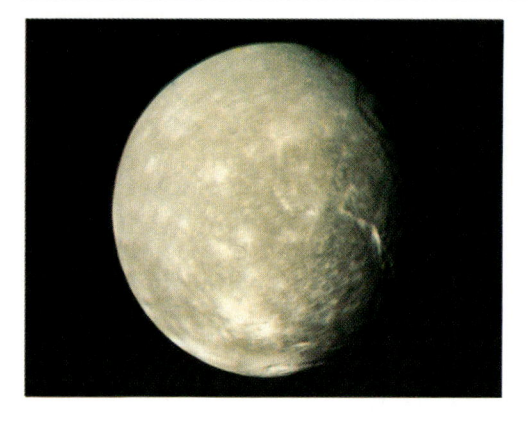

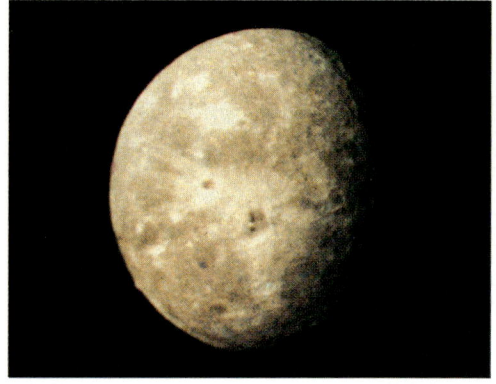

Bild 4.21 Voyager-2-Aufnahmen der größten Uranusmonde Titania (links) und Oberon (rechts). Während die Oberonoberfläche anscheinend (geringe Auflösung des Bildes!) von der Kraterpopulation I beherrscht wird, sind auf der Titania große Krater selten anzutreffen (einer ist im oberen Teil des Terminators zu sehen), dafür finden sich Grabensysteme als Anzeichen tektonischer Prozesse. Bemerkenswert ist beim Oberon der extrem hohe Berg am linken unteren Scheibenrand (Fotos: NASA).

Bild 4.22 Voyager-2-Aufnahmen der beiden schmalen Neptunringe Adams und Leverrier. Da die Ringe sehr lichtschwach sind, mußte die Neptunsichel stark überbelichtet werden. Der Ring Adams zeigt drei stärker mit Ringmaterial belegte und darum wesentlich hellere Stellen, die die bei Sternbedeckungen beobachteten einseitigen Lichteinbrüche vor oder nach der eigentlichen Bedeckung ausgelöst haben könnten und Anlaß zur Definition von Ringbögen gaben. Die drei Stellen erhielten die Namen Liberté, Egalité und Fraternité (Foto: NASA/JPL).

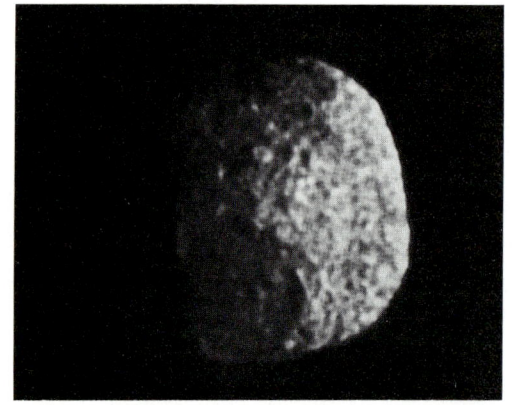

Bild 4.23 Voyager-2-Aufnahme des Neptunmondes Proteus. Dieser größte unter den 1989 entdeckten Monden (Durchmesser 420 km) besteht aus sehr dunklem Material mit $p_V = 0{,}06$ (Foto: NASA/JPL).

rungsereignisse, die durch kleine Satelliten und stückweise mit Partikeln besetzte Ringe (sog. Bögen) erklärt wurden. Bei der Passage der Sonde Voyager 2 wurden dann 1989 zwei sehr schmale (Breite etwa 15 km) Ringe entdeckt, von denen der äußere drei auffällig helle, verdickte Stellen von einigen 1000 km Länge aufwies (Bild 4.22), die einige der zum Postulat der Bögen führenden Verfinsterungen bewirkt haben

4.3 Die Satellitensysteme der jupiterartigen Planeten

könnten. Die Ringe und sogar diese verdickten Stellen erhielten eigene Namen (s. Bild 4.22). Weiterhin gibt es im Neptunringsystem wenigstens zwei sehr lichtschwache diffuse Ringe.

Von den sechs kleinen inneren Monden (Bild 4.23), die 1989 entdeckt wurden, befinden sich vier im Bereich der Ringe. Der zu den größten Satelliten des Sonnensystems gehörende Neptunmond Triton (s. Bild 3.35) bewegt sich als einziger Himmelskörper dieser Größe rückläufig auf einer zur Äquatorebene des Planeten geneigten Kreisbahn und nähert sich allmählich dem Planeten. Seine Rückläufigkeit stellt eines der größten dynamischen Rätsel des Sonnensystems dar. Der Triton besitzt entsprechend seiner mittleren Dichte von 2066 kg m^{-3} wahrscheinlich den größten Gesteinskern unter den großen Satelliten der jupiterartigen Planeten. Nach dem Titan ist er der einzige Mond mit einer deutlich nachweisbaren N$_2$-Atmosphäre. Sie ist wahrscheinlich mit einer besonders exotischen Form von Gasvulkanismus verknüpft. Der Triton gehört damit zu den wenigen Himmelskörpern des Sonnensystems, die mit rezentem Vulkanismus aufwarten.

Der zweite vor den Voyager-Entdeckungen bekannte Neptunmond Nereide gehört zu den irregulären Satelliten und weist die am stärksten exzentrische Bahn unter den Monden des Sonnensystems auf ($e = 0{,}75$). Über sie ist ansonsten wenig bekannt.

Da dem Neptun das reguläre System großer Monde fehlt und der Triton retrograd umläuft, wurde wiederholt spekuliert, daß es eine dynamische Wechselwirkung mit einem unbekannten größeren Himmelskörper gegeben haben könnte, durch den das ursprünglich wohlgeordnete System zerstört wurde. In diese Spekulationen wurde gelegentlich auch der Pluto als „ehemaliger Neptunmond" mit einbezogen. Tatsächlich liegt das Perihel der Plutobahn innerhalb des Neptunabstandes von der Sonne. Da der aufsteigende Knoten der Plutobahn gegenwärtig 113° vom Perihel entfernt ist, kann jedoch der geringste gegenseitige Abstand zweier Bahnpunkte der beiden Planeten nicht kleiner als 3 AE werden. Genaue Berechnungen der zeitlichen Variationen der Bahnelemente über lange Zeiträume haben ergeben, daß der Winkelabstand zwischen Perihel und aufsteigendem Knoten mit einer Periode von 4 10^6 a zwischen 66 und 114° schwanken kann. Wegen der ungefähren Kommensurabilität der Umlaufzeiten von Neptun und Pluto (2:3) finden Neptun-Pluto-Konjunktionen immer dann statt, wenn Pluto in der Nähe des Aphels seiner Bahn steht. Dadurch kann sich der Pluto dem Uranus stärker annähern (bis auf 11 AE) als dem Neptun (bis auf 17 AE). Die Wahrscheinlichkeit, daß der Pluto einst Bestandteil des Neptunsystems

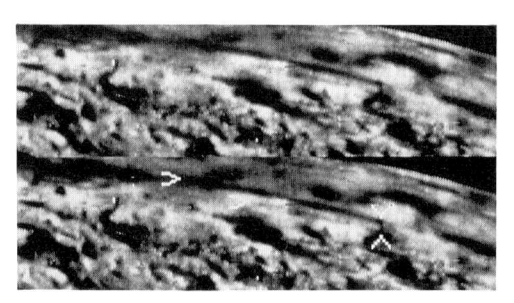

Bild 4.24 Geysirartige Eruptionen auf dem Triton (Stereo-Aufnahmen von Voyager 2). Unter einem sehr flachen Blickwinkel zeigt dieses Bild eine ungefähr 8 km senkrecht aufsteigende dunkle Fontäne (mit 2 Pfeilen im unteren Bild markiert), von der eine etwa 150 km lange dunkle Rauchfahne in westlicher Richtung ausgeht (mit Pfeil markiert). Wahrscheinlich handelt es sich dabei um dunklen Staub, der bei einer explosiven Freisetzung von Stickstoff, der unter der Eisoberfläche verdampfte, in eine Höhe emporgetragen wurde, wo er von der atmosphärischen Strömung zu einer Rauchfahne auseinandergezogen wurde (Foto: NASA/JPL/RPIF/DLR).

war, wird daher heute für sehr klein gehalten.

4.4 Das Pluto-Charon-System

Der Pluto ist nicht nur hinsichtlich seiner Bahn (größte Neigung und Exzentrizität unter den Planetenbahnen, chaotisches Verhalten der zeitlichen Variation der Bahnelemente) ein Außenseiter, auch seine physischen Parameter unterstreichen diese Rolle. Er ist der kleinste Planet und besitzt den relativ größten Mond im Sonnensystem. Das System Pluto-Charon (Bild 4.25) weist das größte Massenverhältnis Satellit/Planet (etwa 0,12) auf, das um eine Größenordnung über dem des Erde-Mond-Systems liegt. Die Gezeitenwechselwirkung zwischen diesen beiden Himmelskörpern war so intensiv, daß auch die Rotationsperiode des Plutos mit dem Umlauf des Charons synchronisiert wurde.

Die Plutooberfläche stellt man sich heute ähnlich wie die des Tritons vor. Größe und mittlere Dichte sind mit den entsprechenden Werten des Tritons vergleichbar. Der Pluto besitzt zumindest zeitweise (in Perihelnähe, z. B. 1990) eine dünne Atmosphäre ($p \approx 10$ Pa), die

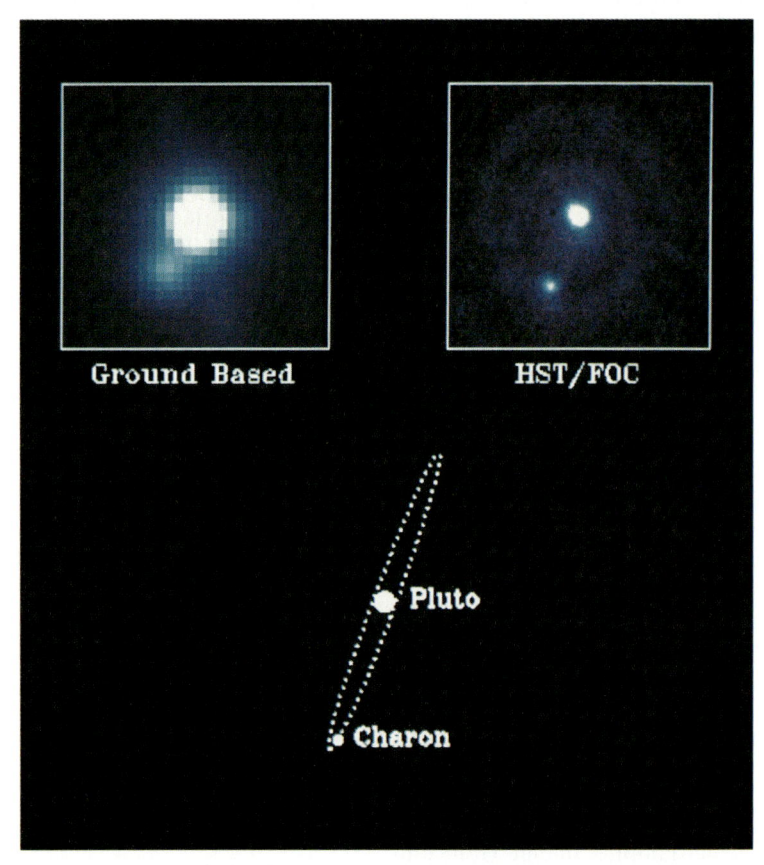

Bild 4.25 Das System Pluto/Charon. Links oben: beste terrestrische Aufnahme mit dem Canada-France-Hawaii Telescope. Rechts oben: Aufnahme mit der Faint Objects Camera des Hubble Space Telescope. Die Skizze darunter zeigt die Lage der Charonbahn, deren Ebene derzeit noch einen sehr kleinen Winkel mit dem Visionsradius bildet (Foto: ESA).

4.4 Das Pluto-Charon-System

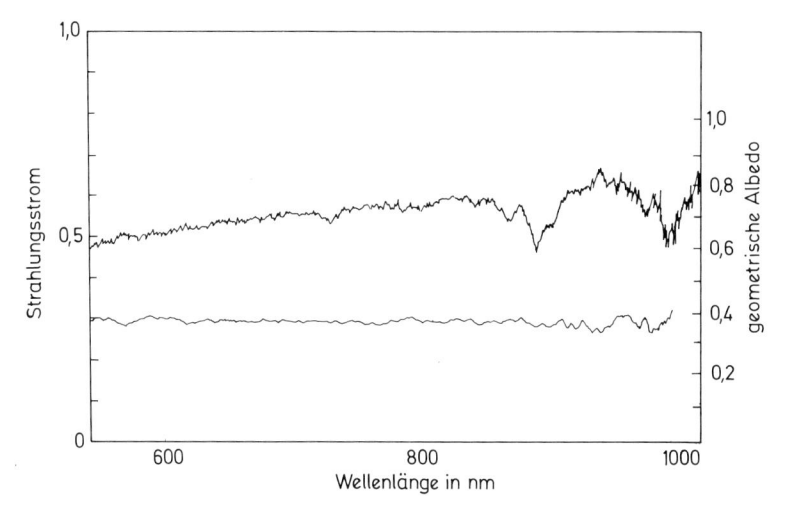

Bild 4.26 Die Spektren von Pluto (obere Kurve) und Charon (untere Kurve, geglättet) im Roten und nahen IR (nach U. Fink u. M. A. DiSanti, 1988). Die Strahlungsströme sind in Einheiten des 10^{-16}-fachen des solaren Strahlungsstromes im Abstand von 1 AE von der Sonne (Solarkonstante der Erde) angegeben (linke Skala). Rechts ist die geometrische Albedo aufgetragen. Die Bande bei 900 nm im Plutospektrum rührt von Methan her.

Methan enthält. Der auffällige Farbunterschied zwischen Pluto (Reflexionsvermögen im Roten ansteigend, Bild 4.26) und Charon (graues Spektrum) dürfte damit zu erklären sein, daß das Reflexionsvermögen der Eiskruste des Pluto durch oberflächlich ausgefrorene Atmosphärenbestandteile modifiziert ist, während bei Charon eine Eisoberfläche vorliegt.

5 Die Kleinkörpersysteme

5.1 Arten und Zusammenhänge von interplanetaren Kleinkörpern

Außer Planeten und Satelliten existieren im interplanetaren Raum weitere Festkörper: Planetoiden, Kometenkerne, Meteoroide und Mikrometeoroide (interplanetarer Staub). Zwischen diesen wohlunterschiedenen Typen interplanetarer Kleinkörper gibt es genetische Zusammenhänge, und bei manchen Parametern ist der Übergang fließend. So geht das Größenspektrum der Planetoiden, das bei 1000 km Durchmesser beginnt, im Meterbereich in das der Meteoroide über, das seinerseits unterhalb von 1 mm in das der Mikrometeoroide einmündet. Die genannten Grenzen sind allerdings ziemlich willkürlich festgelegt.

Meteoroide und Mikrometeoroide sind nach heutiger Erkenntnis meistenteils Auflösungsprodukte von Kometenkernen, nur ein kleinerer Teil scheint von Planetoidenkollisionen zu stammen. Planetoiden und Kometenkerne gehören morphologisch und stofflich sehr verschiedenen Kleinkörperpopulationen an. Dennoch gibt es auch hier in einzelnen Fällen enge Zusammenhänge; es stellte sich z. B. heraus, daß einige Planetoiden, die sich auf sehr exzentrischen Bahnen bewegen, ausgegaste Kerne kurzperiodischer Kometen sind.

Der Terminus „Meteoroid" (bzw. „Mikrometeoroid") wurde geprägt, um kleine interplanetare Festkörper zu bezeichnen. Sie erzeugen beim Eintritt in die Atmosphäre Leuchterscheinungen, die Meteore genannt werden. Kleine Meteore, deren auslösender Kleinkörper in der Erdatmosphäre verglüht, bezeichnet man volkstümlich als Sternschnuppen, sehr helle werden Feuerkugeln (Bolide) genannt. Genügend große und aus stabilem und schwerflüchtigem Material bestehende Meteoroide (wahrscheinlich Bruchstücke von Planetoiden) können den Durchflug durch die Erdatmosphäre überstehen und werden als Meteorite gefunden. Bisher wurde noch kein Meteorit geborgen, der nachweislich aus einem Kometenkern stammt. Dagegen scheinen alle Meteorströme, die als Sternschnuppenanhäufungen (Meteorschauer) beobachtet werden, wenn die Erde ihre Bahn kreuzt, kometaren Ursprungs zu sein.

Mikrometeoroide werden bereits in der dünnen oberen Erdatmosphäre so stark abgebremst, daß sie in den dichten Schichten nicht verglühen. Man findet sie als Mikrometeorite oder Staubteilchen im Aerosol, im Eis der Polargebiete und in Meeresablagerungen. Sie werden mit Stratosphärenflugzeugen gesammelt und auch mit Hilfe von Raumfahrzeugen im Weltraum aufgefangen und zur Erde gebracht. Zu ihrer Untersuchung vor Ort wurden interplanetare Sonden, z. B. Helios, Giotto, WEGA, Galileo und Ulysses, mit speziellen Geräten bestückt, um Größe, Geschwindigkeit und chemische Zusammensetzung dieser interplanetaren Teilchen zu ermitteln.

5.1 Arten und Zusammenhänge von interplanetaren Kleinkörpern

Die feine Fraktion der Mikrometeoroide, auch interplanetarer Staub genannt, umgibt das innere Sonnensystem als linsenförmige Wolke symmetrisch zur Ekliptik. Die Streuung des Sonnenlichts an diesen Partikeln erzeugt das Zodiakallicht und die F-Korona der Sonne (s. Abschnitt 5.5). Sie machen sich auch durch ihre thermische Emission im Infrarot bemerkbar.

Große Meteoroide, Planetoiden und Kometenkerne erzeugen beim Niedergang auf die Erde Einschlagkrater (Bild 5.1) oder zumindest großflächige Verwüstungen (Bild 5.2). Infolge ihrer großen Massen und Geschwindigkeiten transportieren sie gewaltige Energiebeträge durch die Erdatmosphäre, die beim Aufschlag frei werden und Naturkatastrophen größten Ausmaßes auslösen. Bereits ein Körper von 2 t Masse und einer Aufprallgeschwindigkeit von 20 km s^{-1} setzt beim Impakt (s. Abschnitt 3.3) eine Energie frei, die der Detonation der größten je auf der Erde (im sowjetischen Testgebiet auf Nowaja Semlja) gezündeten thermonuklearen Waffe entspricht (Sprengkraft von 100 Mt TNT, der Umrechnungsfaktor beträgt 3,3 GJ pro t TNT). Glücklicherweise treten größere Impakte nur in Abständen größer als 10 000 Jahre auf (Tabelle 5.1). Es gibt aber auf der Erde einige zweifelsfrei identifizierte Impaktkrater aus der jüngsten geologischen Vergangenheit (z. B. Barringer-Krater am Canyon Diablo in Arizona, Nördlinger Ries in Süddeutschland), die die Bedeutung dieser kosmischen Einwirkung auf die Erde unterstreichen. Diese Erkenntnis hat auch Licht in das Rätsel der Tektite gebracht. Es gilt inzwischen als sicher, daß diese zentimetergroßen grünen, braunen oder schwarzen rundlichen Glaskörper aus Gesteinsschmelzen hervorgehen, die beim Impakt großer Körper verspritzt wurden (z. B. werden die in der Tschechoslowakei gefundenen Moldavite auf das Ries-Ereignis zurückgeführt).

Riesenimpakte beeinflußten wahrscheinlich sogar die Entwicklung der Lebewesen auf der Erde und verursachten möglicherweise die abrupten Veränderungen in Fauna und Flora, die geologisch-paläontologisch nachweisbar sind, z. B. am Ende der Kreidezeit, mit der das Erdmittelalter endete. Als Ursache wird der Einschlag eines Planetoiden vermutet (Kreide-Tertiär-Ereignis). Möglicherweise spiegeln sich kleinere Impaktereignisse der jüngsten Vergangenheit sogar in der Mythologie mancher Völker wider. Die Erforschung all dieser Zusammenhänge steckt aber erst in den Anfängen, und viele Aussagen müssen erst noch zweifelsfrei bewiesen werden.

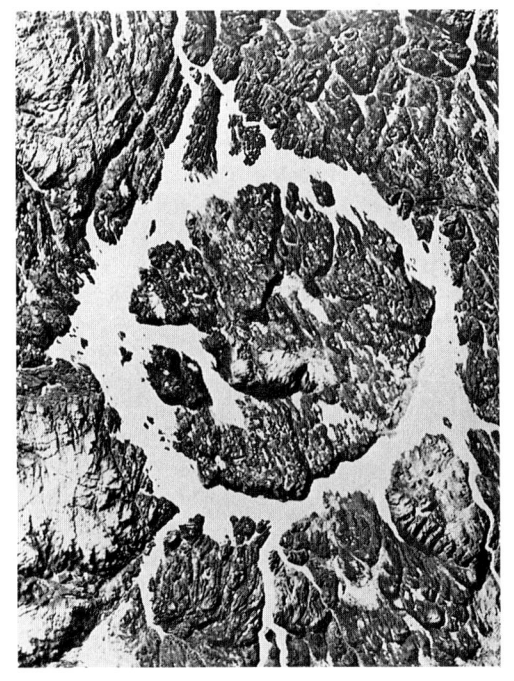

Bild 5.1 Landsat-Aufnahme des Manicouagan-Sees in der Provinz Quebec in Kanada. Der kreisringförmige See von 65 km Durchmesser markiert einen stark erodierten Einschlagkrater, der vor etwa 210 Millionen Jahren gebildet wurde.

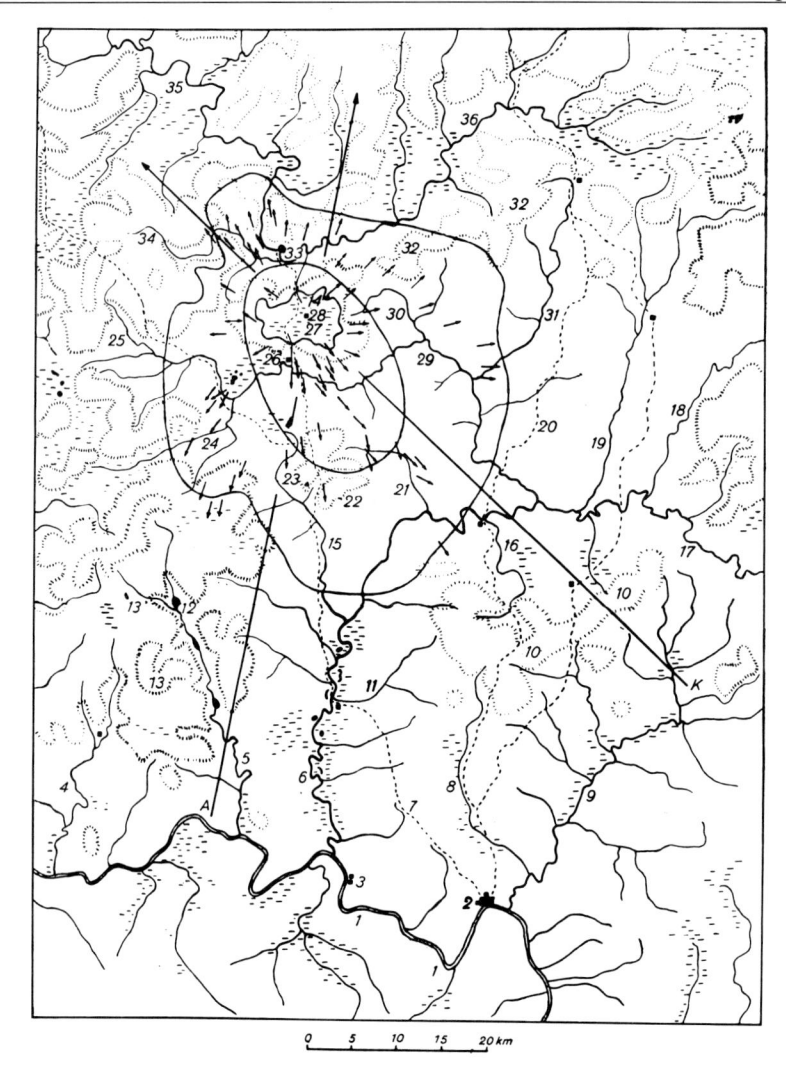

Bild 5.2 Karte mit den drei Zerstörungszonen des Ereignisses an der Steinigen Tunguska vom 30. Juni 1908: Zentralgebiet (Sumpf), Waldbrandzone und Zone des Waldbruchs. Die Zahlen bedeuten: 1 Steinige Tunguska, 2 Faktorei Wanawara, 3 Tschamba, 4 Untere Lakura, 5 Obere Lakura, 6 Tschamba, 7 Marschroute von L. A. Kulik, 8 Nerunda, 9 Wanawara, 10 Höhenrücken Burkan, 11 Choworkikta, 12 See Pejunga, 13 Höhenrücken Lakurski, 14 Berg Farrington, 15 Makirta, 16 Mamonnaja, 17 Tschamba, 18 Obere Duljuschma, 19 Untere Duljuschma, 20 Weg nach Strelka, 21 Eljuma, 22 Höhenrücken Wernadsky, 23 Berg Schachorma, 24 Tschawidokon, 25 Chuschma, 26 Anlagestelle Kuliks, 27 Südlicher Sumpf, 28 Expeditionsbasis Kuliks, 29 Chuschma, 30 Ukagit, 31 Ukagitkon, 32 Höhenrücken Silgami, 33 See Tscheko, 35 u. 36 Kimtschu. A und K sind die Projektionen der von Astapowitsch und Krinow rekonstruierten Flugbahnen. Gestrichelte Linien sind Pfade (nach E. L. Krinow).

Tabelle 5.1 Einschlagwahrscheinlichkeit kleiner Himmelskörper auf der Erde (nach T. Gehrels)

Durchmesser (in km)	Anzahl	Impaktwahrscheinlichkeit (in a^{-1})	Impaktenergie (in Mt TNT)
10	10	10^{-8}	$1{,}3 \cdot 10^7$
1	10^3	10^{-6}	$1{,}3 \cdot 10^4$
0,1	10^5	10^{-4}	13

5.2 Die Meteorite

Da die Meteorite bisher die einzigen interplanetaren Kleinkörper sind, die in großer Menge im Laboratorium untersucht werden können, nehmen sie eine Schlüsselstellung für unser Wissen über die chemische und mineralogische Beschaffenheit vor allem der Planetoiden ein und werden darum bei der folgenden Behandlung der Kleinkörper des Sonnensystems an den Anfang gestellt. Bisher wurden mehr als 10 000 Meteorite gefunden, davon ca. 8000 erst nach 1978 auf dem antarktischen Inlandeis. Nur bei rund 900 Meteoriten wurde der Niedergang beobachtet („Fälle"), alle anderen sind „Funde", wobei der Zeitpunkt (und gelegentlich auch der Ort) des Falles unbekannt ist.

Nach ihrer stofflichen Beschaffenheit teilt man die Meteorite grob in drei Sorten ein: Steinmeteorite, Eisenmeteorite und Stein-Eisen-Meteorite (s. Tabelle 5.2). Aus der Statistik der Fälle läßt sich schließen, daß zumindest im erdnahen interplanetaren Raum die Steinmeteorite anzahlmäßig mit 95 % dominieren; auf die Eisenmeteorite entfallen 4 %, auf die Stein-Eisen-Meteorite nur 1 %. Da einige Klassen der Steinmeteorite sehr leicht verwittern, sind bei den Funden die haltbareren Sorten angereichert, deren Anteile somit nicht für das Auftreten im interplanetaren Raum repräsentativ sind.

Alle Meteorite werden nach dem Fall- oder Fundort benannt, bei den antarktischen wird noch eine Zahlenkombination (bestehend aus den letzten beiden Ziffern der Jahreszahl und einer laufenden Nummer) an die Abkürzung des Fundortes angehängt. Nur bei wenigen Meteoritenfällen, z. B. Příbram, Lost City und Innisfree, wurden die Bahnen der Meteore von mehreren Himmelsüberwachungskameras photographiert, so daß die heliozentrischen Bahnen dieser Meteoroide einigermaßen sicher rekonstruiert werden konnten. Es ergaben sich Bahnen, die in den Planetoidengürtel führten (s. Abschnitt 5.3; Bild 5.3).

Bezüglich ihres petrologischen Entwicklungszustandes unterscheidet man zwei Grundarten von Meteoriten:
– undifferenzierte Meteorite, die aus mechanisch zu Gestein verfestigtem Material mit Komponenten sehr verschiedener Struktur und Herkunft bestehen und damit petrologisch als Brekzien betrachtet werden können;
– differenzierte Meteorite, die aus Material bestehen, das aus einer Schmelze im Schwerefeld eines kleinen Himmelskörpers auskristallisierte.

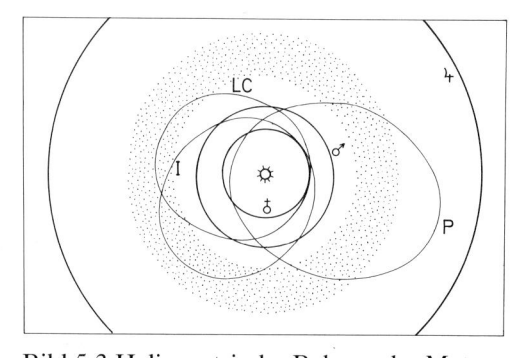

Bild 5.3 Heliozentrische Bahnen der Meteorite Příbram (P), Lost City (LC) und Innisfree (I). Nur bei diesen Meteoriten konnte die Meteorerscheinung von mehreren Beobachtungsstationen photographisch erfaßt werden, so daß die heliozentrische Bahn rekonstruierbar war. Die Bahnen deuten auf eine Beziehung zum Planetoidengürtel.

Undifferenzierte Meteorite sind die Chondrite (s. Tabelle 5.2), die größte Gruppe der hauptsächlich aus Silikaten bestehenden Steinmeteorite, die kleine Glaströpfchen (Chondren) in einer feinkörnigen Grundmasse (Matrix) enthalten (Bild 5.4). Nach chemischen Gesichtspunkten teilt man die Chondrite in 5 Klassen ein (Tabelle 5.2):
– Enstatit-Chondrite (E-Chondrite, nach dem vorherrschenden Silikatmineral Enstatit benannt),
– H-Chondrite (früher nach den in ihnen vorherrschenden Silikatmineralen Olivin-Bronzit-Chondrite genannt),
– L-Chondrite (frühere Bezeichnung Olivin-Hypersthen-Chondrite),
– LL-Chondrite (frühere Bezeichnung Amphoterite),
– kohlige Chondrite (C-Chondrite).

H-, L- und LL-Chondrite werden zusammenfassend als gewöhnliche Chondrite bezeichnet. Die Buchstabenkürzel H, L und LL beziehen sich auf den als Klassifikationskriterium dienenden Eisengehalt (H von engl. high iron, L von low iron und LL von low iron and low metal). Die Enstatit-Chondrite haben einen Fe-Gehalt zwischen 22 und 33 Massenprozent, wovon der größte Teil auf metallisches Eisen (in Form der für die Meteorite typischen Eisen-Nickel-Legierung: „Nickeleisen") entfällt. Der Fe-Gehalt der H-Chondrite liegt zwischen 25 und 30 %, wobei 15...19 % im Nickeleisen stecken und der Rest als oxydiertes Eisen in den Silikaten enthalten ist (hauptsächlich im Olivin und im Bronzit). Bei den L-Chondriten beträgt der Gesamteisengehalt 20...24 %, wovon aber nur noch 4...9 % als Metall vorkommen. Einen ähnlich hohen Ei-

Bild 5.4 Chondrite. Oben: Gewöhnlicher Chondrit Bjurböle, gefallen am 12. März 1899 in Finnland. Gegenüber der hellgrauen feinkörnigen Matrix fallen die zahlreichen etwas dunkleren Kügelchen (Chondren) besonders auf. Die größten von ihnen erreichen Durchmesser von mehreren mm. Mitte: Kohliger Chondrit Orgueil, gefallen am 14. Mai 1864 in Frankreich. Das dunkle sehr bröcklige Material erinnert im Aussehen an Kohle. Es ist das urtümlichste Material des Sonnensystems, das uns direkt zugänglich ist. Im Gegensatz zur Bezeichnung enthält dieser Chondrit keine Chondren! Unten: Der Achondrit Pena Blanca Spring wurde als Vergleichsobjekt aufgenommen. Charakteristisch sind die grobkörnigen Mineralbestandteile dieses Enstatitachondriten (Fotos: H.-R. Knöfler, Museum für Naturkunde Berlin).

sengehalt haben auch die LL-Chondrite, jedoch ist der Anteil an metallischem Eisen weit kleiner als bei den L-Chondriten. Dieser auffällige Zusammenhang zwischen dem Gehalt an oxydiertem Eisen und dem Gehalt an Nickeleisen ist seit langem als Priorsche Regel bekannt: Je mehr oxydiertes Eisen ein Chondrit enthält, desto geringer ist sein Gehalt an Nickeleisen (Bild 5.5). Prior entdeckte auch, daß der Nickelgehalt im Nickeleisen um so größer ist, je mehr oxydiertes Eisen ein Chondrit enthält.

Die kohligen Chondrite haben ihren Namen von dem kohleartigen Aussehen (s. Bild 5.4). Ihre Matrix enthält wirklich Kohlenstoff und organische Kohlenstoffverbindungen (darunter sogar Aminosäuren und Porphyrine). Daher werden diese Meteorite auch mit dem Symbol C bezeichnet. Im Unterschied zu den gewöhnlichen Chondriten enthalten sie außerdem Wasser und eine Reihe von sonst nicht in den Meteoriten vorkommenden wasserlöslichen Mineralen.

Tabelle 5.2 Chemische Klassifikation und Mineralbestand der Meteorite

Meteoritenklasse	Hauptminerale	Häufigkeit		Planetoidentyp
		Fälle	Funde	
Undifferenzierte Meteorite (Chondrite)		87,3 %	51,4 %	
Enstatit-Chondrite (E)	Enstatit, Troilit, Nife			
Gewöhnliche Chondrite				S?
H-Chondrite	Olivin, Bronzit, Nife			
L-Chondrite	Olivin, Hypersthen, Nife			
LL-Chondrite	Olivin, Hypersthen, Plagioklas			
Kohlige Chondrite				C
C1-, C2-Chondrite	Phyllosilikate, Magnetit, organisches Material			
C3-Chondrite	Olivin, Pyroxen, organisches Material			
Differenzierte Meteorite				
Achondrite		8,3 %	1,0 %	
Eukrite	Pyroxen, Plagioklas			
Diogenite	Pyroxen			
Howardite	Brekzien aus Eukriten und Diogeniten			
Shergottite	Pyroxen, Maskelynit			
Nakhlite	Pyroxen, Olivin			
Chassignite	Olivin			
Aubrite	Enstatit			E
Ureilite	Olivin, Pyroxen, Graphit, Diamant			
Stein-Eisen-Meteorite		1,2 %	5,4 %	
Pallasite	Olivin, Nife			
Mesosiderite	Olivin, Pyroxen, Nife, Plagioklas			
Eisenmeteorite		3,2 %	42,2 %	M
Hexaedrite	Kamazit			
Oktaedrite	Kamazit, Tänit			
Ataxite	Plessit			

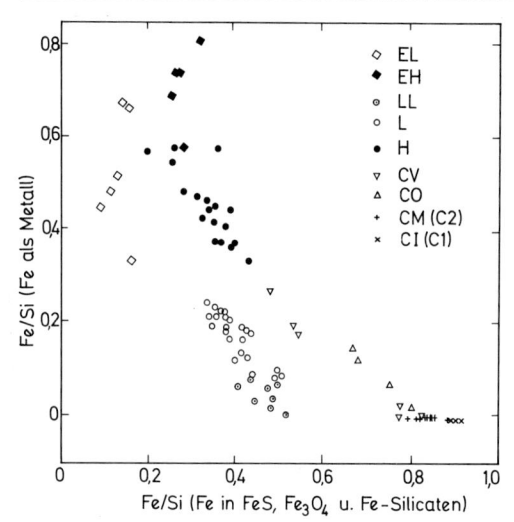

Bild 5.5 Veranschaulichung der Priorschen Regeln für Chondrite. Aufgetragen ist der Anteil des metallischen Eisens über den Anteil des oxydierten Eisens (jeweils relativ zu Silicium) für die durch ihre Symbole rechts oben gekennzeichneten Klassen von Chondriten (nach D. W. G. Sears, 1988).

Nach petrologischen Gesichtspunkten werden die chemischen Klassen der Chondrite in 6 Typen unterteilt (Klassifikation von Wood und Van Schmus, 1968). Kriterien für diese Typologie sind die Ausprägung der Chondren, ihr Glasanteil (das Glas in den Chondren kann rekristallisiert sein!), die Körnigkeit der Matrix, die Transparenz der Körner sowie spezielle mineralogische Eigenschaften. Die Typen 1 bis 3 sind chemisch nicht im Gleichgewicht („unäquilibriert"), so daß die Zusammensetzung gleicher Minerale von Korn zu Korn erheblichen Schwankungen unterliegen kann. In den „äquilibrierten" Chondriten der Typen 4 bis 6 sind die Minerale einheitlich aufgebaut. Die Typen 1 und 2 treten grundsätzlich nur bei den kohligen Chondriten auf. Von dem am stärksten vom chemischen Gleichgewicht abweichenden Typ C1, in dem übrigens trotz der Bezeichnung „Chondrit" keine Chondren vorkommen, sind nur 5 Meteorite bekannt. Sie bestehen aus dem urtümlichsten Material, das bisher mineralogisch-petrologisch untersucht werden konnte. In ihm haben die nichtflüchtigen Elemente etwa die gleichen Häufigkeitsverhältnisse wie im Gas der Sonnenatmosphäre (Bild 5.6); dieses Material gilt daher als direktes Kondensationsprodukt des Sonnennebels (vgl. Abschnitt 6). Die C3-Chondrite zeigen auffällige weiße Einschlüsse aus Ca- und Al-haltigen Hochtemperatursilikaten (CAI: calcium aluminium inclusions), die als Frühkondensat des Sonnennebels gelten.

Bei den differenzierten Meteoriten (s. Tabelle 5.2) unterscheidet man die aus Silikatgestein bestehenden Achon-

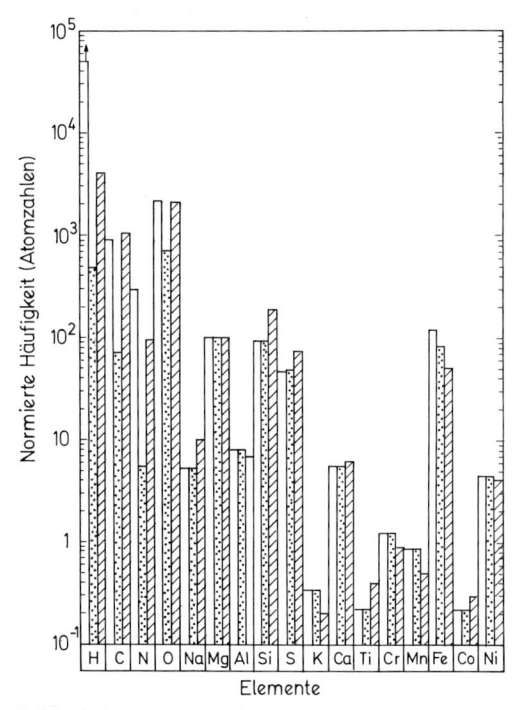

Bild 5.6 Relative Häufigkeit (Atomzahlen) der wichtigsten chemischen Elemente in der Sonnenphotosphäre (weiße Säulen), den kohligen Chondriten (punktierte Säulen) und dem Material (Gas + Staub) des Kometen Halley (schraffierte Säulen). Die Normierung ist so erfolgt, daß die Häufigkeit von Magnesium gleich 100 gesetzt wurde (nach E. K. Jeßberger u. J. Kissel, 1991).

drite (ohne Chondren), die Stein-Eisen-Meteorite und die Eisenmeteorite. Nach ihrer petrologischen Beschaffenheit zu urteilen sind die Achondrite aus einer Schmelze auskristallisiert, oder sie sind Brekzien aus solchen magmatischen Komponenten. Sie können darum mit den magmatischen Gesteinen der Erde verglichen werden. Ihre Hauptminerale sind Pyroxene, Feldspäte und Olivin (s. Tabelle 5.2), die in den einzelnen Klassen der Achondrite in sehr unterschiedlichen Mischungsverhältnissen vorkommen. Unter den antarktischen Achondriten haben sich bisher 10 als mit ziemlicher Sicherheit vom Mond stammend herausgestellt.

Die meisten Achondrite ähneln mineralogisch den irdischen Basalten. Diese basaltischen Achondrite werden heute in zwei Gruppen eingeteilt, die Howardite, Eukrite und Diogenite (Kürzel HED) und die Shergottite, Nakhlite und Chassignite (Kürzel SNC).

Die SNC-Meteorite entstanden allem Anschein nach unter stärker oxydierenden Bedingungen als andere Achondrite. Sie führen im Gegensatz zu den HED-Meteoriten kein Nickeleisen, in ihnen treten wasserhaltige Minerale auf, und der sonst kristallin auftretende Feldspat liegt bei ihnen als Glas vor (Metamorphose durch Stoßwellen). Verglichen mit den HED-Meteoriten, ist ihr Kristallisationsalter, die Zeit seit dem Auskristallisieren aus dem Magma, gering (Eukrite: $4,5 \cdot 10^9$ a; SNC: einige 10^8 a). Sie müssen also von einem Himmelskörper stammen, der bis vor weniger als 10^9 a vulkanisch aktiv war. Dieser Umstand sowie einige chemische und isotopische Besonderheiten, die auch auf dem Mars festgestellt wurden, führten zu der Vermutung, daß sie vom Mars stammen könnten (Auswurf bei einem großen Impakt?).

Neben den basaltischen Achondriten gibt es auch nichtbasaltische. Zu ihnen gehören die Enstatit-Achondrite (Aubrite) und die kohlenstoffhaltigen Achondrite (Ureilite). In den letzteren kommt der Kohlenstoff sowohl als Graphit als auch als Diamant vor. Die Diamanten wurden wahrscheinlich durch Stoßwellen infolge von Kollisionen gebildet.

Die Eisenmeteorite bestehen durchweg aus einer Eisen-Nickel-Legierung (Nickeleisen). Es kommen darin zwei verschiedene Nickeleisenminerale, Kamazit (Balkeneisen, nickelarme Legierung) und Tänit (Bandeisen, nickelreiche Legierung) vor. Nach den Anteilen dieser beiden Minerale und nach der Kristallstruktur teilt man die Eisenmeteorite in die Klassen Hexaedrite (aus hexaedrischen = kubischen Kristallen bestehend), Oktaedrite (nach der Symmetrie des Oktaeders kristallisierend) und Ataxite (griech.: die Nichtklassifizierbaren) ein. Die Hexaedrite sind im wesentlichen Einkristalle aus Kamazit, die Oktaedrite bestehen aus einem charakteristischen Gefüge von breiteren Kamazit- und dünnen Tänitlamellen, Ataxite enthalten strukturloses nickelreiches Eisen (auch Fülleisen oder Plessit genannt; es tritt nämlich auch in den Oktaedriten auf und füllt dort die „Zwickelbereiche" zwischen den mit den charakteristischen Winkeln des Oktaeders aufeinandertreffenden Lamellen). Auf polierten und anschließend geätzten Anschliffen von Oktaedriten wird das oktaedrische Gefüge in Form der Widmannstättenschen Figuren, die für Meteoriteneisen typisch sind und noch nicht im Laboratorium erzeugt werden konnten, sichtbar (Bild 5.7).

Die Stein-Eisen-Meteorite nehmen eine Zwischenstellung zwischen den Achondriten und den Eisenmeteoriten ein. Man unterscheidet hier Mesosiderite und Pallasite (Bild 5.8). Die Pallasite bestehen aus oktaedrischem Eisen mit zahlreichen tropfenartigen Silikateinschlüssen, die offensichtlich während der Erstarrung noch in der Eisengrund-

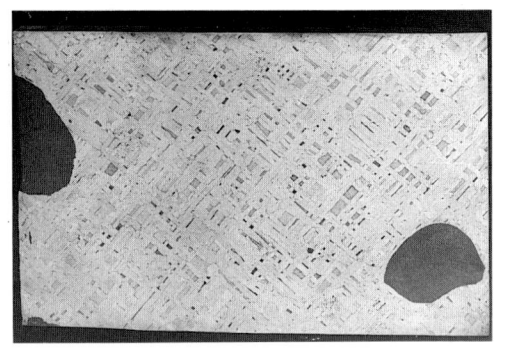

Bild 5.7 Widmannstättensche Figuren des Oktaedriten Agpalilik, der 1965 am Kap York in Grönland geborgen wurde. Die dunklen rundlichen Flecken sind Einschlüsse von Troilit (FeS) (Foto: H. R. Knöfler, Museum für Naturkunde Berlin).

masse schwebten, so daß auf eine sehr niedrige Schwerebeschleunigung auf dem Ursprungshimmelskörper geschlossen werden muß.

Der Vergleich von Reflexionsspektren der Meteorite mit solchen der Planetoiden ergab in einigen Fällen Übereinstimmung. So ist eine Verwandtschaft der C-Meteorite mit dem Hauptteil der Gürtelplanetoiden (taxonomischer Typ C, s. Abschnitt 5.3) zu vermuten, während der häufigste Meteoritentyp, die gewöhnlichen Chondrite, keine Entsprechung unter den Planetoiden mit bekanntem Reflexionspektrum zu haben scheint. Möglicherweise leiten sich diese Meteorite nur von einigen wenigen Planetoiden der Gruppe der Erdbahnkreuzer ab, deren Spektren bisher nicht bekannt sind. Viele der größeren Planetoiden zeigen Spektren, die keine Entsprechung unter den Meteoriten haben. Wie erwähnt, stammen einige Meteorite vom Mond. Da man Mondgestein bereits relativ gut kennt, ist die Zuordnung ziemlich sicher. Das gleiche gilt nicht für die Diskussion um die Marsherkunft der SNC-Meteorite, die vorerst noch als wenig gesichert gelten muß.

In den undifferenzierten Meteoriten haben wir das älteste und urtümlichste Gestein des Sonnensystems vor uns, das (abgesehen von einzelnen Komponenten, z. B. den Chondren) nie den schmelzflüssigen Zustand passiert hat und keinem planetarischen Schwerefeld ausgesetzt war. Das Alter der ältesten Meteorite wird als repräsentativer Wert für das Alter des Sonnensystems genommen ($4{,}6 \cdot 10^9$ a). Aus der Beschaffenheit der primitiven Meteorite wird auf die physikalischen und chemischen Bedingungen im Sonnennebel z. Z. der Planetenentstehung geschlossen (s. Abschnitt 6). Einzelne in den kohligen Chondriten gefundene Stoffkomponenten (Diamant, Siliziumkarbid, Graphit mit Einschlüssen von Titankarbid) sind möglicherweise erhalten gebliebene interstellare Staubteilchen aus präsolarer Zeit, die ursprünglich im Massenabfluß von kühlen Riesensternen auskondensierten.

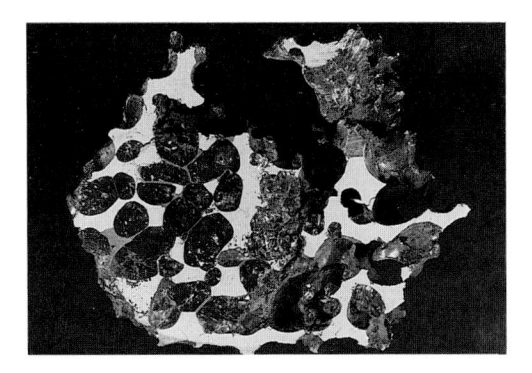

Bild 5.8 Das von Pallas 1749 aufgefundene „Pallas-Eisen" ist der Prototyp der Pallasite. In Hohlräumen dieses oktaedrischen Eisenmeteoriten befinden sich große Körner von kristallinem Olivin (Foto: H.-R. Knöfler, Museum für Naturheilkunde Berlin).

5.3 Die Planetoiden

5.3.1 Benennung, Statistik, Helligkeitssystem

Seit 1801 wurden mehrere tausend kleine Himmelskörper entdeckt, die vor allem die Planetenlücke zwischen Mars und Jupiter bevölkern. Sie werden kleine Planeten, Planetoiden oder Asteroiden genannt. Bei mehr als 5000 Planetoiden ist die Bahn sicher erfaßt. Sie wurden katalogisiert und tragen eine Nummer und einen Namen. Den letzteren schlägt in der Regel der Entdecker vor. Als Entdecker gilt nach der Festlegung der Internationalen Astronomischen Union derjenige Beobachter, dessen Örter zuerst die Berechnung einer sicheren Bahn ermöglichten.

Ursprünglich gab man den neuentdeckten Planetoiden mythologische Namen. Da der Entdecker des ersten derartigen Himmelskörpers (G. Piazzi, 1801) den Namen der Göttin Ceres vergab, hielten sich die Entdecker zunächst daran, vorwiegend weibliche Namen aus der antiken Mythologie zu benutzen. Nachdem dieser Vorrat erschöpft war, gingen die Entdecker dazu über, ihre Frauen, Töchter und Freundinnen am Himmel zu verewigen. Schließlich wurden alle möglichen Bezeichnungen mit einer im Sinne der lateinischen Grammatik weiblichen Endung, z.B. geographischen Namen ((526) Jena, (442) Eichsfeldia) und Kunstworte (z.B. (1395) Aribeda, aus Astronomisches Recheninstitut Berlin-Dahlem), benutzt. Auch die Namen von Astronomen wurden mit weiblichen Endungen versehen, z.B. (1001) Gaussia, (1439) Vogtia. Inzwischen ist man von dieser grammatischen Nebenbedingung gänzlich abgegangen, und es werden einfach Namen vergeben, z.B. (1815) Beethoven, (2861) Lambrecht, (3200) Phaëthon, (3499) Hoppe.

Neuentdeckte Planetoiden erhalten zunächst eine vorläufige Bezeichnung. Sie besteht aus der Jahreszahl der Entdeckung, gefolgt von einem Buchstabenpaar. Der erste Buchstabe präzisiert den Zeitpunkt der Entdeckung (1.–15.1.: A, 16.–31.1.: B, ..., 1.–15.12.: X, 16.–31.12.: Y; J wird nicht benutzt), der zweite dient als laufender Index. Die Entdeckungsschwemme des letzten Jahrzehnts (Bild 5.9) führte dazu, daß das Alphabet bei weitem nicht ausreicht, um die Beobachtungen verdächtiger Objekte in einem halben Monat zu bezeichnen. Es wird deshalb wiederholt durchlaufen, und die Buchstaben erhalten die Nummer des Durchlaufs als Index. So hatte z.B. der kleine Planet (3338) Richter die vorläufige Bezeichnung 1973 UX_5.

Mit abnehmender scheinbarer Helligkeit nehmen die Planetoidenanzahlen stark zu. Aus der statistischen Auswertung photographischer Suchprogramme schätzt man ab, daß es insgesamt rund 500 000 Planetoiden gibt, die in der Opposition heller als $21^m\!\!.2$ sind (Bild 5.10). Aus der scheinbaren Helligkeit eines Planetoiden kann die absolute berechnet werden, wenn r, Δ, $\tilde{m}(\alpha)$ bekannt ist (s. Abschnitt 3.2).

Im Jahre 1986 wurde von der IAU ein zweidimensionales Helligkeitssystem für Planetoiden eingeführt, das die bisher angegebenen absoluten Helligkeiten B (1,0) ersetzen soll. Die neuen Parameter G und H hängen mit der scheinbaren visuellen Helligkeit folgendermaßen zusammen:

$$V = 5 \lg (r\Delta) + H - 2{,}5 \lg [(1-G) \Phi_1 + G \Phi_2]. \tag{5.1}$$

H ist dabei identisch mit der absoluten Helligkeit V (1,0), d.h., es gilt $H = B$ (1,0) − (B − V). Der neue Parameter G charakterisiert die Albedo. Φ_1 und Φ_2 sind zwei Phasenfunktionen folgender Gestalt:

$$\Phi_i = \exp \{-A_i [\tan (\alpha/2)]^{Bi}\} \; (i = 1, 2) \tag{5.2}$$

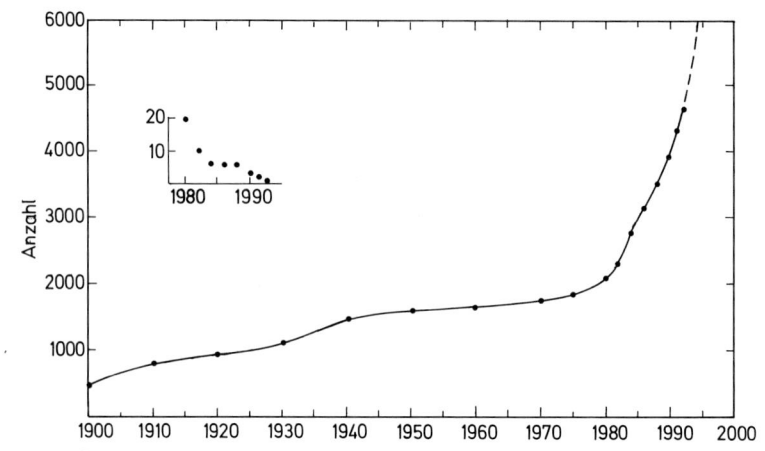

Bild 5.9 Die Zunahme der Anzahlen der bekannten Planetoiden in unserem Jahrhundert. Deutlich sichtbar ist die „Entdeckungslawine" nach 1980. Das eingefügte kleine Diagramm gibt die Anzahl der unter den numerierten Planetoiden als verloren geltenden Objekte wieder. Sie fiel in den 80er Jahren von 20 auf 3. Gegenwärtig ist nur noch (719) Albert verschollen.

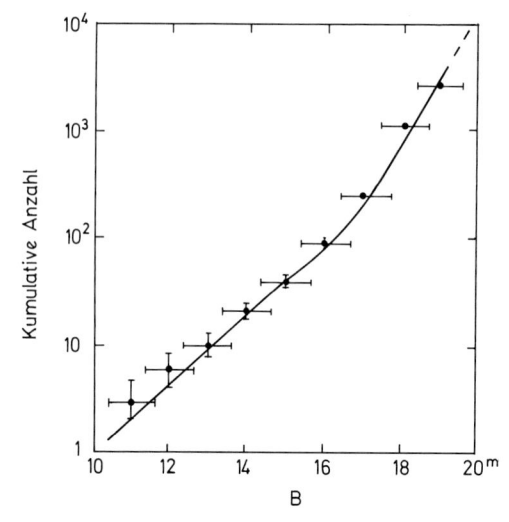

Bild 5.10 Die kumulativen Planetoidenanzahlen im Helligkeitsintervall $11^m < B < 19^m$ nach der photographischen Durchmusterung mit dem 105/150/330-cm-Schmidt-Teleskop der Kiso-Sternwarte Tokio, bei der 2667 Planetoiden erfaßt wurden (Punkte mit Fehlerbalken). Die ausgezogene Kurve ist die auf Grund der Durchmesserverteilungen in Bild 5.13 und der dazu benötigten Modellannahmen abgeleitete theoretische Kurve von K. Ishida, T. Mikami und H. Kosai, 1984.

mit $A_1 = 3,33$; $A_2 = 1,87$; $B_1 = 0,63$ und $B_2 = 1,22$. Der 3. Term in Gleichung (5.1) ist eine spezielle Darstellung der Größe $\tilde{m}$ (α) in Gleichung (3.1). Genaue Werte für G gibt es erst für einige hundert Planetoiden.

5.3.2 Die Bahnverhältnisse

Die meisten der sicher erfaßten Planetoiden bewegen sich auf rechtläufigen Bahnen relativ kleiner Neigung zur Ebene der Ekliptik, wobei sich die großen Halbachsen im Bereich $2,2 < a < 3,2$ AE befinden. Berücksichtigt man die Exzentrizität der Bahnen, dann reichen die Grenzen des sog. Planetoidengürtels oder -ringes von etwa 1,6 bis 4,0 AE.

Die Gesamtmasse der Gürtelplanetoiden wurde zu $3,0 \cdot 10^{21}$ kg abgeschätzt, ist also weit kleiner als beispielsweise die Masse des Mondes. Mehr als die Hälfte der Gesamtmasse wird allerdings von den großen Planetoiden (1) Ceres, (2) Pallas und (4) Vesta bestritten (s. Tabelle 5.3). Innerhalb des Gürtels gibt es an Resonanzstellen zum Jupiterumlauf

5.3 Die Planetoiden

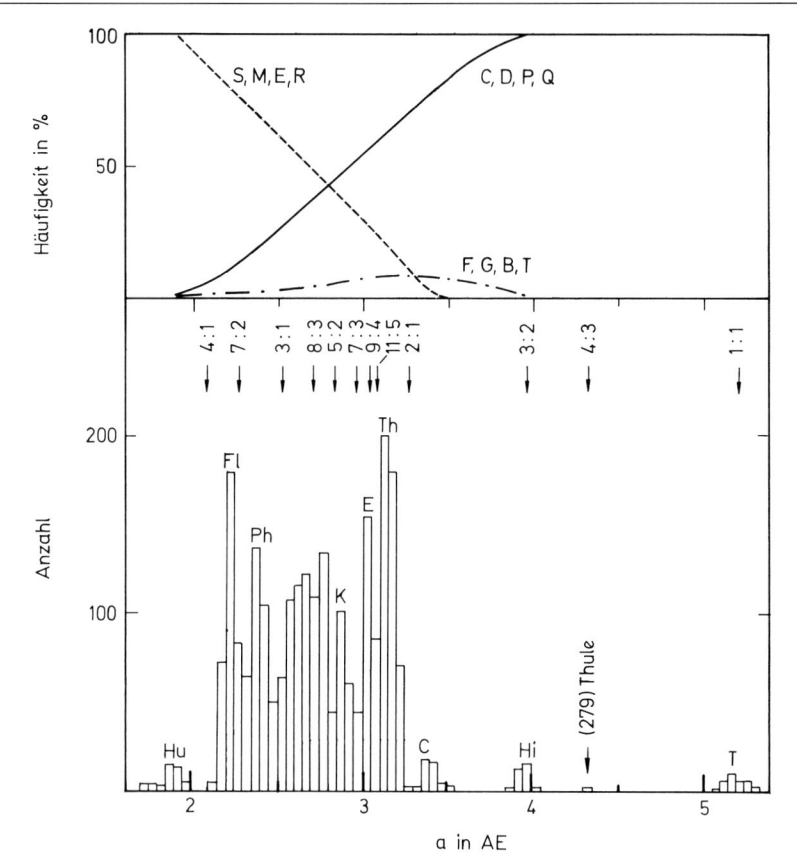

Bild 5.11 Histogramm der großen Bahnhalbachsen *a* der Planetoiden mit einer Säulenbreite von 0,05 AE. Pfeile markieren Resonanzstellen zum Jupiterumlauf unter Angabe des jeweiligen Verhältnisses der Umlaufzeiten. Die Buchstaben kennzeichnen Planetoidenfamilien oder -gruppen: Hu Hungaria-Gruppe, Fl Flora-Familie, Ph Phocaea-Familie, K Koronis-Familie, E Eos-Familie, Th Themis-Familie, C Cybele-Gruppe, Hi Hilda-Gruppe, T Trojaner. Bei der (4:3)-Resonanz wurde nur der Planetoid (279) Thule gefunden. Im oberen Bild ist die Auftrittshäufigkeit der taxonomischen Typen stark schematisiert aufgeführt (nach R. P. Binzel, M. A. Barucci u. M. Fulchignoni, 1991). Innerhalb von 2,5 AE dominieren die „magmatischen" Planetoiden (S, M, E...), während im äußeren Gürtel und jenseits davon die primitiven (undifferenzierten) Klassen (C, D, ...) vorherrschen. Dazwischen scheint es einen kleinen Anteil von Mischtypen („metamorphe" Planetoiden) zu geben.

Zonen mit sehr niedriger Besetzungsdichte, die Kirkwood-Lücken (Bild 5.11). Die auffälligsten sind die der (3:1)-Resonanz entsprechende Hestia-Lücke bei 2,5 AE und die der (2:1)-Resonanz entsprechende Hecuba-Lücke bei 3,2 AE. An manchen Resonanzstellen außerhalb des Gürtels befinden sich Häufungen von Planetoiden, z. B. die Hilda-Gruppe bei der (3:2)-Resonanz bei 4 AE und die Trojaner als (1:1)-Resonanz.

Im Gürtel fallen Planetoiden mit fast übereinstimmenden Bahnelementen *a*, *e* und *i* auf, die sog. Hirayama-Familien (Bild 5.12). Die Übereinstimmung ist dann besonders auffällig, wenn die sog. Eigenbahnelemente, bei denen die langperiodischen Störungseinflüsse durch die Planeten eliminiert wurden, benutzt werden. Besonders große Familien sind die von (8) Flora (259 Mitglieder), (24) Themis (79 Mitglieder) und (26) Proserpine (103 Mitglieder). Da die Mitglieder einer Familie fast gleiche a-Werte besitzen, erzeugen sie in Diagrammen zur Besetzung des Gürtels (vgl. Bild 5.11) Häufigkeitsmaxima. Die Planetoiden einer Familie leiten sich wahrscheinlich aus der Zertrümmerung eines Mutterplanetoiden ab.

Unter den Planetoiden außerhalb des Gürtels fallen folgende Gruppen durch ihre Bahnen besonders auf:
– die Trojaner in der Jupiterbahn;
– die Mars- und Erdbahnkreuzer;
– Planetoiden mit extrem großen und exzentrischen Bahnen.

In den Lagrange-Punkten L_4 und L_5 des Systems Sonne-Jupiter bewegen sich die Trojaner. Sie wurden so bezeichnet, nachdem man zufälligerweise die ersten dieser Planetoiden nach Helden des Trojanischen Krieges in der „Ilias" des Homer benannt hatte. Das größte Objekt der vorauslaufenden Gruppe ist (588) Achilles, das größte der nachlaufenden (617) Patroclus.

Marsbahnkreuzer (Amor-Planetoiden) sind solche Objekte, deren Perihelabstand q zwischen 1,017 AE (Aphel der Erdbahn) und 1,3 AE liegt. Erdbahnkreuzer (Apollo-Planetoiden) sind Objekte mit $a > 1$ AE und $q < 1{,}017$ AE. Unter ihnen dürften sich die Projektile befunden haben, die die großen Strahlenkrater auf dem Mond (z. B. Copernicus und Tycho), aber auch die heute noch nachweisbaren Impaktkrater der Erde verursachten (vgl. Tabelle 5.1). Mit 680 000 km der Erde am nächsten kam der Apollo-Planetoid 1937 UB (Hermes), der wieder verlorenging. Eine besonders interessante Gruppe unter den etwa 80 bisher entdeckten Erdbahnkreuzern sind die Aten-Planetoiden, bei denen $a < 1$ AE und deren Aphelabstand $Q > 0{,}983$ AE (Perihel der Erdbahn) ist. Die bisher kleinste Bahn weist der Planetoid mit der vorläufigen Bezeichnung 1989 VA auf, dessen große Bahnhalbachse $a = 0{,}73$ AE (mit $e = 0{,}59$) beträgt.

Tabelle 5.3 Ausgewählte Planetoiden
a große Bahnhalbachse; e numerische Exzentrizität; i Neigung zur Ekliptik; R Radius; M Masse; P_{rot} Rotationsperiode

Name	a (in AE)	e	i (in °)	R (in km)	M (in kg)	P_{rot} (in h)	Typ
Größte Gürtelplanetoiden							
(1) Ceres	2,768	0,077	10,6	480×453	$1{,}17 \cdot 10^{21}$	9,1	C
(2) Pallas	2,773	0,232	34,8	287×263×250	$2{,}79 \cdot 10^{20}$	7,9	U
(4) Vesta	2,361	0,091	7,1	292×266×233	$2{,}75 \cdot 10^{20}$	5,3	U
(10) Hygiea	3,138	0,118	3,8	221		18	C
(511) Davida	3,181	0,172	15,9	167		5,2	C
Erdbahnkreuzer							
(1566) Icarus	1,078	0,826	22,6	0,7		2,3	U
(1685) Toro	1,368	0,436	9,4	2,4		10,2	S
(2062) Aten	0,966	0,182	18,9	0,5			S
Trojaner							
(588) Achilles	5,174	0,149	10,3	35			D
(617) Patroclus	5,230	0,141	22,0	80			U
Äußere Planetoiden							
(2060) Chiron	13,695	0,379	6,9	120		5,9	C?
(5145) Pholus	20,464	0,576	24,682	70		10	

5.3 Die Planetoiden

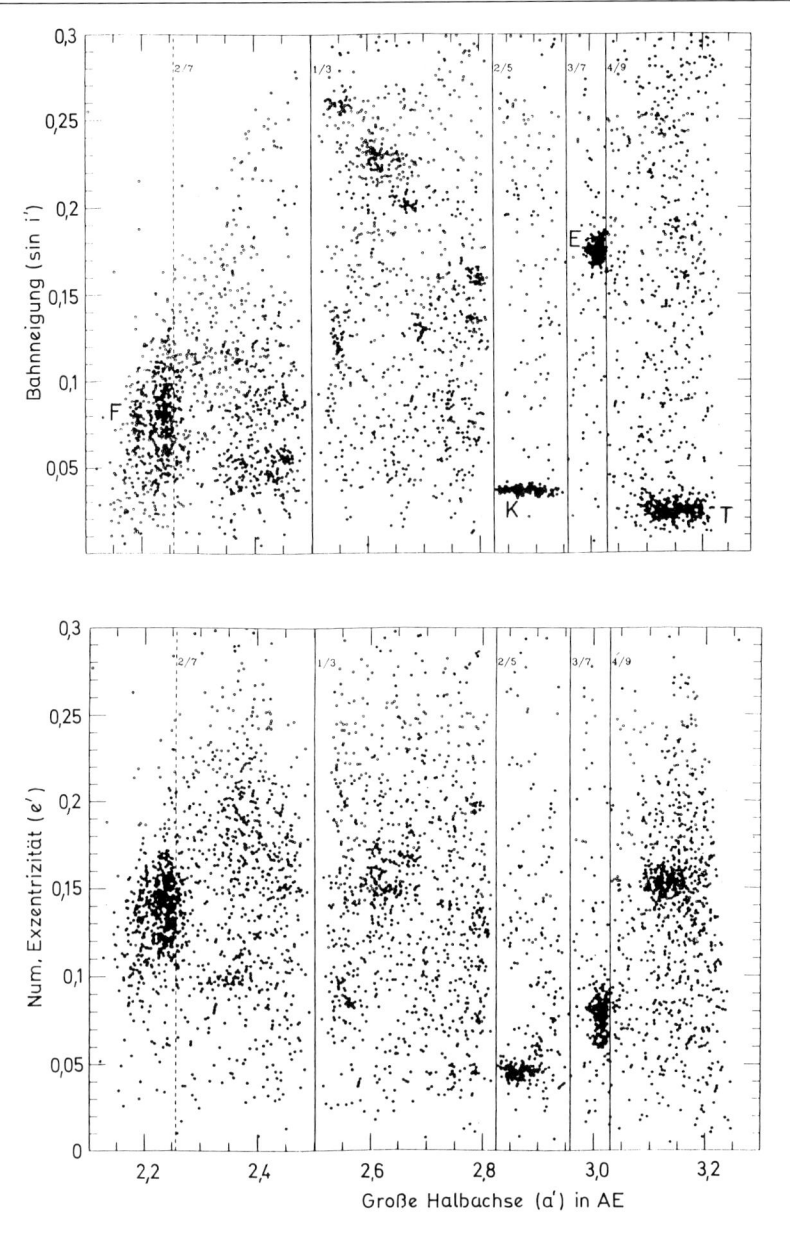

Bild 5.12 Familien im Planetoidengürtel (nach V. Zappalà u. Mitarb., 1990). Aufgetragen sind die numerische Exzentrizität (unten) und der Sinus des Neigungswinkels (oben) der Bahnen über der großen Bahnhalbachse für 4100 Planetoiden. Die Bahnelemente a', e' und i' (sog. Eigenbahnelemente) sind von den periodischen Störungen befreit. Die senkrechten Linien markieren die Kommensurabilitäten 2:7, 1:3, 2:5, 3:7 und 4:9. Familien werden durch Punkthäufungen in solchen Diagrammen sichtbar. Die Abkürzungen bedeuten: E Eos-Familie, F Flora-Familie (die in mehrere Unterfamilien zerfällt), K Koronis-Familie, T Themis-Familie.

Auch weit außerhalb des Gürtels wurden einzelne Planetoiden entdeckt, z. B. (944) Hidalgo, (2060) Chiron und (5145) Pholus (s. Tabelle 5.3).

5.3.3 Physikalische und chemische Eigenschaften

Die Größe der Planetoiden kann prinzipiell nach Gleichung *(3.4)* aus der scheinbaren Helligkeit berechnet werden. Da die Albedo bzw. der Parameter G in den meisten Fällen nicht sicher bekannt ist, sind die so abgeleiteten photometrischen Durchmesser relativ ungenau. Wenn neben den Helligkeiten im optischen Bereich auch Infrarothelligkeiten oder die Abhängigkeit des Polarisationsgrades vom Phasenwinkel bekannt sind, ergeben sich die relativ genauen radiometrischen bzw. polarimetrischen Durchmesser, die bisher für einige hundert Planetoiden bestimmt werden konnten. Andere als photometrische Methoden, also Mikrometermessungen, Durchmesserbestimmung bei Sternbedeckungen oder die Speckle-Interferometrie, konnten bisher nur auf wenige Objekte angewandt werden. Die bisher bestimmten Durchmesserwerte liegen zwischen 1000 und <1 km.

Die Verteilung der Planetoidendurchmesser D läßt sich durch Potenzgesetze der Form

$$N(D) \sim D^{-\gamma} \qquad (5.3)$$

darstellen.

Beobachtungsprogramme zur statistischen Untersuchung der Planetoiden (z. B. McDonald-Durchmusterung, 1958, Palomar-Leiden-Durchmusterung, 1970, und Kiso-Durchmusterung, 1984) haben immer wieder bestätigt, daß γ im Bereich von 3...4 liegt. Derartige Potenzspektren können experimentell bei der Zertrümmerung oder beim Mahlen von Gestein verifiziert werden. Detaillierte Analysen haben gezeigt, daß sich für verschiedene Größenbereiche unterschiedliche Werte von γ ergeben (s. Bild 5.13). Für Planetoiden mit Durchmessern unterhalb von 25 km wurden sehr steile Potenzgesetze mit $\gamma \approx 4$ gefunden. Das gilt als sicheres Indiz, daß es sich bei diesen Planetoiden um ein reines Trümmerspektrum aus Kollisionen handelt. Die kleinen Planetoiden werden daher heute generell als Ergebnis von Zusammenstößen größerer Planetoiden verstanden. Da der gesamte Querschnitt der bei einer Kollision anfallenden Trümmer weit größer ist als der Querschnitt der beiden Ausgangskörper, vergrößert sich mit jeder Zertrümmerung eines Planetoiden die Wahrscheinlichkeit für weitere Zusammenstöße. Der Planetoidengürtel ist darum ein sich ständig weiter „zermahlendes" System.

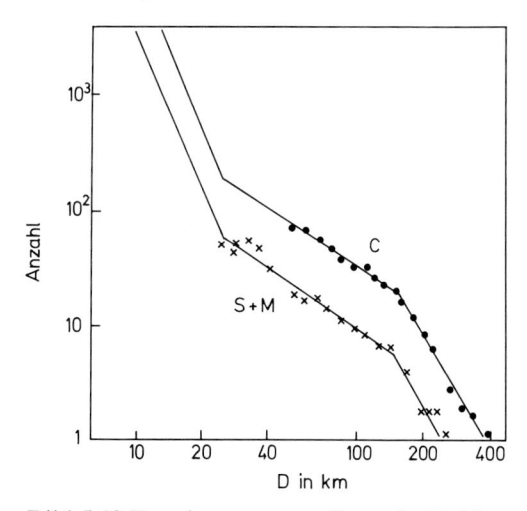

Bild 5.13 Durchmesserverteilung der beiden Hauptgruppen der Gürtelplanetoiden (primitive mit C, „magmatische" mit S + M markiert), die anhand der Kiso-Durchmusterung abgeleitet wurde (nach K. Ishida, T. Mikami und H. Kosai, 1984). Die Kurven wurden an die von B. Zellner und E. Bowell 1977 anhand der direkt bestimmten Durchmesser dieser Planetoiden gewonnenen Verteilungen (Punkte und Kreuze) angepaßt. Der Potenzexponent beträgt für $D < 25$ km 4,5, für $25 < D < 160$ km 1,3 und für $D > 160$ km 3,4 (Erklärung s. Text).

5.3 Die Planetoiden

Die Planetoiden mit $D > 25$ km verteilen sich nach einem Potenzgesetz mit einem kleineren Exponenten (vgl. Bild 5.13). Möglicherweise spielte in diesem Größenbereich neben der Zertrümmerung (Fragmentation) auch die Zusammenballung (Koagulation) von Planetoiden als Ergebnis von Zusammenstößen eine Rolle.

Wahrscheinlich besitzt die Verteilung ab $D \approx 160$ km wieder einen größeren Wert von γ (s. Bild 5.13). In diesem Bereich könnte sich ein Gleichgewicht zwischen Fragmentation und Koagulation eingestellt haben. Die größten Planetoiden schließlich dokumentieren durch ihre annähernde Kugelgestalt (vgl. Tabelle 5.3), daß sie weder fragmentierten noch koagulierten.

Aus dem Lichtwechsel einiger hundert Planetoiden konnten Rotationsperioden bestimmt werden. Der größte Teil dieser Werte liegt zwischen 3 und 14 h. Die kürzeste Rotationsperiode von 2,27 h hat (1566) Icarus, die längste von 145 h (1689) Floris-Jan. Allgemein konnte festgestellt werden, daß die Erdbahnkreuzer im Durchschnitt wesentlich schneller rotieren als die normalen Gürtelplanetoiden. Aus dem Lichtwechsel ergeben sich auch Aufschlüsse über die Gestalt und die Fleckigkeit der Oberfläche. Manche Planetoiden, z. B. (624) Hektor, zeigen einen an Bedeckungsveränderliche erinnernden Lichtwechsel (Bild 5.14). Sie bestehen möglicherweise aus einem engen Paar umeinander laufender Körper. Einige Planetoiden scheinen von Begleitern umgeben zu sein. Der erste Planetoid, bei dem Anzeichen für einen Satelliten gefunden wurden, war (532) Herculina. Um diesen kleinen Planeten von 220 km Durchmesser bewegt sich anscheinend in etwa 1000 km Abstand ein „Mond" von ca. 50 km Durchmesser. Da bisher bestätigende Beobachtungen noch ausstehen, ist das Problem der Planetoidenmonde noch gänzlich offen.

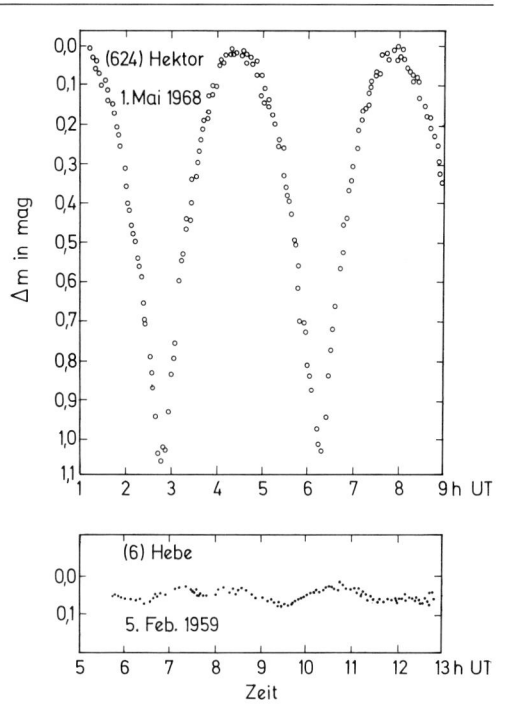

Bild 5.14 Lichtkurven für die Planetoiden (624) Hektor (nach J. L. Dunlap u. T. Gehrels, 1969) und (6) Hebe (nach T. Gehrels und R. C. Taylor, 1977). Die außergewöhnlich große Lichtwechselamplitude von (624) Hektor weist auf extrem starke Abweichungen von der Kugelgestalt hin – vorgeschlagen wurde u. a., es könne sich um zwei längliche, einander fast berührende, in gebundener Rotation befindliche Körper handeln –, während die geringe Amplitude von (6) Hebe geringe Abweichungen von der Kugelgestalt oder lediglich Albedounterschiede an der Oberfläche andeutet.

Zuverlässige Massenwerte konnten bisher nur für die Planetoiden (1) Ceres, (2) Pallas und (4) Vesta bestimmt werden. Für diese Himmelskörper ergeben sich daher auch einigermaßen zuverlässige mittlere Dichten. Sie betragen 2700, 3500 und 3600 kg m^{-3}, weisen also auf Gestein hin.

Anhand ihrer photometrischen und polarimetrischen Eigenschaften und der Beschaffenheit ihres Reflexionsspektrums erfolgte eine Einordnung der Planetoiden in Klassen, die mit den Buchstaben C, S, M, E, R, U, F, P, D bezeichnet wurden. In einem Albedo-Farben-Diagramm (Bild 5.15) lassen sich für diese taxonomischen Typen gewisse Domänen abgrenzen. Der Typ C (entsprechend den C-Meteoriten) besitzt ein nahezu wellenlängenunabhängiges Reflexionsvermögen und eine sehr niedrige geometrische Albedo (p_V <0,065). Der Typ S (von Silikat) weist ein zum Roten zunehmendes Reflexionsvermögen und eine Fe^{2+}-Absorptionsbande bei 0,95 µm auf. Das rötliche Material ist heller als das des Typs C, seine Albedo liegt im Intervall 0,065 <p_V <0,23. Die Zuordnung eines bestimmten Meteoritentyps ist unsicher. Die Klasse M (0,065 <p_V <0,23, leicht rötlich) scheint den Eisenmeteoriten oder den Enstatitchondriten zu entsprechen. Bild 5.16 zeigt die Spektren der drei genannten Klassen.

Die einzelnen Typen bevorzugen bestimmte Abstandsbereiche von der Sonne. 75 % der Gürtelplanetoiden sind vom Typ C; er erreicht seine größte Häufigkeit bei 3 AE. Der Typ S dominiert am Innenrand des Gürtels bei 2,2 AE. Der Typ D (sehr rote und dunkle Objekte, keine Entsprechung bei den Meteoriten) scheint bei den Trojanern vorzuherrschen. Besonders auffällig ist, daß die gewöhnlichen Chondrite keine Entsprechung unter den Planetoiden zu haben scheinen; möglicherweise stammen sie von einigen wenigen Erdbahnkreuzern ab, die für das Gros der Planetoiden nicht repräsentativ sind. Andererseits gibt es für eine Reihe von Planetoidentypen kein meteoritisches Analogon.

Die Planetoidenoberflächen sind – unabhängig davon, ob es sich um einen kugelförmigen kleinen Planeten oder ein kantiges Bruchstück eines solchen handelt – mit Einschlagkratern bedeckt. Das bestätigen nicht nur die beiden Marsmonde Phobos und Deimos, die für eingefangene Planetoiden des

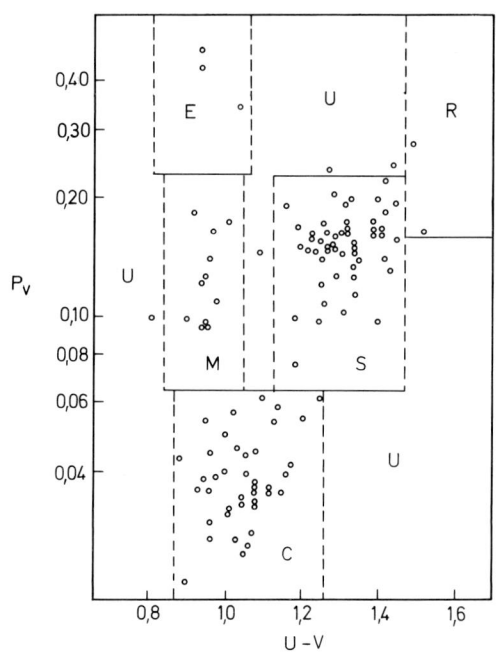

Bild 5.15 Albedo-Farben-Diagramm für 113 sicher klassifizierte Planetoiden (nach B. Zellner). Für die einzelnen Typen lassen sich bestimmte Bereiche abgrenzen.

Typs C gehalten werden, sondern auch die ersten Aufnahmen eines Gürtelplanetoiden durch die Sonde Galileo (Bild 5.17).

Einige Planetoiden auf sehr exzentrischen Bahnen sind wahrscheinlich die total ausgegasten Kerne kurzperiodischer Kometen. Das gilt wahrscheinlich für (3200) Phaëton, der sich innerhalb der Bahn des Meteorstromes der Geminiden bewegt. Dieser Planetoid erreicht den geringsten bisher beobachteten Sonnenabstand q = 0,14 AE. Interessant ist in diesem Zusammenhang auch, daß bei einigen Planetoiden Anzeichen für Gasfreisetzung beobachtet wurden, was die Herkunft dieser Objekte aus dem Kometensystem belegt. Das interessanteste Objekt in dieser Hinsicht ist (2060) Chiron, den in Perihelnähe eine Koma umgibt, in der z. B. das CN-Radikal nachgewiesen wurde.

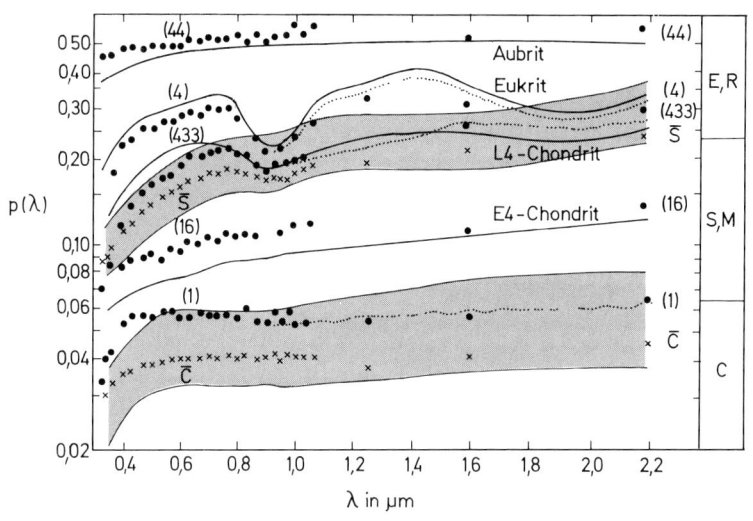

Bild 5.16 Reflexionsspektren von Planetoiden im Vergleich mit Meteoritenspektren (nach C. R. Chapman). Aufgetragen ist die geometrische Albedo über der Wellenlänge. Die Punkte sind Meßergebnisse einer sehr schmalbandigen Filterphotometrie, die gepunkteten Kurven solch einer Spektralphotometrie für die Planetoiden (1) Ceres (Typ C), (4) Vesta (Typ U), (16) Psyche (Typ M), (44) Nysa (Typ E) und (433) Eros (Typ S). Die Kreuze sind Mittelwerte der Schmalbandfilterphotometrie für S- und C-Planetoiden. Die ausgezogenen Kurven stellen die Reflexionspektren je eines Aubrits, Eukrits, L4- und E4-Chondrits dar. Die schraffierten Streifen markieren die Bereiche, in denen sich die Reflexionspektren der Mesosiderite (oben) und der C2-Chondrite (unten) befinden. Rechts sind die Bereiche von p_V für die Planetoidentypen C, S, M, E und R markiert (vgl. Bild 5.15).

5.4 Die Kometen

5.4.1 Allgemeines, Benennung

Kometen sind kleine Himmelskörper im interplanetaren Raum, die flüchtige Substanzen enthalten, die sie in Sonnennähe freisetzen können. Der eigentliche Himmelskörper, der Kometenkern, umgibt sich dadurch mit einer Hülle sich in den Weltraum verflüchti-

Bild 5.17 Der Planetoid (951) Gaspra. Diese erste Nahaufnahme eines Gürtelplanetoiden vom Typ S gelang der Sonde Galileo am 29. Oktober 1991 aus einer Entfernung von 1620 km. Die Abmessungen dieses Bruchstücks eines einstmals größeren Körpers betragen 19 × 12 × 11 km (Foto: NASA/JPL/RPIF/DLR).

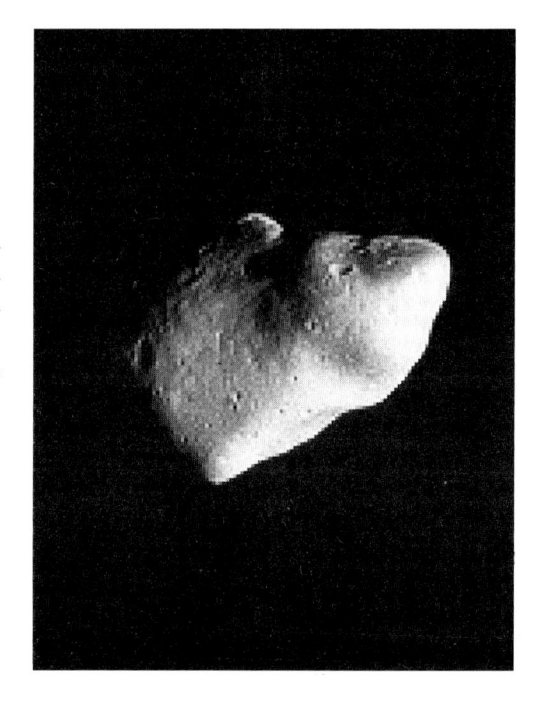

genden Gases, der Koma, das unter der Einwirkung der Sonnenstrahlung leuchtet. Gleichzeitig werden in die leichtflüchtige Kernsubstanz eingefrorene Staubteilchen freigesetzt. Der Sonnenwind erzeugt durch seine Wechselwirkung mit dem Kometengas den von der Sonne weggerichteten, geraden Gasschweif. Unter der Wirkung des Sonnenlichtdruckes auf die Staubteilchen entsteht noch ein zweiter Schweiftyp, der gleichfalls von der Sonne weggerichtete, aber gekrümmte Staubschweif, der durch die Streuung des Sonnenlichts an den Staubteilchen leuchtet. Durch die Schweifbildung werden die Kometen zu den spektakulärsten Himmelserscheinungen, die auch in der heutigen Zeit nichts von ihrer Faszination eingebüßt haben (Bild 5.18).

Wird ein Komet entdeckt, so erhält er als vorläufige Bezeichnung die Jahreszahl und einen kleinen Buchstaben als laufenden Index im betreffenden Jahr. Ist die Bahn bekannt, dann erfolgt die endgültige Bezeichnung: Jahr des Periheldurchgangs und römische Zahl in der Reihenfolge der Durchgänge in diesem Jahr. Jeder Komet erhält als Namen den

Bild 5.18 Kometen. Links: der kurzperiodische Komet Halley, aufgenommen am 9. Januar 1986 am Calar-Alto-Observatorium. Die sichtbaren Schweifstrukturen gehen hauptsächlich auf die Plasma-Komponente zurück (Typ-I-Schweif) (Foto: MPI für Astronomie). Rechts: der langperiodische Komet West, aufgenommen 1976 an der Europäischen Südsternwarte in Chile. Die breit gefächerte Schweifstruktur geht auf die freigesetzten Staubteilchen zurück (Typ-II-Schweif) (Foto: ESO).

seines Entdeckers; wurde der Komet von mehreren Astronomen unabhängig voneinander gefunden, so werden bis zu drei Namen aneinandergereiht. So heißt z. B. der Komet 1983d (= 1983 VII) IRAS-Araki-Alcock (dabei ist IRAS der Name eines Satelliten). Die Namensfestlegung erfolgt durch die Internationale Astronomische Union. Die Benutzung von Namen ist besonders bei periodisch wiederkehrenden Kometen zweckmäßig, weil diese sonst ja bei jeder Wiederkehr eine neue Bezeichnung erhalten würden. Einige wenige Kometen, z. B. Halley, Lexell, Encke und Crommelin, sind nicht nach dem Entdecker, sondern nach dem ersten Berechner ihrer Bahn benannt. Manche Kometen tragen besondere Bezeichnungen, z. B. Großer Komet von ..., Großer Septemberkomet, Südkomet. Ein periodischer Komet wird zusätzlich durch ein P vor seinem Namen kenntlich gemacht, z. B. 1971b = 1972 I = P/Holmes; 1910 II = P/Halley.

5.4.2 Die Bahnverhältnisse

Nach ihren Bahnen unterteilt man die Kometen in periodische (Ellipsenbahnen, $e<1$), parabolische ($e=1$) und hyperbolische ($e>1$). Bei den periodischen unterscheidet man kurzperiodische (Umlaufzeit <200 a, $e<0{,}97$) und langperiodische (Umlaufzeit >200 a, $0{,}97<e<1{,}0$). Die Festlegung der Grenze zwischen beiden auf 200 a hat rein praktische Gründe. Eine zuverlässige Bahnbestimmung von Kometen gibt es erst seit reichlich 200 a, und die am längsten bekannten kurzperiodischen Kometen sind somit wenigstens einmal wiedergekehrt. Außerdem liegt 200 a in der Nähe der Umlaufperiode der äußersten Planeten. Bis 1983 konnten für 1109 Erscheinungen von insgesamt 710 Kometen Bahnen bestimmt werden. Davon sind 121 kurzperiodische, 169 langperiodische, 316 parabolische und 104 hyperbolische Kometen.

Die kurzperiodischen Kometen bewegen sich meist rechtläufig innerhalb der Planetenbahnen, ihre Bahnebenen bilden in der Regel nur Winkel $i<30°$ mit der Ebene der Ekliptik. Ausgerechnet der prominenteste unter ihnen, der Komet Halley, von dem die Beobachtung von mindestens 30 aufeinanderfolgenden Wiederkehren historisch bezeugt ist, verstößt gegen die Regel und bewegt sich rückläufig (Tabelle 5.4). Den Rekord an beobachteten Wiederkehren hält der Komet P/Encke, der bereits über 50mal wiederbeobachtet wurde (s. Tabelle 5.4).

Die Bahnebenen der anderen Kometen sind beliebig im Raum orientiert. Die als parabolisch klassifizierten Bahnen gehören in Wirklichkeit zu extrem langperiodischen Kometen, deren Bahnexzentrizität nur so wenig unterhalb von 1 liegt, daß angesichts der Beobachtungsungenauigkeit in den Örtern nur $e=1$ gesetzt werden kann. Manche langperiodischen oder parabolischen Kometen haben ihr Perihel innerhalb der Sonnenkorona und heißen deswegen „Sonnenstreifer". Dabei fällt eine nach dem Astronomen H. Kreutz benannte Gruppe auf, deren Perihelien bei etwa 0,008 AE liegen und die auch sonst ähnliche Bahnelemente aufweisen (s. Tabelle 5.4). Möglicherweise stammen die Mitglieder der Kreutz-Gruppe von einem großen Mutterkern ab, der sich aufspaltete.

Wenn langperiodische Kometen in Perihelnähe einem der massereichen äußeren Planeten, vor allem dem Jupiter oder dem Saturn, nahekommen, können sie drastisch abgebremst oder beschleunigt werden (Bild 5.19). Im ersten Falle verkleinert sich die Bahnexzentrizität e, und der Komet kann zu einem kurzperiodischen werden. Im zweiten Fall kann e den Wert 1 überschreiten, d. h., die Bahn wird zu einer Hyperbel, und der Komet verläßt das Sonnensystem für immer. Beim Einfang langperiodischer Kometen auf Bahnen innerhalb des eigentlichen Planetensystems spielt der Jupiter die Hauptrolle; 69 % der kurzperiodischen Kometen haben daher Aphelien in der Nähe von 5 AE Sonnenanstand. Man faßt sie zur Jupiterfamilie zusammen. Wahrscheinlich haben auch die anderen jupiterartigen Planeten solche Familien, die jedoch nicht so umfangreich und weniger deutlich ausgeprägt sind als die Jupiterfamilie. Der Umstand, daß e für alle bisher beobachteten hyperbolischen Kometen den Wert 1 nur um weniger als 0,001 überschreitet (s. Tabelle 5.4), gilt als dynamischer Beweis dafür, daß diese Kometen nicht aus dem interstellaren Raum kommen.

Die Bahneigenschaften der Kometen finden ihre Erklärung in der Existenz eines großen Reservoirs von schätzungsweise 10^{11} Kometenkernen, die ein sphärisches Volumen von 1 bis 2 Lichtjahren Radius um die Sonne bevölkern, die Oortsche Kometenwolke. Sie stellen wahrscheinlich Planetesimalien aus der Entstehungszeit des Sonnensystems dar (s. Abschnitt 6). Störende Einflüsse der Nachbarsterne, aber auch interstellarer Wolken, denen die Sonne auf ihrer galaktozentrischen Bahn begegnet, sorgen dafür, daß ständig Kometen in die Innenbezirke des Sonnensystems gelangen, von denen einige der Sonne so nahe kommen, daß sie Koma und Schweif entwickeln und damit für uns beobachtbar werden.

5.4.3 Koma- und Schweifentwicklung

Nähert sich ein Kometenkern der Sonne, so beginnt er in der Regel bei einem heliozentrischen Abstand von $r \approx 3$ AE – in Einzelfällen beginnt der Prozeß auch schon in größerem Sonnenabstand – mit starker Gas- und Staubfreisetzung und bildet zunächst eine staubige Gashülle, die Koma, und schließlich den Schweif aus, dessen Länge und Intensität mit der Annäherung an die Sonne wächst (Bild 5.20).

Tabelle 5.4 Ausgewählte Kometen. T Durchgangszeit durch das Perihel; P Umlaufperiode; q Perihelabstand; e numerische Exzentrizität; i Bahnneigung

Name	T	P (in a)	q (in AE)	e	i (in °)
Kurzperiodische Kometen					
Encke	1994 Feb. 9,4	3,28	0,331	0,850	11,94
Tempel 2	1994 März 16,8	5,48	1,484	0,522	11,98
Halley	1986 Feb. 9,6	76	0,587	0,967	162,23
Schwaßmann-Wachmann 1	1989 Okt. 26,2	14,9	5,77	0,0447	9,37
Langperiodische (+ parabolische) Kometen					
1680 (Kirch)	1680 Dez. 18,5	–	0,0062	1,0000	60,67
1858 VI (Donati)	1858 Sep. 30,5	1950	0,998	0,9963	116,97
1911 V (Brooks)	1911 Okt. 28,2	2130	0,489	0,9970	33,80
Sonnenstreifer (Kreutz-Gruppe)					
1965 VIII (Ikeya-Seki)	1965 Okt. 21,2	880	0,00778	0,99991	141,8
1882 II (Großer Septemberkomet)	1882 Sep. 17,7	759	0,00775	0,99991	142
Hyperbolische Kometen					
1899 I (Swift)	1899 Apr. 13,5	–	0,326	1,00034	146,26
1911 IV (Beljawsky)	1911 Okt. 10,8	–	0,303	1,00017	96,47
1947 XII (Südkomet)	1947 Dez. 2,6	–	0,110	1,00003	138,51

5.4 Die Kometen

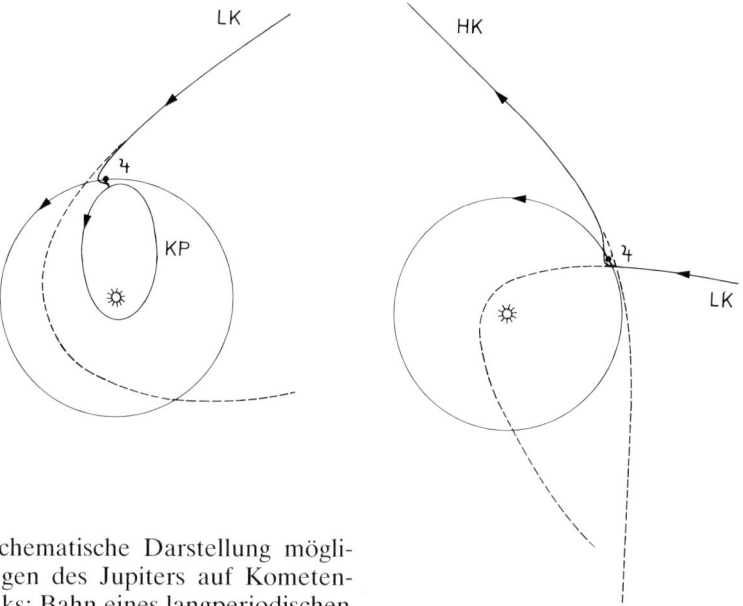

Bild 5.19 Schematische Darstellung möglicher Störungen des Jupiters auf Kometenbahnen. Links: Bahn eines langperiodischen Kometen (LK), der durch die bremsende Wirkung des Jupiters zu einem kurzperiodischen (KP) wird. Rechts: Bahn eines langperiodischen Kometen, den die Wechselwirkung mit dem Jupiter so beschleunigt, daß er das Sonnensystem verläßt (hyperbolischer Komet, HK).

Bild 5.20 Scheinbare Bahn und Schweifentwicklung des Kometen 1874 III Coggia von Mitte April bis Ende Juni 1874 (nach Zeichnungen von Wilhelm Tempel). Bis Mitte Mai war nur die Koma zu sehen, danach bildete sich der Schweif aus, dessen Länge und Helligkeit mit der Sonnenannäherung zunahm (Periheldurchgang: 9. Juli 1874).

Die scheinbare Gesamthelligkeit m des Kometen nimmt durch das Gasleuchten und das Streulicht des Staubes stärker zu, als es für einen Himmelskörper, der Sonnenlicht nur an seiner Oberfläche reflektiert, der Fall wäre. Es gilt

$$m = H_o + 2{,}5\, n \lg r + 5 \lg \Delta. \qquad (5.4)$$

H_o absolute Gesamthelligkeit (definiert wie bei Planetoiden)

Im komafreien Fall gilt $n = 2$ (vgl. Gleichung *(5.1)*). Bei den bisher beobachteten Kometen wurden Werte bis $n = 8$ gefunden. Bei häufig wiederkehrenden Kometen scheint n säkular kleiner zu werden. n ist für An- und Abflugbahn eines Kometen verschieden.

Bei der durch Sublimation der flüchtigen Kernsubstanz in Sonnennähe erfolgenden Ausgasung werden auch in großem Umfange feste Teilchen freigesetzt. Die Gasmoleküle verlassen den Kern mit Geschwindigkeiten von ca. 1 km s^{-1}, entweichen also unverzüglich in den Weltraum, da die Entweichgeschwindigkeit des Kerns 2 bis 3 Größenordnungen niedriger ist. Die Freisetzungsraten betragen zwischen 10^{28} und 10^{30} Moleküle pro s. Beim Kometen Halley betrug die Gasproduktionsrate im März 1986 6,9 10^{29} s^{-1}, die Freisetzungsrate für den Staub etwa 10^4 kg s^{-1}.

Das Kometengas enthält nur innerhalb von weniger als 10^4 km vom Kern unveränderte Muttermoleküle der volatilen Kernsubstanz, denn die sublimierten Moleküle werden innerhalb weniger Stunden von der energiereichen Sonnenstrahlung zu Atomen und Radikalen dissoziiert. Die UV-Strahlung der Sonne sorgt auch für die Ionisation der Moleküle, Atome und Radikale. An den Ionisationsprozessen ist in größerer Entfernung auch der Sonnenwind beteiligt, indem z. B. Sonnenwindprotonen beim Zusammenstoß mit Kometenmolekülen den letzteren Elektronen entziehen und so zu neutralen Wasserstoffatomen werden (Ladungsaustauschreaktionen). Die Kometengashülle ist also größtenteils eine Ionosphäre und unterliegt daher der intensiven Wechselwirkung mit den Magnetfeldern des Sonnenwindes.

Wenn der Sonnenwind auf das aus schweren Ionen bestehende Plasma der Kometenkoma auftrifft, wird er abgebremst, und es bildet sich die beim Abbremsen einer Überschallströmung auf Unterschallgeschwindigkeit typische Stoßfront (Bild 5.21). Beim Kometen Halley wurde sie im Abstand von 1,1 10^6 km vom Kern festgestellt. Hinter der Stoßfront mischen sich das abgebremste und turbulent gewordene Sonnenwindplasma und das Kometenplasma. An den Stellen, wo der dynamische Druck dieses Mischplasmas gleich dem Druck des vom Kern wegströmenden Kome-

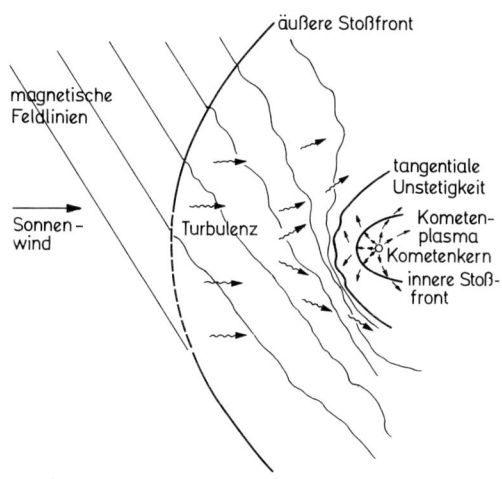

Bild 5.21 Schematische Darstellung der magnetohydrodynamischen Wechselwirkung zwischen Kometenplasma und Sonnenwind. Letzterer läuft mit seinen „eingefrorenen" Magnetfeldern mit etwa 400 km s^{-1} auf das magnetische Hindernis auf, das der von Plasma umgebene Komet darstellt (das von der Sonnenstrahlung ionisierte Kometengas strömt vom Kern mit 1...2 km s^{-1} ab). Hinter der sich ausbildenden Stoßfront beträgt die Sonnenwindgeschwindigkeit nur noch etwa 50 km s^{-1}. Hier herrscht Turbulenz, und es kommt zur Mischung von Sonnenwind- und Kometenplasma. Dort, wo der kinetische Druck des Sonnenwindes gleich dem des Kometenplasmas wird, bildet sich die sog. tangentiale Unstetigkeit aus. An dieser parabolischen Hüllfläche umströmt der Sonnenwind Kern und Koma. Innerhalb dieser Hüllfläche kann es beim Übergang des vom Kern abströmenden Kometenplasmas durch die Abbremsung von Über- auf Unterschallgeschwindigkeit noch zur Ausbildung einer inneren Stoßfront kommen (nach T. Roatsch, M. Danz u. K. Sauer, 1985).

5.4 Die Kometen

tenplasmas ist, bildet sich eine zweite, die sog. tangentiale Unstetigkeitsfläche. Sie umhüllt den Kern in Form eines Paraboloids, dessen Scheitel zur Sonne zeigt. Diese Unstetigkeit begrenzt die Kometenionosphäre (Ionopause); der

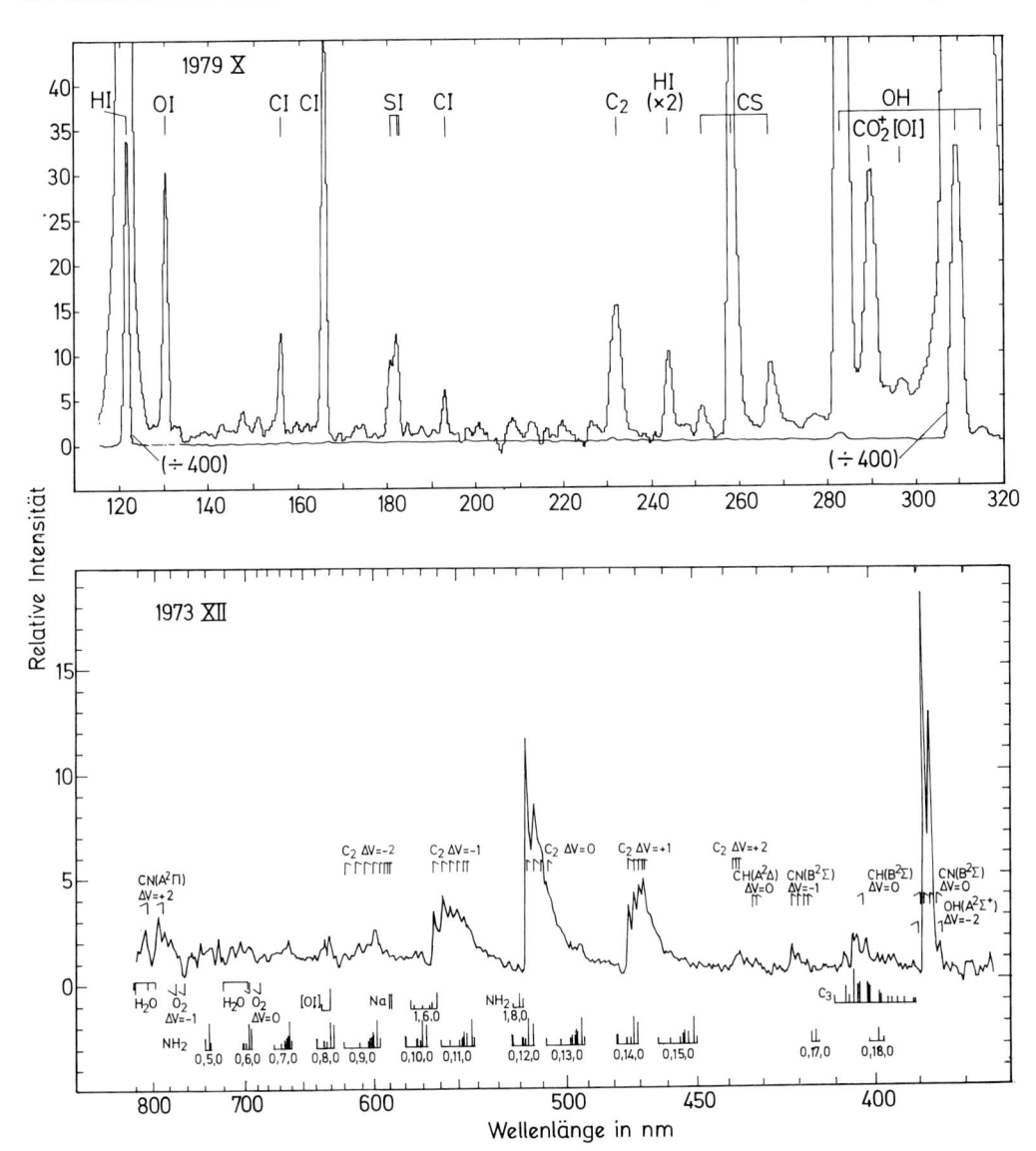

Bild 5.22 Das Kometenspektrum vom UV bis zum nahen IR. Oben: Mit dem Satellitenobservatorium IUE gewonnenes UV-Spektrum des Kometen 1979 X Bradfield (nach P. O. Feldman, 1982). Unten: Visuelles Spektrum des Kometen 1973 XII Kohoutek (nach M. F. A'Hearn, 1975). In beiden Spektren wurden die Atom- und Moleküllinien mit ihren chemischen und spektroskopischen Symbolen gekennzeichnet. Detaillierte Angaben (Änderung der Schwingungsquantenzahl v, Kennzeichnung der intensivsten Rotations-Schwingungs-Übergänge in der Nähe der Bandenköpfe) wurden für die stärksten Banden der zweiatomigen Moleküle C_2, CN, CH und OH gemacht. Markiert wurde auch die Lage terrestrischer Banden von H_2O und O_2 sowie die der dreiatomigen Moleküle C_3 und NH_2, unabhängig davon, ob sie im Kometenspektrum wirklich auftreten oder nicht.

Sonnenwind und sein Magnetfeld können nicht eindringen und umströmen den Kometen längs dieser Fläche. Beim Kometen Halley wurde diese Grenzfläche im Abstand von 4700 km vom Kern gefunden.

Auf der sonnenabgewandten Seite des Kometen sorgt die Wechselwirkung zwischen Kometenplasma und Sonnenwindmagnetfeldern für das Entstehen des geraden Plasmaschweifes. Er kann sehr inhomogen aussehen, Strahlen und Knoten zeigen (vgl. Bild des Kometen Halley in Bild 5.18), manchmal auch schraubenförmige Wellenphänomene aufweisen. Außerdem unterliegt er ständig Veränderungen, gelegentlich kommt es sogar zum Abreißen von Schweifteilen.

Das Spektrum eines Kometen enthält neben dem kontinuierlichen Streulicht des Staubes zahlreiche Emissionslinien (bzw. -banden) der Moleküle, Atome, Radikale und Ionen (Bild 5.22, Tabelle 5.5). Aus ihnen den ursprünglichen Bestand an Muttermolekülen zu rekonstruieren, ist wegen der komplexen Netze photochemischer und plasmachemischer Reaktionen vorerst nur sehr unsicher möglich. Sicher scheint nur zu sein, daß H_2O das bei den meisten Kometen dominierende Muttermolekül ist. Beim Kometen Halley waren 80 % der freigesetzten Moleküle H_2O. Bei einigen Kometen, die durch frühe Komabildung auffallen und bereits für $r > 3$ AE Kernaktivität zeigen, ist CO_2 das wesentliche Molekül. Einzelne Muttermoleküle, z. B. HCN und CH_3CN, konnten radioastronomisch in der inneren Koma nachgewiesen werden. Die im UV und im Optischen gelegenen Linien von Radikalen sind bis zu einigen 10^5 km Kernabstand nachweisbar. Die UV-Emissionslinien neutraler Atome, vor allem die $L\alpha$-Linie des Wasserstoffs, der aus der H_2O-Dissoziation stammt, sind bis zu einigen 10^7 km Entfernung nachweisbar (Wasserstoffkorona).

Im Plasmaschweif (Schweif vom Typ I; s. Bild 5.18), der bei manchen Kometen eine Länge von über 10^8 km erreichen kann, treten vor allem Molekülionen auf. Beim Kometen Halley dominierte in Kernnähe H_3O^+, weiter außen wurden H_2O^+, OH^+, C^+, CH^+, O^+, Na^+, C_2^+, S^+ und Fe^+ festgestellt. In Tabelle 5.5 sind die wichtigsten bisher entdeckten Moleküle und Molekülionen aufgeführt.

Tabelle 5.5 Verteilung der in Kometenspektren beobachteten Linien und Banden

Kometenkomponente	Spektralbereich	Identifikation
Kopf (Kern + Koma)	optisch	HI, OI, NaI, KI, CrI, Mn, I, FeI, NiI, CoI, CuI, VI CN, C_2, C_3, ^{12}C, ^{13}C, CH, NH, NH_2, OH CaII, CO^+, CH^+, CO_2^+, N_2^+, OH^+, H_2O^+
	UV	HI, CI, OI, SI, OH, CO, C_2, CS, S_2 CII, CO^+, CO_2^+, CN^+
	Radiogebiet	CH_3CN, HCN, H_2O, OH, CH
	IR	SiO_4, CO_2, H_2O, CH, H_2CO, CO
Plasmaschweif	optisch	CO^+, CH^+, CO_2^+, N_2^+, OH^+, H_2O^+
	UV	CII, CO^+, CO_2^+, CN^+
Staubschweif	IR	SiO_4

Die aus dem Kometenkern vom entweichenden Gas mit herausgerissenen Staubteilchen bestehen zumindest teilweise aus Silikaten, denn bei einer ganzen Reihe von Kometen, z. B. Kohoutek, Bradfield und West, wurde im thermischen Staubkontinuum im Infraroten eine breite Festkörperemissionsbande bei 10 μm Wellenlänge gefunden, die für

Silikate typisch ist. Die Breite und Strukturlosigkeit dieser Bande weist auf stark gestörte Gitter dieser Silikate hin (amorphe Silikate). Bei einigen Kometen wurde ein strukturiertes Bandenprofil nachgewiesen (vgl. Bild 5.26), aus dem einige Autoren auf das Vorhandensein von kristallinem Olivin schlossen.

Die Staubteilchen mit Durchmessern zwischen 0,1 und 1 μm unterliegen sehr stark der Wirkung des Strahlungsdruckes der Sonne. Sie bilden den gekrümmten Staubschweif (Schweif vom Typ II), der in der Regel lichtschwächer und gleichförmiger ist als der Plasmaschweif, aber auch gelegentlich eine auffällige Bänderung aufweisen kann (s. Komet West im Bild 5.18). Innerhalb der Koma ist die Staubverteilung besonders inhomogen. Die Nahaufnahmen des Kometen Halley haben die Vermutung bestätigt, daß der Staub durch entweichendes Gas fontänenartig aus Kernspalten oder zumindest lokalisierten Gebieten ausgeschleudert wird (vgl. Bild 5.23). Durch diese diskrete Freisetzung entstehen Staubstrahlen oder Jets. Der optische Eindruck der Jets wird von Teilchen bestimmt, deren Größen zwischen 0,1 und 100 μm liegen. Die erwähnte Bänderung im Staubschweif hängt wahrscheinlich mit der diskreten Staubfreisetzung zusammen.

Die Jets bewegen sich infolge der Kernrotation spiralig vom Kern weg. Aus der Form der Spiralen konnte bei einer Reihe von Kometen die Rotationsperiode, bei einigen sogar die Lage der Rotationsachse ermittelt werden. Die abgeleiteten Perioden liegen zwischen einigen Stunden und wenigen Tagen. Die Rotationsverhältnisse können sehr kompliziert sein (vgl. Bild 5.24).

Unter besonderen Umständen wird bei manchen Kometen ein dünner, gerader, in Richtung Sonne weisender Strich sichtbar: der Gegenschweif. Er ist lediglich ein Projektionseffekt und entsteht durch Reflexion von Sonnenlicht an Auflösungsprodukten (Staubteilchen größer als 10 μm) in der Kometenbahn. Das Phänomen wird sichtbar, wenn die Erde in der Bahnebene des Kometen steht und dieser sich zwischen Erde und Sonne befindet.

5.4.4 Kern und Kernauflösung, Ergebnisse des Kometen Halley

Über den Kometenkern war bisher wenig Sicheres bekannt. Die Abschätzungen, die z.B. anhand von Radarechos an erdnahen Kometen gewonnen wurden, ergaben Radien von 0,1 bis 10 km und Massen von 10^{10} bis 10^{16} kg. Als Mittelwert der Rotationsperiode ergab sich 15 h, die Rotationsachsen erwiesen sich als zufällig orientiert. Den Kern stellte man sich nach dem Whippleschen Eiskonglomeratmodell als hauptsächlich aus „Eis" im weitesten Sinne bestehend vor, in das Staubteilchen und lockere Brocken von Silikatgestein vom Typ der kohligen Chondrite eingebettet sind. Dieses Kernmodell wurde verschiedentlich modifiziert, indem man den monolithischen Eiskern durch eine lockere Struktur („schmutziger Schneeball") ersetzte und H_2O auch in Form von Einschlußverbindungen, sog. Klathrat-Hydrate, zuließ (in Hohlräumen des H_2O-Gitters sitzen Moleküle wie NH_3, CH_4, CO).

Beim Vorbeiflug der Sonden Giotto, WEGA 1 und WEGA 2 am Kometen Halley konnte 1986 erstmals der Kern eines Kometen sichtbar gemacht und das Kernmaterial analytisch untersucht werden. Dabei ergab sich, daß der Kern dieses Kometen in grober Näherung die Form eines dreiachsigen Ellipsoids mit den Halbachsen der Längen 8, 4,1 und 3,8 km hat (Bild 5.23). Für die Rotation des Kerns wurden mehrere Perioden festgestellt, wobei es insbesondere über die Länge der kürzeren Periode noch

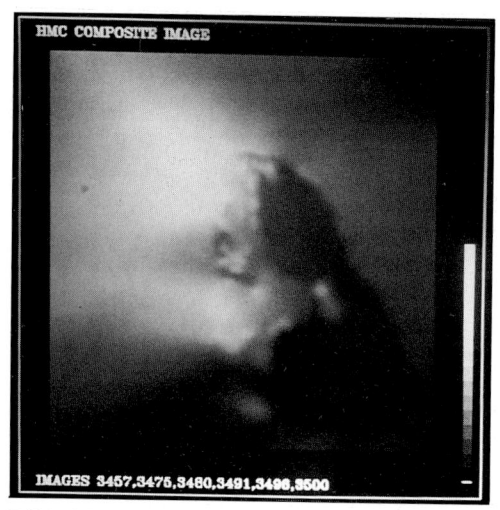

Bild 5.23 Aus 6 Nahaufnahmen der Sonde Giotto durch Computerbearbeitung gewonnenes hochauflösendes Bild des Kerns des Kometen Halley. Deutlich zu sehen sind die lokalisierbare Gasfreisetzung (aus Spalten?) in bestimmten Gebieten der sonnenbeschienenen Seite und einige Oberflächenstrukturen, z. B. die kraterartige Vertiefung und der Berg auf der Nachtseite, dessen Spitze noch sonnenbeschienen ist (Foto: MPI für Aeronomie).

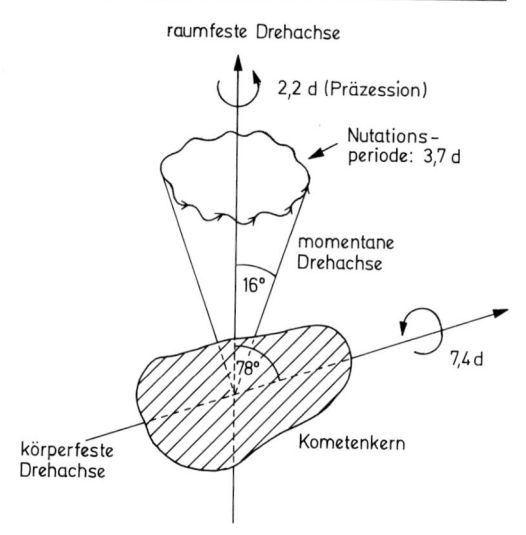

Bild 5.24 Schematische Darstellung der Rotation des Kometen P/Halley (nach M. J. S. Belton). Ausführliche Beschreibung im Text.

Kontroversen unter den Fachleuten gibt (2,2 oder 3,7 d). Die längere Periode beträgt 7,1 d. Mit ihr rotiert der Kern um seine lange Achse, während die Rotationsachse mit der kurzen Periode präzediert (Bild 5.23).

Da die Massenabschätzungen des Kometen Halley Werte zwischen 5 und 16 10^{13} kg lieferten, ergeben sich für die mittlere Dichte des Kernmaterials die sehr niedrigen Werte 100...540 kg m^{-3}, die gegen einen monolithischen Eisblock und eher für schwammig-poröses Material sprechen. Der Kern stellte sich als extrem dunkel heraus (p_V = 0,04...0,05). Er ist offensichtlich von einer Kruste aus abgelagerten, dunklen, nichtflüchtigen Bestandteilen bedeckt.

Durch die Bestimmung der Staubzusammensetzung in Kernnähe haben wir erstmals genauere Anhaltspunkte über die chemische Beschaffenheit der nichtflüchtigen Kernsubstanz erhalten. Die gemessene Elementenhäufigkeit der Teilchen spiegelt insgesamt eine chemische Zusammensetzung wider, die sehr gut mit der der primitivsten Meteoritenklasse, den kohligen Chondriten vom Typ C1, zusammenpaßt. Es gibt jedoch erhebliche Unterschiede von Teilchen zu Teilchen, so daß verschiedene Typen klassifiziert wurden. Die meisten der analysierten Staubteilchen enthielten die Elemente C, H, O und N, weswegen man sie „CHON-Teilchen" nannte. Offensichtlich bestehen sie aus organischem Material. Das andere Extrem stellten Mineralteilchen dar, meist Silikate, aber auch Sulfide (vor allem FeS) und sogar metallisches Eisen (Bild 5.25). In den Mineralteilchen herrschten die Elemente Mg, Al, Si, S, Ca und Fe vor. Minerale und organische Moleküle traten auch kombiniert auf, vorstellbar etwa als Teilchen mit Mineralkern und organischer Hülle, wie sie für den interstellaren Staub postuliert worden waren (Staubmodell von J. M. Greenberg). Die variablen Elementen-

5.4 Die Kometen

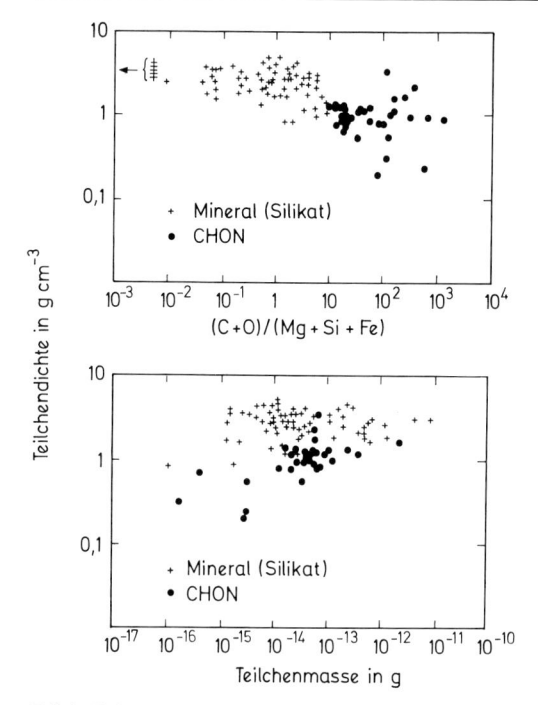

Bild 5.25 Die beiden Hauptgruppen von Staubteilchen in der Koma des Kometen Halley aus 112 mit dem Flugzeitmassenspektrometer PUMA der Sonde WEGA 1 gemessenen Teilchen (nach D. Maas, F. R. Krueger u. J. Kissel, 1987). Aufgetragen ist die innere Teilchendichte über dem Verhältnis der gemessenen Anzahl der Kohlenstoff- und Sauerstoffatome zu der der Elemente Magnesium, Silizium und Eisen (oben) und über der Teilchenmasse (unten). Für die Mineralteilchen (Kreuze) ist $(C + O)/(Mg + Si + Fe) < 10$, für die CHON-Teilchen (Kreise) > 10. Die mittlere Dichte der Mineralteilchen liegt bei 2,5, die der CHON-Teilchen bei 1 g cm^{-3}. Die Massen der meisten Teilchen liegen zwischen 10^{-14} und 10^{-13} g.

anteile in den CHON-Teilchen deuten darauf hin, daß eine ganze Reihe organischer Moleküle erwartet werden dürfen (Kohlenwasserstoffe, Aldehyde, Amine). Neben den genannten Elementen wurden in den Kometenteilchen noch zahlreiche Spurenelemente identifiziert: Li, B, Na, P, Cl, K, Ti, Cr, Mn, Co, Ni und Cu. Dieser Befund paßt zu Beobachtungen von Kometen, die in die Sonnenkorona eintauchten (Sonnenstreifer, vgl. Tabelle 5.4).

Die große Kohlenstoffhäufigkeit in der Staubkomponente löst ein Kometenrätsel, nämlich die bisher durch spektralanalytische Bestimmungen (quantitative Ermittlung des C-Gehaltes aus der Stärke der Banden kohlenstoffhaltiger Moleküle) festgestellte Unterhäufigkeit dieses Elements. Bezieht man den Kohlenstoff der CHON-Teilchen mit ein, dann verschwindet die Diskrepanz zur mittleren kosmischen C-Häufigkeit.

Überraschend kam die Entdeckung, daß zumindest in Kernnähe Staubteilchen mit Massen unter 10^{-15} g relativ häufig sind. Mit astronomischen Mitteln sind diese Subfemtogrammteilchen schwer nachzuweisen, weil sie das Kometenlicht oder die IR-Strahlung wenig beeinflussen. Da der Druck der Sonnenstrahlung auf sie nur von geringer Wirkung ist, breiten sie sich auch in Richtung Sonne aus. Zu dieser feinen Staubfraktion scheinen vor allem die CHON-Teilchen zu gehören.

Im IR-Spektrum des Kometen Halley wurden mehrere auffällige Banden gefunden. Eine Emissionsbande bei 3,4 μm wird auf C-H-Dehnungsschwingungen organischer Moleküle – möglicherweise in den CHON-Teilchen – zurückgeführt (Bild 5.26). Die bereits erwähnte Silikatbande bei 10 μm, die auf Dehnungsschwingungen der SiO$_4$-Tetraeder zurückgeht, hob sich erstmals im Dezember 1985 aus dem thermischen Kontinuum des Komastaubes heraus und erreichte im Januar 1986 ihre stärkste Ausprägung. Im Gegensatz zu den bisher beobachteten Silikatbanden anderer Kometen zeigte sie eine innere Struktur, aus der auf kristallinen Olivin geschlossen wurde. Allerdings kann diese Identifikation noch nicht als endgültig angesehen werden. Mit dem IR-Spektrometer IKS der WEGA-Sonden wurde sie allerdings nicht gefunden. An ihrer Stelle gelang die Entdeckung einer bisher nicht identifizierten Bande bei etwa 7,5 µm. Da in diesem Wellenlängenbereich Biegungsschwingungen von C-H-Bindungen liegen, könnte es sich vielleicht gleichfalls um eine für den CHON-Staub typische Bande handeln. Wahrscheinlich spielte z. Z. der Sondenmessungen die thermische Emission der Silikatteilchen in Kernnähe gerade eine untergeordnete Rolle. Im Bereich zwischen 20 und 30 µm wurden mehrere Banden nachgewiesen, die zu Olivin passen (SiO_4-Deformations-Schwingungen). Das mit dem Kuiper Airborne Observatory der NASA beobachtete Kometenspektrum im fernen IR (bis 160 µm) erwies sich als sehr variabel. Diese Strahlung ist auf die thermische Emission sehr großer Staubteilchen zurückzuführen.

Durch die Ausgasung in Sonnennähe „altern" Kometen. Dieser Effekt zeigt sich z. B. bei kurzperiodischen Kometen sehr deutlich, die bereits viele Periheldurchgänge hinter sich haben. Sie sind bei weitem keine so eindrucksvollen Phänomene am Himmel wie die langperiodischen oder parabolischen Kometen, die vom Grade der Kernentwicklung her als „jung" eingestuft werden müssen und über den vollen Vorrat ihrer Volatilien verfügen. „Alte" Kometen setzen weit weniger Gas frei und sind offenbar mit dicken Krusten nichtflüchtiger dunkler Bestandteile bedeckt und darum an der Kernoberfläche wärmer als „junge", deren Oberfläche durch die massive Sublimation der Volatilien sehr wirkungsvoll gekühlt wird. Die Gasfreisetzung erfolgt bei den durch viele Perihelpassagen gealterten

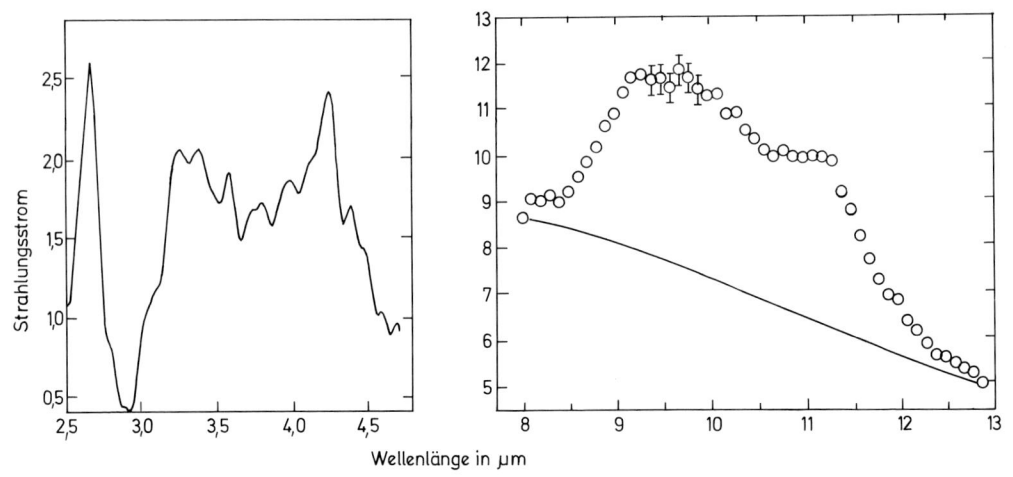

Bild 5.26 Zwei chemisch sehr aufschlußreiche Wellenlängenbereiche im IR-Spektrum des Kometen Halley. Links: Mit dem Spektrometer IKS von WEGA 1 gewonnenes Spektrum (Strahlungsstrom in willkürlichen Einheiten!). Dem thermischen Kontinuum überlagern sich Emissionsbanden von Wasserdampf bei 2,7 µm und CO_2 bei 4,25 µm. Die Emissionsbandengruppe im Bereich 3...3,5 µm wird auf C-H-Schwingungen von Kohlenwasserstoffen (CHON-Material) zurückgeführt. Die Absorptionsbande bei 2,9 µm geht auf H_2O-Eis zurück (nach Th. Encrenaz, 1987). Rechts: In der Infrared Telescope Facility der NASA auf Hawaii aufgenommenes Spektrum. Der Strahlungsstrom ist hier in 10^{-12} W m^{-2} µm^{-1} aufgetragen. Dem thermischen Kontinuum im 10-µm-Bereich ist eine breite und strukturierte Festkörperbande überlagert, die für Silikate typisch ist. Zur Identifikation wurde speziell Olivin ($(Mg, Fe)_2SiO_4$) vorgeschlagen. Das Kontinuum kann durch einen schwarzen Körper von 385 K dargestellt werden (ausgezogene Kurve, nach H. Campins und E. V. Ryan, 1989).

Kernen durch spezielle Öffnungen, die wahrscheinlich einem Spaltensystem angehören, in diskreten, sehr heftigen Ausbrüchen. Bei einigen kurzperiodischen Kometen (z. B. P/Schwaßmann-Wachmann 2) wurden Helligkeitsausbrüche von bis zu 9 mag festgestellt, deren Mechanismus noch unbekannt ist. Dieser „Kometenvulkanismus" ist auch mit starker Staubfreisetzung und mit dem Verlust größerer Brocken gekoppelt. Der Komet Halley ist unter den kurzperiodischen Kometen wahrscheinlich einer der jüngsten, aber relativ zu den parabolischen doch schon mit deutlichen Alterungsmerkmalen versehen.

Durch viele Sonnenpassagen „morsch" gewordene Kometenkerne zerfallen gelegentlich vor den Augen der Astronomen in mehrere Stücke, die dann ihre Aktivität gänzlich einstellen. Abspaltungen von Teilkomponenten wurden bei etwa zwei Dutzend Kometen festgestellt, darunter sogar einigen langperiodischen, z. B. beim Kometen West (1976 IV).

Abgesehen von diesen drastischen Formen der Kernauflösung hinterläßt jeder Kometenkern zahlreiche feste Partikeln, die die Sonne als Meteoroide in der Nähe der ursprünglichen Kometenbahn umlaufen. Kreuzt die Erde die Bahn eines solchen Stromes von Kometenschutt, dann treten gehäuft Sternschnuppen auf; man spricht von Meteorströmen. Da die Kometenbahnen raumfest sind, treten diese Meteorströme immer um dieselbe Zeit des Jahres auf. In der Tabelle 5.6 werden einige Meteorströme aufgeführt. Bei einigen von ihnen ist sogar der auslösende Komet bekannt. Wie bereits im Abschnitt 5.3.3 erwähnt wurde, könnte es sich bei dem Planetoiden (3200) Phaëton im Meteorstrom der Geminiden um den restlos entgasten, nicht zerfallenen Kern des Ursprungskometen handeln.

5.5 Interplanetarer Staub

Für die Existenz zahlreicher interplanetarer Mikrometeoroide, d. h. Staubteilchen mit Abmessungen von 1…100 µm, spricht neben direkten Messungen im interplanetaren Raum vor allem das Zodiakallicht (Tierkreislicht), eine schwache Erhellung längs der Ekliptik, die mit wachsendem Winkelabstand von der Sonne immer schwächer wird (Bild 5.27) und in großen Abständen nur extraterrestrisch beobachtet werden kann. Das Zodiakallicht beginnt bereits in der äußeren Sonnenkorona (vgl. Abschnitt 2.7). Im Gegenpunkt der Sonne ist das Zodiakallicht heller als die Umgebung und kann als sog. Gegenschein auch von der Erde aus gesehen werden. In Bild 5.27 ist auch das Polarisationsverhalten des Zodiakallichts dargestellt.

Die Zodiakallichtmaterie, an der das Sonnenlicht gestreut wird, bildet eine flache ellipsoidische Wolke mit der Sonne im Zentrum und der Ekliptikebene

Tabelle 5.6   Auswahl von Meteorströmen

Meteorstrom	Maximum	Radiant		V_{geo}	Bahn			Komet
		α (in h min)	δ (in °)	(in km/s)	q (in AE)	e	i (in °)	
Quadrantiden	Jan. 3	15 18	+46	42,7	0,974	0,715	73,8	
Lyriden	Apr. 22	18 12	+35	48,4	0,918	0,969	79,9	1861 I
η-Aquariden	Mai 5	22 32	− 1	64	0,47	0,91	160,0	Halley
Perseiden	Aug. 11	2 52	+56	60,4	0,936	0,955	113,7	1862 III
Orioniden	Okt. 19	6 16	+16	66,5	0,539	0,930	163,2	Halley
Geminiden	Dez. 12	7 32	+30	36,5	0,140	0,899	24,0	(3200) Phaëthon

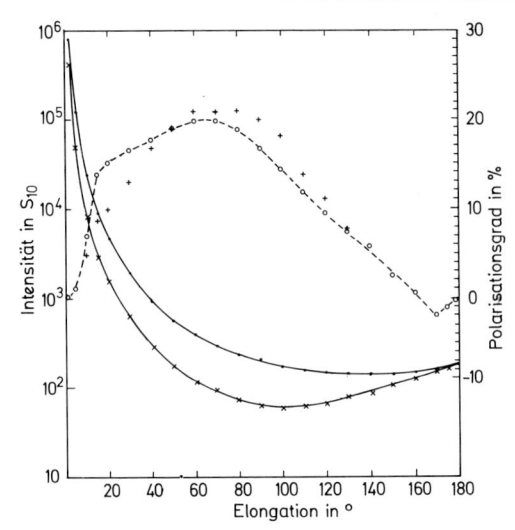

Bild 5.27 Intensität und Polarisationsgrad des Zodiakallichts in Abhängigkeit vom Winkelabstand von der Sonne (nach Landolt-Börnstein, 1982). Die Intensität (linke Skala) ist in Sternen vom Sonnentyp mit $V = 10^m$ pro Quadratgrad (S_{10}) gegeben, der Polarisationsgrad (rechte Skala) in %. Ausgezogene Kurve mit gefüllten Kreisen: Intensität in der Ekliptik; ausgezogene Kurve mit Kreuzen: Intensität senkrecht zur Ekliptik im helioekliptischen Meridian. Gestrichelte Kurve mit offenen Kreisen: Polarisationsgrad in der Ekliptik; stehende Kreuze: Polarisationsgrad im helioekliptischen Meridian. Negative Polarisation bedeutet, daß der elektrische Vektor bevorzugt in der Streuebene schwingt.

als Symmetrieebene. Wahrscheinlich stammen die meisten dieser Teilchen aus der Auflösung von Kometen.

Die beiderseits der Ekliptik von dem Infrarotsatelliten IRAS festgestellten Staubbänder gehen wahrscheinlich auf die Wärmestrahlung von Staub zurück, der bei der Kollision von Planetoiden im Gürtel entstand.

Interplanetare Staubteilchen wurden auch im Weltraum und in der Erdatmosphäre direkt gesammelt. Im Gegensatz zu größeren Partikeln verglühen kleine Teilchen in der Atmosphäre nicht, weil sie bereits in den hohen Schichten so stark abgebremst werden, daß der Durchflug durch die dichten Schichten nur noch eine harmlose Erwärmung mit sich bringt. Solche Teilchen wurden auch auf dem Eis der Polargebiete gesammelt (wo die Kontamination durch anthropogenen Staub zu vernachlässigen ist), sie fanden sich auch in Meeresablagerungen. Diese interplanetaren Staubteilchen gewinnen eine zunehmende Bedeutung für die Erforschung des Sonnensystems, weil sie neben den Meteoriten die einzige direkt im Laboratorium erforschbare Materiekomponente sind, die Aufschlüsse über das urtümliche Material geben kann, aus dem die Planeten gebildet wurden.

6 Heutige Vorstellungen über die Entstehung des Sonnensystems

6.1 Die Problemstellung

Mit dem Problem, die Herkunft des Sonnensystems zu erklären, haben sich seit dem 17. Jahrhundert Philosophen, Mathematiker und Astronomen immer wieder beschäftigt. Da es bis heute keine in sich geschlossene, widerspruchsfreie und allgemein akzeptierte Theorie der Entstehung des Sonnensystems gibt, besteht diese Herausforderung bis in unsere Zeit, und zahlreiche Astrophysiker, Meteoritenforscher und Kosmochemiker sowie Planetologen widmen sich dieser Aufgabe.

Mehr als 50 verschiedene Hypothesen lassen sich in den letzten 350 Jahren in der astronomischen Literatur nachweisen. Die meisten von ihnen haben nur noch historische Bedeutung, weil sie von Voraussetzungen ausgingen, die vom heutigen Wissensstand überholt sind. Einige von ihnen enthalten jedoch sehr fruchtbare Gedankengänge, die inzwischen zum klassischen Ideengut gehören, auf dem die Überlegungen der modernen Theorie basieren. Dazu gehört z.B. die Vorstellung, daß die Planeten aus einem die Sonne umgebenden oder von ihr selbst hervorgebrachten „Nebel" (Kant 1755, Laplace 1796) hervorgingen, oder die Konzeption der Planetesimalien (Chamberlin 1904), fester Partikeln, aus deren Zusammenballung die großen Körper entstanden.

Heute wird die Entstehung des Sonnensystems nicht mehr als eine Besonderheit des Sterns Sonne, z.B. als extrem unwahrscheinliche Ereignisfolge oder Katastrophe, die diesem Stern widerfuhr, sondern als eine relativ wahrscheinliche Prozeßkette bei der Sonnenentstehung betrachtet. Das Planetensystem wird als Nebenprodukt bei der Bildung der Sonne gesehen. Damit verliert es den Status der Einzigartigkeit und der Isolation vom restlichen Kosmos. Aus der Erforschung der Sternentstehung ergeben sich sogar die Anfangs- und Randbedingungen für die Planetenkosmogonie, die früher ein Gegenstand von Ad-hoc-Annahmen waren.

Durchgesetzt hat sich inzwischen auch die Erkenntnis, daß der Urzustand des Sonnensystems und die wesentlichen Prozesse der Planetenbildung nicht durch „Zurückrechnen" erschließbar sind. In dynamischer Hinsicht verkörpert das System der großen Planeten eine äußerst stabile Konfiguration, die nur noch in gröbsten Umrissen (geometrische Anordnung, Schichtung der Stoffkomponenten) ihre Vorgeschichte erkennen läßt. An vielen Stellen stellt das sog. deterministische Chaos in der Bahnbewegung von Himmelskörpern eine Schranke dar, die ein Zurückrechnen über lange Zeiträume grundsätzlich unmöglich macht. Chaotisches Bewegungsverhalten wurde inzwischen z.B. für den Pluto und zahlreiche Planetoiden festgestellt.

Strukturprinzipien, wie die Titius-Bodesche Reihe (regelmäßige Abstandsfolge der Planeten von der Sonne) und die analogen Regeln für die Satellitensysteme (vgl. Bild 4.4), werden heute als sekundäre Phänomene angesehen, die wenig über die ursprüngliche innere Struktur der Ausgangskonfigurationen aussagen. Die Existenz von Kommensurabilitäten in diesen Systemen zeigt, daß sie durch die dynamische Wechselwirkung der Himmelskörper untereinander im nachhinein beträchtlich modifiziert wurden. Auch in stofflicher Hinsicht sind nur noch die Informationen verfügbar, deren Träger die Atome sind. Durch chemische Reaktionen, Schmelz- und Verdampfungsprozesse und vor allem die Entmischung im Schwerefeld (magmatische Differentiation) sind die meisten Informationen über die Struktur und die chemische Natur des urtümlichen Baumaterials bei den Planeten und großen Satelliten gelöscht worden. Zwar liefert der Elementenbestand und die Isotopenhäufigkeit im Sonnengas und in den Körpern und Kleinkörpern des Sonnensystems wichtige Eckdaten zur Rekonstruktion der Vorgeschichte, jedoch wurde auch hier das Bild durch Verlustprozesse flüchtiger Bestandteile erheblich entstellt. Größte Bedeutung für die Rekonstruktion des Stoffzustandes der frühesten Kondensationsprodukte haben die Materialien, die relativ wenig verändert wurden: kohlige Chondrite, bestimmte Planetoiden und eingefangene irreguläre Satelliten, interplanetare Staubteilchen kometarer Herkunft und vor allem Kometenkerne. In den C-Meteoriten und den eingesammelten interplanetaren Staubteilchen steht dieses Material bereits für Laboratoriumsuntersuchungen zur Verfügung. Durch die geplanten Planetoiden- und Kometenmissionen Vesta, Rosetta u. a. sind in dieser Hinsicht große Fortschritte zu erwarten.

Die Entstehung des Sonnensystems kann nur auf dem Wege der theoretischen Modellbildung geklärt werden. Dabei wird dasjenige Modell als das beste angesehen, das möglichst viele der heute beobachteten Erscheinungen auf möglichst einfache Weise quantitativ richtig erklärt. Von einem den gesamten kosmogonischen Prozeß befriedigend darstellenden Modell kann heute noch nicht gesprochen werden (schon deswegen nicht, weil das Schlüsselereignis, die Sternentstehung, noch an vielen Stellen unverstanden ist), wohl aber von diskutablen Modellierungsvorschlägen einzelner wichtiger Teilvorgänge.

Randbedingungen für die Modellierung werden geliefert durch:
– die vor allem auf den neuen Beobachtungsmöglichkeiten im Bereich der Infrarot-, Submillimeter- und Millimeterastronomie fußenden Vorstellungen über die Bildung von Sternen mittlerer und kleiner Masse;
– die heute feststellbaren Grundeigenschaften des Sonnensystems, wie Massen- und Drehimpulsverteilung, extreme Flachheit des Planetensystems, chemische Beschaffenheit der Himmelskörper in verschiedenen Abstandbereichen von der Sonne, Eigenschaften der Satelliten- und Kleinkörpersysteme;
– Zeugnisse von vergangenen Zuständen des Systems, ja sogar aus präsolarer Zeit, die sich im Material der undifferenzierten Kleinkörper und an den Oberflächen der Planeten erhalten haben und die von der Meteoritenforschung, der Kosmochemie, der Kometen- und Planetoidenforschung und den Planetenwissenschaften untersucht werden.

6.2 Sternentstehung und Theorie der Scheiben

Wesentliche Fortschritte beim Verständnis der Ausgangskonfiguration für die Bildung des Sonnensystems haben die Theorie der Sternentstehung und das Studium von Akkretionsscheiben erbracht, das zunächst im Zusammenhang mit Spätstadien der Sternentwicklung

6.2 Sternentstehung und Theorie der Scheiben

betrieben wurde, sich aber inzwischen zu einem eigenständigen Zweiggebiet der Astrophysik entwickelte. Überall dort, wo drehimpulsbehaftete Materie gravitationsinstabil wird, also unter der eigenen Schwere zusammenfällt, entsteht zumindest vorübergehend eine scheibenförmige Materieanordnung. Die in den letzten zwei Jahrzehnten vorangetriebene Theorie selbstgravitierender Scheiben aus kompressibler Materie hat inzwischen dank der gewachsenen Leistungsfähigkeit der Computer zu wichtigen Erkenntnissen im Verständnis scheibenförmiger Materieanordnungen im Kosmos geführt, deren Größenspektrum von Galaxien bis zu Planetenringen reicht. In diesem Zusammenhang wurden auch grundlegende neue Erkenntnisse zum Problem der Sternentstehung gewonnen.

Da sich Scheiben bei der Sternentstehung zwangsläufig bilden müssen, weil das Ausgangsmaterial, die interstellare Materie, nicht drehimpulsfrei ist, braucht der flache „Sonnennebel" nicht mehr ad hoc postuliert zu werden. Transportprozesse innerhalb der Scheibe ermöglichen es dem sich bildenden und dabei immer schneller rotierenden Stern, sein existentielles Stabilitätsproblem zu lösen und sehr wirkungsvoll Drehimpuls an die Umgebung abzuführen. Wie die Beobachtungen zeigen, rotieren die Hauptreihensterne vom Spektraltyp später als A5 ähnlich langsam wie die Sonne. Bei der letzteren findet man einen Teil des ihr verlorengegangenen Drehimpulses in der Bahnbewegung der Planeten wieder (Bild 6.1). Der Massentransport in der protosolaren Scheibe nach innen und der Drehimpulstransport nach außen bieten eine Erklärungsmöglichkeit für das Problem, an dem alle früheren Hypothesen scheiterten, warum nämlich heute 1,3 Promille der Masse des Sonnensystems mehr als 99,5 % des Drehimpulses tragen.

Die Berechnung der zeitlichen Entwicklung von gravitationsinstabil gewordenen, drehimpulsbehafteten Konfigurationen aus kompressiblem und viskosem Material, in dem Strahlungstransport und Konvektion stattfinden, ist eines der aufwendigsten Probleme der numerischen Mathematik. Dazu muß ein System partieller Differentialgleichungen gelöst werden. Es besteht zunächst aus den Grundgleichungen der Hydrodynamik (Navier-Stokes-Gleichungen):

$$\frac{\partial \varrho}{\partial t} + \operatorname{div} \varrho \, v = 0 \qquad (6.1)$$

und

$$\varrho \, \frac{dv}{dt} = -\operatorname{grad} p + \eta \, \Delta v - \varrho \operatorname{grad} U. \ (6.2)$$

ϱ Dichte
p Druck
v Strömungsgeschwindigkeit
η dynamische Viskosität
U Gravitationspotential
Δ Laplace-Operator

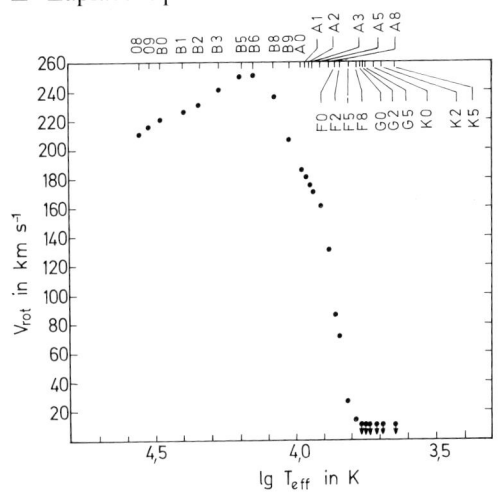

Bild 6.1 Die Rotationsgeschwindigkeiten der Hauptreihensterne in Abhängigkeit von der effektiven Temperatur (untere Skala) und dem Spektraltyp (obere Skala). Der steile Abfall innerhalb der Spektralklasse F wird auf einen effektiven Bremsprozeß zurückgeführt, der mit der Bildung von Planetensystemen zusammenhängen könnte (Drehimpulstransport vom Protostern auf die umgebende Scheibe).

Die Gleichung (*6.1*) ist Ausdruck der geltenden Massenerhaltung (Kontinuitätsgleichung), während Gleichung (*6.2*) den Impulserhaltungssatz (Bewegungsgleichung) verkörpert. In letzterer ist die totale zeitliche Ableitung zu beachten, d.h., in Operatorform gilt

$$\frac{d}{dt} = \frac{\partial}{\partial t} + (v \text{ grad}).$$

Da die sich bewegende Scheibenmaterie ihrer Schwerkraft unterliegt, gehört auch die Poisson-Gleichung dem System an:

$$\Delta U = -4\pi G \varrho. \quad (6.3)$$

G Newtonsche Gravitationskonstante

In der Scheibe findet Energietransport statt, der in allgemeiner Form durch die folgende Gleichung beschrieben wird:

$$c_v \varrho \left[\frac{dT}{dt} - (\gamma-1) \frac{T}{\varrho} \frac{d\varrho}{dt} \right] = D - \text{div } F. \quad (6.4)$$

c_v spezifische Wärme bei konstantem Volumen
T Temperatur
γ Adiabatenexponent
D lokale Energiedissipationsrate
F Energiestrom

Auch hier treten totale zeitliche Ableitungen auf. In die Energiedissipationsrate geht als wesentliche Materialgröße die Viskosität ein. Der Energiestrom enthält sowohl Strahlungs- als auch Konvektionsanteile.

Als weitere Gleichungen müssen die Zustandsgleichung des Scheibenmaterials und die Gleichungen, die die Wechselwirkungen einzelner Materiekomponenten in der Scheibe miteinander beschreiben, z.B. chemische Prozesse, Kondensation, Koagulation und Akkretion, einbezogen werden. Die Einbeziehung von Magnetfeldern verkompliziert das System erheblich (Magnetohydrodynamik).

Ausgangskonfiguration für die Berechnung der zeitlichen Entwicklung der Scheibe, aus der letztlich das Sonnensystem werden soll, ist eine sphärische Masse, die gerade gravitationsinstabil wird. Diese kritische Masse M_{krit} ist nach dem Kriterium von J.H. Jeans durch den folgenden Ausdruck gegeben:

$$\frac{M_{krit}}{M_\odot} = \frac{11{,}74}{\bar{\mu}^2} \sqrt{\frac{T^3}{n_H}}. \quad (6.5)$$

$\bar{\mu}$ mittlere relative molare Masse
n_H Anzahldichte des Wasserstoffs

Erst für Temperaturen in der Nähe von 10 K und für Dichten oberhalb von 1000 cm^{-3} gelangt M_{krit} in die Nähe der Sonnenmasse.

Berechnungen des Übergangs vom sphärisch-symmetrischen Kollaps zur protoplanetaren Scheibe durch Integration der Gleichungen (*6.1*) bis (*6.4*) konnten bisher nur unter sehr vereinfachenden Annahmen bewältigt werden. Im Bild 6.2 sind zweidimensionale Modellberechnungen dazu aufgeführt.

Der anfänglich sphärisch-symmetrische Gravitationskollaps der überkritischen, zunächst langsam rotierenden Masse verliert infolge der durch die Erhaltung des Drehimpulses rasch zunehmenden Winkelgeschwindigkeit diese Symmetrie. Wegen der sich immer stärker aufbauenden Zentrifugalkraft kann er nur noch parallel zur Rotationsachse (*z*-Richtung) ungehindert erfolgen, senkrecht dazu wird er verlangsamt. Als Ergebnis entsteht eine in *z*-Richtung relativ stabil geschichtete Scheibe, während in der Richtung senkrecht dazu innerhalb der Scheibe Transportprozesse auftreten. Das genaue Funktionieren dieser Transportprozesse, z.B. das Wegführen von Drehimpuls vom entstehenden Stern an die Umgebung, ist noch weitgehend unverstanden. Hier benutzt die Theorie plausibel erscheinende Ansätze für die wesentlichen Größen, z.B. die Viskosität des Scheibenmaterials.

6.2 Sternentstehung und Theorie der Scheiben

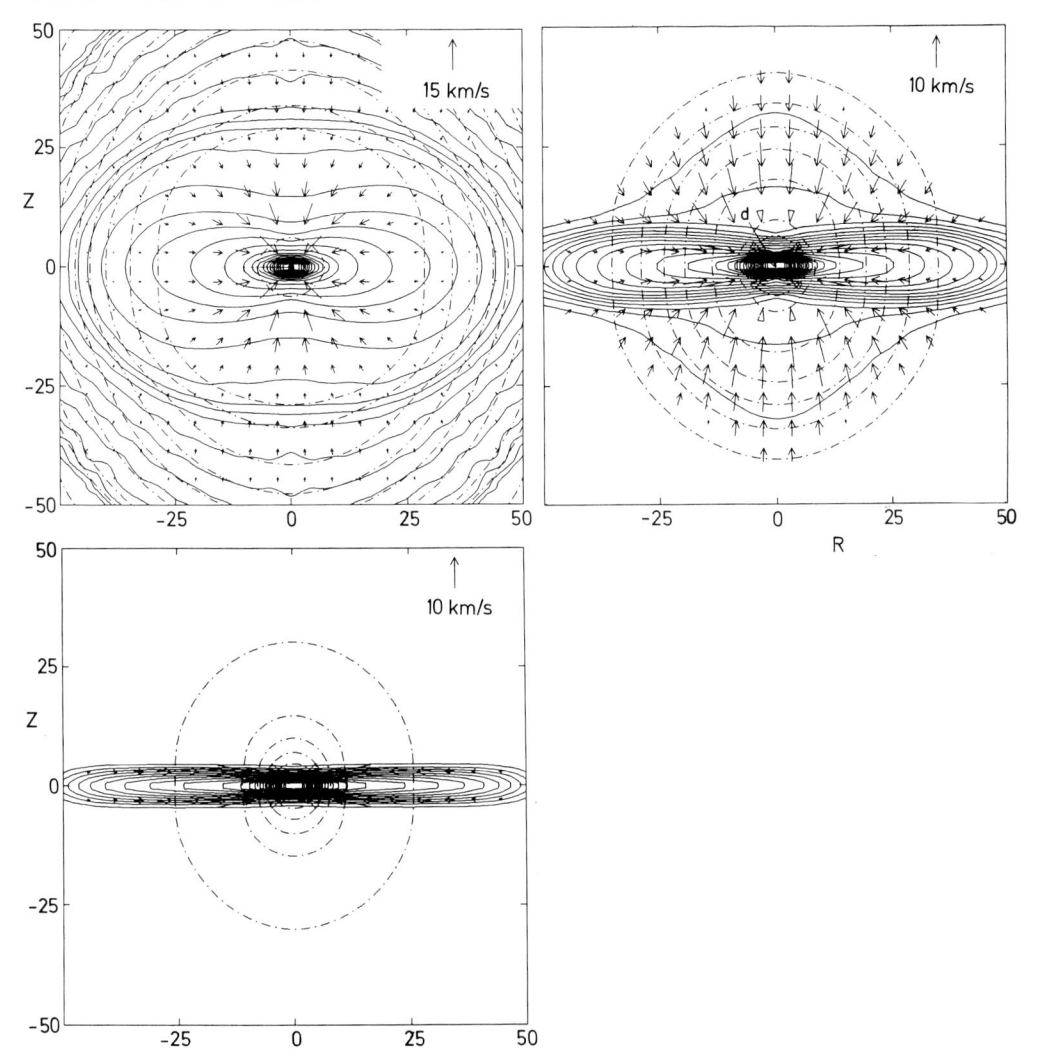

Bild 6.2 Innerster Teil einer zu einem Protostern geringer Masse kollabierenden Wolke (nach Modellrechnungen von P. Bodenheimer, M. Rożyczka, H. W. Yorke und J. E. Tohline, 1988). Z bezeichnet die Koordinate in Richtung der Rotationsachse, R die radiale Koordinate (beides in AE gemessen). Die Zeitpunkte der drei Bilder seit Beginn des Kollapses sind 110, 189 und 222 a. Die ausgezogenen Kurven sind Linien gleicher Dichte (die Dichten betragen in den Ecken des linken oberen Bildes 10^{-17} g cm^{-3}, im Zentrum 10^{-10} g cm^{-3}). Die gestrichelten Kurven sind Linien gleicher Temperatur (Bereich von 60 K am Außenrand des linken oberen Bildes bis 2000 K im Zentrum). Die Geschwindigkeit ist durch Pfeile angegeben (Maßstab in der rechten oberen Ecke). Die hohe Masseneinfallrate bedingt zum Zeitpunkt des linken oberen Bildes eine Leuchtkraft des Protosterns (Akkretionsleuchtkraft) von 1000 Sonnenleuchtkräften. Im rechten oberen Bild überdecken die Dichtekonturen den Bereich 10^{-17} bis 10^{-12} g cm^{-3}, die Isothermen den Beeich von 30 bis 1000 K. Wegen der schnellen Rotation des Scheibenmaterials beträgt die Masseneinfallrate auf den Protostern im Zentrum nur noch knapp 1/10000 der des linken oberen Bildes, die Akkretionsleuchtkraft des Protosterns nur noch 0,23 Sonnenleuchtkräfte. Im unteren Bild ist die Scheibe voll entwickelt, die Akkretionsrate auf den schnell rotierenden Protostern von 0,66 Sonnenmassen ist nur noch sehr gering.

Ausgangsmilieu für die Sternentstehung sind die großen Molekülwolken der Galaxis, die erst in den 1970er Jahren entdeckt wurden, obwohl sie neben den Kugelsternhaufen die massereichsten Einzelobjekte der Galaxis sind. Sie besitzen Durchmesser in der Größenordnung von einigen 10^2 Lichtjahren und Massen von $10^5...10^6\ M_\odot$. Sie bestehen überwiegend aus sehr kaltem molekularem Wasserstoff ($T = 10...20$ K, Teilchendichte durchschnittlich $100...300$ cm^{-3}), dem andere Moleküle kosmisch häufiger Elemente und vor allem Staubteilchen beigemischt sind. Die Staubextinktion sorgt dafür, daß wärmendes Sternlicht nicht in das Innere der Wolken eindringen kann. Als entscheidendes Mittel zum Studium dieser kalten, optisch und lange Zeit auch radioastronomisch nicht nachweisbaren Wolken haben sich die IR-, Submillimeter- und mm-Strahlung erwiesen.

In den dichtesten Teilen der Molekülwolken (Kerne) wurden Infrarotquellen gefunden, die für Protosterne oder in dichte Staubhüllen verpackte sehr junge Sterne gehalten werden. Im Bild 6.3 wird das IR-Spektrum eines solchen Objekts in einer Molekülwolke gezeigt. Als für die Aufklärung der Sonnenentstehung sehr wichtige Klasse extrem junger Sterne haben sich die T-Tauri-Sterne herausgestellt. Sie treten allgemein in enger räumlicher Nachbarschaft von Molekülwolken auf. Bei vielen von ihnen wurden noch Reste der zirkumstellaren Hüllen nachgewiesen. Offenbar machen T-Tauri-Sterne einen „Aufklarungsprozeß" durch, bei dem sich die Scheibe auflöst (Bild 6.6). Das Scheibenmaterial kann prinzipiell durch Einfall auf den Stern, Zusammenballung zu Planeten und Wegblasen durch den Sternwind verschwinden. Interessant ist in diesem Zusammenhang, daß an extrem jungen Objekten in Molekülwolken, z.B. mit Hilfe der CO-Linien im Millimetergebiet, ein Ausströmen von Gas in diametral entgegengesetzte Richtungen beobachtet wurde (bipolarer Ausfluß, Bild 6.4). Der durch die Extinktion der Scheibe noch unsichtbare Stern hat offenbar einen starken Sternwind, der die Scheibe an ihren dünnsten Stellen (senkrecht zur Symmetrieebene) durchbricht. Bei weiter

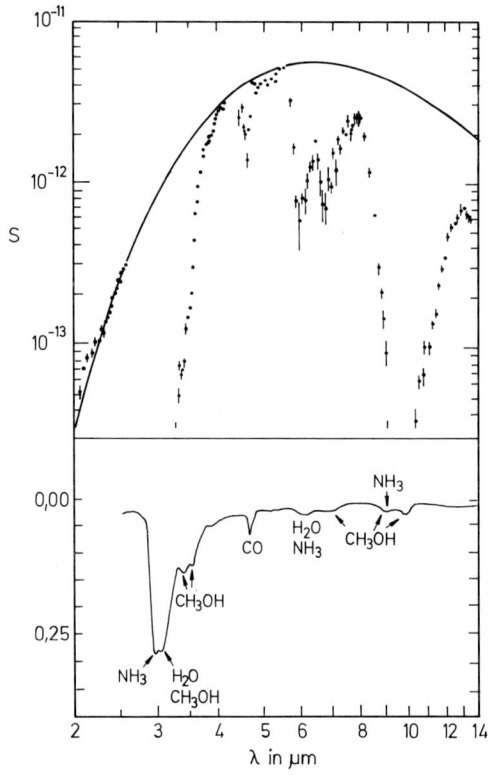

Bild 6.3 Oben: Spektrum der IR-Quelle W33A in einer Molekülwolke mit Sternentstehung (nach S. P. Willner und Mitarb., 1980). Die Meßpunkte des Strahlungsstromes S in W m^{-2} μm^{-1} sind z. T. mit Fehlerbalken versehen, die Lücken im Spektrum sind Gebiete, in denen die Erdatmosphäre für die Strahlung undurchlässig ist oder in denen tiefe Absorptionsbanden (z. B. die von Wassereis bei 3,07 μm und die von Silikat bei 10 μm) vorhanden sind. Die ausgezogene Kurve ist die Energieverteilung eines Schwarzen Körpers. Unten: Laboratoriumsspektrum eines Eisgemisches aus H_2O, CO, CH_3OH und NH_3, das eine Reihe von Banden der Quelle W33A wiedergibt (nach W. Hagen und Mitarb., 1979).

6.2 Sternentstehung und Theorie der Scheiben

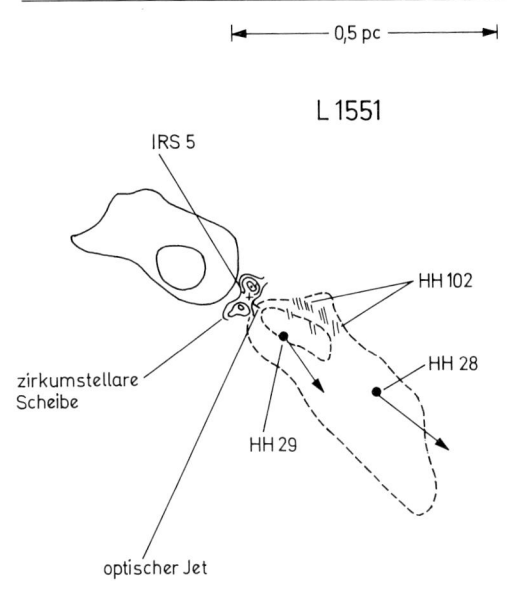

Bild 6.4 Konturlinien der Strahlung des Moleküls CO in der Umgebung der IR-Quelle L1551 IRS5. Das CO enthaltende Gas strömt an diametral gegenüberliegenden Stellen einer Scheibe um den Protostern am Ort der IR-Quelle aus. Die optisch dicke Scheibe selbst läßt sich auch in der CO-Linienstrahlung nachweisen. Die ausgezogenen Kurven des bipolaren Ausflusses bewegen sich von uns weg (die CO-Linie ist zu längeren Wellenlängen verschoben), die gestrichelt gezeichneten auf uns zu (Verschiebung der CO-Linie zu kürzeren Wellenlängen). Im Bereich der letzteren sind Jets (strahlartig herausschießendes Gas) und kleine optisch beobachtbare Nebel (Herbig-Haro-Objekte: HH28, HH29 und HH102) zu finden (nach C. Lada, 1985). Das Spektrum der IR-Quelle ist in Bild 6.6 zu sehen.

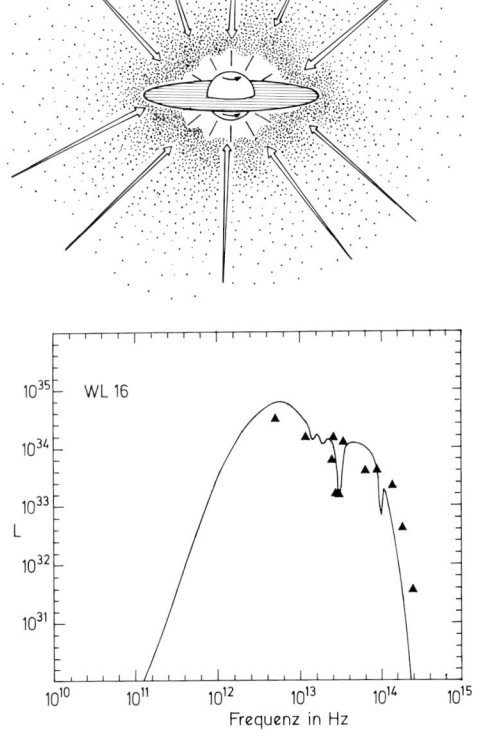

Bild 6.5 Akkretion auf einen Protostern, um den sich bereits eine Scheibe gebildet hat (Stufe 2, s. Text). In diesem Stadium befindet sich die IR-Quelle WL16, deren Spektrum unter dem Schema zu sehen ist (Strahlungsleistung über Frequenz; die Dreiecke sind Beobachtungsergebnisse, die ausgezogene Linie entspricht theoretischen Modellberechnungen (nach F. H. Shu, S. Lizano, F. C. Adams, S. P. Ruden, 1988).

fortgeschrittenem Aufklaren kann sogar im optischen Bereich ein bipolarer Nebel beobachtet werden, dessen Leuchten hauptsächlich Streuung des Lichts des noch in der Scheibe verborgenen Sterns an Staubteilchen im bipolar ausbrechenden Sternwind ist. Schließlich kann der Stern selbst durch die durchsichtig gewordene Scheibe hindurch als T-Tauri-Stern gesehen werden.

Faßt man die bei den Modellrechnungen von Scheiben und bei der Beobachtung von Molekülwolkenquellen und T-Tauri-Sternen gewonnenen Erkenntnisse zusammen, dann könnte zumindest qualitativ die Entstehung von Sternen von rund einer Sonnenmasse nach folgenden vier Stufen vor sich gehen:

– In der sehr kühlen Ausgangswolke bilden sich Dichtekonzentrationen (Kerne). Wegen der im Gas vorhandenen Turbulenz besitzen sie Drehimpuls.

– Wenn ein solcher Kern die Jeanssche Grenzmasse überschreitet, dann wird er gravitationsinstabil. Wegen des sich ausbildenden Dichtegradienten erfolgt der Masseneinfall im Innern schneller als weiter außen. Die Anhäufung von immer mehr drehimpulsbehafteter Materie sorgt für eine immer schnellere Rotation, und es bildet sich eine Scheibe mit einer schnell rotierenden Zentralkondensation aus, die in einer Hülle langsamer einfallenden Molekülwolkengases eingebettet ist. Solche optisch dicken Gebilde sind im IR und im Submillimetergebiet beobachtbar (Bild 6.5).

– Durch den ständigen Einfall von weiterem Material (Akkretion) wächst der Protostern und bildet schließlich einen starken Sternwind aus, der die Scheibe an den schwächsten Stellen (in Richtung der Rotationspole) durchbricht und einen bipolaren Ausfluß bildet, während in größeren Winkelabständen von der Rotationsachse die Akkretion weitergeht (Bild 6.6).

– Die Akkretionsphase geht zu Ende; der Öffnungswinkel der bipolaren Ausströmung wird immer größer. Aus der zerfallenden Scheibe wird ein Planetensystem oder – bei massereicheren Scheiben – ein Doppelstern. Durch das Aufklaren der Scheibe wird schließlich der Stern (Doppelstern) sichtbar.

Da bipolare Ausflüsse beobachtet werden und bei T-Tauri-Sternen, z.B. bei HL Tauri, auch scheibenförmige Materieansammlungen gefunden wurden, sind die obigen Überlegungen bereits in wichtigen Punkten empirisch verankert. Darüber hinaus wurden bei vielen Hauptreihensternen der Spektralklassen A bis K von dem Satellitenobservatorium IRAS im IR optisch dünne Teilchenwolken gefunden, die als Relikte der Scheiben, die während der Sternentstehung gebildet wurden, eine zwanglose Erklärung finden. Diese Erscheinung wurde nach dem Stern α Lyrae Wega-Phänomen genannt. Bei manchen Sternen, z.B. β Pictoris, wurde die Scheibenform der Teilchenwolke direkt nachgewiesen (Bild 6.7).

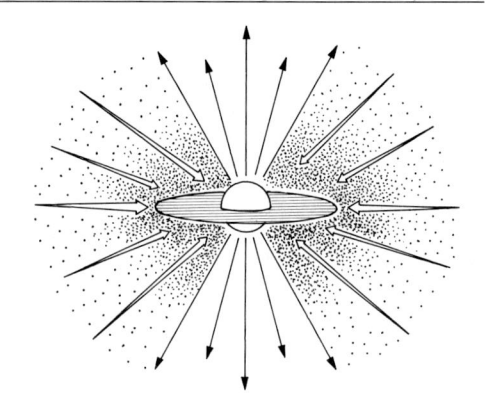

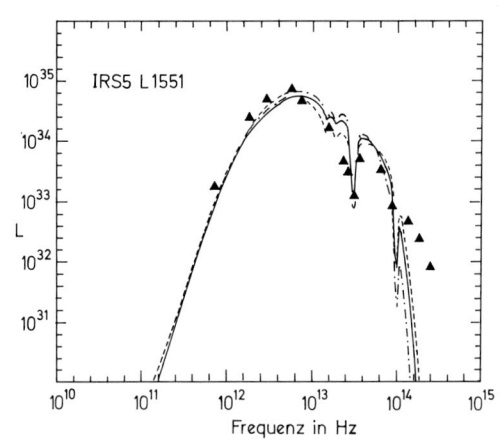

Bild 6.6 Der Sternwind durchbricht die Scheibe an der dünnsten Stelle und schafft eine bipolare Ausflußströmung. In diesem Stadium befindet sich die IR-Quelle IRS5 in der Dunkelwolke L1551 (s. Bild 6.4), deren Spektrum unter dem Schema zu sehen ist. Die Dreiecke sind Beobachtungsergebnisse, die Kurven geben verschiedene theoretische Modelle wieder (nach F. H. Shu, S. Lizano, F. C. Adams und S. P. Ruden, 1988).

6.3 Spezielle Probleme der Planetenentstehung

Eine fundamentale Größe in der Planetenkosmogonie ist die Masse der Scheibe, in der die Planeten entstanden. In der Beurteilung ihres Wertes spalten

6.3 Spezielle Probleme der Planetenentstehung

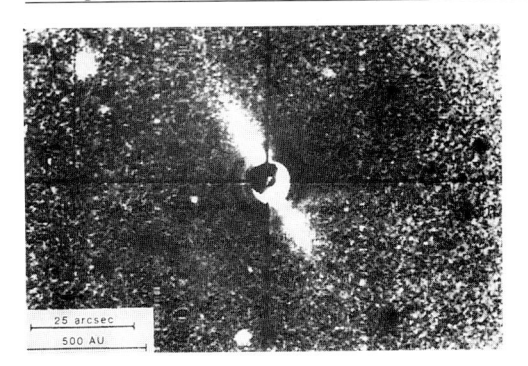

Bild 6.7 Staubscheibe um β Pictoris, der zu den Sternen gehört, bei denen mit Hilfe des Satelliten IRAS das Wega-Phänomen nachgewiesen wurde. Unten links sind als Maßstäbe 25 Bogensekunden und 500 AE dargestellt. Die Aufnahme wurde 1984 mit einer CCD-Kamera am 2,5-m-Teleskop des Observatoriums von Las Campanas gewonnen, wobei der Stern sich hinter einem Absorptionsschirm befand, damit er die schwach leuchtende Scheibe nicht überstrahlte. Inzwischen wurde in der IR-Strahlung der Scheibe die für Silikatstaub typische 10-μm-Bande nachgewiesen (Foto: B. Smith und R. Terrile).

sich die Theoretiker in zwei Lager auf, ein älteres, das von kosmochemischen Argumenten ausgeht und für 0,01 bis 0,1 $M_\odot$ plädiert, und ein jüngeres aus Vertretern der Sternkosmogonie, die für massereichere Scheiben bis zu 1 $M_\odot$ eintreten.

Mit der Scheibenmasse hängt eng die Frage der Bildung von Instabilitäten zusammen, aus denen letztlich Planeten und Satellitensysteme hervorgehen. In einer massereichen Scheibe können nämlich bereits sehr zeitig gravitationsinstabile Inhomogenitäten auftreten und zu großen gasförmigen Protoplaneten werden. Nach diesem vor allem von A. G. W. Cameron und Mitarb. Ende der 70er Jahre postulierten Weg der Planetenentstehung (Gasplanetenhypothese) sollen in diesen Protoplaneten die Bestandteile schwerer als H und He „ausregnen" und Kerne aus Eis und Gestein bilden. Die mächtigen Gashüllen sollen dann bei den inneren Protoplaneten vollständig und bei den äußeren zu einem erheblichen Teil verlorengehen. Sowohl das „Ausregnen" der Kerne als auch die Dissipation des Gases bereiten jedoch theoretische Probleme.

In einer massearmen Scheibe setzt die Instabilität später ein, und zwar auf dem Weg über das Ausfallen von Kondensaten aus der Gasphase. Grundgelegt wurden diese Vorstellungen bereits Anfang unseres Jahrhunderts in der „Planetesimalien-Hypothese". Der Begriff „planetesimal" wurde 1904 ins Englische von T. S. Chamberlin als Kunstwort eingeführt, das aus „planet" und „infinitesimal" kontrahiert wurde. Im Englischen hat er sich schnell, im Deutschen dagegen erst allmählich eingebürgert. Die Sprechweise ist hier nicht einheitlich. Wir plädieren für Planetesimale im Singular und Planetesimalien im Plural.

Die Planetenbildung durch Planetesimalien geht über die Stufen Kondensation – Koagulation – Akkretion vor sich. Durch die Kondensation entstehen aus dem Scheibengas Tröpfchen und feste Teilchen. Bereits vorhandene interstellare Staubteilchen spielen eine wichtige Rolle als Kondensationskeime und als Katalysatoren für chemische Reaktionen. Welche Stoffe kondensieren können, hängt im wesentlichen von der Temperatur und von den chemischen Reaktionen im Scheibengas ab. Auf diese Weise steuert also der Energietransport in der Scheibe, welche Kondensate an welcher Stelle zur Verfügung stehen. Umfangreiche thermochemische Berechnungen haben inzwischen zu konkreten Vorstellungen über die Kondensationssequenz im Sonnennebel geführt (Bild 6.8).

Die durch Turbulenz und Konvektion geförderte Zusammenballung der kondensierten Teilchen (Koagulation) sorgt für die Bildung größerer Agglomerationen, die Planetesimalien. Große Planetesimalien wachsen infolge verstärkter

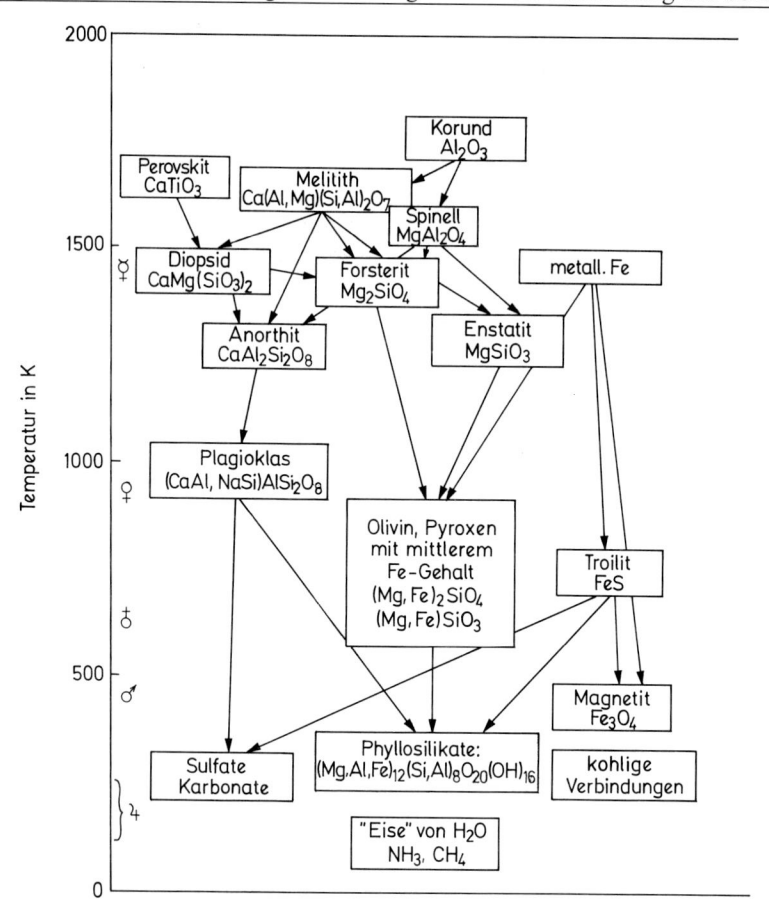

Bild 6.8 Wahrscheinliche Bildungswege für Kondensate (Gleichgewichtskondensation) in einem Gas von Sonnenzusammensetzung bei fallender Temperatur (nach J. Wood, 1979). Die ersten aus dem Gas des Sonnennebels ausfallenden Partikeln bestanden aus Hochtemperaturkondensaten, wie sie sich in den CAI der kohligen Chondrite (z. B. Allende) erhalten haben. Zwischen 1500 und 800 K fiel der größte Teil der Bestandteile der erdartigen Planeten (basische Silikate und metallisches Eisen) aus dem Gas der sich abkühlenden Scheibe um die Ursonne aus. Erst bei tieferen Temperaturen bildeten sich Sulfide, wasserhaltige Silikate und organische Verbindungen (kohlige Chondrite), schließlich konnten auch Eise kondensieren. Wegen der Temperaturschichtung im Sonnennebel dominierten die flüchtigen Verbindungen in den sonnenferneren Bereichen. Durch Planetensymbole ist angedeutet, welche Kondensate hauptsächlich zu dem betreffenden Planeten beigetragen haben sollten.

Mitwirkung des Gravitationsfeldes (Vergrößerung des Einfangquerschnittes über den geometrischen Querschnitt hinaus). Sie „fressen" die kleineren, langsamer gewachsenen Agglomerationen in einem breiten Streifen des Sonnennebels auf, so daß schließlich ein „Planetenembryo" in einem bestimmten Abstandsbereich von der Sonne dominiert. Der Wachstumsprozeß der Planetesimalien insgesamt, speziell seine gravitationsverstärkte Schlußphase, wird als Akkretion bezeichnet. Die wesentlichen Schritte bei der Planetenentstehung nach der Planetesimalienhypothese sind im Bild 6.9 dargestellt.

6.3 Spezielle Probleme der Planetenentstehung

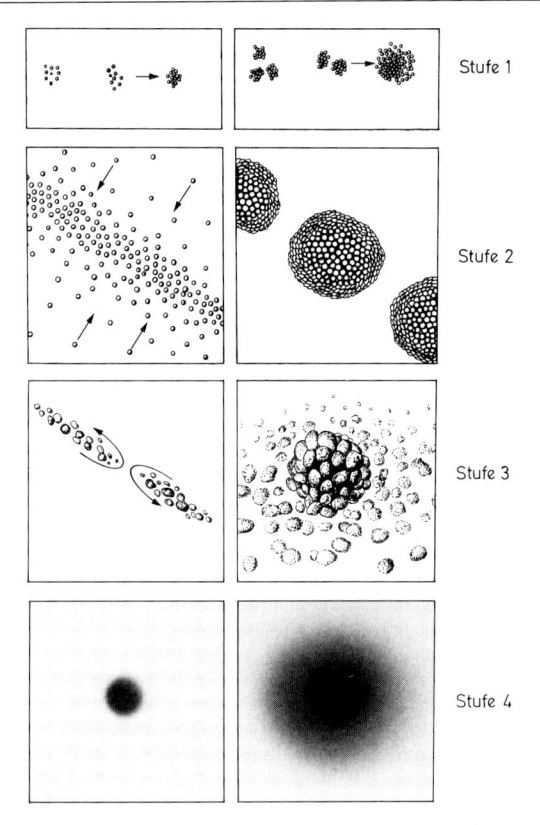

Bild 6.9 Planetenbildung nach der Planetesimalienhypothese (nach A. G. W. Cameron). Präsolare Staubteilchen aus der Molekülwolke und Teilchen, die in der protosolaren Scheibe auskondensierten, wachsen zunächst durch weitere Kondensation von Gas auf ihren Oberflächen und durch Zusammenkleben (Koagulation) nach Kollisionen mit geringen Relativgeschwindigkeiten (Stufe 1). Die Agglomerate werden zunächst durch viskose Kräfte vom Scheibengas einfach mitgeschleppt. Die Koagulation führt aber bald zu immer größeren Gebilden (Planetesimalien), bei denen die Gravitationskraft der zentralen Masse in der Scheibe den Gaswiderstand übertrifft. Die Planetesimalien koppeln sich jetzt vom Gas ab, werden dynamisch selbständig und bewegen sich auf Keplerbahnen. Diejenigen, die sich auf zur Symmetrieebene der Scheibe geneigten Bahnen bewegen, müssen die Scheibe durchqueren, stoßen dabei häufiger mit anderen zusammen und werden entweder abgebremst oder zertrümmert. Insgesamt kommt es zu einer starken Anreicherung von Planetesimalien in einer dünnen Zone nahe der Symmetrieebene (Stufe 2). Die immer dichter mit größer werdenden Planetesimalien (Koagulation wegen niedriger Relativgeschwindigkeit) bevölkerte Scheibenzone wird gravitationsinstabil. Es bilden sich Zentren aus, auf die immer mehr Planetesimalien der Umgebung einstürzen, so daß diese Planetenembryonen rasch wachsen (Stufe 3). Dort wo die Protoplaneten am stärksten an Masse zunehmen, kann auch Sonnennebelgas in großer Menge auf den Protoplaneten einströmen und für große „Gasplaneten" solarer Zusammensetzung sorgen (Stufe 4).

Geochemische Indizien bei der Erde sprechen dafür, daß die Akkretion bei den heutigen erdartigen Planeten im wesentlichen in einer bereits gasfreien Umgebung vor sich ging (der Wind im T-Tauri-Stadium der Sonne hatte wahrscheinlich das Sonnennebelgas bereits weggefegt). Die „Embryonen" der jupiterartigen Planeten wuchsen dagegen so schnell, daß sie sich in ihrer Akkretionsphase auch große Mengen des noch vorhandenen Scheibengases einverleiben konnten.

Die Planetesimalienhypothese der Planetenentstehung wurde in den letzten 20 Jahren vor allem von W. S. Safronow u. Mitarb. breit ausgearbeitet. Ihre Stärke besteht darin, daß sie die Entstehung der erdartigen Planeten zwanglos erklären kann. Probleme bereiten ihr allerdings die Zeitskalen, die sich für das Wachstum der äußersten Planeten ergeben, wenn sie sich in ihren jetzigen Sonnenabständen bildeten. Das gilt vor allem für den Neptun, der auf dem beschriebenen Akkretionsweg zu seiner Bildung einen Zeitraum von der Größe des Alters des Sonnensystems braucht. Als Auswege wurde vorgeschlagen, daß die Kerne der äußeren Planeten weiter innen entstanden und erst durch die Wechselwirkung mit dem Jupiter und dem Saturn weiter außen angesiedelt wurden oder daß der schnell gebildete Planetenriese Jupiter durch seine Störwirkung so viele Planetesimalien nach außen katapultierte, daß die Akkretion von Uranus und Neptun wesentlich gefördert wurde.

In diesem Zusammenhang ist erwähnenswert, daß dieser Katapultmechanismus auch für die Entstehung der Oortschen Kometenwolke in Anspruch genommen wird (die Kometenkerne wären danach weiter nichts als im „Kühlschrank" der Sonnenferne frisch gehaltene Planetesimalien des frühen Sonnennebels). Diese Hypothese wird jedoch nicht allgemein geteilt, weil es auch die Vorstellung gibt, daß die Kometenkerne Kondensationsprodukte der Ausgangsmolekülwolke bzw. der frühen Kollapsphase des Sonnennebels sind.

Erwähnt werden muß schließlich, daß die Planetesimalienhypothese bei der Bildung der regulären Satellitensysteme der jupiterartigen Planeten versagt. Hier wiederholen sich anscheinend die Prozesse, die zur protoplanetaren Scheibenbildung führten, auf kleinerer Skala. Das könnte allerdings auch bedeuten, daß für die Entstehung der jupiterartigen Planeten insgesamt nur die Gasplanetenhypothese in Frage kommt.

6.4 Hypothesen zur Mondentstehung

Wie wenig die heutige Planetenkosmogonie insgesamt zu leisten vermag, zeigt sich deutlich daran, daß wir noch nicht einmal über die Entstehung des Erde-Mond-Systems Genaueres wissen. Die drei klassischen Hypothesen zur Mondentstehung gehen von folgenden Mechanismen aus:

– Einfang des unabhängig von der Erde im inneren Sonnensystem gebildeten Mondes durch die Erde (Einfanghypothese);
– Abspaltung des Mondes von der Erde (Fissionshypothese);
– gemeinsame Entstehung von Erde und Mond (Koakkretionshypothese).

Die detaillierte Untersuchung des Mondgesteins hat ergeben, daß die Zusammensetzung des Mondes relativ gut mit der des Erdmantels übereinstimmt. Das wird als ein Argument zugunsten der Hypothese 2 gewertet. Die Fission begegnet aber der grundsätzlichen dynamischen Schwierigkeit, daß die Erde zu dieser Aufspaltung 4mal soviel Drehimpuls gehabt haben müßte wie das heutige Erde-Mond-System, d.h., die Rotationsperiode der Erde müßte einstmals 2,6 h betragen haben.

Daß die Erde den Mond in intaktem Zustand einfing, ist ein so unwahrscheinliches Ereignis, daß man dieser Hypothese heute kaum noch Chancen gibt.

Die Entstehung des Mondes in der Hülle von Planetesimalien, die die ent-

6.4 Hypothesen zur Mondentstehung

stehende Erde umgaben, wirft viele heute nicht beantwortbare Fragen auf, z.B. die, warum dem Mond sowohl der schwere Kern als auch die Volatilien fehlen, z.B. Wasser, die die Erde aufweist.

Denkbar wäre allerdings, daß der Mond aus jener Schuttwolke aus Mantelmaterial der Erde entstand, die bei der Kollision der Urerde mit einem marsgroßen Himmelskörper ausgeworfen wurde und sich zu einen Satelliten der Erde zusammenballte (Bild 6.10). Solche Riesenimpakte, die ja durch die auf vielen Himmelskörpern vorgefundenen kreisförmigen Becken und Vielfachringstrukturen eine gewisse empirische Unterstützung finden, sind z.Z. ein bei den Theoretikern beliebtes Mittel, um viele kosmogonische Probleme, z.B. die retrograde Rotation der Venus und des Uranus, zu erklären.

Unsere Herkunft im kosmogonischen Sinne ist also immer noch weit von einer wissenschaftlich befriedigenden Aufklärung entfernt. Die seit mehr als 300 Jahren von der Gelehrtenwelt bei dieser Frage empfundene Herausforderung besteht nach wie vor.

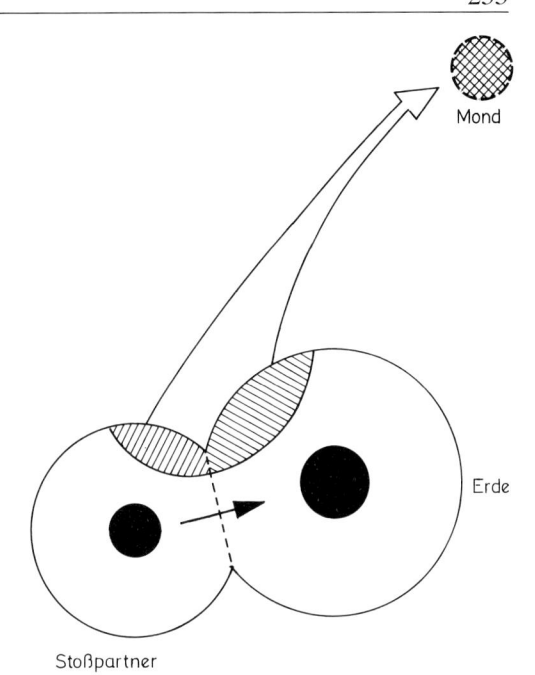

Bild 6.10 Schematische Darstellung der Bildung des Mondes aus Erdmantelmaterial durch einen Riesenimpakt der Erde mit einem erdartigen kleineren Protoplaneten.

Zeittafel

Meilensteine bei der Erforschung des Sonnensystems mit astronomischen und astronautischen Mitteln

Jahr	Entdeckung	Entdecker
Um – 550	Erstes geozentrisches Sphärenmodell	Pythagoras (um 550 v. Chr.)
– 358	Modell sich um verschiedene Achsen ineinander drehender Planetensphären	Eudoxos (408–355 v. Chr.)
– 334	Beweise für die Kugelgestalt der Erde	Aristoteles (384–322 v. Chr.)
Um – 265	Erste heliozentrische Vorstellungen	Aristarchos von Samos (um 265 v. Chr.)
Um – 220	Studium der epizyklischen Bewegung	Apollonios von Perge (um 200 v. Chr.)
– 219	Berechnung des Erdumfangs	Eratosthenes (276–196 v. Chr.)
Um – 150	Entdeckung der Präzession, der Veränderung des Abstandes Sonne-Erde im Laufe des Jahres, der Ungleichförmigkeit der Mondbewegung; Berechnung der Entfernung des Mondes	Hipparchos (190–125 v. Chr.)
Um 140	Erscheinen des „Almagest" mit Epizykeltheorie der Planetenbewegung	K. Ptolemaios (um 140)
1531	Schweifgesetz der Kometen	P. Bienewitz = Apianus (1495–1552)
1577	Komet von 1577 als supralunar erkannt	T. Brahe (1546–1601)
1543	Erscheinen von „De revolutionibus orbium coelestium libri VI": Heliozentrisches Weltbild	N. Kopernikus (1473–1543)
1609	Erscheinen von „Astronomia nova" mit 1. und 2. Keplerschen Gesetz	J. Kepler (1571–1630)
1609…1611	Erste Entdeckungen mit dem Fernrohr: Sonnenflecken; Mondkrater; Jupitermonde; Venusphasen (Streit um Prioritäten)	G. Galilei (1564–1642); J. Fabricius (1587–1616); Th. Harriot (1560–1621); S. Marius (1570–1624)
1619	Erscheinen von „Harmonices mundi" mit 3. Keplerschen Gesetz	J. Kepler
1647	Erscheinen der „Selenographia"	J. Hevelius (1611–1687)
1651	Beginn der Benennung von Mondkratern nach Gelehrten	G.B. Riccioli (1598–1671)
1655	Großer Roter Fleck	G.D. Cassini (1625–1712)
	Entdeckung des Titans; wahre Natur der Saturnringe	Ch. Huygens (1629–1695)
1659	Albedostrukturen und Rotation des Mars	G.D. Cassini
1666	Beobachtung der südlichen Polkappe des Mars	G.D. Cassini
1671/72	Entdeckung von Japetus und Rhea	G.D. Cassini
1680	Parabelbahn des Kometen von 1680	G.S. Dörffel (1643–1688)
1684	Entdeckung von Tethys und Dione	G.D. Cassini
1687	Erscheinen der „Principia" mit Begründung der Himmelsmechanik	I. Newton (1643–1727)
1692	Rotationsperiode des Jupiters	G.D. Cassini
1704	Jahreszeitliche Variationen auf dem Mars	J.F. Maraldi (1665–1729)
1705	Umlaufperiode des Kometen Halley	E. Halley (1656–1742)

Jahr	Entdeckung	Entdecker
1733	Wissenschaftliche Beschreibung der Protuberanzen	B. Vassenius (1687–1771)
1769	Wilson-Effekt	A. Wilson (1714–1786)
1781	Entdeckung des Uranus	F.W. Herschel (1738–1822)
1787	Entdeckung von Titania und Oberon	F.W. Herschel
1789	Entdeckung von Mimas und Enceladus	F.W. Herschel
1801	Entdeckung des ersten Planetoiden (1) Ceres	G. Piazzi (1746–1826)
	Entdeckung der Sonnengranulation	F.W. Herschel
1802	Erste 4 Absorptionslinien im Sonnenspektrum	W.H. Wollaston (1766–1828)
1802	Entdeckung des Planetoiden (2) Pallas	W. Olbers (1758–1840)
1814	Vermessung der Absorptionslinien der Sonne	J. v. Fraunhofer (1787–1826)
1843	Elfjähriger Sonnenfleckenzyklus	H. Schwabe (1789–1875)
1846	Entdeckung des Neptuns nach Berechnungen von U.J.J. Leverrier	J.G. Galle (1812–1910)
	Entdeckung des Tritons	W. Lassell (1799–1880)
1848	Entdeckung des Hyperions	W.C. Bond (1789–1859) und G.P. Bond (1825–1865); W. Lassell
1848	Einführung der Sonnenfleckenrelativzahl	R. Wolf (1816–1893)
	Entstehung der Sonnenwärme durch Meteoriteneinschläge	J.R. Mayer (1814–1878)
1850	Entdeckung des Kreppringes (Ring C) des Saturns	G.P. Bond; W.R. Dawes (1799–1860)
1851	Protuberanzen als solares Phänomen erkannt	
	Entdeckung der Chromosphäre	
	Entdeckung von Ariel und Umbriel	W. Lassell
1852	Zusammenhang zwischen geomagnetischen Stürmen und Sonnenflecken	E. Sabine (1788–1883); A. Gautier (1793–1881); R. Wolf
1858	Zonenwanderung der Sonnenflecken	R.C. Carrington (1826–1875)
1859	Erste Beobachtung einer Sonneneruption	R.C. Carrington und R. Hodgson
	Qualitative Deutung des Linienspektrums	G. Kichhoff (1824–1887) und R. Bunsen (1811–1899)
	Saturnring besteht aus Teilchen	J.C. Maxwell (1831–1879)
1864	Entdeckung von Emissionslinien im Kometenspektrum	G. Donati (1826–1873)
1866	Komet Swift-Tuttle als Quelle der Perseiden erkannt	G.V. Schiaparelli (1835–1910)
1867	Lücken im Planetoidengürtel	D. Kirkwood (1814–1895)
1868	Heliumlinie im Protuberanzenspektrum	J.N. Lockyer (1836–1920)
1869	Grüne Koronalinie	W. Harkness; C.A. Young (1834–1908)
1870	Flash-Spektrum	C.A. Young
1871	Fraunhoferlinien im Koronaspektrum	P.J.C. Janssen (1824–1907)
1877	Entdeckung von Phobos und Deimos	A. Hall (1829–1907)
1878	Marskarte mit moderner Nomenklatur und „Marskanälen"	G.V. Schiaparelli
1879	Strahlungsgesetz und Temperatur der Sonne zu 6000 K bestimmt	L. Boltzmann (1844–1909); J. Stefan (1835–1893)

Jahr	Entdeckung	Entdecker
1892	Entdeckung der Amalthea	E.E. Barnard (1857–1923)
	Calciumflocculi und chromosphärisches Netzwerk	G.E. Hale (1868–1938)
1898	Entdeckung der Phoebe	W.H. Pickering (1858–1938)
1904	Entdeckung von Himalia und Elara	Ch. D. Perrine (1867–1951)
1906	Entdeckung des ersten Trojaners (588) Achilles	M. Wolf (1863–1932)
1908	Ereignis an der Steinigen Tunguska	
	Entdeckung der Pasiphaë	P. Melotte
	Magnetfeld in Sonnenflecken	G.E. Hale
1914	Entdeckung der Sinope	S.B. Nicholson (1891–1963)
1924	Temperaturmessungen auf Planetenscheibchen am Mt. Wilson Observatory	E.S. Pettit und S.B. Nicholson
1930	Entdeckung des Pluto	C.W. Tombaugh
	Erfindung des Koronographen	B. Lyot (1897–1952)
1932	Nachweis von CO_2 in der in der Venusatmosphäre	W.S. Adams (1876–1956) und T. Dunham
	Identifikation von NH_3 und CH_4 in der Jupiteratmosphäre	R. Wildt (1905–1976)
	Entdeckung des ersten Erdbahnkreuzers (1862) Apollo	K. Reinmuth
1937/39	pp-Kette bzw. CNO-Zyklus als Quelle der Sonnenenergie	H.A. Bethe und C.F. v. Weizsäcker
1938	Entdeckung von Lysithea und Carme	S.B. Nicholson
	H^--Ion als Opazitätsqulle der Photosphäre	R. Wildt
1939	Identifikation von 2 Koronalinien	W. Grotrian (1890–1954)
1942	Entdeckung der Radiostrahlung der Sonne	J.S. Hey
1944	Nachweis von CH_4 in der Titanatmosphäre	G.P. Kuiper (1905–1973)
	Ultraviolettspektrum der Sonne bis 240nm	
1948	Nachweis von CO_2 in der Marsatmosphäre	G.P. Kuiper
	Lyman-α-Linie im Sonnenspektrum	
1950	Konzept der Oortschen Kometenwolke	J. Oort
	Eiskonglomerat-Modell des Kometenkerns	F.L. Whipple
1951	Erste Altersbestimmung nach K-Ar-Methode an Meteoriten	
	Entdeckung der Ananke	S.B. Nicholson
1952	Begründung des Kometenschweifgesetzes durch solare Korpuskularstrahlung	L. Biermann (1907–1986)
1954	Entdeckung der Supergranulation	B.G. Hart
1955	Dekameterstrahlung des Jupiters	B.F. Burke und K.L. Franklin
1956	Röntgenstrahlung von Eruptionen	T.A. Chupp und Mitarb.
1957	Erste Bestimmung von Bestrahlungsaltern von Meteoriten	
1958	Strahlungsgürtel der Erde	Explorer 1
1959	Erste harte Mondlandung	Luna 2
	Bilder von der Mondrückseite	Luna 3
1962	Entdeckung des Sonnenwindes und erfolgreiche Venuspassage	Mariner 2
	5-min-Oszillation der Sonne	R.B. Leighton, R.W. Noyes und G.W. Simon
1964	Nahaufnahmen der Mondoberfläche	Ranger 7
1964	Rotationsperiode der Venus	Radioobservatorium Arecibo

Jahr	Entdeckung	Entdecker
1965	Rotationsperiode des Merkurs	Radioobservatorium Arecibo
	Nahaufnahmen des Mars	Mariner 4
	Beginn des ^{37}Cl-Experiments zur Messung des Sonnenneutrinostroms	R. Davis und Mitarb.
1967	Bilder von der Mondoberfläche nach weicher Landung	Luna 9
	Messungen unter der Venuswolkendecke	Wenera 4
	Radarkarte der Venus	Radioobservatorium Arecibo
1969	Bemannte Mondlandung	Apollo 11 (N. Armstrong. E. Aldrin. M. Collins)
1970	Messungen am Venusboden	Wenera 7
	Automatische Rückführung von Mondbodenproben	Luna 16
1971	Satellitenkartierung des Mars	Mariner 9
1972	Identifikation von H_2SO_4 im Wolkenaerosol der Venus	A. Young
1973	Erster Jupitervorbeiflug	Pioneer 10
	Koronalöcher	Skylab
1974	Superrotation der Venus und Nahaufnahmen des Merkurs	Mariner 10
1976	Meßstationen auf dem Mars und Nahaufnahmen des Phobos	Viking 1, 2
	160-min-Schwingung der Sonne	G.B. Sewerny (1913–1987); W.A. Kotow und T.T. Zap
1977	Entdeckung des Uranus-Ringsystems bei Sternbedeckung	J.L. Elliot und Mitarb.
1978	Entdeckung des Charons	J.W. Christy
	Satelliten-Radarkartierung der Venus	Pioneer Venus Orbiter
1979	Entdeckung des Jupiterringes; Nahaufnahmen der Galileischen Monde; Io-Vulkanismus; Entdeckung von Adrastea, Metis und Thebe	Voyager 1
	Erster Saturnvorbeiflug	Pioneer 11
1980	Nahaufnahmen der Saturnringe und -monde: Entdeckung der Ringe F und G und der Monde Atlas, Prometheus, Pandora, Epimetheus, Janus, Calypso, Telesto und Helene	Voyager 1
1981	Entdeckung des Pans	Voyager 2
1985	Erste Ballonmissionen in der Venusatmosphäre	WEGA 1, 2
1986	Anflug des Kometen Halley: erste Nahaufnahmen eines Kometenkerns; In-situ-Untersuchungen der Staubteilchen	WEGA 1, 2; Giotto; Suisei, Sakigake, ICE
1986	Erster Uranusvorbeiflug; Entdeckung der Monde Cordelia, Ophelia, Bianca, Cressida, Desdemona, Juliet, Portia, Rosalind, Belinda, Puck	Voyager 2
1989	Erster Neptunvorbeiflug; Entdeckung des Ringsystems und der Monde Naiad, Thalassa, Despina, Galatea, Larissa, Proteus; Tritonvulkanismus	Voyager 2
1990	Beginn der hochauflösenden Radarkartierung der Venus	Magellan
1991	Erster Vorbeiflug an einem Gürtelplanetoiden ((951) Gaspra)	Galileo

Literatur

Kapitel 2

Artikelserie anläßlich des 35jährigen Bestehens des Observatoriums für solare Radioastronomie Tremsdorf. Sterne **65** (1989) 187–252

J.N. Bahcall, R.K. Ulrich, Solar models, neutrino experiments, and helioseismology, Rev. Modern Phys. **60** (1988) 297–372

G. Berthomieu, M. Czibier (Hrsg.), Inside the Sun (IAU Colloquium No. 121), Dordrecht: Kluwer Academic Publ. 1990

A. Bruzek, C.J. Durrant (Hrsg.), Illustrated Glossary for Solar and Solar-Terrestrial Physics (Astrophysics and Space Science Library, Vol. 69), D. Reidel Publ. Co., Dordrecht 1977

C.J. Durrant, The Atmosphere of the Sun, Adam Hilger, Bristol 1988

J.K. Hargreaves, The Upper Atmosphere and Solar-Terrestrial Relations, Van Nostrand Reinhold, New York 1979

S. Jordan, The Sun as a Star (NASA SP-450), Centre National de la Recherche Scientifique, Paris National Aeronautics and Space Administration, Washington 1981

A. Krüger, Introduction to Solar Radio Astronomy and Radio Physics, D. Reidel, Dordrecht 1979

A. Krüger, Erforschung der Sonne mit Mitteln der Radioastronomie, Sterne **58** (1982) 221–231

H. Künzel, Beobachtungen solarer Magnetfelder am Sonnenobservatorium Einsteinturm, Sterne **62** (1986) 208–217

E.R. Priest, Solar Magnetohydrodynamics, D. Reidel Publ. Co., Dordrecht 1984

E.R. Priest, V. Krishan (Hrsg.), Basic Plasma Processes on the Sun (IAU Symposium No. 142), Kluwer Academic Publ., Dordrecht 1990

J. Staude, Spektroskopische Untersuchungen am Einsteinturm, Zur Physik der Korona und der Sonnenflecken, Sterne **62** (1986) 109–116

M. Stix, The Sun, Springer-Verlag, Berlin 1989

J.E. Vernazza, E.H. Avrett, R. Loeser, Structure of the solar chromosphere II. The underlying photosphere and temperature-minimum region, Astrophys. J. Suppl. **30** (1976) 1–60

Kapitel 3

C.C. Allen, K. Keil, Zusammensetzung und Entstehung des Bodens des Planeten Mars, Sterne **58** (1982) 326–338

J.K. Beatty, B. O'Leary, A. Chaikin, Die Sonne und ihre Planeten, Physik-Verlag, Weinheim 1983

P. Bodenheimer, Evolution of the giant planets, in: D.C. Black, M.S. Matthews (Hrsg.), Protostars & Planets II, University of Arizona Press, Tucson, Ariz. 1985

M. Carr, The Surface of Mars, Yale University Press, New Haven 1981

G.H.A. Cole, The Structure of Planets, Wykeham Publications Ltd., London 1978

A.H. Cook, Interiors of the Planets, Cambridge University Press, Cambridge 1980

T. Encrenaz, J.-P. Bibring, The Solar System, (Astronomy and Astrophysics Library) Springer-Verlag, Berlin u.a. 1990

W. von Engelhardt, Die Gesteine des Mondes, Sterne **58** (1982) 339–351

J. Guest, P. Butterworth, J. Murray, W. O'Donnell, Planeten-Geologie, Herder, Freiburg 1981

Chr. Hänsel, Die Atmosphären der erdartigen Planeten und ihre Entwicklung, Sterne **59** (1983) 323–335

Chr. Hänsel, Die Atmosphären der jupiterartigen Planeten, Sterne **63** (1987) 158–171

J.W. Head, S.C. Solomon, Tectonic evolution of the terrestrial planets, Science **213** (1981) 62–76

A.P. Ingersoll, Uranus, Sci. Amer. **255** (1987) 38–45

W.B. Hubbard, M.S. Marley, Optimized Jupiter, Saturn, and Uranus interior models, Icarus **78** (1989) 102–118

J.A. Jacobs, The Earth's Core, Academic Press, London 1987

P. Janle, R. Meissner, Structure and evolution of the terrestrial planets, Surveys in Geophysics **8** (1986) 107–186

W.M. Kaula, Venus: a contrast in evolution to Earth, Science **247** (1990) 1191–1196

J. Klinger, D. Benest, A. Dollfus, R. Smoluchowski (Hrsg.), Ices in the Solar System. NATO ASI Series, Ser. C, Vol. 156, D. Reidel Publ. Co. 1984

R. Kraatz (Hrsg.), Die Dynamik der Erde, Bewegungen, Strukturen, Wechselwirkungen, Spektrum-der-Wissenschaft-Verlagsges, Heidelberg 1987

H.-R. Lehmann, J. Rendtel, Planetenmagnetosphären, Sterne **60** (1984) 76–87

A.S. Lewis, Geologische Prozesse und Sedimentsystem auf dem Mars, Sterne **64** (1988) 325–353

P. Masson, Comparative geology of the satellites of the giant planets, Space Sci. Rev. **38** (1984) 281–324

W.I. McLaughlin, Voyager 2's encounter with Neptune, Vistas in Astronomy **33** (1990) 21–38

B. Murray, M.C. Malin, R. Greeley, Earthlike Planets, W. H. Freeman & Co., San Francisco 1981

G.H. Pettengill, D.B. Campbell, H. Masursky, The surface of Venus, Sci. Amer. **243** (1980) 54–65

R.G. Prinn, The volcanoes and clouds of Venus, Sci. Amer. **252** (1985) 46–53

M. Reichstein, Regeln des planetaren Vulkanismus, Sterne **57** (1981) 3–18

Th. Roatsch, M. Danz, K. Sauer, Plasmaphysikalische Prozesse bei der Wechselwirkung der Kometen mit dem Sonnenwind, Sterne **61** (1985) 83–93

D.B. Reiber (Hrsg.), The NASA Mars Conference, An American Astronautical Society Publication, Science and Technology Series Vol. 71, Univelt Inc., San Diego, Calif. 1988

S. K. Runcorn (Hrsg.) The Physics of the Planets, John Wiley & Sons, Chichester u.a. 1988

D.P. Simonelli, R.T. Reynolds, The interior of Pluto and Charon: structure, composition, and implications, Geophys. Res. Lett. **16** (1989) 1209–1212

D.D. Stern, N.F. Ness, Planetary magnetospheres. Annu. Rev. Astron. Astrophys. **20** (1982) 139–161

D.J. Stevenson, Interiors of the giant planets, Annu. Rev. Earth Planet. Sci. **10** (1982) 257–295

U. Walzer, Innerer Aufbau und Dynamik der erdartigen Planeten, Sterne **58** (1982) 6–21

Working Group for Planetary System Nomenclature, Annual Gazetteer of Planetary Nomenclature, U.S. Geological Survey, Flagstaff, Ariz. 1986

V. N. Zharkov, V. P. Trubitsyn, Physics of Planetary Interiors, Pachart Publ. House, Tucson, Ariz. 1978

Kapitel 4

Artikelserie über die Ergebnisse der Voyager-1-Mission im Jupitersystem, Science **204** (1979) 913–921

Artikelserien über die Ergebnisse der Missionen von Voyager 1 und 2 im Saturnsystem, Science **212** (1981) 159–243 bzw. **215** (1982) 499–594

Artikelserie über die Ergebnisse der Voyager-2-Mission im Uranussystem, Science **233** (1986) 39–109

Artikelserie über die Ergebnisse der Voyager-2-Mission im Neptunsystem, Science **246** (1989) 1417–1501

J. A. Burns, M. S. Matthews (Hrsg.), Satellites, University of Arizona Press, Tucson, Ariz. 1986

J. N. Cuzzi, L. W. Esposito, The rings of Uranus, Sci. Amer. **255** (1987) 52–66

P. Goldreich, The dynamics of planetary rings, Annu. Rev. Astron. Astrophys. **20** (1982) 249–283

R. Greenberg, A. Brahic (Hrsg.), Planetary Rings, University of Arizona Press, Tucson, Ariz. 1984

D. Morrison, The satellites of Jupiter and Saturn, Annu. Rev. Astron. Astrophys. **20** (1982) 469–495

S. A. Stern, Pluto at Perihelion, Artikelserie aus Geophys. Res. Lett. **16** (1989) No. 11

J. Veverka, The moons of Mars, in: D. B. Reiber (Hrsg.), The NASA Mars Conference, Univelt Inc., San Diego 1988, S. 93–119

Kapitel 5

B. Battrick, E. J. Rolfe, R. Reinhard (Hrsg.), 20th ESLAB Symposium on the Exploration of Halley's Comet, 3 Bände, ESA Publications Division, Noordwijk 1986

R. Dodd, Meteorites, Cambridge University Press, Cambridge 1981

H. Fechtig, Kometenstaub und interplanetarer Staub, Sterne **64** (1988) 259–269

M. J. Gaffey, T. B. McCord, Asteroid surface materials: mineralogical characterization from reflectance spectra, Space Sci. Rev. **21** (1978) 555–628

J. A. Fernandez, K. Jockers, Nature and origin of comets, Rep. Progr. Phys. **46** (1983) 665–772

T. Gehrels (Hrsg.), Asteroids, University of Arizona Press, Tucson, Ariz. 1979

J. Gürtler, J. Dorschner (Hrsg.), Der Komet Halley und die neuen Horizonte der Kometenforschung, Sonderheft der Zeitschrift „Die Sterne" **61** (1985) H. 5/6

Halley's Comet, Sonderausgabe der Zeitschrift Astronomy and Astrophysics **187** (1987) No. 12

F. Heide, Kleine Meteoritenkunde, 3. stark überarb. Aufl., bearb. v. F. Wlotzka, Springer-Verlag, Berlin 1988

G. Hoppe, Meteorite – Erscheinungen, Beschaffenheit und Entwicklung, Sterne **58** (1982) 352–364

E. L. Krinow, Der Tungusker Meteorit, Chemie der Erde **19** (1958) 207–227

M. Reichstein, Kometen – kosmische Vagabunden, Urania-Verlag, Leipzig 1985

I. T. Sotkin, K. P. Florensky, Einige Ergebnisse der Tunguskischen Meteoritenexpedition im Jahre 1958, Chemie der Erde **20** (1960) 183–198

P. R. Weissman, The origin of comets – implications for planetary formation, in: D. C. Black, M. S. Matthews (Hrsg.), Protostars & Planets, University of Arizona Press, Tucson, Ariz. 1985, S. 895–919

L. L. Wilkening (Hrsg.), Comets, University of Arizona Press, Tucson, Ariz

Kapitel 6

D.C. Black, M.S. Matthews (Hrsg.), Protostars & Planets II, University of Arizona Press, Tucson, Ariz. 1985

P. Bodenheimer, M. Rozyczka, H.W. Yorke, J.E. Tholine, Collapse of a rotating protostellar cloud, in: A.K. Dupree, M.T.V.T. Lago (Hrsg.), Formation an Evolution of Low Mass Stars, Kluwer Acad. Publ. 1988, s. 139–151

A.P. Boss, Theory of collapse and protostar formation, in: D.J. Hollenbach, H.A. Thronson Jr. (Hrsg.), Interstellar Processes, D. Reidel Publ. Co., Dordrecht 1987, S. 321–348

W.M. Kaula, Planet formation, in: W.D. Arnett, C.J. Hansen, J.W. Truran, S. Tsuruta (Hrsg.), Cosmogonical Processes, VNU Science Press, Utrecht 1986, S. 270–284

C. Lada, Cold outflows, energetic winds, and jets around young stellar objects, Annu. Rev. Astron. Astrophys. **23** (1985) 267–317

C.J. Lada, F.H. Shu, The formation of sunlike stars, Science **248** (1990) 564–572

E. A. McFarlane, Formation of the Moon in a giant impact: composition of the impactor, Proc. 19th Lunar Planet, Conf. Cambridge University Press & Lunar and Planetary Institute Houston 1989, S. 593–605

H.E. Newsom, S.R. Taylor, Geochemical implications of the formation of the Moon by a single giant impact, Nature **338** (1989) 29–34

L. Schultz, Meteoriten als Zeugen des Ursprungs unseres Sonnensystems, Naturwiss. Rdsch. 35 (1982) 271–274

F.H. Shu, S. Lizano, F.C. Adams, S. P. Ruden, Beginning and end of a low mass protostar, in: A.K. Dupree, M.T.V.T. Lago (Hrsg.), Formation and Evolution of Low Mass Stars, Kluwer Acad. Publ. 1988, S. 123–137

H. Wänke, G. Dreibus, Die chemische Zusammensetzung und Bildung der terrestrischen Planeten, Mitt. Astron. Gesellsch. **65** (1988) 9–24

Sachwortverzeichnis

Ablaufrinnen 137
absolute Helligkeit 40, 95, 199, 211
Absorptionsquerschnitt 59
Achilles 36, 202, 237
Achondrite 38, 195, 197
Acidalia Planitia 131
Adams 186
Adiabatenexponent 44 ff
adiabatischer Temperaturgradient 44, 149 f
Adrastea 173, 175, 238
Aeneas 183
Aereosol 155, 157
Agenor Linea 177
Agpalilik, Meteorit 198
Akkretion 227 f, 232
Akkretionsscheiben 222 ff
Akna Montes 132
aktive Gebiete 71 f
Albedo 96, 206
Albedo-Farben-Diagramm 206
Albedo-Neutronen 165 f
Allende, Meteorit 38, 230
Albert 200
Alpenquertal 139
Alpha Regio 133
Amalthea 125, 173, 175, 237
Amor-Planetoiden 202
Ananke 173, 237
Anorthosit 111
Antizyklon 153 f
Aphrodite Terra 130
Apollo (Planetoid) 37, 237
Apollo (Raumfahrt) 15, 30, 108, 111 f, 127, 238
Apollo-Planetoiden 202
Äquivalenthöhe 43
Arden Corona 145
Arecibo 29, 238
Areographie 27
Areologie 31
Argyre Planitia 131
Ariel 93, 117, 125, 127, 141 f, 173, 185, 236
A-Ring 177 f, 182

Arsia Mons 136
Ascraeus Mons 131
Asthenosphäre 111, 129
Astraea 36
Ataxite 195, 197
Aten 202
Aten-Planetoiden 37, 202
Atlas 173, 176, 238
Aubrite 195, 197
Ausflußrinnen 137
Auswurfdecke 121
azimutale Drift 164

Bach 140
Bahnelemente 92
Bänder 153, 159
Barnard, Komet 33
barokline Wirbel 154
barometrische Höhenformel 147
Barringer-Krater 39, 191
Basalt 110 f
Belinda 173, 238
Beljawski, Komet 210
Beta Pictoris 228 f
Beta Regio 130, 132
Bianca 173, 238
Biela, Komet 34
bipolarer Ausfluß 226, 228
Birch-Murnaghan-Zustandsgleichung 104
Bjurböle, Meteorit 194
Boccaccio 140
Bolid 190
Bradfield, Komet 213
B-Ring 177 f, 181 f
Brooks, Komet 210
Brüche 118 f
Bugstoßwelle 163, 166
Byerly-Diskontinuität 109

CAI 196
Caldera 120
Caloris Planitia 121
Calypso 173, 179, 238

Candor Chasma 134
Carme 173, 237
Cassinische Teilung 177, 179, 182
Catena 125
Cavus 125
Ceres 36, 200, 202, 205, 207, 236
Chao Meng-Fu 140
Chaos 125
Charon 11, 93 ff, 117, 173, 188, 238
Chasma 125, 132
Chassignite 195, 197
Chiron 37, 202, 206
Chondren 194 ff
Chondrite 38, 194 ff, 230
CHON-Teilchen 216 ff
Chromosphäre 18, 40, 75 ff, 81
Chryse Planitia 123, 138
Clairautsches Theorem 99
Cleopatra 132
CNO-Zyklus 45
Coggia, Komet 211
Collis 125
Colombo-Lücke 177
Conrad-Diskontinuität 109
Coprates Chasma 134
Cordelia 173, 238
Corona 125, 132, 145
Cressida 173, 238

Dämpfungseinbruch 90
Davida 202
Deferent 24
Deflation 123
Deimos 173 ff, 236
Denudation 123
Desdemona 173, 238
Despina 173, 238
differentielle Rotation 18, 64
Diogenite 195, 197
Dione 93, 125 f, 173, 179, 183, 235
Diskontinuität 109
Donati, Komet 210
Dorsum 125
Druckionisation 104
Dünen 123
dynamische Abplattung 99
Dynamotheorie 23, 74, 163

effektive Temperatur 42, 148
Egalité 186
Eigenbahnelemente 201
Eigenschwingungen 63 f, 108 f
Einfanghypothese 232
eingefrorenes Feld 72 f

Einschläge s. Impakt
Einsteinturm 22
Eisenmeteorite 193
Eiskonglomeratmodell 34, 215, 237
Elara 173, 237
Elementenhäufigkeit 16, 60, 196
Elsinore Corona 145
Enceladus 125 f, 142, 173, 179, 236
Encke doodle 178
Encke, Komet 12, 209 f
Encke-Teilung 177 ff, 181
endogene Faktoren 118
Energieerzeugungsrate 44, 46
Ensisheim, Meteorit 38
Entgasungsatmosphäre 147
Entweichgeschwindigkeit 151
Entweichrate 152
Eos-Familie 201, 203
Epimetheus 173, 176, 178, 238
Epizentrum 107
Epizykel 24
Erdatmosphäre 154 f
Erdbahnkreuzer 37, 202
Erdbeben 107
Erde 11, 15, 92 f, 95, 98, 108 ff, 118 f, 128, 130, 150, 155, 162
Erdkern 108 ff
Erdkruste 108 f, 118 f, 128 f
Erdmagnetosphäre 164
Erdmantel 108 f, 128
Erdmodell 109 f
Ergiebigkeit 53, 149
Eros 36, 207
Erosion 123
Eruptionen 82, 84, 86 ff, 90
Eta-Aquariden 219
Eukrite 195, 197
Europa 93, 95, 112, 125 f, 173, 176 f
exogene Faktoren 118, 120
Exosphäre 149, 151
Explorer 237

Fackelgranula 75
Fackeln 76 f
Facula 125
Fälle 193
Falten 118 f
Faltengebirge 129
F-Fleck 70
Fibrillen 76 f
Filamente 75, 82
Fissionshypothese 232
F-Korona 79, 191
Flash-Spektrum 76

Fleckenzyklus 18, 66, 74
Flexus 125
Flora-Familie 201 ff
Floris-Jan 205
Fluctus 125
Flutbasalte 120, 132
Forbush-Effekt 91
Fossa 125
Fragmentation 205
Fraternité 186
Fraunhofer-Linien 57, 79
Freyja Montes 132
F-Ring 178 f, 181 f
Funde 193
Fünfminutenoszillation 62

Galathea 173, 238
Galileische Monde 167, 175 f, 237
Galileo Regio 143
Galileo 31, 190, 238
GALLEX 51
Gangis Chasma 134
Ganymed 93, 95, 113, 117 f, 122, 125 f, 141, 143 f, 173, 175 f
Gasschweif 208
Gasplanetenhypothese 229
Gaspra 207, 238
Gattungsnamen 124 f
Gegenschein 219
Gegenschweif 215
Geminiden 37, 206, 219
geometrische Abplattung 93, 98 f
Giotto 34, 190, 215 f, 238
g-Moden 63
Granit 110
Granula 61
Granulation 61
gravimetrische Abplattung 99
Gravitationskollaps 224
Gravitationspotential 97 f
Großer Dunkler Fleck 161 f
Großer Roter Fleck 27, 159, 161, 235
Guinevere Planitia 130
Gürtelplanetoiden 198, 200, 202, 206
Gyration 164

Hadley-Zelle 153
Hadley-Zirkulation 153, 157
Halley, Komet 12, 34 f, 196, 208 ff, 212, 214, 235, 238
Hebe 205
Hebes Chasma 134
Hecuba-Lücke 201
HED-Meteorite 197

Hektor 205
Helene 173, 179, 238
Helios 190
Helioseismologie 21
Heliosphäre 11 f, 31
Hemisphäre 124
Herbig-Haro-Objekte 227
Herculina 205
Herschel 183
Hertzsprung-Russell-Diagramm 17
Hestia-Lücke 201
Hexaedrite 38, 195, 197
Hidalgo 37, 204
Hilda-Gruppe 201
Himalia 173, 237
H^--Ion 55, 59
Hirayama-Familien 201
HL Tauri 228
Hochdruckgebiete 153 f
Homosphäre 149
Howardite 195, 197
Hufeisenbahnen 170, 178
Hufeisenwirbel 138
Huygens-Lücke 177, 182
Hydrosphäre 122
hydrostatisches Gleichgewicht 44, 99 f
Hygiea 202
hyperbolische Kometen 210 f
Hyperion 125, 173, 179, 184, 236
hypsometrische Kurve 128 f

Icarus 202
ICE 34, 238
Ikeya-Seki, Komet 210
IMP-1 84
Impakt 121 f, 191
Impaktbrekzien 122
Individualname 124
Innisfree, Meteorit 193
interplanetarer Staub 219 f
Inverness Corona 145
Io 93, 95, 112, 118 f, 125 f, 173, 175 ff, 238
Ionosphäre 151
IRAS 220, 228 f
IRAS-Araki-Alcock, Komet 209
irreguläre Satelliten 168, 171
Ishtar Terra 130, 132
Ius Chasma 134

Janus 173, 176, 178, 238
Japetus 93, 125 f, 173, 181, 184, 235
Jets 215, 227
Juliet 173, 238
Juno 36

Jupiter 11, 31, 92 f, 95, 98, 113 ff, 153, 158 ff, 162, 166, 235
Jupiterfamilie 210
Jupitermagnetosphäre 166 f
Jupitermonde 27, 235
Jupiterring 176, 237
Jupitersystem 175

Kallisto 93, 95, 113, 117, 122, 125 f, 140 f, 143 f, 173, 175 f
Kamazit 195, 197
Kamiokande 51
Kasei Vallis 123
Keeler-Lücke 177
Kirch, Komet 210
Kirchhoffscher Satz 54
Kirkwood-Lücken 201
Kiso-Durchmusterung 200, 204
K-Korona 79
klassische Figurentheorie 99
Klathrat-Hydrate 117
Klimazonen 152
Koagulation 205, 229, 231
Koakkretionshypothese 232
Kohlenstoff-Stickstoff-Sauerstoff-Zyklus 21
kohlige Chondrite 194 ff, 222, 230
Kohoutek, Komet 213
Koma 208, 210 ff
Kometenkern 13, 14, 190, 207, 210, 215 ff
Kometenspektrum 213 f
Kommensurabilitäten 203, 222
Kompressionsmodul 103 f, 106
Kompressionswellen 107 f
Kondensationsströmung 158
Konvektionszone 47, 62, 82
Koordinationszahl 104
Korona 18, 21, 40, 77 f, 81, 90
Koronalöcher 80 f, 84, 90
Koronaspektrum 79
Koronis-Familie 201, 203
Krater 121 f, 126 f, 139 f
Kraterpopulation 141 ff
Kreide-Tertiär-Ereignis 39, 191
Kreutz-Gruppe 209 f
Krustenneubildung 128
kurzperiodische Kometen 209 f

Labes 125
Labyrinthus 125
Lacus 125
Lada Terra 132
Langrange-Punkte 36, 179, 202
L'Aigle, Meteorit 38

Lakshmi Planum 132
langperiodische Kometen 209 f
Larissa 173, 238
Lava 118 ff, 132
Leda 173
Lehmann-I-Diskontinuität 109
Lehmann-II-Diskontinuität 109
Leuchtkraft 41
Leverrier 186
Liberté 186
Libration 172, 174
Linea 125
Lithosphäre 129
L-Korona 77
Lost City, Meteorit 193
Love-Wellen 107 f
Luna 122, 236, 237 f
Lunisolarpräzession 174
Lyriden 219
Lysithea 173, 237

Macula 125
Magellan 30, 130, 132, 238
Magma 118
Magmatismus 118
magnetische Stürme 90, 163
magnetisches Potential 162
Magnetopause 163, 165 f
Mare 125, 139
Mare Imbrium 131, 139
Mare Orientale 121
Mare Serenitatis 131, 139
Mare Tranquillitatis 131
Mariner 112, 134, 140, 156 f, 237 f
Marius Regio 144
Mars 11, 27 f, 92 f, 95, 98, 112, 118, 125 ff, 130 f, 162, 235 ff
Marsatmosphäre 150, 155, 157
Marsbahnkreuzer 202
Marskanäle 28 f, 236
Marsoberfläche 134 ff
Mascons 139
Massenabsorptionskoeffizient 44
Maunder-Minimum 67
Maxwell Montes 130, 132 f
Maxwell-Lücke 177, 182
McDonald-Durchmusterung 37, 204
Megaregolith 122
Melas Chasma 134
Mensa 125
Merkur 11, 27, 29, 31, 92 f, 95, 98, 112 f, 125 f, 162
Merkuroberfläche 140
Mesosiderite 195, 197

Mesosphäre 149 f, 158
metallischer Wasserstoff 104, 115
Meteore 13, 190
Meteorite 13 f, 37 ff, 190, 193 ff, 236
Meteoroide 190
Meteorstrom 14, 34, 37, 190, 219
Metis 173, 175, 238
Michejew-Smirnow-Wolfenstein-Effekt 51
Mikrometeorite 190
Mikrometeoroide 190, 219
Mimas 125 f, 144, 173, 178 ff, 183, 236
Miranda 125, 127, 145, 173, 185
Mögel-Dellinger-Effekt 90
Mohorovičić Diskontinuität 109
Moldavite 191
Molekülwolken 226
Mond 11, 14, 23, 27, 30 f, 93, 95, 98, 111, 125, 127 f, 130 f, 139, 173, 236 f
Mondbeben 111
Mondentstehung 232
Mondkern 112
Mondkruste 111
Mondmantel 111
Mons 125
Montes Alpes 139
Montes Apenninus 131, 139
Montes Caucasus 139
Moränen 123
Muttermoleküle 212, 214

Naiad 173, 238
Nakhlite 195, 197
Navier-Stokes-Gleichungen 223
Naptun 11, 92 f, 95, 98, 115 f, 162, 232, 236, 238
Neptunringe 182, 186
Neptunsystem 185
Nereide 171, 173, 187
Netzwerk 75
Neutralpunkte 166
Neutralschicht 165
Nickeleisen 195, 197
Nirgal Vallis 136
Noctis Labyrinthus 158
Nördlinger Ries 39, 191
Nutation 172, 174
Nysa 207

Oberon 93, 117, 125, 127, 144, 173, 185 f, 236
Oceanus 125
Oceanus Procellarum 131
Oktaedrite 38, 195, 197

Olivin 195, 271 f
Olympus Mons 134, 136
Oortsche Kometenwolke 12, 33, 210, 232, 237
Opazitätskoeffizient 44
Ophelia 173, 185, 237
Ophir Chasma 134
Orgueil, Meteorit 194
Orioniden 219
Orogene 129
Ozonschicht 155

Palimpsest 141, 143
Pallas 36, 200, 202, 205, 236
Pallasite 195, 197 f
Palomar-Leiden-Durchmusterung 37, 204
Palus 125
Pan 173, 176, 178, 181, 238
Pandora 173, 176, 178, 180, 238
parabolische Kometen 209 f
Pasiphaë 173, 237
Passatwinde 153
Patera 125
Patroclus 202
Pena Blanca Spring, Meteorit 194
Penumbra 68 f
Periheldrehung 27
Permafrost 123, 137
Perseiden 34, 219
P-Fleck 70 f
Phaëthon 37, 206, 219
Phasendiagramm 105 f, 116
Phasenfunktion 96
Phasenintegral 96
Phasenwinkel 95 f
Phobos 173 ff, 236, 238
Phocaea-Familie 201
Phoebe 171, 173, 181, 237
Phoebe Regio 133
Pholus 202, 204
photochemische Reaktionen 151
Photosphäre 40, 42, 51 ff, 55, 64, 73
Phreatomagmatismus 137
Pioneer 156, 238
Planetesimalien 115, 141, 210, 221, 231 f
Planetesimalien-Hypothese 229 ff
Planetoidenfamilien 37, 201 f
Planetoidengürtel 36, 193, 200, 203 f
Planitia 125
Planum 125
Plasmafrequenz 86
Plasmapause 165
Plasmasphäre 165
Plattentektonik 118, 128

Plessit 195, 197
Pluto 11, 92 f, 95, 113, 117, 188, 237
Plutonite 118
p-Moden 63
Polhörner 165 f
Polkragen 157
Polwirbel 156
Portia 173, 238
Poynting-Robertson-Effekt 175
Präzession 172, 174
Přibram, Meteorit 193
primordiale Wärme 115
primordiale Atmosphäre 146
Priorsche Regel 38, 195 f
Prometheus 173, 176 ff, 238
Promontorium 125
Proteus 173, 186, 238
Proton-Proton-Kette 21, 45 f
Protoplaneten 229
Protostern 225 ff
Protuberanzen 82
Psyche 207
Puck 173, 238
Punctum aequans 24
P-Wellen 107 ff
Pyrheliometrie 40
Pyroklastika 119
Pyroxen 195, 197

Quadrantiden 219
Quadrupolmoment J_2 98

radiogene Atmosphäre 147
Radius-Dichte-Diagramm 94 f
Randverdunklung 52 f, 58
Ranger 237
Rauschstürme 82
Rayleigh-Wellen 107 f
Regio 125
Regolith 122, 174
reguläre Satelliten 168, 171
Rekonnexion 73, 164
Repetti-Diskontinuität 109
Resonanzen 169 f, 179 f
Rhea Mons 132
Rhea 93, 125 f, 144, 173, 179, 235
Riesenimpakt 191, 233
Riesenzellen 62
Rifttal 129 f
Riftzone 128 f
Rima 125
Rima Hadley 131
Ringsysteme 168 ff, 182
Roche-Grenze 168 ff

Rosalind 173, 238
Rosetta 34, 222
Rotationsparameter 98
Rotationspotential 98
„ruhige" Sonne 80
Rupes 125

SAGE 51
Sakigake 34, 238
säkulare Akzeleration 172
Samarkand Sulci 142
Saturn 11, 31, 92 f, 95, 98, 113 ff, 153, 162
Saturnatmosphäre 158 ff
Saturnringe 177, 179 f, 234
Saturnsystem 176
Schäferhundmond 170 f, 178, 185
Schalenstruktur 108, 111
Scherwellen 107 f
Schildvulkan 119 f, 134
Schmetterlingsdiagramm 67
Schwefelvulkanismus 112, 176 f
Schweifgesetz 32
Schweiftypen 208
Scopulus 125
sea-floor spreading 128
Sedimente 123, 137 f
Sedna Planitia 130
seismische Wellen 107
Sektorstruktur 84
Selenographie 27 f
Selenologie 31
Shergottite 195, 197
Sinope 173, 237
Sinus 125
skalare Wellen 107
Skalenhöhe 43, 147, 151
S-Komponente 81
Skylab 21, 238
SNC-Meteorite 197
Solar Maximum Mission 41
solares Magnetfeld 72
Solarkonstante 40 f, 111
solar-terrestrische Erscheinungen 88 ff
Sond 15
Sonnendynamo 74
Sonneneruption 18
Sonnenflecke 18, 20, 22, 41, 64 ff, 68 ff, 76
Sonnenfleckenrelativzahl 65 f, 91 f
Sonnenfleckenzyklus 41
Sonneninneres 43 ff
Sonnennebel 223, 230 ff
Sonnenneutrinos 47 ff
Sonnenoszillationen 62

Sonnenrand 42
Sonnenstreifer 34, 209 f
Sonnenwind 22, 84 f
Spicula 75 ff
Spiegelpunkt 164
Stabilitätsindex 149 f
Standardmodell der Sonne 43, 47 ff
Staubschweif 34, 208, 215
Stein-Eisen-Meteorite 193, 195
Steinige Tunguska 39, 237
Steinmeteorite 193 f
Stickney 174, 176
Stockwerkaufbau 147
Strahlungsausbrüche 82, 86 f
Strahlungsgleichgewicht 47, 149
Strahlungsgürtel 164 f, 236
Stratosphäre 155
Stratovulkan 119
Stromtal 123, 136
Subduktion 128, 130
Suisei 34, 238
Sulcus 125, 143 f
Supergranula 61, 75, 77
Supergranulation 61 f, 81
Superrotation 157
S-Wellen 107 ff
Swift, Komet 210
Swift-Tuttle, Komet 34, 236

Tänit 195, 197
taxonomische Typen 206
Tektite 191
Tektonik 118
Telemachus 183
Teleso 173, 179, 238
tellurische Linien 57
Terra 125
Tessera 125, 132
tesserale Gravitationsmomente 97
Tethys 93, 125 f, 144, 173, 179, 183, 235
Thalassa 173, 238
Tharsis 131, 136, 158
Thebe 173, 175, 238
Theia Mons 130, 132
Themis-Familie 201 ff
Thera Macula 177
Thermosphäre 149 f
Tholus 125
Thomson-Streuung 79
Thrace Macula 177
Thule 201
Tiamat Sulcus 144
Tiefdruckgebiete 153 f
Titan 93, 117, 173, 179 ff, 183, 235

Titania 93, 117, 125, 127, 144, 173, 185 f, 236
Titanatmosphäre 181, 184
Tithonium Chasma 134
Titius-Bodesche Reihe 12, 35, 221
Toro 202
Torsionsmodul 106
Trägheitsfaktor 99 f, 108
Trägheitsmoment 99
Treibhauseffekt 148, 155
Treibhausinkrement 148, 156
Triton 93 f, 117 f, 120, 125, 144 ff, 173, 187, 236, 238
Trojaner 36, 179, 201 f
Troposphäre 149 ff
T-Tauri-Sterne 226 ff
Tuffe 119

Ulysses 190
Umbra 68 f
Umbriel 93, 117, 125, 127, 141 f, 144, 173, 185, 236
umkehrende Schicht 58, 76
Unda 125
Uranus 11, 31, 92 f, 95, 98, 114 ff, 162, 233, 236
Uranusringe 185
Uranussystem 184
Ureilite 195, 197
Ut Rupes 130

Valhalla 121, 144
Valles Marineris 131, 134, 136, 138
Vallis 125
Van-Allen-Gürtel 165
Vastitas 125
vektorielle Wellen 107
Venus 11, 29, 92 f, 95, 98, 112 f, 125 ff, 129 f, 132 f, 150, 152, 155 ff, 162, 237
Venusatmosphäre 155 ff
Venusoberfläche 130 ff
Venuswolken 156 f
verbotene Linien 79 f
vergleichende Planetologie 124
Verona Rupes 145
Verwerfungen 118
Verwitterung 122
Vesta (Planetoid) 36, 200, 202, 205, 207
Vesta (Raumfahrt) 222
Viking 112, 123, 127, 134, 136, 158, 175 f, 238
Voyager 31, 139, 142 ff, 161, 176 f, 181 ff, 183 ff, 238
Vulkanbauten 119 f

Vulkandome 133
Vulkanismus 118 f, 133, 145, 175, 177, 187
Vulkanite 118

Wagner 140
Wasserstoffkorona 29, 151, 214
WEGA 34, 190, 215, 217 f, 238
Wega-Phänomen 229
weiße Ovale 161
Weißer Fleck 159
Wenera 30, 127, 133 f, 238
West, Komet 214 f
Widmannstättensche Figuren 197 f
Wiechert-Gutenberg-Diskontinuität 109 f
Wilson-Depression 68 f

Windfahnen 138, 157
Windkanter 123, 138

Zenographie 27
Zentralberg 121
Zirkularmaria 139
zirkumpolarer Erg 123, 138
Zodiakallicht 14, 79, 191, 219 f
zonale Gravitationsmomente 97
Zonen 153, 159
Zonenwanderung 18, 67
Züricher Klassifikation 70
Zustandsgleichung 45, 101 ff, 116
Zyklon 153

Personenverzeichnis

Adams, F.C. 227f, 242
Adams, J.C. 26
Adams, W.S. 237
A'Hearn, M.F. 213
Aldrin, E. 238
Allen, C.C. 239
Anderson 109
Antoniadi, E.M. 126
Apianus, P. 32, 235
Apollonios 24, 235
Aristarchos 23, 235
Aristoteles 23f, 235
Armstrong, N. 238
Arnett, W.D. 242
Astapowitsch 192
Atkinson, R. d'E. 21
Ayrett, E.H. 56f, 239

Babcock, H.W. 74
Bahcall, J.N. 49, 239
Barnard, E.E. 173, 237
Barucci, M.A. 201
Battrick, B. 241
Baum, W.A. 173
Beatty, J.K. 239
Belton, M.J.S. 216
Benest, D. 240
Berthomieu, G. 239
Bessel, F.W. 33f
Bethe, H.A. 21, 237
Bibring, J.-P. 240
Bienewitz, P. 32, 235
Biermann, L. 34, 72, 237
Binzel, R.P. 201
Black, D.C. 239, 241f
Bodenheimer, P. 225, 239, 242
Boltzmann, L. 236
Bond, G.W. 173, 236
Bond, W.C. 173, 236
Boss, A.P. 242
Bowell, E. 204
Brahe, T. 25, 32, 235

Brahic, A. 241
Bredichin, Th. 33f
Brezina 38
Bruzek, A. 239
Bunsen, R. 19, 236
Burke, B.F. 237
Burns, J.A. 241
Burton, R.F. 126
Butterworth, P. 240

Cameron, A.G.W. 229, 231
Campbell, D.B. 240
Campins, H. 218
Carr, M. 239
Carrington, R.C. 18, 64, 86, 236
Cassini, G.D. 173, 235
Chaikin, A. 239
Chamberlain, T.S. 221, 229
Chapman, C.R. 37, 207
Chapman, S. 21
Chladni, E.F.F. 38
Christy, J.W. 173, 238
Chupp, T.A. 237
Cole, G.H.A. 239
Collins, M. 238
Collins, S.A. 173
Conrad, C. 30
Cook, A.H. 240
Coustenis, A. 184
Craig 38
Cuzzi, J.N. 180, 241
Czibier, M. 239

Danielson, G.E. 173
Danz, M. 212, 240
Davis, R. 238
Dawes, W.R. 236
Deslandres, H.A. 19
Diego, F. 78
DiSanti, M.A. 189

Dodd, R. 241
Dollfus, A. 173, 240
Donati, G. 33, 236
Dörffel, G.S. 32, 235
Dorschner, J. 241
Dreibus, G. 242
Dunham, T. 237
Dunlap, J.L. 205
Dupree, A.K. 242
Durrant, C.J. 239
Dziewonski 109

Eddington, A.S. 21
Edlén, B. 21
Einstein, A. 26f
Elliot, J.L. 238
Encke, J.F. 33
Encrenaz, T. 218, 240
Engelhardt, W. von 240
Eratosthenes 235
Esposito, L.W. 241
Eudoxos 235

Fabricius, J. 18, 235
Faye, H. 20
Fechtig, H. 241
Feldman, P.O. 213
Fernandez, J.A. 241
Fink, U. 189
Florensky, K.P. 241
Fountain, J.W. 173
Fracastoro, G. 32
Franklin, K.L. 237
Fraunhofer, J. von 19
Fulchignoni, M. 201

Gaffey, M.J. 241
Galilei, G. 18, 27, 173, 235
Galle, J.G. 236
Gamow, G. 21
Gauß, C.F. 36
Gautier, A. 18, 236

Gehrels, T.   193, 205, 241
Gerdes, D.   35
Glashow, S.   51
Goldreich, P.   171, 241
Grassotti, C.   156
Greeley, R.   240
Greenberg, J.M.   216
Greenberg, R.   241
Grotrian, W.   21, 237
Guest, J.   240
Gürtler, J.   241

Hagen, W.   226
Hale, G.E.   19, 22, 237
Hall, A.   173, 236
Halley, E.   26, 32 f, 235
Hänsel, Ch.   240
Hansen, C.J.   242
Hargreaves, J.K.   239
Harkness, W.   236
Harriot, T.   18, 27, 235
Hart, B.G.   237
Hartmann, W.K.   121
Head, J.W.   240
Heide, F.   241
Helmholtz, H. von   20
Herschel, F.W.   19, 173, 236
Herschel, J.   20
Hevelius, J.   27, 235
Hey, J.S.   22, 237
Hipparchos   24, 235
Hirayama, K.   37
Hodgson, R.   18, 86, 236
Holberg, J.B.   180
Hollenbach, D.J.   242
Homer   126
Hoppe, G.   241
Houtermans, F.G.   21
Hubbard, W.B.   116, 240
Huygens, Ch.   173, 235

Ingersoll, A.P.   240
Ishida, K.   200, 204

Jacobs, J.A.   240
Janle, P.   130, 240
Janssen, P.J.C.   19, 236
Jeans, J.H.   224
Jeßberger, E.K.   196
Jewitt, D.C.   173
Jockers, K.   241
Jordan, S.   239

Kant, I.   221
Kaila, K.   52
Kaula, W.M.   240, 242
Keil, K.   239
Kelvin of Largs, W.   20
Kepler, J.   25, 32, 35, 235
Kirchhoff, G.   19 f, 236
Kirkwood, D.   36, 236
Kissel, J.   196
Klinger, J.   240
Knöfler, H.-R.   194, 198
Kopernikus, N.   25, 235
Kosai, H.   200, 204
Kotow, W.A.   238
Kowal, C.T.   173
Kraatz, R.   240
Kreutz, H.   34, 209
Krinow, E.L.   192, 241
Krishan, V.   239
Krüger, A.   239
Ksanfomaliti, L.W.   133
Kuetemeyer, M.J.   156
Kuiper, G.P.   173, 237
Kulik, L.A.   39
Künzel, H.   239

Lada, C.J.   227, 242
Lago, M.T.V.T.   242
Lagues, P.   173
Lane, J.H.   20
Laplace, P.S. de   221
Larson, S.M.   173
Lassell, W.   173, 236
Lecacheux, J.   173
Lehmann, H.-R.   240
Leighton, R.B.   63, 237
Leverrier, U.J.J.   26
Lewis, A.S.   137, 240
Limaye, S.S.   156
Lizano, S.   227 f, 242
Lockyer, J.N.   19, 236
Loeser, R.   56 f, 239
Lohse, O.   20
Lyot, B.   21, 237

MacFarlane, J.J.   116
Mädler, J.H.   27
Malin, M.C.   240
Malory, T.   126
Maraldi, J.F.   235
Marius, S.   173, 235
Marley, M.S.   240
Mason, B.   38
Masson, P.   240

Masursky, H.   129, 240
Matthews, M.S.   239, 241
Mattig, W.   58
Maunder, E.W.   67
Maxwell, J.C.   236
Mayer, J.R. von   20, 236
McCord, T.B.   37, 241
McFarlane, E.A.   242
McLaughlin, W.I.   240
Meissner, R.   130, 240
Melotte, P.   173, 237
Mikami, T.   200, 204
Morrison, D.   37, 241
Murray, B.   240
Murray, J.   240

Ness, N.F.   240
Newsom, H.E.   242
Newton, I.   25, 32, 235
Nicholson, S.B.   173, 237
Noyes, R.W.   63, 237

O'Donnell, W.   240
Olbers, W.   33, 36, 236
O'Leary, B.   239
Oort, J.H.   33, 237
Öpik, E.J.   33, 37

Parker, E.N.   22 f
Pascu, D.   173
Perrin, J.   21
Perrine, C.D.   173, 237
Pettengill, G.H.   240
Pettit, E.S.   237
Piazzi, G.   35 f, 199, 236
Pickering, W.H.   173, 237
Piotrowski, S.   37
Pons, J.L.   33
Press, F.   110
Priest, E.R.   239
Prinn, R.G.   240
Prior, G.T.   38, 195
Ptolemaios, K.   24 f, 235
Pythagoras   235

Reiber, D.B.   240 f
Reichstein, M.   240 f
Reinhard, R.   241
Reinmuth, K.   237
Reitsema, H.J.   173
Rendtel, J.   240
Reynolds, R.T.   240
Riccioli, G.B.   27, 235
Ritter, G.A.D.   20 f

Roatsch, T.   212, 240
Rolfe, E.J.   241
Rompolt, B.   84
Rose   38
Rowland, H.A.   19
Rozyczka, M.   225, 242
Ruden, S.P.   227 f, 242
Runcorn, S.K.   240
Ryan, E.V.   218

Sabine, E.   18, 236
Safronow, W.S.   232
Salam, Abdus   51
Sauer, K.   212, 240
Scheiner, Ch.   18, 27
Schiaparelli, G.V.   28, 34, 126, 236
Schmus, van   38, 196
Schröter, J.H.   27
Schultz, L.   242
Schwabe, H.   18, 236
Schwarzschild, K.   21
Sears, D.W.G.   196
Secchi, A.   20
Seidelmann, P.K.   173
Seneca, L.Ae.   32
Sewerny, G.B.   238
Shakespeare, W.   127
Showalter, M.R.   173
Shu, F.H.   227 f, 242
Simon, G.W.   63, 237
Simonelli, D.P.   240
Smith, B.A.   173, 229

Smoluchowski, R.   240
Solomon, S.C.   240
Sotkin, I.T.   241
Spörer, G.   18
Staude, J.   239
Stefan, J.   236
Stern, D.D.   240
Stern, S.A.   241
Stevenson, D.J.   114, 240
Stix, M.   239
Synnott, S.P.   173

Taylor, R.C.   205
Taylor, S.R.   242
Tempel, W.   211
Terrile, R.J.   173, 229
Thomas, P.   176
Thraen, A.   33
Thronson, Jr, H.A.   242
Titius, J.D.   35
Tohline, J.E.   225, 242
Tombaugh, C.W.   237
Tremaine, S.   171
Trubitsyn, V.P.   241
Truran, J.W.   242
Tschermak   38
Tsuruta, S.   242

Ulrich, R.K.   49, 239
Urey, H.   38

Vassenius, B.   236
Vergilus Maro, P.   126

Vernazza, J.E.   56 f, 239
Veverka, J.   241

Waldmeier, M.   21
Walker, R.   173
Walzer, U.   240
Wänke, H.   242
Weinberg, S.   51
Weissman, P.R.   241
Weizsäcker, C.F. von   21, 237
Whipple, F.L.   34, 237
Wildt, R.   237
Wilkening, L.L.   241
Willner, S.P.   226
Willson, R.C.   41
Wilson, A.   19, 68, 236
Wlotzka, F.   241
Wolf, M.   36, 237
Wolf, R.   18, 65, 236
Wollaston, W.H.   19, 236
Wood, J.   38, 196, 230

Xanthakis, J.   91

Yorke, H.W.   225, 242
Young, A.   238
Young, C.A.   236

Zach, F.X. von   35 f
Zap, T.T.   238
Zappalà, V.   203
Zellner, B.   37, 204
Zharkov, V.N.   241

Astronomie bei Barth

Ahnerts Kalender für Sternfreunde 1994
Kleines astronomisches Jahrbuch

Begründet von Paul Ahnert.
46. Jahrgang. Herausgegeben von Gernot Burkhardt, Lutz D. Schmadel, Astronomisches Rechen-Institut, Heidelberg, und Siegfried Marx, Thüringer Landessternwarte, Tautenburg. 1993. Ca. 190 Seiten, ca. 60 zum Teil farbige Bilder, zahlreiche Tabellen. Gebunden ca. DM 19,80   ISBN 3-335-00364-0

Ahnerts Kalender für Sternfreunde 1994 informiert weiterhin in bewährter Weise über die astronomischen Erscheinungen des Jahres. Er ist ein wichtiges Hilfsmittel für alle Sternfreunde zur Vorbereitung und Durchführung von Beobachtungen des Sternhimmels.

Der Ephemeridenteil umfaßt einerseits Informationen für Beobachtungen mit bloßem Auge und mit dem Feldstecher, andererseits für Beobachtungen mit dem Fernrohr. Der Textteil enthält aktuelle Berichte und Aufsätze aus der astronomischen Forschung und zu ausgewählten astronomischen Problemen und Themen. Im Bildteil werden zahlreiche interessante Farb- und Schwarzweißfotos gezeigt.

Die Sterne
Zeitschrift für alle Gebiete der Himmelskunde

Gegründet 1921 von Robert Henseling.
Redaktion: H. Oleak, Potsdam (ab 1993). Unter Mitwirkung von W. Götz, Sonneberg; R. Kippenhahn, Göttingen; P.G. Mezger, Bonn; W. Pfau, Jena; W. Seitter, Münster/Westf.; H. Straßl, Münster/Westf.; H.-J. Treder, Potsdam.

Erscheinungsweise: 6 x jährlich. Einzelheftpreis: DM 8,50 zzgl. Versandspesen. Jahresabonnement:
DM 64,50[*] inkl. Versandspesen (Inland). DM 76,50[*] inkl. Versandspesen (Ausland).
* Studenten erhalten einen Preisnachlaß (bei Vorlage der Immatrikulationsbescheinigung).

"Die Sterne" sind die traditionsreichste deutsche astronomische Zeitschrift, die sich an einen breiten Leserkreis wendet. Sie ist eine Zeitschrift für alle Gebiete der Himmelskunde und behandelt in aktuellen Berichten, Übersichtskarten und thematisch gestalteten Heften Themen aus Astronomie und Astrophysik, aus den Planetenwissenschaften sowie aus der Raumfahrt und Weltraumforschung. Die Spannbreite reicht von speziellen Fragen der Astronomiegeschichte bis zur Auseinandersetzung mit Problemen der modernen SETI-Forschung. Besondere Beiträge sind traditionsgemäß den spezifischen Belangen der Amateurastronomen gewidmet.

Alle Bücher und Zeitschriften sind über den Fachhandel erhältlich!

Astronomie bei Barth

Facetten der Astronomie

Herausgegeben von Heinz Völk. Mit einem einleitenden Kapitel von Rudolf Kippenhahn und aktuellen Beiträgen namhafter Wissenschaftler aus Astronomie und Astrophysik.
1993. Ca. 160 Seiten, 43 Abbildungen. Gebunden ca. DM 50,-   ISBN 3-335-00358-6

Aus dem Inhalt: Die Sonne · Die Planeten · Die Kometen · Sternentwicklung - Supernovae - Schwarze Löcher · Interstellare Materie und Sternentstehung · Die Milchstraße · Galaxien - Radiogalaxien - Quasare · Entstehung und Entwicklung des Universums · Gibt es einen Sinn hinter dem Universum? · Suche nach außerirdischem Leben · Die Zukunft der Astronomie.

Sternatlas   Star Atlas 2000.0

Von Siegfried Marx und Werner Pfau. 4., überarbeitete Auflage 1992. 14 Textseiten (deutsch/englisch), 19 zweifarb. Sternkarten, 8 Klarsichtfolien. Format 32 x 24 cm. Ringheftung DM 68,-   ISBN 3-335-00256-3

Auf 19 Sternkarten sind alle mit dem bloßen Auge sichtbaren Sterne und eine Vielzahl besonderer astronomischer Objekte, darunter die mehr als 100 Objekte des Messier-Katalogs, dargestellt.

Spektrum der Physik
Höhepunkte moderner physikalischer und astronomischer Forschung

Von Georg Wolschin. 1992. 240 Seiten, 72 farbige Abbildungen, 19 s/w-Abbildungen. Gebunden DM 48,-   ISBN 3-335-00334-9

Höhepunkte moderner physikalischer und astronomischer Forschung der letzten sieben Jahre werden in zahlreichen aufeinander abgestimmten Einzelbeiträgen dargestellt. Die mit aufschlußreichen Bildern versehenen Artikel begleiten in Form einer Chronik die Forschung und zeigen exemplarisch das Fortschreiten naturwissenschaftlicher Erkenntnis.
"... Sowohl die Vielfalt der physikalischen Welt als auch das ständig neue Vordringen der Physiker und Astronomen in bisher unerschlossene Gebiete kommen durch Stil und Struktur des vorliegenden Buches von Georg Wolschin ganz besonders plastisch zum Ausdruck. In diesem Buch werden sehr anschaulich die überraschenden physikalischen Erkenntnisse und Errungenschaften der letzten Jahre geschildert, die Fülle der offenen Fragen ist zu erahnen, und dem Leser wird auf eindrucksvolle Weise vermittelt, wie spannend Physik nach wie vor ist und auch in Zukunft sein wird."
Aus dem Geleitwort von Gerd Binnig,
Physik-Nobelpreisträger 1986

Alle Bücher und Zeitschriften sind über den Fachhandel erhältlich!

Astronomie bei Barth

Der Himmel auf Erden · Die Welt der Planetarien
Von Ludwig Meier. 1992. 160 Seiten, 127 überw. farbige Abbildungen. Gebunden DM 68,-
ISBN 3-335-00279-2

Jährlich 60 Millionen Besucher, 200 000 Sitzplätze weltweit - die Anziehungskraft der Planetarien auf die Menschen war und bleibt ungebrochen. Anlaß genug für den Wissenschaftler Ludwig Meier, die über zweitausendjährige Geschichte dieser so überaus faszinierenden Nachbildungen des Sternhimmels in seinem Buch "Der Himmel auf Erden" einem breiten Publikum zugänglich zu machen. Durch anschauliche Texte und zahlreiche, meist farbige Abbildungen macht er den Leser bekannt mit der Wunderwelt der Himmelsmaschinen seit Archimedes, er zeigt die 70 Jahre dauernde Entwicklung des Projektionsplanetariums auf und schildert, wie der künstliche Himmel heutzutage durch den Computer erzeugt wird. Vielfältig wie ihre Vergangenheit ist auch der Einsatz von Planetarien: Er reicht vom Unterricht über das Training der Astronauten, die Untersuchungen des Vogelzuges bis hin zur Show unterm Sternenhimmel. Geschichte wie sie sein soll: bunt, fesselnd, verständlich. Ein spannendes Buch für jeden interessierten Sterngucker.

Antimaterie im Weltall ? · Ein Forschungsrätsel
Von Dieter B. Herrmann. 1992. 96 Seiten, 20 Zeichnungen, 11 Fotos. Gebunden DM 24,80,-
ISBN 3-335-00317-9

Bedeutsame Teile des modernen astronomischen Weltbildes, insbesondere die "Urknall"-Hypothese, beleuchtet der Autor in seinem Buch. Er schildert auch für einen breiteren Leserkreis leicht verständlich die engen Wechselbeziehungen zwischen Astronomie und Elementarteilchenphysik im 20. Jahrhundert und gibt damit ein Beispiel für Forschungsstrategien, Irrwege und Lösungen in der modernen Wissenschaft.

Sonneberger photographischer Himmelsatlas
Von Wolfgang Wenzel und Inge Häusele, Sternwarte Sonneberg. 1991. 133 Kartenblätter. 6 Koordinatenfolien. 1 Begleitheft (deutsch/englisch) mit 16 Seiten und 133 Sternkärtchen. Format 29,7 cm x 42,0 cm. Leinenbezogene Mappe DM 348,-   ISBN 3-335-00297-0

Aus den Besprechungen:
"... Fazit: Der Atlas steht den oben genannten 'Standardwerken' um nichts nach, im Gegenteil. Außerdem ist er sogar noch preiswerter. Urteil: Kaufen!"

Astro Kurier

Alle Bücher und Zeitschriften sind über den Fachhandel erhältlich!